21 世纪高等学校机械设计
制造及其自动化专业系列教材

工程材料及应用

（第三版）

主 编 周凤云
副主编 杨可传

华中科技大学出版社
中国·武汉

内 容 简 介

　　本书是为普通高等学校机械类及近机械类专业技术基础课所编写的教材,主要内容有:固态物质的原子结合键与晶体结构,纯金属的结晶与晶体缺陷,合金中的相结构与二元相图,铁碳合金与钢锭组织,热处理原理及工艺技术,钢合金化及性能改变,材料的塑性变形与断裂方式,非合金钢、合金钢、非铁金属材料及其他工程材料(高分子材料、陶瓷材料、复合材料)的化学组成、性能特点与工业应用,机械零(构)件设计中的选材原则以及材质分析等。

　　本书以深入浅出的语言论述了以上各知识点,以循序渐进的方式阐明了材料科学的内涵与相关理论,书中所引用的各类材料的现行国家标准将为读者设计选材起到权威性的指导作用。此外,书中还介绍了当今高科技产业用到的一些新材料与环保材料。全书制作或选用的有关材料显微组织、热处理工艺、性能等近 200 幅图,可起到为读者直观解惑、答疑及帮助读者自学的作用。

　　全书共分 10 章,每章后附有相应的思考与练习题,便于读者复习与巩固所学知识。本书可作为普通高等院校机械类或近机械类相关专业的教学用书,也可作为从事机械、船舶、车辆、动力、电力等装置的设计、制造、质量检测与管理方面工程技术人员的参考用书。

图书在版编目(CIP)数据

工程材料及应用/周凤云主编.—3 版.—武汉:华中科技大学出版社,2013.6(2024.9 重印)
ISBN 978-7-5609-9109-2

Ⅰ.①工…　Ⅱ.①周…　Ⅲ.①工程材料-高等学校-教材　Ⅳ.①TB3

中国版本图书馆 CIP 数据核字(2013)第 123732 号

工程材料及应用(第三版)　　　　　　　　　　　　　　　　　周凤云　主编

责任编辑:徐正达
封面设计:李　嫚
责任校对:周　娟
责任监印:张正林
出版发行:华中科技大学出版社(中国·武汉)　　电话:(027)81321913
　　　　　武汉市东湖新技术开发区华工科技园　　邮编:430223
录　　排:华中科技大学惠友文印中心
印　　刷:武汉市洪林印务有限公司
开　　本:710mm×1000mm　1/16
印　　张:22
字　　数:469 千字
版　　次:2008 年 9 月第 2 版　2024 年 9 月第 3 版第 8 次印刷
定　　价:49.80 元

21世纪高等学校
机械设计制造及其自动化专业系列教材

总　序

"中心藏之，何日忘之"，在新中国成立60周年之际，时隔"21世纪高等学校机械设计制造及其自动化专业系列教材"出版9年之后，再次为此系列教材写序时，《诗经》中的这两句诗又一次涌上心头，衷心感谢作者们的辛勤写作，感谢多年来读者对这套系列教材的支持与信任，感谢为这套系列教材出版与完善作过努力的所有朋友们。

追思世纪交替之际，华中科技大学出版社在众多院士和专家的支持与指导下，根据1998年教育部颁布的新的普通高等学校专业目录，紧密结合"机械类专业人才培养方案体系改革的研究与实践"和"工程制图与机械基础系列课程教学内容和课程体系改革研究与实践"两个重大教学改革成果，约请全国20多所院校数十位长期从事教学和教学改革工作的教师，经多年辛勤劳动编写了"21世纪高等学校机械设计制造及其自动化专业系列教材"。这套系列教材共出版了20多本，涵盖了"机械设计制造及其自动化"专业的所有主要专业基础课程和部分专业方向选修课程，是一套改革力度比较大的教材，集中反映了华中科技大学和国内众多兄弟院校在改革机械工程类人才培养模式和课程内容体系方面所取得的成果。

这套系列教材出版发行9年来，已被全国数百所院校采用，受到了教师和学生的广泛欢迎。目前，已有13本列入普通高等教育"十一五"国家级规划教材，多本获国家级、省部级奖励。其中的一些教材（如《机械工程控制基础》《机电传动控制》《机械制造技术基础》等）已成为同类教材的佼佼者。更难得的是，"21世纪高等学校机械设计制造及其自动化专业系列教材"也已成为一个著名的丛书品牌。9年前为这套教材作序的时候，我希望这套教材能"加强各兄弟院校在教学改革方面的交流与合作，对机械工程类专业人才培养质量的提高起到积极的促进作用"，现在看来，这一目标很好地达到了，让人倍感欣慰。

　　李白讲得十分正确:"人非尧舜,谁能尽善?"我始终认为,金无足赤,人无完人,文无完文,书无完书。尽管这套系列教材取得了可喜的成绩,但毫无疑问,这套书中,某本书中,这样或那样的错误、不妥、疏漏与不足,必然会存在。何况形势总在不断的发展,更需要进一步来完善,与时俱进,奋发前进。较之9年前,机械工程学科有了很大的变化和发展,为了满足当前机械工程类专业人才培养的需要,华中科技大学出版社在教育部高等学校机械学科教学指导委员会的指导下,对这套系列教材进行了全面修订,并在原基础上进一步拓展,在全国范围内约请了一大批知名专家,力争组织最好的作者队伍,有计划地更新和丰富"21世纪机械设计制造及其自动化专业系列教材"。此次修订可谓非常必要、十分及时,修订工作也极为认真。

　　"得时后代超前代,识路前贤励后贤。"这套系列教材能取得今天的成绩,是几代机械工程教育工作者和出版工作者共同努力的结果。我深信,对于这次计划进行修订的教材,编写者一定能在继承已出版教材优点的基础上,结合高等教育的深入推进与本门课程的教学发展形势,广泛听取使用者的意见与建议,将教材凝练为精品;对于这次新拓展的教材,编写者也一定能吸收和发展原教材的优点,结合自身的特色,写成高质量的教材,以适应"提高教育质量"这一要求。是的,我一贯认为我们的事业是集体的,我们深信由前贤、后贤一定能一起将我们的事业推向新的高度!

　　尽管这套系列教材正开始全面的修订,但真理不会穷尽,认识决无终结,进步没有止境。"嘤其鸣矣,求其友声",我们衷心希望同行专家和读者继续不吝赐教,及时批评指正。

　　是为之序。

中国科学院院士

2009. 9. 9

第三版前言

本书第一版(1999年10月出版)是根据教育部"工程制图与机械基础面向21世纪课程体系及教学内容改革"重大课题要求而编写的系列教材中的一本,是机械设计与制造、船舶、汽车、能源动力、力学、建筑等专业本科生必修的"材料科学"课程所用的教材,先后重印过2次。2002年应出版社的要求进行了修订,出版了第二版。

本书第二版至今已印刷了16次。然而,随着科学技术的迅猛发展、全球经济一体化进程的加快,以及国际学术交流与贸易合作的日益增多,我国相继颁布实施了许多与国际接轨的有关材料试验、分类、牌号、性能等的新标准。这意味着本书中原用的一些国家标准已经有了较大的改动,作为教材,我们认为有责任反映这一变动。为此,编者在综合了授课教师与读者的意见和建议,并参考国内外新近出版的一些文献(包括教材)的前提下,本着教材应适应教学需要的理念,在保留第二版构架和主要内容的基础上对该书进行了修订及部分内容的重新编写。

本次修订所做的工作有:①对第二版的第5章和第13章内容作了优化取舍,对第9、10、11章内容作了调整合并,全书由14章调整为10章;②补充并深化了第1章中关于固态晶体中原子间结合能及结合键的理论分析;③拓展了第6章金属材料塑性变形的内容,增加了金属的韧性与脆性两种断裂的概念、特点、宏观断口表现形式,脆性断裂的严重后果,以及使钢的强度与韧性相互匹配而提高综合性能的理论依据和技术措施;④对第1章中材料力学性能及第4、7章中非合金钢及合金钢的分类,按国家现行标准对表格进行了重组及再构建,并核实或更新书中所引用的数据。此外,对每章末的思考与练习题进行了必要的增补,还对存在的错漏做了订正。

修订后的本书以工程材料为重点,以材料的成分组合、组织状态、性能表现、改性技术及服役抗力间的关系为主线,来反映材料科学的内涵与基础理论;通过对材料的工程应用、机械设计与选材原则、产品失效及质量控制等内容的阐述,使学生受到理论与务实相结合的训练,并开拓高新技术材料与环保材料知识领域的视野。

　　修订后的本书既延续了第二版的构架、体例，又增添了一些新内容，还核实了各系列材料的牌号、化学成分、性能等方面国家标准的规定。这些都将使本书在教与学中发挥更加积极的作用。

　　本次修订由华中科技大学材料科学与工程学院的周凤云具体负责，杨可传参与了策划及第一版部分内容的编写和第二版部分内容的修订工作，娄德春参与了第一版部分内容的编写，毛志远教授主审了本书第二版。

　　本书在编写和修订过程中得到了万安君、郝苗、戚波、廖红、付哲、冯可刚等的关心和支持，参阅了国内外近期出版的部分文献，限于篇幅不能一一列举，在此编者深表谢意。

　　书中不妥之处在所难免，恳请读者给予指正。

编　者
2014 年 6 月

目　　录

绪 论

　　在改革开放的探索和实践中，我国确立的社会主义市场经济正在稳健有序地运行着。今天，市场经济已影响到人们生活的各个方面，以至没有人能离开市场而独立生活，也没有哪个企业能离开市场而开展经营活动。竞争是市场经济的基本特性，市场竞争所形成的优胜劣汰，会有力地推动市场经济的运行，迫使企业去改进生产技术，更新设备，提高产品（本书所说的"产品"，是指对原材料进行加工、制作或对零部件进行装配而获得的成品）质量等。没有高质量的产品，企业就将失去用户，失去市场。为了赢得市场竞争的胜利，企业必须坚持产品质量第一的原则。

　　优质的机电产品在力学性能、物理性能、使用性能、安全性能、耐用性及经济合理性等方面一定要达到国家相关标准的要求。实现这些性能要求的关键是什么呢？无数事实告诉我们，首先取决于所选用材料的质量。倘若一个具有原创性设计的产品忽略了制造材料的选择，那么就难以完美地展现出其创新性了。具体到实际工作中，产品的设计者经常会遇到选材的问题，小到剃须刀片的选材，大到汽车、火车、轮船、飞机、桥梁以至宇宙飞船、深海潜艇的选材……这些表明，作为一名工程技术人员，必须具备材料科学的基本知识。

　　什么是材料呢？材料是人类赖以生存与发展的、征服及改造自然的物质基础。人们利用它可以制造各种有用的器件。在人类社会漫长的进化过程中，材料一直被认为是社会生产力发展的标志，每一种新材料的发现和应用都把人类改造自然的能力提高到一个新的水平，把人类文明带进一个新的阶段。

　　在远古时代，人类采用石头、树木、兽骨等制造生产工具和生活用具，过着刀耕火种的生活。六千多年前的原始社会末期，我们的祖先学会了用火烧制陶器，并在商周时期发明了釉陶，此后便发展为东汉时期的青瓷。瓷器的出现打通了东西方文化交流的渠道，促进了人类文明的交流。

　　在烧制陶器的过程中，人类又发明了冶铜术。我国的冶铜术开始于公元前 2140年，到了商周时期，青铜已普遍用来制作工具与祭器，如晚商遗址（河南安阳）出土的斨（音 qiāng，古代的一种斧子）、铲、犁、锛（音 bēn），以及重达 875 kg、外形尺寸为110 cm（长）×78 cm（宽）×113 cm（高）、四周刻有精美花纹的青铜器司母戊鼎，尤其是从湖北随州出土的战国青铜编钟以及 1998 年在南京东郊发掘的六朝（东吴、东晋、宋、齐、梁、陈，公元 229—589 年）古墓群中的金器、银器、玉器、陶器与瓷器，都充分显示了当时人类与自然界作斗争的能力和生产、文化成就。

冶铜术的发展,不仅促进了奴隶社会向封建社会的过渡,也为炼铁提供了必要的条件。我国是世界上最早进行生铁冶炼的国家。据文史资料记载,早在春秋战国时期,我国就广泛采用了铁制器具,不仅有镰、铲、锹,还有斧、锯、钻等。考古发现的河南南阳冶铁遗址(一个大型的铸造作坊,其面积达 120,000 m²,残留熔炉 17 座,其间还有不少铁质工具),足以显示当时的生产规模和技术水平。在炼铁的过程中,我国古代劳动人民还创造出多种炼钢的方法。自隋朝以后,钢铁用量明显增大,这进一步推动了冶铸技术的发展,从而使我国古人最早掌握了先炼铁、后炼钢的冶金技术。这对晚于我国 1600 多年后才起步的欧洲各国的钢铁生产有着极深远的影响。对此,明代宋应星在他所著的《天工开物》一书有详细论述。由上所述可以看出,在材料制造与使用方面,我国劳动人民谱写了光辉的篇章,为人类社会文明的发展作出了巨大的贡献。

进入 18 世纪后,钢铁生产得到了大步的提升,成为产业革命的重要内容与物质基础。到了 20 世纪,近代工业与冶金技术取得了很大的进步,钢铁材料的产量在世界范围内有了大幅度的增长,且品种规格繁多。与此同时,研究材料的方法也在不断深化,从 1863 年采用光学显微镜研究材料开始,相继出现了 1921 年的 X 射线晶体衍射技术,1932 年的电子显微镜分析技术以及后来的使用电子探针、离子探针、俄歇电子谱仪等现代仪器的测试技术。人们对材料及材料科学的全新认识,有力地促进了对新材料的探索与研制。

自 20 世纪 50 年代开始,高分子材料、先进陶瓷材料及复合材料的开发与应用十分活跃:尼龙、聚甲醛、聚酯、聚乙烯、聚丙烯、聚四氟乙烯等新型的工程塑料相继问世;在陶瓷材料方面,开始了从传统陶瓷生产迈向现代陶瓷,如氧化铝系列的切削工具陶瓷、氮化硅系列的结构陶瓷以及氧化锆增韧陶瓷等的开发,并形成产业化的新趋势;以玻璃钢为代表的一系列复合材料也应运而生。20 世纪 80 年代中期,随着高新技术的涌现,上述材料的研发又有了新的突破,出现了光导高分子材料、生物医用高分子材料、液晶显示高分子材料、光电子高分子材料等,出现了压电陶瓷、导电陶瓷、热敏陶瓷、生物陶瓷、金属基复合陶瓷及隐身吸波材料等。除此之外,还有一些与信息、能源产业息息相关的材料,如激光材料、光纤材料、磁记录薄膜材料(计算机硬盘一般是在铝合金基体上先镀一层非晶态的 Ni-P 膜,在其上再镀几十纳米厚的磁性膜,磁性膜外面还需镀一层几十微米的类金刚石保护膜)、太阳能电池材料、汽车燃料电池材料、纳米材料等等。其中纳米材料是进入 21 世纪后特别受人关注的新材料。

纳米材料是指选用尺寸为 1～100 nm 范围内的超细微粒原材料制备而成的,内部晶粒、晶界、第二相等显微构造均小于 100 nm 尺寸水平的材料。这种材料的超细显微结构在一般显微镜下是无法看见的,只能用高放大倍数、高分辨率的电子显微镜来观察。纳米材料又分为纳米粉粒、纳米丝、纳米管、纳米薄膜、纳米固体和纳米复合材料等不同的类型。研究表明,纳米微粒是大块物质到单个原子间的过渡形态,物质处于这种特殊的状态将会呈现出许多奇异的性质,即它的光学、热学、电学、磁学、力学以及化学方面的性质和传统固体材料相比有着显著的不同。例如,传统固态金属具有不同颜色的光泽,这表明它们对可见光范围波长的反射和吸收能力不同,但当大块金属显微结构的尺寸减小到纳米级时,它会失去原有的颜色,几乎都呈黑色,这意味着对光的反射能力消失了。此外,纳米微粒与由它构成的纳米固体还有着传统固体材料不具备的一些效应。

第一,小尺寸效应。固态物质在其形态为大尺寸时,其熔点是固定的,在成为纳米微粒后其熔点显著降低。例如,金的常规熔点为 1064 ℃,当其微粒尺寸减小到 2 nm 左右时,其熔点为 327 ℃。粒子尺寸的减小,使得自由电子减少,正离子与电子的相互作用减弱,金属键受到一定程度的破坏,从而导致金的熔点降低。另外,纳米微粒与大块材料的磁性也显著不同,如纳米金属铁(微粒尺寸为 8 nm)在室温时的饱和磁化强度仅为 22×10^3 A·m^{-1},比起大块多晶 α-Fe 的 38×10^3 A·m^{-1} 小了约 40%。

第二,表面与界面效应。纳米微粒尺寸小,比表面积大,且位于表面的原子数与体内的原子数之比随微粒的尺寸变小会迅速增大。例如,微粒尺寸为 10 nm 时,比表面积为 90 m^2·g^{-1};微粒尺寸为 5 nm 时,比表面积为 180 m^2·g^{-1};微粒尺寸小到 2 nm 时,比表面积会增加到 450 m^2·g^{-1}。由于表面原子的环境与内部原子的不同,通常出现大量的悬挂键与点阵畸变,故纳米微粒的活性大大增强了,其吸附作用也大大增强了,很容易与其他原子结合。例如,金属纳米粒子在空气中会燃烧,无机材料纳米粒子暴露在大气中会吸附气体,并与气体进行反应。

第三,量子尺寸效应。实验发现,同一种材料的半导体,随着纳米微粒尺寸的减小,发光的颜色从红色到绿色再到蓝色,即发光带的波长由 690 nm 移向 480 nm。这种随颗粒尺寸减小而发生光的蓝移的现象被认为是量子效应所引起的。一般来说,导致纳米微粒的磁、光、声、热、电及超导性与宏观特性显著不同的效应称为量子尺寸效应。这一效应对微电子与光电子器件的制备带来深远的影响。

从 20 世纪末至今,人们对纳米粉的加工、纳米吸波、纳米催化、纳米除污、纳米医药、纳米电子、纳米传感、纳米陶瓷及其塑性的改性等多个应用领域中的问题已进行了广泛的研究,并取得了不少实验室成果。与此同时,科技工作者已开始将实验室成果转化为规模生产的产品。有文献表明,国际上已有多个纳米公司可以经营纳米粉及其生产线;中国科学院纳米材料研究组已成功地制备出蜂窝状氧化锰纳米粒子和有序多孔氧化硅纳米球,利用它们可将家具、涂料、烟雾中的甲醛分解为二氧化碳和水,从而改善人们的居住环境。此外,用纳米铁粒子作为显影剂发现早期癌变,添加纳米 Al_2O_3 来提高 Al_2O_3-ZrO_2 纳米复相陶瓷的抗弯强度,采用纳米材料对污水进行深度处理等等,纳米材料的应用已现端倪。

现代材料的品种繁多,世界各国已注册的材料达数十万种。在浩瀚的材料世界中,那些用来制作工程构件、机械装备、机械零件、工具及模具的材料归属于工程材料,工程上要求它具有较高的强度、硬度和较好的韧性、塑性等;而那些要求具有光、声、电、磁、热等功能和效应的材料则称为功能材料。工程材料中又包含着金属材料、高分子材料、陶瓷材料以及由它们组成的复合材料,其中传统的钢铁、非铁金属材料一直是用量最大、使用范围最广的工程材料。仅就机械工业来说,在各种机床、汽车、农业机械、矿山机械、冶金设备、发电设备、石油化工设备、交通运输设备以及军用器械等所用的材料中,金属材料占90%以上。这是因为金属材料具有其他材料不可能完全取代的独特性能,如金属有比高分子材料高得多的弹性模量,有比陶瓷材料好得多的韧性、磁性和导电性。

需要指出的是,我国及各工业发达国家当今还在不断开发新的金属材料,如高比强度与高比模量的铝锂合金、有序金属间化合物及机械合金化合金、氧化物弥散强化合金等高温结构材料,这些材料已经分别在航空航天、能源、机电等领域获得了应用,并产生了很大的技术经济效益。国际社会公认,人类已进入"材料变革"的新时代。毋庸置疑,如果没有相应水平的材料科学研究成果与材料制造技术的支持,我国的空间发射与回收技术也不可能取得今天这样卓越的成就。

综上所述可知,21世纪是知识经济推动下的科技创新的世纪,需要更多具有专业素质的人才。"材料科学"课程正是一门培养机械类及近机械类专业素质人才的技术基础课,本书就是一本为配合该课程的学习而编写的教材。

通过《工程材料及应用》一书的学习,希望达到以下目的:

① 能让机械类与近机械类各专业的学生懂得材料科学的内涵,获得工程材料的有关理论和知识;

② 初步认识材料的化学成分、组织结构、加工工艺、性能特点、改性方式之间的关系;

③ 掌握常用工程材料的类别、基本特性、应用范围及质量鉴别的常用方法;

④ 懂得材料的性能与工程设计的关系,能合理地选用材料、正确地制订材料机械加工与热处理程序,设计出既经久耐用又成本低廉的优质创新产品,应对当今知识经济时代带给我们的种种挑战。

材料的原子结合方式及性能

材料是制作有用器件的物质。作为物质体系的基本单元——原子、离子或分子等粒子,在构成物质的具体状态时,彼此之间会发生作用,存在着相互作用力(包含引力与斥力),并产生相互作用的势能;又由于粒子本身永不停息的热运动,还产生相应的动能。粒子间的相互引力越大,粒子彼此就结合得越紧密;粒子的热运动越剧烈,粒子彼此分离的趋势就越大。物质的状态取决于粒子间的相互作用和它们的热运动。在一定的温度、压力等外界条件下,物质若处于气态,则表明粒子的动能大大超过粒子的势能;当温度和压力降低,粒子的热运动变慢,间距变小,其动能小于相互间作用的势能时,物质就会由气态过渡到凝聚态。这时,如果粒子间的引力不能保证粒子在较长距离内呈有序排列,但还能保证粒子承受热冲击而不分开,物质便呈液态;当粒子间的距离变得很近,相互作用的势能比粒子的动能大得多的时候,物质便呈固态。工程上常用的材料一般都是固态物质。

本章主要讲述固态物质中的原子结合方式及所导致的材料性能特点。

1.1　固态物质的原子结合键

1.1.1　晶体与非晶体

固态物质按其原子(或离子、分子)聚集的组态,可分为晶体和非晶体两大类。晶体中的原子可在三维空间呈有规则的周期性重复排列,即不论沿晶体的哪个方向看去,总是隔一定的距离就出现相同的原子,且规则排列的范围大大超过原子尺度,贯穿整个晶体,这种排列方式称为长(远)程有序。非晶体中的原子只能在几个原子尺度的小范围内呈有规则的排列,这种排列方式称为短(近)程有序。自然界的金刚石、结晶盐、水晶等都是晶体,而玻璃、松香、橡胶等都是非晶体。晶体从固态加热熔化时有固定的熔点,从液态冷却凝固时发生体积突变;而非晶体既没有固定的熔点,又没有体积的突变。研究表明,晶体和非晶体在一定的条件下可以互相转化。如通常是晶体的金属,若将它从液态通过急冷(冷却速度为 $10^5 \sim 10^6 \text{℃} \cdot \text{s}^{-1}$)便可使其具有类似玻璃的某些非晶态特征,所以非晶态的金属也有人称为"玻璃态金属";而非晶态的玻璃经高温长时间加热又可形成晶体玻璃。需要指出的是,广泛使用的工程材料多为晶体物质。

1.1.2　原子间的结合能

晶体中的原子作长程有序的规则排列,与其原子间的相互作用有关。当两个原子接近时,原子核不发生变化,但是原子的外层电子会重新排布,或是失去电子(电离能低者),或是吸收电子(电负性高者),于是引起相互间的静电作用,产生引力与斥力。根据库仑定律,引力和斥力都随原子间距的增大而减小,而且前者作用的距离范围比后者大得多,这是因为斥力的大小除了与库仑力有关之外,还与电子云的重叠有关。当两原子相距较远时,斥力很小,只能在引力的作用下相互靠近;当两原子靠近至电子云互相重叠时,斥力会增大到大于引力,于是原子互相排斥而相互背离。在两原子间力和距离不断变化的过程中,还同时伴随着原子间相互作用势能的变化。图

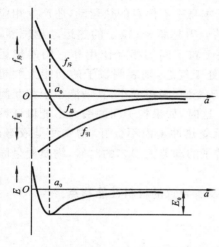

图 1-1　原子间的相互作用力和能量变化

1-1 表示了两原子间的作用力及能量随原子间距变化而变化的情形。当两原子间距 a 无限大时,它们之间的作用力 $f_{总}$ 近似为零,其相互作用势能 E 可视为参考值(设 $E=0$)。当 a 为某一值 a_0(a_0 称为平衡距离)时,引力 $f_{引}$ 与斥力 $f_{斥}$ 平衡,$f_{总}$ 也为零。当两原子由距离无限远逐步靠近($a>a_0$)时,$f_{引}$ 起主导作用,由于 $f_{引}$ 的绝对值较大,故 $f_{总}<0$,且 E 降低;当两原子进一步靠近到 a 接近于 a_0 时,$f_{斥}$ 起主导作用,在 $a<a_0$ 时,$f_{斥}>f_{引}$,故 $f_{总}>0$,且 E 迅速增高。只有在 $a=a_0$ 时,$f_{总}=0$,E 具有最低势能 E_0(E_0 即原子间的结合能)。综上所述,要将相距为平衡距离的两原子拉开或靠近都需要做功,并引起能量的增大。

上述两个原子的结合情况表明,对于大量原子聚合的固态物质,只有当其原子间距为平衡距离,并呈规则排列的晶体,才处于最低势能状态,这时是最稳定的。在晶体中,把相邻原子间强烈的相互作用并形成稳定的结合称为结合键,结合键的实质则是它们间的结合力。热力学的观点认为,结合键的强弱是以键能的大小来衡量的,且晶体的结合键能就等于原子间的结合能,即把1 mol的固体分解为自由原子所需的能量($kJ \cdot mol^{-1}$)。原子的结合能愈大,结合键能也愈大,则原子的结合愈稳定。不同类型的原子之间产生不同类型的结合键,故其结合键能的大小也不相同。

1.1.3　原子结合键的类型

1. 金属键

金属原子最外层价电子少且电离能小。当它们相互结合时,在相邻原子核电场的作用下,原子很容易失去外层电子而变成外层为 8 个电子的正离子,所有离开原子

的价电子则形成围绕金属正离子穿梭运动的自由电子,如图 1-2a 所示。这时,价电子不再与某一特定的正离子相互吸引,而是为全部正离子所共有,形成所谓的电子气。正离子与电子气之间所产生的静电引力,使所有的离子结合在一起,这种结合就是金属键。由于维持离子在一起的电子并不固定在一定的位置上,所以金属键是无方向性的。当金属发生弯曲等变形时,金属键的方向也随之改变,金属原子便改变它们彼此之间的位置关系,但并不使键破坏,如图 1-2b 所示,因此,金属键使金属晶体具有良好的塑性。在外电压作用下,电子气中的价电子会发生运动,从而使金属晶体具有良好的导电性。正离子在热的作用下,振动加剧并传递热量,故金属晶体还有良好的导热性。

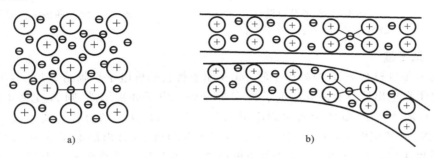

图 1-2　金属键

a）金属原子正常堆积时的金属键及其电子气　b）金属变形时的金属键（方向变化而未破坏）

2. 共价键

处在周期表ⅣA、ⅤA族的元素具有四个或五个价电子,它们获得和丢失电子的能力相近。原子既可能获得电子变为负离子,也可能丢失电子变为正离子。当同种原子或性质相差不大的原子相互结合时,由它们共同占有的部分价电子使其最外层处于电子满壳层状态。由于价电子主要在这两个相邻原子核之间运动,于是形成一个负电荷较集中的地区,从而对带正电荷的原子核产生引力,将它们结合起来。这种结合称为共价键。以 Si 为例,一个 4 价的 Si 原子(见图 1-3a),与四个在它周围的 Si 原子共享最外层的电子,从而使每个 Si 原子最外层获得满壳层的八个电子,如图 1-3b所示。每一对共有电子代表一个共价键,所以一个 Si 原子有四个共价键分别与四个邻近的 Si 原子结合。为了形成 Si 的共价键,Si 原子排列必须堆集成四面体,即四个 Si 原子构成一个四面体,另有一个 Si 原子处在四面体的中心,如图 1-4 所示。可见,表征 Si 原子相互结合的共价键之间形成一定的角度(109°),称之为键角。这表明共价键彼此之间有固定的方向关系。

由于共价键本身很强,而且键与键之间有固定的方向关系,所以当具有共价键的晶体发生弯曲时,不能像具有金属键的原子那样彼此位置跟随发生改变,而是其键必受到破坏。以共价键结合为主的陶瓷材料有硬而脆、塑性差的特点,受力时要么不变形,要么材料破断,其导电性能也很差。

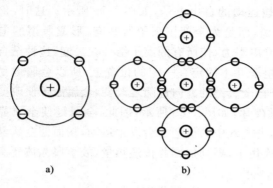

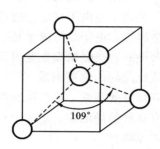

图 1-3　Si 的共价键

a) Si 原子　b) Si 的四个共价键

图 1-4　Si 的四面体和键角

3. 离子键

当一种材料有 A、B 两种原子时,如 A 原子将它的价电子贡献给 B 原子,A 原子外层电子在空出后具有满壳层电子数,B 原子外层电子亦被填满,则 A 变为正离子,B 变为负离子。正、负离子通过静电引力结合在一起,这种结合称为离子键。在图 1-5 中,Na 的外层电子贡献给 Cl,Na 变为带正电的离子,其内层电子数为 8,是满壳层电子数;Cl 接受一个电子,变为带负电的离子,其外层电子数为 8,也是满壳层电子数,于是一个 Na 原子和一个 Cl 原子在正负离子间的静电引力下结合在一起。

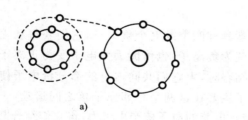

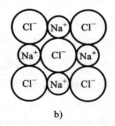

图 1-5　NaCl 的离子键

a) Na 的外层离子贡献给 Cl　b) NaCl

离子键具有较强的结合力,所以,离子键结合的材料硬度高、脆性大,在受到一定外力的作用时,不易发生塑性变形,而易沿一定的原子平面快速解理,导致键被破坏(宏观上则表现为材料破断)。另外,由于固态下离子键中难有自由电子存在,故在常温下导电性能很差,但离子键结合的材料处在熔融状态时会出现自由移动的离子,从而可表现出导电性。

4. 范德瓦尔键(分子键)

原子状态已经形成稳定电子壳层的惰性气体元素,在低温下可结合成固体。由于在结合过程中没有出现因电子的得失、共有或公有化而引起的库仑力,因此它们的结合靠的是原子或分子间的一种引力——范德瓦尔力。它来自分子偶极矩间的作用,比起前三种结合键来,它显得很微弱。通常,非极性分子是没有偶极矩的(即在平均情况下,电子云所产生的负电荷中心与原子核所具有的正电荷中心重合),但实际上,由于各种原因,在许多瞬时,原子(或分子)上电子云分布的密度是不均匀的,其正、负电荷中心并不重合,这使得分子一端带负电,另一端带正电,形成瞬时偶极矩。此外,极性分子的正、负电荷中心本不重合,也有偶极矩存在。当大量分子靠近时,偶极矩之间的电吸引力就将它们结合在一起。这样的结合称为范德瓦尔键(分子键)。

范德瓦尔键可在很大程度上改变分子晶体的性质,如由大分子链组成的高聚物(聚氯乙烯塑料),在每一个大分子内部的原子间及链节间通常具有共价键,性能应该是很脆的,但因大分子与大分子之间是以范德瓦尔键连接的,故在较小的外力作用下,键的平衡受到破坏,结果导致分子链滑动,高聚物产生很大的变形。由此可知,以范德瓦尔键结合的材料,其弹性模量、强度都较低,且熔点、硬度也较低。

晶体中几种不同结合键的比较如表 1-1 所示。由表可知,离子键结合能最高,共价键其次,金属键再次,范德瓦尔键最弱。因此,具有不同结合键的材料其性能有明显的差异。

表 1-1　不同结合键的比较

结合键种类	结合键能 */(kJ·mol^{-1})	熔　点	硬　度	导电性	键的方向性
金属键	113～660	有高有低	有高有低	良好	无
共价键	150～712	高	高	不导电	有
离子键	586～1047	高	高	固态不导电	无
范德瓦尔键	<42	低	低	不导电	有

注　*结合键能数据为部分晶体的测定值。

1.2　工程材料的分类

为了便于材料的生产、应用与管理,也为了便于材料的研究与开发,有必要对固体材料进行分类。由于材料的种类繁多,用途甚广,因此分类的方法也有多种。

材料按用途可分为建筑材料、电工材料、结构材料等,按材料的结晶状态可分为单晶体材料、多晶体材料及非晶体材料,按物理性能及物理效应可分为半导体材料、磁性材料、激光材料(这类材料能受激发射出方向恒定、波长范围窄、颜色单纯的激光,如红宝石是含 Cr 的 Al_2O_3 晶体、钇铝石榴石是含 Nd 的 $Y_3Al_5O_{12}$ 晶体等)、热电材料(在温度作用下产生热电效应,由热能直接转变为电能或由电能转变为热能,可用来制造引燃、引爆器件)、光电材料(利用光电效应可将光能直接转换成电能,如用硅、硫化镉等光电材料制作的太阳能电池)等。

需要指出的是,在工程上通常是按材料的化学成分、结合键的特点将工程材料分为金属材料、高分子材料、陶瓷材料及复合材料等几大类。

1. 金属材料

金属材料是以过渡族金属为基础的纯金属及含有金属、半金属或非金属的合金，是工程材料中最重要的材料之一。金属材料皆为晶体，其原子间的结合主要为金属键。但大多数金属材料中还含有化合物等其他物质，故金属材料中还存在着其他的结合键。工业上通常把金属材料分为两大类：第一类是钢铁材料，它是指铁及其合金，其中以 Fe 为基的钢（包括合金钢）和铸铁应用最广，占整个结构和工具材料的80％以上；第二类是非铁金属材料，它是指钢铁材料以外的所有金属及其合金。这两类材料还可进一步细分为图 1-6 所示的系列。

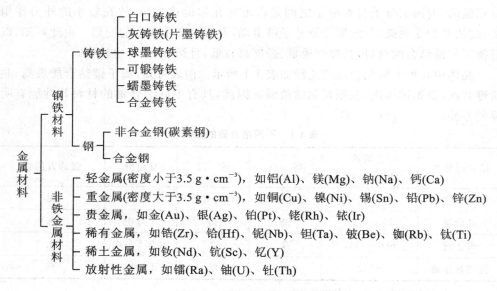

图 1-6　不同系列的金属材料

2. 高分子材料

高分子材料是以高分子化合物为主要组分的材料。每一种高分子化合物又都是由一种或几种简单的低分子化合物聚合而成的，故高分子化合物也称为高分子聚合物(简称高聚物)。有的高聚物是以 C、H、O 中的一种或几种元素结合而成的，有的高聚物中还含有 N、S、Cl、F、Si 等元素。高聚物大分子内的原子间存在着很强的共价键，而大分子与大分子之间的结合是分子键。这类材料大体可细分为图 1-7 所示的系列。

3. 陶瓷材料

陶瓷材料主要是指由一种或多种金属元素与非金属元素的氧化物、碳化物、氮化物、硅化物及硅酸盐所组成的无机非金属多晶材料。它们有的是以离子键为主的离子晶体，有的是以共价键为主的共价晶体，而完全由其中一种结合键组成的陶瓷材料是不多的，大多数是二者的混合键。国际上，陶瓷材料常按无机非金属材料系列进行分类，如图 1-8 所示。

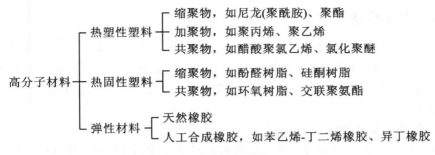

图 1-7　不同系列的高分子材料

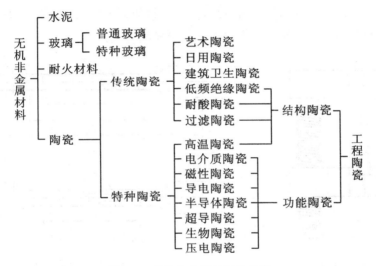

图 1-8　无机非金属材料的分类

4. 复合材料

复合材料是由两种或两种以上性质不同的材料组合起来的一种固体材料(如玻璃钢是由玻璃纤维与热固性高分子材料复合而成的),它的原子具有非常复杂的结合键。复合材料在性能上不仅保留了组成材料各自的优点,而且还有着单一组成材料不具备的优良性能。这类材料密度小、强度高、耐高温、耐磨损,不仅是航空航天领域的理想材料,也是建筑、化工、机械、造船等工业领域广泛使用的材料。

1.3　材料的性能

材料的性能一般分为使用性能和工艺性能。材料的使用性能主要是指材料的力学、物理和化学性能等,材料的工艺性能则是指材料的铸造性能、锻造性能、焊接性能及切削加工性能等。材料的这些性能不仅是设计工程机件(或构件、零件、工件)选用材料的重要依据,同时还是控制、评定产品质量优劣的标准。本节重点讲述的是材料的力学性能及其测试方法。

1.3.1 力学性能

材料的力学性能是指材料在外力或能量以及环境因素(温度、介质等)作用下表现出的变形和破断的特性。通常把外力或能量称为载荷或负荷。材料主要的力学性能有弹性、强度、塑性、硬度、冲击韧度、疲劳特性以及耐磨性等,它们都是通过标准试验进行测定的。

1. 拉伸试验及曲线

拉伸试验是测定材料力学性能最常用的试验,按国家标准《金属材料　拉伸试验第1部分:室温实验方法》(GB/T 228.1—2010)进行。试验过程是:将横截面为圆形(也可为矩形、多边形、环形等)的标准试样装在拉伸试验机上,如图1-9所示,沿试样轴向缓慢施加静拉伸力,使其发生拉伸变形直至断裂。

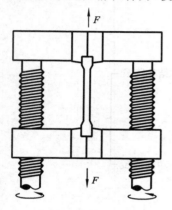

图 1-9　拉伸试验

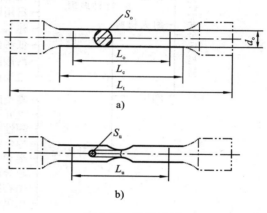

图 1-10　拉伸试样
a) 试验前　b) 试验后

横截面为圆形的拉伸试样如图1-10所示。图中,d_o 为试样平行长度的原始直径,S_o 为试样平行长度的原始横截面面积,L_o 为原始标距,L_c 为平行长度,L_t 为试样总长度,L_u 为断后标距,S_u 为断后试样最小横截面面积。一般,拉伸试验机上带有自动记录装置,可以测定应力 R(试验期间任一时刻的力除以原始截面面积之商,即 F/S_o)与延伸率 e 之间的关系,并绘制出拉伸曲线。图1-11所示为低碳钢的拉伸曲线。研究表明,低碳钢的拉伸变形过程一般可分为弹性变形、弹塑性变形和断裂三个阶段。

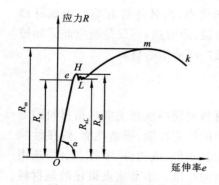

图 1-11　低碳钢的拉伸曲线

1) 弹性与刚度

在图1-11所示的 R-e 曲线上,Oe 段表现出弹性变形特性,即去掉外力后,变形立即恢复,这种不产生永久变形的能力称为弹性。图中 e 点对应的应力 R_e 为不产生永久变形的最大应力，称为弹性极限。Oe 段中有一部分为直线，这部分应力与延伸率（应变）始终成比例，所对应的最大应力称为比例极限。

材料在弹性范围内，其应力与延伸率的比值（$E = R/e$）称为弹性模量（或杨氏模量），它是产生单位弹性变形量所需的应力，单位为 MPa。E 值的大小主要取决于各种材料的本性，反映了材料内部原子结合力的强弱。当温度升高时，原子间距加大，金属材料的 E 会有所减小，而一些处理方法（如热处理、冷热加工、合金化等）对它的影响很小，或者说金属材料的弹性模量是一个对显微组织不敏感的力学性能指标。表 1-2 列出了一些材料的弹性模量及其键型。

表 1-2　部分工程材料的弹性模量（E）及其键型

材　料	E/MPa	键　型	材　　料	E/MPa	键　　型
铁	2.14×10^5	金属键	Al_2O_3 陶瓷	4×10^5	共价键和离子键
镍	2.10×10^5	金属键	石英玻璃	7×10^4	共价键和离子键
铜	1.21×10^5	金属键	无规聚苯乙烯	3×10^3	分子键
钛	1.12×10^5	金属键	支化聚乙烯	200	分子键
铝	7.06×10^4	金属键	碳纤维复合材料	$(7 \sim 20) \times 10^4$	—
镁	4.16×10^4	金属键	玻璃纤维复合材料	$(7 \sim 46) \times 10^3$	—
金刚石	1.14×10^6	共价键			

工程上，弹性模量是度量材料刚度（指零（构）件受力时抵抗弹性变形的能力）的系数。如零（构）件拉伸时的刚度常用试样的原始横截面面积 S_0 与该材料的弹性模量 E 的乘积 $S_0 E$ 表示，即 $ES_0 = F/e$。可见，当零（构）件所受外力一定、截面大小一定时，E 愈大，材料愈不容易产生弹性变形。

需要注意的是，材料的刚度不等于零（构）件的刚度，因为零（构）件的刚度除取决于材料的刚度外，还与结构因素有关。提高零（构）件的刚度，可通过增加横截面面积或改变截面形状来实现，还可通过选用弹性模量高的材料来实现。此外，理想的弹性体加载后立即产生弹性变形，卸载后立即恢复原状，应变的产生与时间无关；而实际的工程材料，特别是一些高分子材料，加载后应变不立即达到平衡值，卸载时变形又不立即消失，这种应变滞后于应力的现象，称为弹性滞后或滞弹性。

2）强度

强度是指材料在外力作用下抵抗塑性变形和破断的能力。通过拉伸试验可以测定材料的屈服强度和抗拉强度。

（1）屈服强度　由图 1-11 可以看出，当应力超过 e 点后，试样除有弹性变形外，还产生塑性变形，表现出应力几乎不增加而延伸率却继续增加的特点，它显示了试样的"屈服"。此时若取消外加载荷，试样的变形不能完全消失，将保留一部分残余的变形，这种不能恢复的残余变形称为塑性变形。试样屈服时承受的最小应力称为屈服强度（或屈服极限），单位为 MPa。它反映了材料对明显塑性变形的抗力。

屈服强度分为上屈服强度和下屈服强度。上屈服强度 R_{eH} 是指材料发生屈服而应力首次下降前的最大应力(对应图 1-11 所示拉伸曲线上的 H 点),下屈服强度 R_{eL} 是指在材料屈服期间不计初始效应时的最小应力(对应图 1-11 所示拉伸曲线上的 L 点)。上屈服强度 R_{eH} 波动性大,对试验条件的变化很敏感,而在正常条件下,下屈服强度 R_{eL} 再现性较好,所以工程上一般多用 R_{eL} 作为材料屈服变形的力学性能指标。

实际上,不少材料并没有明显的屈服现象,为此国家标准 GB/T 228—2010 规定,把当试样产生的塑性延伸率等于规定的引伸计标距 L_e 百分率时所对应的应力定为该材料的屈服强度,称为规定塑性延伸强度,记为 R_p。例如,$R_{p0.2}$ 表示规定塑性延伸率为 0.2% 时的应力。一些工程零件(如紧固螺栓)在使用时是不允许发生塑性变形的,因此屈服强度是工程设计与选材的重要依据之一。

(2)抗拉强度　　材料发生屈服后,试样发生均匀而显著的塑性变形。图 1-11 所示拉伸曲线上 m 点对应的应力达最大值 R_m。在 m 点之前,材料的塑性变形是均匀的;在 m 点以后,试样产生"颈缩",并迅速伸长,变形集中于试样的局部,应力明显下降;到 k 点试件断裂。R_m 称为抗拉强度(或强度极限),单位为 MPa,它代表材料在拉伸条件下,发生破断前所能承受的最大应力,或者是材料产生最大均匀变形的抗力。对于那些变形要求不高的零(构)件,无须靠 R_{eL} 来控制产品的变形量,常将 R_m 作为设计与选材的依据。同时,R_m 也广泛用作产品规格说明和质量控制指标。

3)塑性

塑性是材料在断裂前发生永久变形的能力。塑性的大小采用拉伸试验中试样的断后伸长率 A 与断面收缩率 Z 两个指标来表示:

$$A = \frac{L_u - L_o}{L_o} \times 100\%, \quad Z = \frac{S_o - S_u}{S_o} \times 100\%$$

其中,L_o 与 S_o 分别为试样的原始标距与原始截面面积;L_u 与 S_u 分别为试样的断后标距与断后最小横截面面积,如图 1-10 所示。A 与 Z 越大,材料的塑性越好。两者相比,用 Z 表示塑性更接近材料的真实应变,这是因为断面收缩率与试样长短无关。

需要指出的是,在拉伸试验中所采用的圆形截面试样有两种。一般优先采用 $L_o = 5d_o = 5.65\sqrt{S_o}$ 的试样。若采用 $L_o = 10d_o = 11.3\sqrt{S_o}$ 的试样,断后伸长率符号应附以下脚注说明所使用的比例系数,即 $A_{11.3}$。对于同一材料,$A > A_{11.3}$;对于不同材料,A 与 $A_{11.3}$ 不能直接比较。

材料应具有一定的塑性才能顺利地承受各种变形加工,而且,材料有了一定的塑性还可提升零件使用的可靠性,防止突然断裂。

2. 硬度

硬度是衡量材料软硬程度的指标,反映材料抵抗变形,特别是材料表面压痕或划痕形成的永久变形的能力。工程上常用的硬度指标有布氏硬度、洛氏硬度、维氏硬度、肖氏硬度以及莫氏硬度等。

1)布氏硬度

布氏硬度的测试是对一直径为 D 的硬质合金球施加试验力 F,使球压入被测试金属试样表面（见图 1-12a），保持规定时间后卸除试验力，测量试样表面压痕的平均直径 $d\left(d=\dfrac{d_1+d_2}{2}\right)$，如图 1-12b 所示。由此计算压痕表面积 S，然后再求出压痕的单位面积所承受的平均压力（F/S），以此作为被测试金属的布氏硬度。其计算式为

$$布氏硬度 = 常数 \times \frac{试验力}{压痕表面积}$$

$$= 0.102 \times \frac{2F}{\pi D(D-\sqrt{D^2-d^2})} \quad (1\text{-}1)$$

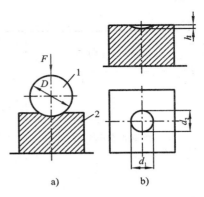

a)　　　　b)

图 1-12　布氏硬度试验原理

a)硬度试验　b)试样压痕

1—硬质合金压头　2—试样

其中，试验力 F 的单位为 N，球直径 D 与压痕直径 d 的单位为 mm。布氏硬度的符号为 HBW，单位为 $N \cdot mm^{-2}$，但习惯上不标出单位，只写出硬度值。布氏硬度的表达方法示例如下：

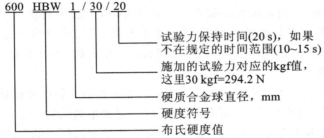

在进行布氏硬度试验时，应根据材料的种类和试样厚度，选用不同大小的球体直径、施加试验力和试验力保持时间，按 GB/T 231.1—2009 规定：球直径有 10 mm、5 mm、2.5 mm、2 mm 和 1 mm 等五种；试验力与球直径二次方的比率 $0.102 \times F/D^2$（$N \cdot mm^{-2}$）有 30、15、10、5、2.5、1.25 和 1 等七种，可根据金属材料的种类和布氏硬度范围按表 1-3 选定。从压力开始至全部试验力施加完毕的时间应在 2～8 s 之间，试验力保持时间为 10～15 s。

表 1-3　不同材料的试验力与压头球直径二次方的比率

材　　料	硬度（HBW）	试验力与球直径二次方的比率 $0.102 \times F/D^2$（$N \cdot mm^{-2}$）
钢、镍基合金、钛合金	—	30
铸铁	<140	10
	≥140	30
铜和铜合金	<35	5
	35～200	10
	>200	30

材　　料	硬度(HBW)	试验力与球直径二次方的比率 $0.102 \times F/D^2$ (N·mm^{-2})
轻金属及其合金	<35	2.5
	35~80	5
		10
		15
	>80	10
		15
铅、锡	—	1

注　①当试样尺寸允许时,应优先选用直径 10 mm 的球压头进行试验。
　　②对于铸铁试验,压头的名义直径为 2.5 mm、5 mm 或 10 mm。

当试验力 F 与球直径 D 选定时,硬度值只与压痕直径 d 有关。d 愈大,则布氏硬度值愈小;d 愈小,则布氏硬度值愈大。在试验时,一般用刻度放大镜测出压痕直径 d_1、d_2,并计算出平均直径 d,然后用式(1-1)计算,求得所测的硬度值。

布氏硬度试验方法是由瑞典工程师布利涅尔(J. B. Brinell)于 1900 年提出的。

2) 洛氏硬度

洛氏硬度试验按国家标准 GB/T 230.1—2009 进行。洛氏硬度试验虽然也是用一定形状的压头(金刚石圆锥、硬质合金球)以一定大小的试验力压入试样表面,但所使用的压头及试验力与布氏硬度所使用的不同,且是根据压痕的深度来计算硬度值。材料硬,压痕深度小,则硬度值大;材料软,压痕深度大,则硬度值小。洛氏硬度计上带有显示器,试验时在显示器上可直接读出被测材料或零件的硬度值。

为了适应不同材料的硬度试验,在同一硬度仪上采用了不同的压头与载荷组合,并用几种不同的洛氏硬度标尺(A、B、C、D、E、F、G、H、K、N、T)予以表示。每一种标尺用一个字母在洛氏硬度符号(HR)后注明,如 HRC、HRA、HRB 等,它们的试验要求及应用范围如表 1-4 所示。

表 1-4　洛氏硬度的试验要求及应用范围

洛氏硬度	压　　头	试验力/N	测量范围	应用范围
HRC	锥角 120°、顶部曲率半径 0.2 mm 的金刚石圆锥	1471	20~70HRC	淬火钢等硬零件
HRA		588.4	20~88HRA	零件的表面硬化层硬质合金等
HRB	φ1.588 mm 硬质合金球	980.7	20~100HRB	软钢和铜合金等

洛氏硬度试验方法的优点是:操作简便、迅速,硬度值可在显示器上直接读出;压痕小,可测量成品件;采用不同标尺可测定各种软硬不同和厚薄不同的材料。它的不

足之处是：因压痕小，受材料组织不均等缺陷影响大，所测硬度值重复性不太好，对同一试样一般需测三次后取平均值。

洛氏硬度试验方法是由美国的两个洛克威尔（S. P. Rockwell 和 H. M. Rockwell）于 1919 年提出的。

3）维氏硬度

维氏硬度试验按国家标准 GB/T 4340.1—2009 进行。洛氏硬度试验方法虽可采用不同的标尺来测定软硬不同金属材料的硬度，但不同标尺的硬度值间没有简单的换算关系，使用上不太方便。维氏硬度试验方法能在同一种硬度标尺上测定软硬不同金属材料的硬度。它是用一相对面夹角 α 为 136°的、具有正方形基面的金刚石锥体压头，在规定试验力 F 作用下压入被测试样表面，保持规定时间后卸除试验力，然后再测量压痕对角线长度，如图 1-13 所示，并计算出压痕的表面积 S，最后按下式计算维氏硬度：

$$维氏硬度 = 常数 \times \frac{试验力}{压痕表面积}$$

$$= 0.102 \times \frac{2F\sin\frac{136°}{2}}{d^2} = 0.1891\frac{F}{d^2} \tag{1-2}$$

其中，试验力 F 的单位为 N，两对角线的平均长度 d 的单位为 mm。与布氏硬度值一样，习惯上也只写出其硬度数值而不标出单位。维氏硬度符号为 HV，HV 之前的数值为硬度值，HV 后面的数值依次表示试验力和试验力保持时间（保持时间为 10～15 s 时不标注）。例如，640HV30 表示在 294.3 N（30 kgf）试验力作用下保持 10～15 s 测得的维氏硬度值为 640，640HV30/20 表示在 294.3 N（30 kgf）载荷作用下保持 20 s 测得的维氏硬度值为 640。

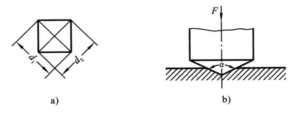

图 1-13　维氏硬度试验原理

a）压痕　b）压头（金刚石锥体）

测定维氏硬度常用的试验力有 49 N、98 N、196 N、294 N、490 N、980 N 等几种。试验时，应根据试样的硬度与厚度来选择试验力。一般在试样厚度允许的情况下尽可能选用较大试验力，以获得较大压痕，提高测量精度。在实际测试时，一般是用装在机体上的测量显微镜，测出压痕两对角线的平均长度 d，然后用式（1-2）计算硬度值。维氏硬度试验方法适用于各种金属材料，尤其是表面硬化层的硬度测量，如化学热处理渗层、电镀层。此法压痕清晰，又是在显微镜下测量对角线的长度，从而保证了试验的精确性。但因该法要求被测面粗糙度低,故测试面的准备工作较为麻烦。

维氏硬度试验是由英国的史密斯(R. L. Smith)和桑德兰德(G. E. Sandland)于1925年提出的。

4) 肖氏硬度

肖氏硬度试验按国家标准 GB/T 4341—2001 进行。肖氏硬度的测定原理是,将顶端为金刚石的冲头从固定高度 h_1 自由下落到试样表面,测量其回跳高度 h_2,以此来反映被测材料的硬度。其计算式为

$$肖氏硬度 = K\frac{h_2}{h_1} \tag{1-3}$$

其中,K 为肖氏硬度系数。肖氏硬度符号为 HS。金属的弹性极限越高,塑性变形越小,则储存的弹性能量越高,回跳的高度也越高,表明材料越硬。

肖氏硬度试验冲击力小,产生的压痕小,对试样破坏小;肖氏硬度计重量轻,携带方便,特别适合于在现场对大型试件(如机床床身、大型齿轮等)进行硬度测量。

肖氏硬度是由美国的肖尔(A. F. Shore)于1907年提出的。

5) 莫氏硬度

莫氏硬度是一种划痕硬度,主要用于陶瓷和矿物材料的硬度测定。莫氏硬度的标度是选定十种不同的矿物,从软到硬分为 10 级。考虑到该分级中高硬度范围中相邻几级标准物质的硬度相差很大,后来增加为 15 级,称为李德日维耶硬度。莫氏硬度和李德日维耶硬度的分级如表 1-5 所示。

表 1-5　莫氏硬度和李德日维耶硬度分级表

材料名称	莫氏硬度分级	李德日维耶硬度分级	材料名称	莫氏硬度分级	李德日维耶硬度分级
滑石	1	1	黄玉	8	9
石膏	2	2	花岗石	—	10
方解石	3	3	氧化锆	—	11
萤石	4	4	刚玉	9	12
磷灰石	5	5	碳化硅	—	13
钠长石	6	6	碳化硼	—	14
焙炼石英	—	7	金刚石	10	15
结晶石英	7	8			

需要注意的是,用不同硬度试验方法测得的硬度值无可比性,必须通过已制定的关系换算表(见附录 A)换算成同一种硬度值后才能进行比较。一般来说,材料的硬度越高,其强度也越高。

3. 冲击韧度

不少零件在工作中常常会受到高速作用的载荷冲击,如冲床的冲头、锻压机的锤杆、汽车的齿轮、飞机的起落架以及火车的启动与刹车部件等等。瞬时冲击所引起的

应力和应变要比静载荷引起的应力和应变大得多,因而选用制造这类构件的材料时,必须考虑材料抵抗冲击的能力。材料在冲击载荷作用下抵抗变形和断裂的能力称为冲击韧度,用 a_K 表示。

1) 冲击试验

冲击试验按国家标准《金属材料　夏比摆锤冲击试验方法》(GB/T 229—2007)进行。由于在冲击作用下,加载速度大,材料的塑性变形得不到充分发展,为了能灵敏地反映出材料的冲击韧度,通常采用带缺口的试样进行测试,图1-14、表 1-6 所示为夏比冲击试样及其尺寸与偏差。

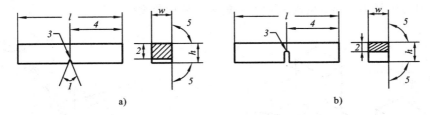

图 1-14　夏比冲击试样

a) V 型缺口　b) U 型缺口

表 1-6　试样的尺寸与偏差

名　称	符号及序号	V 型缺口试样		U 型缺口试样	
		公称尺寸	机加工偏差	公称尺寸	机加工偏差
长度	l	55 mm	±0.60 mm	55 mm	±0.60 mm
高度 *	h	10 mm	±0.075 mm	10 mm	±0.11 mm
宽度 * ——标准试样 ——小试样 ——小试样 ——小试样	w	 10 mm 7.5 mm 5 mm 2.5 mm	 ±0.11 mm ±0.11 mm ±0.06 mm ±0.04 mm	 10 mm 7.5 mm 5 mm —	 ±0.11 mm ±0.11 mm ±0.06 mm —
缺口角度	1	45°	±2°	—	—
缺口底部高度	2	8 mm	±0.075 mm	8 mm ** 5 mm **	±0.09 mm ±0.09 mm
缺口根部半径	3	0.25 mm	±0.025 mm	1 mm	±0.07 mm
缺口对称面-端部距离 *	4	27.5 mm	±0.42 mm ***	27.5 mm	±0.42 mm ***
缺口对称面-试样纵轴角度	—	90°	±2°	90°	±2°
试样纵向面间夹角	5	90°	±2°	90°	±2°

注　* 除端部外,试样表面粗糙度 $Ra>5\ \mu m$。

　　** 如规定其他高度,应规定相应偏差。

　　*** 对自动定位试样的试验机,建议偏差用±0.165 mm 代替±0.42 mm。

试验时,将试样放在试验机两支座上,如图 1-15 所示;将一定重量 G 的摆锤(摆锤刀刃的半径有 2 mm、8 mm 两种)升至一定高度 H_1,如图 1-16 所示,使它获得势能 GH_1;再将摆锤释放,使其刀口冲向图 1-15 中箭头所指试样缺口的背面;冲断试样后摆锤在另一边的高度为 H_2,相应势能为 GH_2。冲断试样前后的能量差即为摆锤冲断试样所消耗的功,或是试样变形和断裂所吸收的能量,称为冲击吸收能量 K,即 $K = GH_1 - GH_2$,单位为 J。注意,表示冲击吸收能量时必须用"V"或"U"表示试样缺口几何形状的类型,用下脚注数字"2"或"8"表示摆锤刀刃的半径。例如,KU_2 表示 U 型缺口试样在刀刃半径为 2 mm 的摆锤冲击下的冲击吸收能量,KV_8 表示 V 型缺口试样在刀刃半径为 8 mm 的摆锤冲击下的冲击吸收能量。

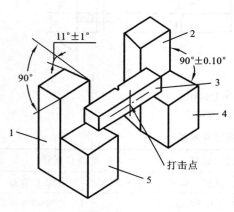

图 1-15　试样安放位置

1,2—砧座　3—试样　4,5—试样支座

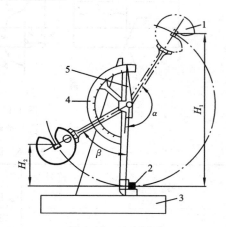

图 1-16　冲击试验

1—摆锤　2—试样　3—试验机支承
4—刻度盘　5—指针

试验时,冲击吸收能量的值在冲击试验机的指示标盘上直接读出。冲击吸收能量除以试样缺口底部处横截面面积 S 获得冲击韧度 a_K,单位为 $J \cdot cm^{-2}$。有些国家(如英、美、日等)直接以冲击吸收能量表示材料的抗冲击性能。

冲击韧度、冲击吸收能量的大小取决于材料及其状态的不同,同时与试样的形状、尺寸有很大关系。同种材料的试样,缺口越深、越尖锐,则缺口处应力集中程度越严重,越容易变形和断裂,即消耗的冲击吸收能量越小,材料表现出的脆性越大。因此,对于不同类型和尺寸的试样,其冲击韧度或冲击吸收能量不能直接比较。用同一材料制成的 V 型缺口试样比 U 型缺口试样测得的冲击吸收能量要小。我国多用 U 型缺口试样。

2) 冲击韧度与材料的韧性

冲击韧度愈大,材料的韧性就愈好。研究表明,材料的冲击韧度随试验温度的降低而降低。当温度降至某一数值或范围时,冲击韧度会急剧下降,材料则由韧性状态转变为脆性状态,这种转变称为韧脆转变,相应温度称为韧脆转变温度 T_K(或称冷脆转变温度)。材料的韧脆转变温度 T_K 越低,说明低温冲击韧度越高,允许使用的温度范围越大。基于材料的低温脆性,因此对于压力容器及寒冷地区的桥梁、船舶、车辆等用材,必须做低温系列冲击试验,测定其 T_K 值,以保证零(构)件在 T_K 以上的温度环境下工作,防止脆性断裂的突然发生。

对受大能量冲击的零(构)件,为了保证使用安全,常将冲击韧度作为材料冲击抗力指标,但冲击韧度无法用于零件设计计算,只能根据经验提出要求。在室温下受冲击载荷的一般零件,冲击韧度为 $30\sim50$ J·cm^{-2} 就能满足要求;对重要的受冲击载荷零件,冲击韧度还要高一些,如航空发动机轴的冲击韧度要求达到 $80\sim100$ J·cm^{-2}。

4. 断裂韧度

按照传统的力学方法,在进行机件强度设计时,是以光滑试样测定的屈服强度及抗拉强度为依据,确定其许用应力$[\sigma]$,并限制实际工作应力 $\sigma\leqslant[\sigma]$。由上分析,机件在许用应力下工作应该是安全可靠的,不会发生塑性变形,更不会断裂。但实际情况并非总是如此。由一些高强度钢制造的普通尺寸零件和中、低强度钢制造的大尺寸零件,经常出现在工作应力低于屈服强度时发生断裂(称之为低应力脆性断裂)的情况。可以理解,断裂总是由裂纹引起的。那么,如何解释这种情况下裂纹的形成和扩展现象呢?

1) 裂纹的形成和扩展

大量研究表明,工程中实际使用的材料,其内部存在着微小的裂纹、气孔等难以避免的缺陷。这些缺陷破坏了材料基体的连续性,当它们达到一定尺寸后,相当于基体中存在着宏观裂纹一样,如图1-17所示。由于裂纹的存在,在外力作用下,裂纹尖端势必存在着应力集中,此处应力远超过外加的应力,结果在外加应力还远低于材料的屈服强度时,裂纹尖端的应力已远远超过了材料的屈服强度,并达到了断裂强度,从而造成裂纹尖端处失稳,出现快速扩展,乃至断裂。根据应力和裂纹扩展的取向不同,裂纹扩展可分为张开型(Ⅰ型)、滑开型(Ⅱ型)和撕裂型(Ⅲ型)三种基本形式,如图1-18所示。其中以张开型(Ⅰ型)最危险,最容易引起脆性断裂,因此下面以这种类型作为讨论对象。

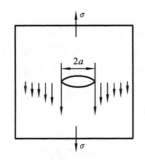

图 1-17 具有张开型裂纹的应力分布

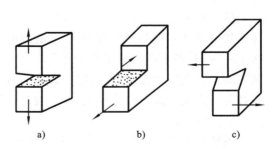

图 1-18 裂纹扩展的三种类型
a) 张开型 b) 滑开型 c) 撕裂型

根据断裂力学的观点,只要裂纹很尖锐,裂纹尖端附近各点的应力就按一定的规律分布,即外加应力增大时,各点的应力按相应的比例增大,形成一个裂纹尖端的应力场。反映这个应力场强弱程度的参量称为应力场强度因子 K_I,单位为 MPa·$m^{1/2}$,下脚注 I 表示 I 型裂纹强度因子。K_I 是一个决定于应力与裂纹尺寸的复合力学参量。K_I 越大,则应力场的应力值越大,或者说裂纹尺寸越大。用公式表达就是

$$K_I = Y\sigma\sqrt{a}$$

其中,Y 为与裂纹形状、加载方式及试样尺寸有关的量,无量纲,一般 $Y=1\sim2$;σ 为外加工作应力,单位为 MPa;a 为裂纹长度的一半,单位为 m。

2) 材料的断裂与断裂韧度

当外加工作应力逐渐增大或者说裂纹逐渐扩展时,裂纹尖端的应力强度因子 K_I 随之增大,故应力场的应力也随着增大。当 K_I 增大到某一临界值时,就能使裂纹突然扩展,材料快速断裂。这个应力强度因子 K_I 的临界值称为材料的断裂韧度,用 K_{IC}(单位为 MPa·$m^{1/2}$)表示。K_{IC} 是材料固有的力学性能指标,它反映了有裂纹存在时材料抵抗脆性断裂的能力,是强度和韧性的综合体现。材料的 K_{IC} 是可通过试验测定的,试验表明,K_{IC} 的高低与材料的成分、内部组织、晶粒大小及非金属夹杂物的数量及分布形式有关。

已知材料的 K_{IC} 后,只要零件的最大工作应力 $\sigma_{max} < K_{IC}/(Y\sqrt{a})$,则带有长度小于 $2a$ 裂纹的零件就不会发生断裂。可见材料的断裂韧度也是工程设计中防止低应力脆性断裂的重要力学依据。

5. 疲劳强度

1) 疲劳断裂

工程上有一些长时间承受变动载荷,即交变应力或循环应力(指应力的大小、方向或大小和方向同时都随时间作周期性改变的应力)作用的零件,如发动机的曲轴、高速机床的主轴、旋转的飞轮、汽缸盖的紧固螺钉、齿轮、弹簧、滚动轴承等等,往往在工作应力低于制造材料静载荷下的屈服强度时就发生了断裂,这样的断裂现象称为疲劳断裂。

疲劳断裂是一个损伤累积的过程。疲劳裂纹往往起源于零件的表面,有时也可在零件内部某一薄弱部位首先产生,随着时间延长,裂纹不断向截面深处扩展,以致在某一时刻,剩余截面承受不了所受应力,零件便产生突然断裂。由于疲劳断裂前无明显的塑性变形预兆,因此它是一种带有危害性的低应力脆性断裂。零件的疲劳断裂过程可表述为疲劳裂纹产生、疲劳裂纹扩展和瞬时断裂三个阶段。

2) 疲劳极限

疲劳极限是指材料在无限次交变应力作用下而不发生疲劳断裂的最大应力。测量疲劳极限的方法有多种,通常是用旋转弯曲试验方法测定材料的对称循环疲劳极限(当交变应力的最大值与最小值的绝对值相等时,即为对称循环)。试验时用多组

试样,在不同的交变应力 S 作用下,测定各试样发生断裂的循环周次 N,绘制出如图 1-19 所示的 S-N 关系曲线,即疲劳曲线。由此曲线可知,随试验应力减小,试样断裂的循环次数增加。当应力降到某值后,S-N 曲线趋于水平,如图 1-19 中曲线1所示,这表示材料在此应力作用下无数次循环不会发生断裂,此应力值即为材料对称循环的疲劳极限或疲劳强度(S_{-1})。由于在实际测试中并不可能作无数次的交变载荷试验,故工程上规定,对于钢铁材料,取 $N_f = 10^7$ 的循环周次所对应的最大应力为它的疲劳极限。而大多

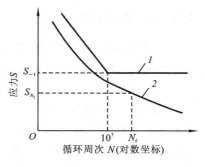

图 1-19　疲劳曲线
1—钢铁　2—非铁金属

数非铁金属的疲劳曲线上没有水平直线部分,如曲线2所示。这种情况要根据零件的工作条件及使用寿命确定一个疲劳极限的循环周次,并以此所对应的应力 S_{N_f} 作为疲劳极限,亦称条件疲劳极限。一般规定:铸铁取 $N_f = 10^7$ 次,非铁金属取 $N_f = 10^8$ 次;对于具体的零件,如汽车发动机曲轴取 $N_f = 12 \times 10^7$ 次,汽轮机叶片取 $N_f = 25 \times 10^{10}$ 次。更多的相关数据可参阅国家标准 GB/T 24176—2009。

金属材料疲劳极限较高,所以抗疲劳的零件几乎都选用金属材料制造;纤维增强复合材料也有较好的疲劳性能,故复合材料已越来越多地用来制造抗疲劳的零件;陶瓷和塑料的疲劳极限很低,不能用来制造承受疲劳载荷的零件。

3）高周疲劳与低周疲劳

根据零件所受应力的大小,把材料(零件)的疲劳分为高周疲劳和低周疲劳。前者交变应力小于材料的屈服强度,断裂时的循环周次多($N_f > 10^7$);后者交变应力较大,往往接近或超过材料的屈服强度,且断裂时的循环周次少(N_f 仅为 $10^2 \sim 10^5$)。

需要指出的是,由于疲劳断裂通常是从机体表面局部应力集中处(如表面某些尺寸过渡区或是表面缺陷处)首先产生裂纹,有时也会从材料内部缺陷处开始,裂纹随后扩展导致断裂。因此,为了提高零件的疲劳抗力,防止疲劳断裂的发生,在进行零件设计时,应选择合理的结构、形状,尽量减小表面缺陷和损伤。研究表明,对材料表面进行强化处理(如喷丸、滚压、表面淬火、渗碳等)是提高疲劳极限的有效工艺方法。

6. 耐磨性

一个零件相对另一个零件摩擦的结果,是摩擦表面有微小颗粒分离出来,接触面尺寸变化、质量损失。这种现象称为磨损。材料对磨损的抵抗能力称为材料的耐磨性,可用磨损量表示。在一定条件下的磨损量越小,则耐磨性越好。一般用在一定条件下试样表面的磨损厚度或试样体积(或质量)的减小程度来表示磨损量的大小。

磨损的种类包括氧化磨损、咬合磨损、热磨损、磨粒磨损、表面疲劳磨损等。一般来说,降低材料的摩擦系数或提高材料的硬度都有助于增强材料的耐磨性。

1.3.2　物理化学性能

材料的物理性能含义广泛,有密度、熔点、导热性、热胀性、电性能、磁性能及光性能等;材料的化学性能主要是指耐蚀性、抗氧化性等。这里仅就与本书有关的概念作简要说明。

1. 热胀性及导热性

大多数材料的体积会随着环境温度的升高发生膨胀。研究表明,膨胀的原因是原子受热后其能量增大,发生偏离平衡位置的振动,导致原子平均间距的增加,从而使材料在宏观上表现出体积和线尺寸的增大。

观察原子间相互作用能关系曲线(见图 1-1),可以看出,图中的 E_0 曲线相对于过 a_0 点的竖线是不对称的,且原子间的结合能愈大,a_0 点对应的能谷愈是窄而深,在温度增加值一定时,两原子平均间距超过 a_0 的增加量就愈小,即线胀系数愈小。以金属、陶瓷和高聚物三类材料为例,可以推断,具有离子键与共价键的陶瓷材料线胀系数最小,而具有范德瓦尔键的高聚物线胀系数最大。

线胀系数常用符号 α_l 代表,其单位为 $mm \cdot K^{-1} \cdot mm^{-1}$ 或 K^{-1},其含义是温度上升 1 K 时单位长度的伸长量。部分工程材料的线胀系数如表 1-7 所示。

表 1-7　部分工程材料的线胀系数(0～100 ℃)

材　　料	线胀系数 α_l /($\times 10^{-6}$ K^{-1})	材　　料	线胀系数 α_l /($\times 10^{-6}$ K^{-1})
铝	23.9	黄铜	18.9
铜	16.5	聚乙烯	100
铁	11.7	聚苯乙烯	70
铅	29.3	环氧树脂	55
镁	26.0	尼龙 66	80
镍	13.6	聚乙烯-玻璃纤维	48
锡	22.2	尼龙 66-玻璃纤维	20
银	19.0	氧化铝(Al_2O_3)陶瓷	8.8
金	13.8	熔融石英	0.55
钢	10～20	—	—

在工程制造的许多情况下,材料的热胀性必须予以考虑,如相互配合的柴油机活塞与缸套的间隙很小,既要允许活塞在缸套内往复运动,又要保证气密性,这就要求活塞与缸套材料的热胀性相近,避免活塞被卡住或漏气。还有,精密仪器设备上的零件常常需选用线胀系数很小的材料制造,以免失去其精密性。

热能从高温区向低温区传输的现象称为导热现象。材料的导热能力可用其热导率 λ 来表示。λ 为当物体内的温度梯度为 1 $K \cdot m^{-1}$ 时,在单位时间、单位面积内的传热量,其单位为 $W \cdot m^{-1} \cdot K^{-1}$。热导率愈高,材料的导热性愈好。在金属、陶瓷和高聚物三类材料中,纯金属的热导率最高,为 20～400 W·m^{-1}·K^{-1},陶瓷材料的热导率居中,为 2～50 W·m^{-1}·K^{-1},高聚物的热导率最低,约为 0.3 W·m^{-1}·K^{-1}。

导热性是工程上选择保温或热交换材料的重要依据之一,也是确定零件热处理保温时间的一个参数。如果热处理件所用材料的导热性差,则在加热或冷却时,表面与心部会产生较大的温差,造成不同程度的膨胀,导致零件的破裂。

2. 电性能

材料电性能的主要表征参数是电导率 σ,其单位为 S·m^{-1}(西[门子]·米$^{-1}$)。但在材料研究中常用电导率的倒数即电阻率 ρ 来说明它与其他性质的关系,$\rho = 1/\sigma$,其单位为 Ω·m(欧[姆]·米)。电阻率 ρ 与电阻 R 之间的关系是 $R = \rho L/S$,说明了电阻 R 与导体的长度 L 成正比,与导体的截面面积 S 成反比,电阻率 ρ 则表示单位长度、单位面积导体的电阻。根据电阻率的大小与范围,可把材料分为:超导体,$\rho \to 0$;导体,$\rho = 10^{-8}～10^{-5}$ Ω·m;半导体,$\rho = 10^{-5}～10^{7}$ Ω·m;绝缘体,$\rho = 10^{7}～10^{20}$ Ω·m。

通常,金属的电阻率随温度升高而增大,而非金属材料则相反。金属材料是导体,普通陶瓷材料与大部分高分子材料是绝缘体。但有意思的是,一些具有超导特性的材料却是那些特种陶瓷材料,如 La-Ba-Cu-O、Y-Ba-Cu-O、Bi-Si-Ca-Cu-O 及 Ti-Ba-Ca-Cu-O 等化合物均属陶瓷超导体。

所谓超导性,是指材料在很低的温度下,其电阻突然从某个值降为零的特性。具有这种特性的材料称为超导体。超导体电阻变为零的温度称为这种材料的超导转变温度或超导临界温度(T_c)。自 1911 年荷兰的昂纳斯(H. K. Onnes)发现汞的超导性以来,已发现了几十种金属、合金和金属化合物,如铅、锡、汞、铌、钛、铌三锡(Nb$_3$Sn)、钒三镓(V$_3$Ga)等具有超导性。不过在 1986 年以前发现的一些超导材料的 T_c 都很低,为 4～23.2 K。直到 1986 年春,IBM 实验室(设在瑞士苏黎世)的研究员柏诺兹(J. G. Bednorz)和缪勒(K. A. Muller)发现了 La-Ba-Cu-O 化合物可在 35 K 的温度下进入超导状态。这一开创性的工作不仅打破了最高超导转变温度 23.2 K 的纪录,更重要的是在世界范围内掀起了研究新型结构氧化物超导材料的热浪,并为这一领域带来了突破性进展。1987 年 2 月 16 日,美籍华裔教授朱经武报告了 Y-Ba-Cu-O 化合物在 80～93 K 温区可以进入稳定的超导状态,首次实现了在液氮沸点(77 K)以上的超导转变。就在同年的 2 月 19 日,我国科学家赵忠贤也获得了超导转变温度为 93 K 的 Y-Ba-Cu-O 超导体。1988 年,美国科学家又发现了超导转变温度为 110 K 的 Bi-Si-Ca-Cu-O 化合物与超导转变温度为 125 K 的 Ti-Ba-Ca-Cu-O 化合物超导体。应该说,关于更高超导转变温度超导体的研究是目前和今后的主要工作之一。2000 年,我国超导材料研究中心已研制出国内第一根百米长的 Bi 系高温超导带材料,表明我国超导材料的研究开始从实验室试验转向应用阶段。

有文献报道,许多国家一直都在致力于新的高温超导材料的研究,并在 2008 年发现了具有实用化潜力的铁基超导材料,中国科学院物理研究所赵忠贤、闻海虎等领导的科研小组也在同年发现,氟掺杂钐氧铁砷化合物和锶掺杂镧氧铁砷化合物能在

52 K 和 25 K 转变为超导体。根据 2009 年 10 月的报道,世界上新的超导材料的超导转变温度已达 254 K(-19.5 ℃)。人们有希望看到,室温超导材料的出现会带来一个崭新的电气化时代。

超导体的零电阻效应显示了其无损耗输送电流的性质,大功率发电机、电动机如能实现超导性,将会大大降低能耗,并使其小型化。现已开发的 Nb-Ti 及 Nb₃Sn 超导材料主要用来制造高磁场的磁体及高灵敏度的电子器件,如医用核磁共振成像系统、实验物理用粒子加速器、超导量子干涉仪(用于地球物理勘探、航空探测)以及超导磁悬浮列车(消除车轮与轨道间的摩擦,使车速大大提高)等。

3. 耐蚀性

材料由于周围环境的介质侵蚀而造成的损伤和破坏均称为腐蚀。腐蚀产生的条件是多种多样的,如几乎所有的金属能与空气中的氧作用形成氧化物,这称为氧化。如果氧化物(如 Al_2O_3)膜结构致密,则可保护金属表层不再进行氧化,否则金属将受到破坏。再如,某些陶瓷在高温条件下会与周围气体发生反应形成氧化物或其他化合物而受到破坏,还有高分子材料在高温下与氧作用所发生的解链以及机械应力、辐照等因素所造成的腐蚀速率加快等等。

材料的耐蚀性是指材料抵抗各种介质侵蚀的能力,常用每年的腐蚀深度来进行等级评定,其单位为 $mm \cdot a^{-1}$。非金属材料的耐蚀性总的说来远高于金属材料。由于腐蚀会造成零件的早期损坏,因此在工程制造中,应从设计阶段开始就考虑控制腐蚀的措施。

1.3.3　工艺性能

材料的工艺性能是指材料自身所具备的、在加工成形过程中表现出的符合某种生产工艺要求的性能,是其力学性能、物理性能、化学性能的综合。工艺性能的好坏会直接影响所制造零件的工艺方法、质量以及成本,因此选材时也必须充分考虑它。按工艺方法不同,材料的工艺性能可分为铸造性能、锻造性能、焊接性能和切削加工性能等。

1. 铸造性能

铸造性能通常指液态金属能充满比较复杂的铸型型腔并获得合格铸件的性能。流动性、收缩率、偏析倾向都是衡量铸造性能好坏的指标。流动性好,充满铸型型腔的能力大,铸件尺寸得到保证;收缩率小,可减少铸件中的缩孔;偏析倾向小,铸件各部位成分能均匀一致。所以流动性好、收缩率小、偏析倾向小的材料,其铸件质量也好。一般来说,共晶成分合金的铸造性能较好。

一些工程塑料,在其成形工艺方法中,也要求好的流动性和小的收缩率。

2. 锻造性能

锻造性能(塑性加工性能)指金属材料是否易于进行压力加工(包括锻造、压延、拉拔、轧制等)的性能。锻造性能的好坏主要以材料的塑性变形能力及变形抗力来衡量。金属在高温时变形抗力减小,塑性变形能力增大,所以高温下可用较小的力获得很大程度的变形。不过,金属不同,其变形能力也不相同,如钢的锻造性能良好,铸铁不能进行任何压力加工。

热塑性塑料可采用挤压和注模成形,这与金属的挤压和模压成形相似。

3. 焊接性能

焊接性能指金属材料是否易于焊接在一起并能保证焊缝质量的性能,一般用焊接处出现各种缺陷的倾向来衡量。焊接性能好的材料,不易出现气孔、裂纹,接头强度与母材相近。低碳钢具有优良的焊接性能,而铸铁和铝合金的焊接性能就很差。

某些工程塑料也有良好的焊接性能,但与金属的焊接机制及工艺方法并不相同。

4. 切削加工性能

切削加工性能指材料进行切削加工的难易程度。它与材料种类、成分、硬度、韧性、导热性及内部组织状态等许多因素有关,可以用切削抗力的大小、加工表面的质量、排屑的难易程度以及切削刀具的使用寿命来衡量。对于一般材料,过硬或过软,其切削加工性能都不好。有利于切削的合适硬度为 $160 \sim 230\text{HBW}$。切削加工性能好的材料,切削容易,刀具磨损小,加工表面光洁。

陶瓷材料硬度高,难以进行切削加工,但可作为加工高硬度的材料的刀具。

除以上所述外,金属材料在热处理过程中还需考虑其淬透性、淬硬性等工艺性能。

思考与练习题

1-1　晶体中的原子为什么能结合成长程有序的稳定排列?

1-2　说明四种不同原子结合键的结合方式。

1-3　根据原子结合键,工程材料是如何分类的? 它们之间性能的主要差异表现在哪里? 工程材料与功能材料的大致概念是什么?

1-4　材料的弹性模量 E 的工程含义是什么? 它和零件的刚度有何关系?

1-5　说明以下符号的意义和单位:

(1)R_{eL};(2)R_{m};(3)$R_{\text{p0.2}}$;(4)A;(5)Z;(6)S_{-1};(7)a_{K};(8)KU_2;(9)K_{IC}

1-6　现有圆形横截面的长、短试样各一根,原始直径 $d_0 = 10\text{ mm}$,经拉伸试验测得其断后伸长率 A、$A_{11.3}$ 均为 25%,求两试样拉断时的标距长度。

1-7　A 与 Z 两个性能指标,哪个表征材料的塑性更准确? 塑性指标在工程上有哪些实际意义?

1-8　a_{K} 指标有什么实用意义?

1-9　比较布氏硬度、洛氏硬度、维氏硬度的测量原理及应用范围。

1-10　在零件设计中必须考虑的力学性能指标有哪些? 为什么?

1-11　什么是材料的热胀性? 线胀系数的大小与材料的结合键类型有什么关系? 解释材料的超导性及超导转变温度。

1-12　说明金属材料的工艺性能(至少两种)对其制造件的影响。

第2章

材料的晶体结构

前已述及,工程材料在固态下多为晶体,晶体中的原子是以长程有序的规则排列的,且不同结合键的晶体有着不同的性能。以金属键相结合的金属晶体一般都具有较好的塑性,而以离子键与共价键相结合的陶瓷晶体都有很大的脆性。然而值得思考的是,为什么同样以金属键结合的晶态铁与晶态铝的塑性有很大的差异呢?研究表明,材料的性能不仅与其组成原子的本性及原子间结合键的类型有关,还与晶体中原子在三维空间长程有序的具体排列方式,即晶体结构有关。为此,本章讲述晶体结构中的一些基本问题。

2.1 晶体结构基本知识

在工程材料中,金属材料的晶体结构较为简单,下述晶体结构的相关概念主要以金属晶体为基础。

2.1.1 基本概念

1. 晶格

晶体中的原子可能有无限多种排列的方式。为了便于描述和研究这些原子的排列规律,通常将实际晶体结构简化为完整无缺的理想晶体,并近似地把原子看成是不动的等径刚性质点,且在三维空间紧密堆积、周期重复和对称排列成一种人为抽象的空间阵列(点阵),如图 2-1 所示。若用许多假想的平行直线将所有质点的中心连接起来,便构成一个三维的几何格架。这种抽象的、用于描述原子在晶体中排列形式的几何空间格架称为晶格,如图 2-2 所示,图中各直线的交点称为结点。

2. 晶胞

由于晶格中各质点的周围环境相同,因此,可以从晶格中取出一个最基本的几何单元(一般是取一个最小的平行六面体)来表达晶体中原子排列的特征,并把这种组成晶格的最小几何单元称为晶胞,如图 2-2 中的粗实线部分及图 2-3 所示。可见,晶胞在三维空间重复堆砌就可构成晶格。

需要指出的是,在晶体中可以选取多种不同形状和大小的平行六面体来作为晶胞,究竟取哪一种为标准呢?为统一起见,规定选取的平行六面体应能充分反映晶格的对称性,且晶体内的棱和角(尽量为直角)相等的数目最多。此外还应保证晶胞具

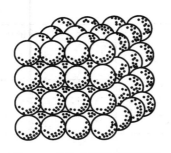

图 2-1　晶体中原子排列模型

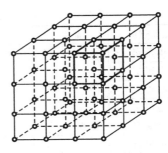

图 2-2　晶格与晶胞

有最小的体积。

3. 晶格常数

取晶胞角上的某一结点(习惯取左下角后面一结点)作为原点,沿其三条棱边作坐标轴 X、Y、Z(称为晶轴),并以三棱边的长度 a、b、c 及各边间的夹角 α、β、γ 这六个参数来表示晶胞的形状与大小(见图 2-3)。其中,三棱边的长度 a、b、c 称为晶格常数,单位为 nm。在 $a=b=c$ 的情况下,只取一个常数 a 便可表示晶格的大小。金属的晶格常数大多为 0.1～0.7 nm,如 α-Fe、γ-Fe 的晶格常数分别为 0.286 nm、0.363 nm。

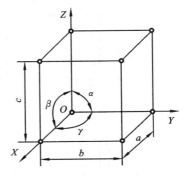

图 2-3　晶胞大小及形状表示

4. 晶系

在晶体学中,通常按晶胞中三个棱边的长度及夹角是否相等,还有夹角是否为直角等原则,将全部晶体分为七种类型,即七个晶系(见表 2-1)。法国晶体学家布拉菲(Bravais)曾通过数学证明,在七个晶系中,存在着七种简单晶胞(晶胞中的原子数为1)和七种复杂晶胞(晶胞中的原子数在 2 以上),即十四种晶胞,如图 2-4 所示。各种晶体物质的晶格类型及晶格常数不同,主要与其原子构造及结合键性质有关。表 2-2列出了元素周期表中各金属的晶体结构。对于同一金属,在不同的温度或压力下具有不同晶体结构的特性,这种特性称为同素异构性,该金属则称同素异构晶体。

表 2-1　14 种布拉菲点阵与七个晶系

布拉菲点阵	晶系	棱边长度与夹角	图 2-4 中对应的图号
简单立方	立方	$a=b=c$, $\alpha=\beta=\gamma=90°$	a
面心立方			b
体心立方			c
简单正方	正方(四方)	$a=b\neq c$, $\alpha=\beta=\gamma=90°$	d
体心正方			e
简单六方	六方	$a=b\neq c$,$\alpha=\beta=90°$,$\gamma=120°$	f

续表

布拉菲点阵	晶系	棱边长度与夹角	图 2-4 中对应的图号
简单正交	正交	$a \neq b \neq c,$ $\alpha = \beta = \gamma = 90°$	g
体心正交			h
底心正交			i
面心正交			j
简单菱方	菱方(三角)	$a = b = c, \alpha = \beta = \gamma \neq 90°$	k
简单单斜	单斜	$a \neq b \neq c,$ $\alpha = \gamma = 90° \neq \beta$	l
底心单斜			m
简单三斜	三斜	$a \neq b \neq c, \alpha \neq \beta \neq \gamma \neq 90°$	n

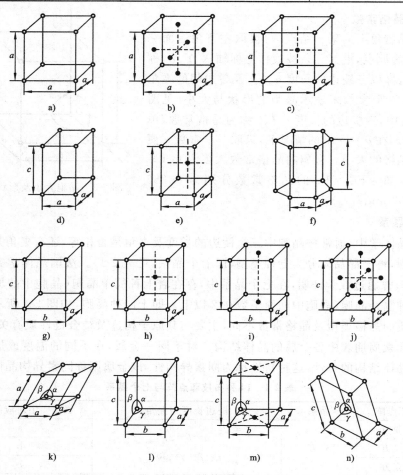

图 2-4　14 种晶胞

a) 简单立方　b) 面心立方　c) 体心立方　d) 简单四方　e) 体心四方

f) 简单六方　g) 简单正交　h) 体心正交　i) 底心正交　j) 面心正交

k) 简单菱方　l) 简单单斜　m) 底心单斜　n) 简单三斜

表 2-2　元素周期表中元素的晶体结构

周期	IA	IIA	IIIB	IVB	VB	VIB	VIIB	VIIIB	VIIIB	VIIIB	IB	IIB	IIIA	IVA	VA	VIA	VIIA	0
1	1 H A_3																	2 He (A_2) A_3
2	3 Li A_2 A_1 A_3	4 Be (A_2) A_3											5 B H T R	6 C R H A_4	7 N H C	8 O C (R)	9 F A_1 A_3	10 Ne A_1
3	11 Na A_2 A_3	12 Mg A_3											13 Al A_1	14 Si A_4	15 P C O C	16 S O M R	17 Cl A_1 A_3	18 Ar A_1
4	19 K A_2	20 Ca A_3 (A_2) A_1	21 Sc A_2 A_1 H	22 Ti (A_2) A_3	23 V A_2	24 Cr (A_1) A_2	25 Mn A_2 A_1 C	26 Fe A_2 A_1 A_2	27 Co A_2 A_1 A_3	28 Ni A_1 (A_2) (A_3)	29 Cu A_1	30 Zn A_3	31 Ga A_2 A_3	32 Ge A_4	33 As A_7	34 Se A_8 M	35 Br O	36 Kr A_1
5	37 Rb A_2	38 Sr A_2 A_5 A_1	39 Y A_2 A_3	40 Zr (A_2) A_3	41 Nb A_2	42 Mo A_2	43 Tc A_3	44 Ru A_3	45 Rh A_1	46 Pd A_1	47 Ag A_1	48 Cd A_3	49 In A_6	50 Sn A_5 A_4	51 Sb A_7	52 Te A_8	53 I O	54 Xe A_1
6	55 Cs A_2	56 Ba A_2 (T) (H)	57 La A_2 A_1 H	72 Hf A_2 A_3	73 Ta A_2	74 W A_2	75 Re A_3	76 Os A_3	77 Ir A_1	78 Pt A_1	79 Au A_1	80 Hg R T	81 Tl A_2 A_3	82 Pb A_1	83 Bi A_7	84 Po	85 At	86 Rn A_1
7	87 Fr A_2	88 Ra	89 Ac A_1															

镧系（6）

58 Ce A_2 A_1 A_1 H	59 Pr A_2 H	60 Nd H	61 Pm	62 Sm (A_2) R	63 Eu A_2	64 Gd (A_2) A_3	65 Tb (A_2) A_3	66 Dy A_3	67 Ho A_3	68 Er A_3	69 Tm A_3	70 Yb A_2 A_1	71 Lu A_2 A_3

锕系（7）

90 Th A_2 A_1 A_1	91 Pa T	92 U T T C	93 Np T T C	94 Pu T T C	95 Am H	96 Cm	97 Bk	98 Cf	99 Es	100 Fm	101 Md	102 (No)	103 (Lr)

A_1 面心立方，A_2 体心立方，
A_3 密排六方，A_4 金刚石立方，
A_5 体心正方，A_6 面心正方，
O 正交，(R)菱方，
A_7 三角，H 六方，
T 四方，C 复杂立方，M 单斜

2.1.2　纯金属的晶体结构

由表 2-2 可以看出,在元素周期表中,纯金属常见的晶体结构主要为体心立方、面心立方及密排六方等三种晶格形式。它们具有各自不同的特征。

1. 晶胞

(1) 体心立方晶格(body-centred cubic lattice,B.C.C)的晶胞　体心立方晶格的晶胞如图 2-5 所示。它是一个立方体。在立方体的八个结点上各有一个与相邻晶胞共有的原子,并在立方体的中心有一个原子,晶胞中的六个参数 $a=b=c,\alpha=\beta=\gamma=90°$,其晶格常数只用一个 a 即可表示。属于体心立方晶格的金属有钠、钾、铬、钼、钨、钒、钽、铌、α 铁(α-Fe)等。

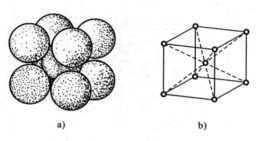

图 2-5　体心立方晶格的晶胞

a) 刚性球模型　b) 晶胞

(2) 面心立方晶格(face-centred cubic lattice,F.C.C)的晶胞　面心立方晶格的晶胞如图 2-6 所示。它也是一个立方体。在立方体的八个结点及六个面的中心位置上各有一个与相邻晶胞共有的原子,晶胞中的六个参数 $a=b=c,\alpha=\beta=\gamma=90°$,其晶格常数也只用一个 a 即可表示。属于面心立方晶格的金属有金、银、镍、铝、铜、铅、γ 铁(γ-Fe)等。

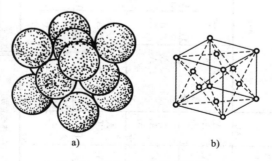

图 2-6　面心立方晶格的晶胞

a) 刚性球模型　b) 晶胞

(3) 密排六方晶格(close-packed hexagonal lattice,C.P.H)的晶胞　密排六方晶格的晶胞如图 2-7 所示。它是一个正六棱柱体。在正六棱柱体上、下两个面的结点和中心位置上各有一个与相邻晶胞共有的原子,另外在晶胞体中间还有三个原子,晶胞中的六个参数 $a=b\neq c,\alpha=\beta=90°,\gamma=120°$,其晶格常数用正六边形底面的边长 a 和晶胞的高度 c 表示。在理想密排情况下,各邻近原子之间紧密接触,此时 $c/a\approx$ 1.633,并且上、下底面原子间距与其上、下层原子间距相等。属于此类晶格的金属有镁、锌、镉、铍等。

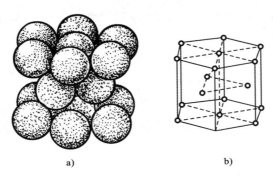

a)　　　　　　　　　　　b)

图 2-7　密排六方晶格的晶胞

a) 刚性球模型　b) 晶胞

从图 2-5、图 2-6、图 2-7 可以看出,不同形式的晶格,其内部原子排列的密集程度是不一样的。

2. 晶胞中的原子数

晶胞中的原子数(N)是指一个晶胞所包含的原子数目。由于晶体可看作是由许多晶胞堆砌而成的,故立方晶胞中结点处的原子为八个晶胞所共有,六方晶胞中结点处的原子为六个晶胞所共有,晶面上的原子属两个晶胞共有,只有晶胞体内的原子才完全为一个晶胞所拥有,如图 2-8 所示。因此可按以下方法计算三种晶胞中的原子数 N:

体心立方晶格　　　$N=8\times\dfrac{1}{8}+1=2$

面心立方晶格　　　$N=8\times\dfrac{1}{8}+6\times\dfrac{1}{2}=4$

密排六方晶格　　　$N=12\times\dfrac{1}{6}+2\times\dfrac{1}{2}+3=6$

3. 原子半径

分析晶体结构时,常常要涉及原子的大小。然而,由于原子核外电子的分布是没有严格边界的,所以还不能从理论物理的角度很精确地计算出原子的半径,只能按前面所述,把原子当作等径的刚性球,认为当它们紧密排列时刚性球的表面彼此是相切的。这样,原子半径(r)就可视为晶胞中最近邻两原子中心距离的一半。由图 2-5、图 2-6、图 2-7 可以看出,对于体心立方晶格,其晶胞对角线方向上的原子是紧密相切的;对于面心立方晶格,其晶胞中每个面对角线上的原子是紧密相切的;对于密排六

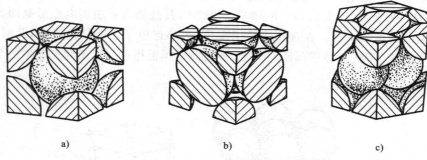

图 2-8　三种晶胞所含原子数

a) 体心立方　b) 面心立方　c) 密排六方

方晶格,当 $c/a=1.633$ 时,底面上两近邻原子是紧密相切的。因此三种晶格的原子的半径 r 可以用下式表示:

$$体心立方晶格 \qquad r=\frac{\sqrt{3}}{4}a$$

$$面心立方晶格 \qquad r=\frac{\sqrt{2}}{4}a$$

$$密排六方晶格 \qquad r=\frac{1}{2}a$$

4. 致密度

致密度(K)是描述晶格内部原子排列密集程度的参数之一,它反映的是晶胞中原子本身所占总体积与该晶胞的体积之比,即

$$K=\frac{晶胞原子数×原子的体积}{晶胞的体积}$$

三种晶格的致密度可按下式计算:

$$体心立方晶格 \quad K=\frac{2×\frac{4\pi}{3}r^3}{a^3}=\frac{2×\frac{4\pi}{3}×\left(\frac{\sqrt{3}}{4}a\right)^3}{a^3}\approx0.68=68\%$$

$$面心立方晶格 \quad K=\frac{4×\frac{4\pi}{3}r^3}{a^3}=\frac{4×\frac{4\pi}{3}×\left(\frac{\sqrt{2}}{4}a\right)^3}{a^3}\approx0.74=74\%$$

$$密排六方晶格 \quad K=\frac{6×\frac{4\pi}{3}r^3}{6×\frac{\sqrt{3}}{4}a×a×c}=\frac{6×\frac{4\pi}{3}×\left(\frac{1}{2}a\right)^3}{6×\frac{\sqrt{3}}{4}×1.633a^3}\approx0.74=74\%$$

以上三式表明,体心立方晶胞中原子占据了体积的 68%,面心立方晶胞和密排六方晶胞中原子占据了体积的 74%。晶胞内其余的 32% 和 26% 的体积为空隙。

5. 配位数

配位数是指晶体结构中与任一原子最近邻且等距离的原子数目,也是描述晶格内部原子排列密集程度的一种参数。配位数愈大,原子排列的致密度就愈高。由图 2-9 可见,在体心立方晶格中,与任一原子 A 间具有的最近距离 $d=\frac{\sqrt{3}}{2}a$,相邻原子为八个,所以体心立方晶格的配位数是 8。同样,从该图还可看出,面心立方晶格和密排六方晶格的配位数都是 12。研究表明,当金属从高配位数结构向低配位数结构发生同素异构转变时,随着致密度的减小和晶体体积的膨胀,原子半径将同时产生变化。由此可见,同种原子处在不同的晶格中,其原子半径也是不同的。

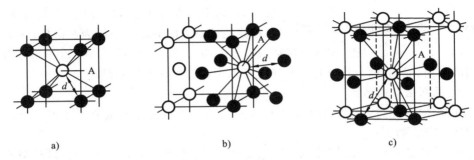

图 2-9　三种晶格配位数
a）体心立方　b）面心立方　c）密排六方

在讨论金属晶体结构时,需要强调的是,陶瓷材料的晶体、高分子材料中的结晶区,其晶态结构都较复杂,这将在后续章节述及。

2.1.3　立方晶系中的晶向与晶面

在研究有关晶体的生长、变形、相变以及性能等问题时,常常涉及晶体中原子、原子列和原子平面的空间位置。实践表明,晶体中一些特定的空间位置(晶向、晶面等)与晶体表现出的性能有密切关系,为此,必须确定一致的符号来标定不同的晶向、晶面等。当今国际上通用的是由英国科学家密勒(W. H. Miller)于 1937 年提出的密勒指数。下面介绍密勒指数的标定方法。

1. 晶向指数的标定

在晶体中,通过若干原子中心(结点)连成的许多表示不同空间方位的直线称为晶向。晶向指数的标定方法如下:

① 以晶格中某原子为原点,并以晶胞三个棱边作三个坐标轴 X、Y、Z,通过原点作平行于所求晶向的直线。

② 以相应的晶格常数为测量单位,求所引直线上任意一结点(一般选取距原点最近的一个结点)的三个坐标值。

③ 将所求坐标值化为最小整数,加一方括号,即为所求的晶向指数。一般表达为 $[uvw]$,括号内的三个数不用标点分开。

立方晶系中的几个主要的晶向如图 2-10 所示。如果指数为负值,则在相应指数

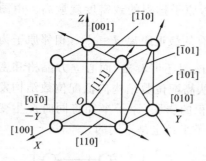

图 2-10　立方晶格中的晶向及指数

上方加注横线,如$[\overline{uvw}]$或$[\overline{1}10]$。如果两组晶向的全部指数数字相同而符号相反,例如$[110]$与$[\overline{1}\ \overline{1}0]$,则它们相互平行,但方向相反。显然,一个晶向指数表示的是一组互相平行、方向一致的所有晶向。

在立方晶系中,原子排列具有高度的对称性,存在许多原子排列情况(原子间距与分布密度)均相同但彼此空间位向不同的晶向,晶体学上把这些性质等同的晶向统称为晶向族,用尖括号表示$\langle uvw \rangle$,如晶向族$\langle 100 \rangle$应包括$[100]$、$[010]$、$[001]$$[\overline{1}00]$、$[0\overline{1}0]$、$[00\overline{1}]$等六个不同的晶向,晶向族$\langle 111 \rangle$、$\langle 110 \rangle$分别包括八个和十二个不同的晶向。

2. 晶面指数的标定

在晶体中,通过若干原子中心而构成的二维平面称为晶面或原子平面。晶面指数的标定方法如下:

① 以晶格中某一原子为原点(注意不要把原点放在待定晶面上),并以晶胞的三个棱边作三个坐标轴 X、Y、Z,以相应的晶格常数为测量单位,求出待定晶面在三个坐标轴上的截距。如果该晶面与坐标轴平行,则截距为∞。

② 将所得的三个截距值变为倒数。

③ 将所得三个倒数按比例化为最简整数,并加一圆括号,即为所求的晶面指数。一般表达为(hkl),括号内的三个数不用标点分开。

如图 2-11a 中带剖面线的晶面,它在 X、Y、Z 三轴上的截距分别为 1、1、∞,故其倒数分别为 1、1、0,因此该晶面的指数则为(110)。

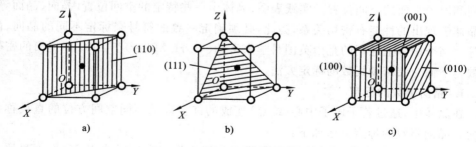

图 2-11　立方晶格中的晶面及指数

a) (110)晶面　b) (111)晶面　c) $\{100\}$晶面族

需要说明的是,如果待求晶面通过原点,可将坐标适当平移,再求截距;如果晶面在坐标轴上的截距为负值,则在相应指数上方加注横线,如$(\overline{h}kl)$或$(\overline{1}00)$。

与晶向族类似,一个晶面指数(hkl)不是指一个晶面,而是指一组相互平行的晶面。这些晶面的指数相同,或数字相同而正负号相反,如图 2-11c 中的(010)与$(0\overline{1}0)$就是两个平行晶面。在立方晶系中,还存在有许多原子排列完全相同且面间距相等、

但相互空间位向不同的晶面组。这些晶面可看成是性质相同的等同晶面,在晶体学上称为晶面族,用花括号表示$\{hkl\}$。如晶面族$\{100\}$应包括(100)、(010)、(001)、$(\bar{1}00)$、$(0\bar{1}0)$、$(00\bar{1})$等六个晶面(见图 2-11c),晶面族$\{111\}$应包括(111)、$(11\bar{1})$、$(1\bar{1}1)$、$(\bar{1}11)$等八个等同晶面。

3. 晶向及晶面的原子密度

晶向的原子密度为该晶向单位长度上的原子数。晶面的原子密度为该晶面单位面积中的原子数。体心立方与面心立方晶格中一些晶向和晶面的原子密度如表 2-3 和表 2-4 所示。

由表 2-3、表 2-4 可以看出,晶体中不同的晶向或不同的晶面上原子分布密度不同。在体心立方晶格中,原子密度最大的晶向为$\langle 111 \rangle$,原子密度最大的晶面为$\{110\}$;在面心立方晶格中,原子密度最大的晶向为$\langle 110 \rangle$,原子密度最大的晶面为$\{111\}$。

正是这种密度的差异,引起相互间结合力大小的不同,从而导致金属理想状态的单晶体在不同方向上表现出不同的性能。这种现象称为各向异性。也就是说,单晶体是具有各向异性的。例如,单晶体铁在原子密度最高的$\langle 111 \rangle$方向上弹性模量为2.90×10^5 MPa,而在原子密度较低的$\langle 100 \rangle$方向上弹性模量为1.35×10^5 MPa;单晶体铁在磁场中沿$\langle 100 \rangle$方向比沿$\langle 111 \rangle$方向容易磁化;$\{100\}$面是体心立方金属最易拉断或劈开的晶面(常称解理面);等等。

表 2-3　体心立方、面心立方晶格主要晶向的原子排列和密度

晶向指数	体心立方晶格		面心立方晶格	
	晶向原子排列	晶向原子密度（原子数/长度）	晶向原子排列	晶向原子密度（原子数/长度）
$\langle 100 \rangle$		$\dfrac{2 \times \frac{1}{2}}{a} = \dfrac{1}{a}$		$\dfrac{2 \times \frac{1}{2}}{a} = \dfrac{1}{a}$
$\langle 110 \rangle$		$\dfrac{2 \times \frac{1}{2}}{\sqrt{2}a} = \dfrac{0.7}{a}$		$\dfrac{2 \times \frac{1}{2} + 1}{\sqrt{2}a} = \dfrac{1.4}{a}$
$\langle 111 \rangle$		$\dfrac{2 \times \frac{1}{2} + 1}{\sqrt{3}a} = \dfrac{1.16}{a}$		$\dfrac{2 \times \frac{1}{2}}{\sqrt{3}a} = \dfrac{0.58}{a}$

表 2-4　体心立方、面心立方晶格主要晶面的原子排列和密度

晶面指数	体心立方晶格		面心立方晶格	
	晶面原子排列	晶面原子密度（原子数/面积）	晶面原子排列	晶面原子密度（原子数/面积）
{100}		$\dfrac{4\times\dfrac{1}{4}}{a^2}=\dfrac{1}{a^2}$		$\dfrac{4\times\dfrac{1}{4}+1}{a^2}=\dfrac{2}{a^2}$
{110}		$\dfrac{4\times\dfrac{1}{4}+1}{\sqrt{2}a^2}=\dfrac{1.4}{a^2}$		$\dfrac{4\times\dfrac{1}{4}+2\times\dfrac{1}{2}}{\sqrt{2}a^2}=\dfrac{1.4}{a^2}$
{111}		$\dfrac{3\times\dfrac{1}{6}}{\dfrac{\sqrt{3}}{2}a^2}=\dfrac{0.58}{a^2}$		$\dfrac{3\times\dfrac{1}{6}+3\times\dfrac{1}{2}}{\dfrac{\sqrt{3}}{2}a^2}=\dfrac{2.3}{a^2}$

所谓单晶体,就是晶体内部晶格位向完全一致、仅由一个晶粒组成的晶体,如图 2-12a 所示。图 2-12b 所示为多晶体。

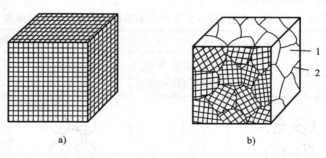

图 2-12　晶体
a) 单晶体　b) 多晶体
1—晶粒　2—晶界

2.2　实际金属晶体结构的特点

实际金属材料中的原子(确切些说是离子)在三维空间排列形成的晶体,不仅不是按所设想的规则排列的理想单晶体,而且还存在着局部微区域原子排列不完整的现象。

2.2.1　多晶体结构

工程上实际使用的金属材料(除专门制备的外)均为多晶体结构,即它是由许多

外形不规则的单晶体组成的。单晶体相互
间的晶格方位皆不相同,但每一个单晶体内
部的原子排列大体属于同一位向。这些单
晶体又称为晶粒,相邻晶粒的界面称为晶
界。金属材料的晶粒通常都很小,如钢铁材
料的晶粒尺寸仅为 $10^{-2} \sim 10^{-1}$ mm,故只有
经显微镜放大以后,才能观察到。但不排除
在某些情况下,出现特大或特小的晶粒。图
2-13 所示为工业纯铁经过化学试剂深浸蚀
后在金相显微镜下所看到的晶粒。由于每
个晶粒的晶格位向不同,在同一浸蚀剂作用

图 2-13　深浸蚀的工业纯铁
的不同晶粒(×200)

下溶解速度也不一样,所以在显微镜垂直光线的照射下,不同晶粒的明暗不同。正因
为不同晶粒内原子排列位向不同,因此,每个晶粒在不同方向上的性能差异相互抵
消,多晶体材料的性能从而呈现出各方向上大体相同的现象。如多晶体的工业纯铁,
在任何方向上都有相同的弹性模量($E \approx 2.14 \times 10^5$ MPa)。

2.2.2　晶体中的缺陷

　　由于多种外界因素的影响,实际金属不仅是多晶体,而且在晶粒的内部原子也不
可能完全按某一晶格类型进行理想的排列,同时还存在着一些不规则排列的缺陷。
晶体中的缺陷归纳为点缺陷、线缺陷、面缺陷三种。

1. 点缺陷

　　点缺陷是指在三维空间各方向的尺寸都很小(约为几个原子的直径)。其具体形
式有空位、间隙原子、置换原子,如图 2-14 所示。

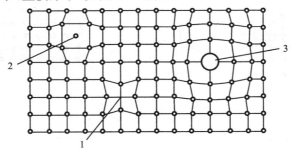

图 2-14　晶体中的点缺陷
1—空位　2—间隙原子　3—置换原子

　　(1)空位　晶格上没有原子的结点称为空位。空位的产生是由于晶体中原子在
结点上不停地进行热振动,在一定的温度下原子热振动能量的平均值虽然是一定的,
但各个原子的热振动能量并不完全相等。有的可能高于平均值,甚至个别原子的能

量会大到足以克服周围原子对它的束缚作用,使其脱离原来的结点,从而造成该结点的空缺,于是形成一个"空位"。

(2) 间隙原子　在晶格结点以外存在的原子称为间隙原子。它一般是较小的异类原子。如前所述,纯金属的三种晶体结构中都有空隙,因此较小的异类原子(如 B、C、H、N 等)很容易进入晶格的间隙位置。

(3) 置换原子　占据晶格结点的异类原子称为置换原子。一般来说,置换原子的半径与晶格上已有原子的半径相当或较大。

无论是哪一种点缺陷,都会使晶体中原子的平衡状态受到破坏,造成晶格的歪扭(称晶格畸变),从而使金属的性能发生变化。例如,随着点缺陷的增加,电子在传导时的散射增加,导致金属的电阻率增大;当点缺陷与位错发生交互作用时,材料强度会提高,塑性会变差。

2. 线缺陷

线缺陷又称为一维缺陷,这种缺陷在三维空间一个方向上的尺寸很大,另外两个方向上的尺寸很小,其具体形式就是晶体中的位错。它是晶体中某处一列或数列原子发生有规律的位置错动。位错有许多类型,图 2-15a 所示为常见的刃型位错。它可理解为:将一理想晶体部分地切开,再用一额外原子面嵌入切口,即在 EF 处的上方多插入了一个像刀刃一样的原子平面。这使晶体沿 EF 线产生了上、下层原子位置的错动。EF 线称为位错线。晶体从上部多插入一个原子面称为正刃型位错,以符号"⊥"表示;晶体从下部多插入一个原子面称为负刃型位错,以符号"⊤"表示(见图 2-15b)。

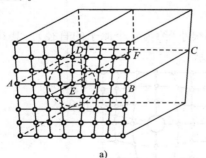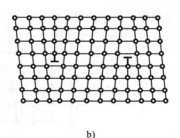

a)　　　　　　　　　　　　　　　　　b)

图 2-15　刃型位错

a) 刃型位错立体图　b) 正刃型位错和负刃型位错

由图 2-15a 可见,位错线 EF 处原子排列的对称性受到破坏,离 EF 线越近,原子排列的错动越大,最大可达半个原子间距;离 EF 线越远,原子排列的错动越小,直至恢复到正常位置。所以,位错线 EF 周围的晶格畸变范围可描述为:它是以 EF 线为中心、直径为 3~4 个原子间距、长度为几百到几万个原子间距的细长"管道",这个管道是一个应力集中区。正刃型位错使得晶体上部受压应力,下部受拉应力;负刃型位错使得晶体上部受拉应力,下部受压应力。在外加切应力作用下,EF 线可以移动,其移动方向与晶体上、下两部分的相对滑移方向平行。

金属中的位错很多,甚至相互连接呈网状分布。由于每个位错都产生一个应力场,故其他的位错会受到作用力,并发生交互作用,这对金属的力学性能带来很大的影响。如特制的单晶体铁,假定此单晶体中的位错密度(单位体积中位错线的总长度)为零,则 $R_m = 56,000$ MPa,若位错密度为 $10 \sim 10^3$ cm·cm^{-3},其 $R_m = 13,400$ MPa。

3. 面缺陷

面缺陷又称为二维缺陷,这种缺陷在三维空间两个方向上的尺寸较大,另一方向上的尺寸很小。面缺陷的具体形式是晶界、亚晶界及相界。这里主要分析晶界及亚晶界。

(1)晶界 如前所述,实际金属是由许多晶粒组成的,晶粒之间则以晶界区分开来,晶粒间的位向差大多在 30°~40° 之间。图 2-16 表示了两个晶粒相邻的概貌。由图可见,在晶界处原子排列是不规则的,实际上就是不同位向晶粒之间的过渡层,有几个原子间距到几百个原子间距宽。一般说来,金属纯度越高则宽度越小,反之则越大。此处晶格畸变较大,与晶粒内部原子相比,具有较高的平均能量。由于晶界能量较高,故有自发地向

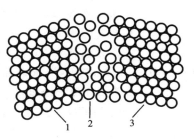

图 2-16 晶界处原子排列模型
1—晶粒Ⅱ 2—晶界 3—晶粒Ⅰ

低能量状态转化的趋势。通常,加热会引起晶粒长大和晶界的平直化,因为这可减小晶界面积,降低晶界能量。

(2)亚晶界 在多晶体的每一个晶粒内,还存在着许多尺寸很小($10^{-5} \sim 10^{-3}$ mm)、位向差也很小(一般不超过 3°)的小晶块,称为亚晶粒(或亚结构、嵌镶块),如图 2-17 所示。在亚晶粒内部的原子排列位向一致,而亚晶粒与亚晶粒之间的亚晶界则是由一系列刃型位错所组成的,如图 2-18 所示。亚晶界上的原子排列也是不规则的,只是不规则的程度没有晶界那么严重。

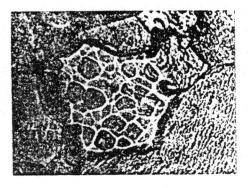

图 2-17 铝镍合金中的亚晶粒

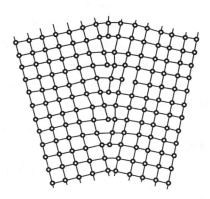

图 2-18 亚晶界结构

在实际金属晶体中,点、线、面缺陷的存在破坏了晶体原子排列的完整性,对金属的力学、物理、化学等性能都会带来很大的影响。研究表明,缺陷的产生与晶体的生成条件、原子的热运动以及晶体所接受的加工过程等有关。

思考与练习题

2-1 分别说明以下概念:

(1)晶体结构;(2)晶格与晶胞;(3)晶格常数;(4)致密度;(5)配位数;(6)晶面;(7)晶向;(8)单晶体;(9)多晶体;(10)晶粒;(11)晶界;(12)各向异性;(13)同素异构。

2-2 金属常见的晶格形式有哪几种? 如何计算每种晶胞中的原子数?

2-3 已知 α-Fe 的晶格常数为 0.289 nm,试求出晶体中(110)、(111)的晶面间距。

2-4 在立方晶格中,如果晶面指数和晶向指数的数值相同,例如(111)与[111],(110)与[110]等,问:该晶面与晶向间存在着什么关系?

2-5 在题 2-5 图中绘出以下晶面和晶向,并标出各自的晶面指数和晶向指数。

(1)晶面:$ABCD$、$ABGH$、AFH、$IJKL$。

(2)晶向:AB、AC、AG、AM。

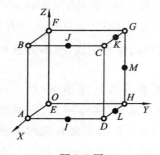

题 2-5 图

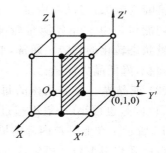

题 2-6 图

2-6 在题 2-6 图中,求出坐标原点为(0,0,0)及(0,1,0)时,阴影面的晶面指数。

2-7 写出体心立方晶格中的{110}晶面族所包含的晶面,并绘图表示。

2-8 金属实际晶体结构中存在哪些缺陷? 每种缺陷的具体形式如何?

2-9 已知银的原子半径为 0.144 nm,求其晶格常数。

2-10 单晶体与多晶体有何差别? 为什么单晶体具有各向异性,而多晶体材料通常不表现出各向异性?

2-11 画出体心立方、面心立方晶格中原子最密的晶面和晶向,并写出其相应的指数。

2-12 在立方晶系的晶胞中,画出(111)、(112)、(011)、(123)晶面和[111]、[101]、[11$\bar{1}$]晶向。

2-13 写出立方晶系中⟨110⟩晶向族所包含的所有晶向。

材料的凝固与相图

大多数工程材料在生产过程中都要经过从熔融到凝固这一过程,并且该过程与晶体形成、晶体缺陷、多晶结构等特性有着直接的关系。本章主要讨论工程材料的凝固规律与凝固后的晶体结构类型、组织状况及性能特点。

3.1 凝固的基本知识

1. 凝固与结晶

凝固是指物质从液态经冷却转变为固态的过程。凝固后的固态物质可以是晶体,也可以是非晶体。通过凝固形成晶体物质的过程称为结晶。

一切物质的结晶都具有严格的平衡结晶温度。高于此温度,物质则熔为液态;低于此温度,物质才能进行结晶;处在此温度,液体与晶体共存。而一切非晶体物质则无此明显的平衡结晶温度,如第 1 章所述,它们没有明显的凝固点或是没有明显的熔点,从液态到非晶固态是逐渐过渡的。金属的凝固是最典型的结晶过程,而玻璃的凝固是最典型的非晶体凝固过程。

2. 凝固状态的影响因素

材料凝固后呈现晶态还是非晶态,主要受熔融液体的黏度和冷却速度两个因素的影响。

1)熔融液体的黏度

黏度表征流体中发生相对运动的阻力。如图 3-1 所示,两平行流体层相对移动时,流体的内摩擦力 f 的大小为

$$f = \eta S \frac{\mathrm{d}v}{\mathrm{d}x}$$

其中,S 为流体层面积,单位为 m^2;$\frac{\mathrm{d}v}{\mathrm{d}x}$ 为相对移动的速率梯度,单位为 s^{-1};η 为黏度,单位为 Pa·s。

图 3-1 两平行流体内
摩擦示意图

黏度表示当速度梯度变为 1 单位时,在相接触的两流体层单位面积内摩擦力的大小。它是材料内部结合键性质和结构情况的宏观表现。η 值越大,表示流体越黏稠,流体层间的内摩擦力就越大,相对运动也越困难,甚至使原子无法迁移,实现有序排列。这样凝固时很容易形成无规则的原子排列结构,如陶瓷材

料中的玻璃结构、高分子材料中的非晶态结构等。研究表明,金属熔体的 η 值极小,熔点附近原子的迁移能力极强,绝大多数能凝固为晶体。

　　2)熔融液体的冷却速度

　　冷却速度对凝固的过程也产生重要的影响。冷却速度越大,在单位时间内逸散的热量越多,熔融液体的温度便降得越低。它直接制约着原子的扩散能力,如前所述,当冷却速度为 $10^5 \sim 10^6$ ℃·s^{-1} 时,金属材料中一些原子的迁移受到阻碍,从而获得非晶态的金属材料。

　　由于在一般的冷却条件下,金属都能凝固为晶体,因此,了解材料结晶的规律,宜首先从金属材料开始。

3.2　纯金属的结晶

3.2.1　结晶时的过冷现象

　　将纯金属加热到液态,然后让其缓慢冷却,并在冷却过程中,每隔一定时间测量一次温度,再把对应的温度 T 与时间 t 绘制成一关系曲线,即冷却曲线,如图 3-2 所示。

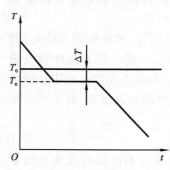

　　由冷却曲线可见:在冷却的初始阶段,液态金属随冷却时间的延长,热量逐渐散失,显示出温度均匀下降的特点。当冷却到某一温度时,温度又表现出随时间延长而不继续下降的现象,于是在曲线上呈一水平线段。实验证明,该水平线段对应的温度 T_n 就是金属的实际结晶温度。水平线段的出现是由于在结晶过程中,放出的结晶潜热补偿了金属冷却时散失的热量所致。随着结晶过程的继续进行,液体完全凝固成固体,不再放出结晶潜热,此时温度又开始连续地下降。

图 3-2　纯金属的冷却曲线

　　图 3-2 中的 T_0 为金属的理论结晶温度,它是液态金属在无限缓慢冷却条件下(即平衡冷却条件下)的结晶温度。但在生产实际中,金属凝固时的冷却速度都是比较快的,此时,液态金属只能在理论结晶温度以下的某一温度 T_n 才开始结晶。通常把金属的实际结晶温度 T_n 低于理论结晶温度 T_0 的现象称为结晶时的过冷现象,并把理论温度 T_0 与实际结晶温度 T_n 的差值称为过冷度 ΔT,即 $\Delta T = T_0 - T_n$。对某一金属来说,过冷度不是恒定值,它与冷却速度有关。冷却速度越大,过冷度越大,金属的实际结晶温度就越低。

3.2.2　结晶的条件

　　纯金属的结晶并非在任何情况下都能自发进行,它受能量条件,结构条件的制约。

1. 能量条件

　　根据最小自由能原理,在等温、等压的条件下,物质自动地由甲状态转变至乙状态,一定是由于在这种条件下甲状态的自由能高于乙状态的自由能所致,而促使这种转变发生的驱动力,就是两种状态的自由能之差。

自由能 G 是表示物质能量的一个状态函数,根据热力学定律,其表达式为

$$G = U - TS$$

其中,U 为系统内能,即系统中各种能量的总和;T 为热力学温度;S 为熵(系统中表征原子排列混乱程度的参数)。

对于固态金属

$$G_{固} = U_{固} - TS_{固}$$

对于液态金属

$$G_{液} = U_{液} - TS_{液}$$

由上两式可以计算金属固态与液态的自由能随温度的变化而变化的值,并绘制出二者的关系曲线,如图 3-3 所示。由图可见,液态金属的自由能随温度上升而减小的速度比固态金属的更快,所以两条曲线相交于一点(对应的温度为 T_0)。此点表示液态金属与固态金属的自由能相等,即二者处于平衡状态,也表明由液态转变为固态和由固态转变为液态的可能性相同,宏观上表现为既不结晶也不熔化。因此,T_0 是两态共存温度,也就是理论结晶温度或平衡结晶温度(还可说是金属的熔点或凝固点)。

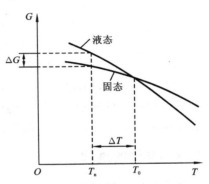

图 3-3　固、液态金属自由能-温度曲线

当 $T > T_0$ 时,$G_{液} < G_{固}$,固态金属将转变为液态金属;当 $T < T_0$ 时,$G_{液} > G_{固}$,液态金属转变为固态金属,即结晶成晶体。由此可知,欲使液态金属结晶为固体,必须冷却到理论结晶温度 T_0 以下的某一温度 T_n 才行。这就是金属结晶时出现过冷现象的根本原因。

从能量角度看,过冷是金属结晶的必要条件。只有过冷,才具备 $G_{固} < G_{液}$ 的能量条件,才能有液态金属自发结晶成为固态金属的驱动力。过冷度越大,$G_{液}$ 与 $G_{固}$ 的差值越大,即结晶驱动力越大,故结晶的倾向也越大。由于金属的晶体结构比较简单,并总含有杂质(如冶炼矿石遗留下的杂质),所以实际结晶时的过冷能力并不大,过冷度一般只有几摄氏度或十几摄氏度,通常不超过 20 ℃。

2. 结构条件

纯金属的结晶与其液态时的结构密切相关。前已述及,固态金属中的原子是按长程有序的规则排列的,如图 3-4a 所示。研究表明,当固态金属熔化为液态金属后,原子长程有序的规则排列的结构虽从整体上受到了破坏,但因原子间还存在着相当强的作用力,尤其在液态金属温度接近熔点时,其内部较小的范围(几十或几百个原子范围)内存在着时而形成、又时而消失的短程有序原子集团,如图 3-4b 所示。由于

金属结晶的实质就是使具有短程有序排列的液态金属转变成具有长程有序排列的固态金属,所以,在一定的条件下短程有序排列的原子集团有可能成为结晶的核心。为此,液态金属内部极小范围内瞬时呈现的短程有序原子集团,就是金属结晶所需的结构条件。

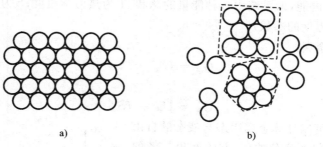

a)　　　　　　　　　　　　　b)

图 3-4　金属固态与液态原子排列

a) 固态中的长程有序结构　b) 液态中的短程有序结构

由上所述可知,结晶的实质也可以广义地理解为是金属从一种原子排列状态过渡到另一种原子排列状态(晶态)的过程。这样,可以把金属从液态过渡为固体晶态的转变称为一次结晶,从一种固态过渡到另一种固体晶态的转变则称为二次结晶。

3.2.3　结晶的过程

液态金属冷却到结晶温度时,又是怎样进行结晶的呢? 通过大量盐类饱和溶液凝固的模拟试验可以观察到,结晶是由晶核形成和晶核长大两个基本过程所构成的。

图 3-5 示意地说明了金属在均匀冷却时的结晶过程。在金属液冷却到结晶温度后,经过一段时间,一些尺寸较大的短程有序原子集团开始变得稳定,并成为极细小的晶体,称之为晶核。晶核的出现会使系统的自由能降低。随着时间的推移,这些成为晶核的微小晶体迅速地在金属液中长大,与此同时,在金属液的其他部分又有一些新的晶核出现并不断长大。这样的形核和长大的过程不断进行下去,直到金属液消失,小晶核长成一个个外形不规则的小晶体(即为晶粒)并彼此相遇为止,如图 3-5f 所示。不难理解,在金属结晶完毕后,就形成了多晶体的结构。

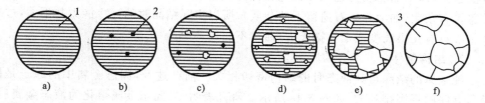

图 3-5　金属结晶过程

a) 液态　b) 晶核生成　c) 晶核长大　d) 继续长大,新的晶核生成　e) 晶核开始相遇　f) 结晶完毕

1—液体　2—晶核　3—小晶体(晶粒)

3.2.4　结晶后的晶粒大小

结晶既然是由晶核形成和晶核长大两个基本过程所构成的,那么结晶完毕后晶粒的大小势必与两个基本过程有关,为此有必要作进一步的讨论。

1. 晶核形成方式

(1) 自发形核　自发形核是指在一定过冷度下,由液态金属内部一定尺寸的短程有序原子集团自发成为结晶核心的过程。这种形核方式与液体的冷却速度有直接关系,当冷却速度越大,过冷度 ΔT 越大,实际结晶温度 T_n 越低,自由能差 $G_{液} - G_{固} = \Delta G$ 越大时,在单位时间、单位体积内可以形成结晶核心的短程有序原子集团越多,即形核率 N 越大。

(2) 非自发形核　利用实际金属融体中不可避免而含有的难熔悬浮固体杂质微粒(或者是为改善材料性能而在冶炼、浇注过程中人为加入的一些物质所形成的难熔悬浮固体微粒),在一定的过冷度下,液态金属优先依附在这些微粒表面上形核并长大,这一形核过程称为非自发形核。固体微粒与液态金属结晶核心的晶格类型和晶格常数越接近,固体微粒越易于起到非自发形核的作用。

研究表明,自发形核和非自发形核是同时存在的。在实际金属中,非自发形核更重要,往往起优先与主导作用。这是因为,非自发形核是在现成基底上进行的,从而减小了形核功,只需要较小的过冷度就能实现。

2. 晶核的长大

晶核一旦形成,便开始长大。在长大的初期,小晶体保持有规则的几何外形,但随着晶核的长大,晶体的棱角逐渐形成。由于棱角尖端处散热条件优于其他部位,因而在此处晶体得以优先生长,如图 3-6a、b 所示。其生长方式与树枝的生长方式一样,先形成"树干",称为一次晶轴;然后再形成"分枝",称为二次晶轴。依此类推,还可形成三次晶轴以至多次晶轴。各次晶轴彼此交错,空间形貌犹如茂密的树枝,故称

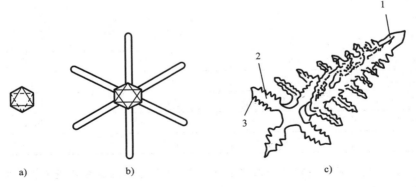

图 3-6　晶体长大过程

a) 棱角形成　b) 棱角尖端处优先生长　c) 长成枝晶

1——次晶轴　2—二次晶轴　3—三次晶轴

之为树枝状晶体,简称枝晶,如图 3-6c 所示。在多次晶轴形成的同时,各次晶轴均在不断地伸长并长粗,直到各次晶轴互相接触,晶轴间的金属液消耗完毕为止,即形成一颗晶粒。

图 3-7　铝合金表面的树枝晶显微形貌

若金属纯度高,凝固时又能不断得到金属液的补充,则结晶后看不出任何树枝状晶体的痕迹,只能看到一颗颗外形不规则的晶粒,如图 2-13 所示。若金属不纯或结晶时得不到金属液的补充,则能明显看到树枝状晶体的形态。图 3-7 所示为在显微镜下见到的铝合金(含多种成分)表面的树枝晶形貌。

此外,晶体在长大过程中,可能由于某种原因(如金属液流动、枝晶轴相互碰撞等),晶轴发生相对转动、偏斜或折断,以及晶轴间的微小空间位向差,因此在一颗晶粒内形成亚晶粒、位错等缺陷。

3. 晶粒大小(晶粒度)

由上所述可知,晶粒就是由一个晶核长大的晶体。晶粒的大小可用单位体积内晶粒的数目来表示,数目愈多,晶粒愈小。为了测量方便,常以单位面积的晶粒数目或以晶粒的平均直径表示。

晶粒大小对材料性能影响很大。一般而言,常温下的金属材料(尤其是纯金属),晶粒愈小,则其强度愈高,塑性、韧性愈好,如表 3-1 所示。需要指出的是,对于在高温下工作的金属材料,晶粒应粗大一些,这是因为高温下原子沿晶界的扩散比晶内快,晶界对变形的阻力大为减弱所致。

表 3-1　多晶体纯铁的晶粒大小与力学性能

晶粒平均直径/mm	力学性能		
	R_m/MPa	R_{eL}/MPa	A/%
9.70	165	40	28.8
7.00	180	38	30.6
2.50	211	44	39.5
0.20	263	57	48.8
0.16	264	65	50.7
0.10	278	116	50.0

工业生产中还采用晶粒度等级来表示。我国执行的国家标准是《金属平均晶粒度测定法》(GB/T 6394—2002)。标准晶粒度分为 8 级,1 级最粗,8 级最细,如图 3-8 所示。

晶粒的大小取决于形核率 N 及晶核的长大速率 G。N 定义为单位时间、单位体积

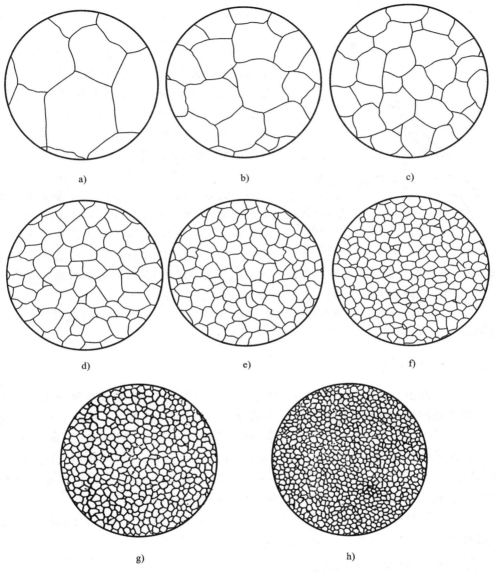

图 3-8 钢的晶粒度级别(100×)

a) 1 级 b) 2 级 c) 3 级 d) 4 级 e) 5 级 f) 6 级 g) 7 级 h) 8 级

内所产生的晶核数目;G 为单位时间内晶体长大的线长度,表示晶核生长中,液固界面在垂直于界面的方向上单位时间内迁移的距离。金属凝固后,单位体积中的晶粒数 Z 与形核率 N 成正比,与生长速率 G 成反比,即 $Z = 0.9(N/G)^{3/4}$。图 3-9 所示为形核率 N 及生长率 G 与过冷度 ΔT 的关系曲线。由图可见,在一般过冷度下(见图 3-9 中实线),形核率与生长率都随过冷度的增大而增大,但是 N 的增长大于 G 的增长。因此,当 ΔT 增大时,N/G 的值也会增大,这意味着单位体积中晶粒数目增多,晶粒变

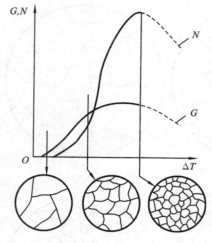

图 3-9　晶粒大小与 N、G 的关系

细;反之,当 ΔT 较小时,形成的晶粒就变得比较粗大了。

对金属来说,在过冷度很大的情况下,由于实际结晶的温度已经很低,液体中原子的热运动速度已显著降低,反而会使 N 和 G 下降(见图 3-9 中的虚线)。不过在工业生产中,金属液很难达到这样大的过冷度。一般在此过冷度之前,结晶早已完毕。

生产中,通常利用非自发形核的原理来获得细小的晶粒,提高金属强度。在金属液中加入某种物质,使之形成悬浮在液体中的固体微粒来增大形核率 N;或加入某种物质使之对正在成长的晶体起到束缚作用,减小晶体生长速率 G:二者皆能起到细化晶粒的作用。此方法即为变质处理,所加的物质称为变质剂(或孕育剂)。铸造生产中,利用此法可得到高强度变质铸铁(孕育铸铁)。

另外,利用机械振动、超声波振动等方法,都可使已形成的粗大晶轴断开,造成晶粒的细化,以达到提高金属强度的目的。

3.3　合金的结晶

合金是指由一种金属元素与另一种或几种元素经熔炼、烧结或其他方法结合在一起而形成的具有金属特性的物质。组成合金的最简单、最基本且能独立存在的物质称为组元。组元在多数情况下是元素,例如,Pb-Sn 合金中的 Pb 和 Sn 皆为组元。按所含组元的数目,合金可分为二元合金、三元合金及多元合金,如碳钢、合金钢、铸铁、黄铜等。由于自然界的纯金属种类有限,加之各种纯金属的强度、硬度等力学性能都比较差,所以在工业生产中,合金的应用要比纯金属广泛得多。

合金的结晶过程同样也是通过晶核形成以及晶核长大来完成的。但是,因合金中含有不止一种金属,所以其结晶过程比纯金属复杂得多。

3.3.1　合金的相结构及性能

由于合金中含有两种或两种以上元素,其原子之间必然相互发生作用,所以结晶形成的小晶体(晶粒)中也含有两种或两种以上的元素。由多种元素构成的小晶体的化学成分和晶格类型可以是完全一致的,也可以是不一致的,它们组成了合金中的相与组织。

所谓相,是指合金中化学成分、晶体结构皆相同,并以界面互相分开的各均匀组成部分。所谓组织,是指用肉眼或显微镜所观察到的材料的微观形貌,包含合金中的不同形状、不同数量和分布不一的各组成部分,又称为显微组织。合金的组织可以由一种相组成,也可以由多种相组成,而纯金属的组织一般只由一个相组成,如图 3-10 所示。

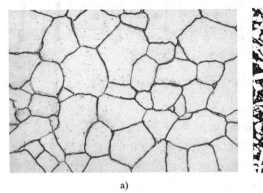 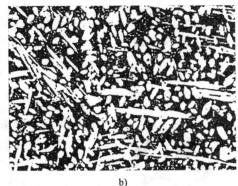

a)　　　　　　　　　　　　　　　　b)

图 3-10　纯金属及合金的显微组织

a) 工业纯铁浅浸蚀的单相组织(300×)　b) Cu-Al 合金的多相组织(500×)

不同的相形成不同的显微组织,不同的显微组织导致合金不同的性能。那么合金的组织中到底有哪些相呢? 研究表明,组成合金的基本相按其晶体结构特点可分为两大类,即固溶体和金属化合物。

1. 固溶体

合金中的各组元互相溶解,结晶时形成一种在某组元的晶格中含有其他组元原子的新固相,这种新固相称为固溶体。可见,固溶体的晶体结构与某组元相同,该组元常称为溶剂,它在合金中含量一般较多,而进入溶剂中的其他组元称为溶质,含量较少。如 C 溶入 α-Fe 中,形成以 α-Fe 为基的固溶体,则该固溶体的晶格与 α-Fe 相同,仍为体心立方结构。固溶体一般用符号 α、β、γ…… 表示。

溶质原子溶于固溶体中的量称为固溶体的浓度。在一定条件下,溶质元素在固溶体中的极限浓度称为溶质元素在固溶体中的溶解度(或固溶度)。

1) 固溶体的分类

按溶质原子在溶剂晶格中所占位置的不同,固溶体又分为置换固溶体和间隙固溶体两种。

(1) 置换固溶体　溶质原子取代部分溶剂原子而占据晶格结点位置的固溶体,称为置换固溶体,如图 3-11 所示。

按溶质组元在溶剂中的溶解度有无限制,置换固溶体又可分为有限固溶体和无限固溶体。无限固溶体没有溶解度限制,可按任意比例溶解,直到溶解 100% 溶质组元也不改变晶格类型。形成无限固溶体的条件是,溶质与溶剂组元的晶格类型必须相同,原子尺寸相差不大,得失电子的能力相当。图 3-12 所示为 A、B 两组元形成无限固溶体时,B 原子置换 A 原子,直至完全被 B 原子置换时的情况。

(2) 间隙固溶体　形成固溶体时,若溶质原子分布于溶剂晶格间隙之中,这种固

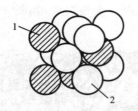

图 3-11　置换固溶体

1—溶质原子　2—溶剂原子

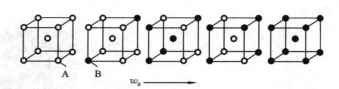

图 3-12　无限固溶体的原子置换

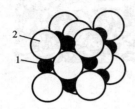

图 3-13　间隙固溶体

1—溶质原子　2—溶剂原子

溶体称为间隙固溶体,如图 3-13 所示。

通常,晶格间隙很小(小于 0.10 nm),只有当溶质原子半径与溶剂原子半径的比值小于 0.59 时,才能形成间隙固溶体。因此,形成这类固溶体的溶质都是原子半径较小的一些非金属元素,如 C、N、H、B、O 等。由于晶格间隙数目有限,显然,间隙固溶体大多是有限固溶体。形成间隙固溶体的例子很多,如铁碳合金中 C 原子可溶入 α-Fe 中形成间隙固溶体,C 原子也可溶入 γ-Fe 中形成间隙固溶体。

2) 固溶体的性能

当形成固溶体时,由于溶质原子与溶剂原子半径不同,因此,无论是置换固溶体还是间隙固溶体,都将引起晶格畸变,从而使固溶体的强度、硬度高于各组元,塑性、韧性略有下降。总的来说,固溶体具有较好的综合力学性能,常作为合金的基体相(指在合金中连续分布且相对量居多、对合金性能起主导作用的相)。

通过形成固溶体而使金属强度、硬度增高的现象称为固溶强化。固溶强化是改善金属材料力学性能的有效途径之一。

2. 金属间化合物

合金组元间发生相互作用而生成的一种晶格类型和性能完全不同于原来任一组元的新固相称为金属间化合物。它与普通化合物不同,除离子键和共价键外,金属键也在不同程度上参与作用,从而使其具有一定程度的金属性质。因为它在二元相图中处于中间位置,所以通常称为中间相。

1) 金属间化合物的分类

按形成条件及晶体结构特点不同分类,金属间化合物主要有正常价化合物、电子化合物、间隙化合物等。

(1) 正常价化合物　正常价化合物是按正常化合价规律组成的,具有的成分一定,其组成可用确定的化学式表示。这类化合物通常由元素周期表中电负性相差较大或相距较远的两种元素形成,如 ZnS、$AuAl_2$、Mg_2Si 等,它们的晶体结构随化学组成的不同会发生较大的变化。本书对此不作详细讨论。

(2) 电子化合物　电子化合物是按一定电子浓度组成的,也可用化学式代表,但大多不符合正常化学价规律。电子浓度是化合物的价电子总数与原子总数的比值。如 CuZn 电子化合物,其原子数为 2,Cu 的价电子数为 1,Zn 的价电子数为 2,故电子浓度为 3/2。电子化合物的晶格类型与电子浓度有关,部分电子化合物的电子浓度、晶格类型和化合物举例如表 3-2 所示。

表 3-2　部分电子化合物的电子浓度、晶格类型和化合物举例

	β 相	γ 相	ε 相
电子浓度	3/2	21/13	7/4
晶格类型	体心立方	复杂立方	密排六方
化合物举例	$CuZn$,Cu_3Al	Cu_5Zn_8,Cu_9Al_4	$CuZn_3$,Cu_3Zn

　　电子化合物虽不能作为合金的基体相,但在许多非铁金属材料中却是重要的组成相。

　　(3) 间隙化合物　间隙化合物是由原子半径较大的过渡族金属元素与原子半径较小(小于 0.1 nm)的非金属元素(如 C、B、N、H 等)相互作用而形成的。根据其晶体结构特点,此类化合物又分为以下两类:

　　① 简单结构的间隙化合物　当非金属原子半径与金属原子半径之比小于 0.59 时,它们所形成的间隙化合物(又称间隙相)具有体心立方、面心立方等简单晶格的特点。注意,这类间隙化合物绝不同于间隙固溶

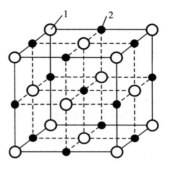

图 3-14　碳化钒的晶体结构
1—V 原子　2—C 原子

体,这可通过图 3-14 中所示碳化钒(VC)间隙化合物的面心立方晶格得到说明。图中,V 原子占据晶格的正常位置,而 C 原子呈规律性地分布于面心立方的间隙处,从而形成了与原本具有体心立方结构的 V 完全不同的晶格类型。属于这类间隙相的还有 TiC、ZrC、TiN、VN 等等,它们是合金钢与硬质合金中的重要组成相,具有很高的硬度与熔点,如表 3-3 所示。

表 3-3　钢中常见间隙化合物的硬度及熔点

类　　型	简单结构的间隙化合物(间隙相)							复杂结构的间隙化合物	
组成	TiC	ZrC	VC	NbC	TaC	WC	MoC	$Cr_{23}C_6$	Fe_3C
硬度(HV)	2850	2840	2010	2050	1550	1730	1480	1650	～800
熔点/℃	3140	3805	3023	3608±50	3983	2785±5	2527	1577	1227

　　② 复杂结构的间隙化合物　当非金属原子半径与金属原子半径之比大于 0.59 时,它们所形成的间隙化合物晶体结构十分复杂。如钢中的 Fe_3C、Cr_7C_3、$Cr_{23}C_6$ 等都属于这类间隙化合物。图 3-15 所示为 Fe_3C 的晶体结构,它具有复杂斜方晶格的特点(其 C 原子半径与 Fe 原子半径之比为 0.63),由图可见,在每一个 C 原子的周围

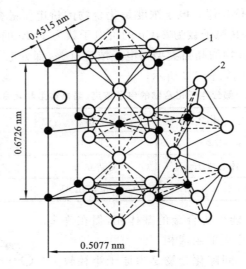

图 3-15　Fe_3C 的晶体结构
1—C 原子　　2—Fe 原子

有六个 Fe 原子构成八面体,各八面体轴线相互倾斜一定的角度,每个 Fe 原子为两个八面体所共有,因此,Fe 原子的个数与 C 原子的个数的比例为

$$\frac{\text{Fe 原子的个数}}{\text{C 原子的个数}} = \frac{1/2 \times 6}{1} = \frac{3}{1}$$

所以这一间隙化合物用化学式 Fe_3C 来表示。Fe_3C 称为渗碳体,是铁碳合金中重要的组成相(在后面章节将详细讨论渗碳体)。

　　2) 金属间化合物的性能

　　由上所述可知,金属间化合物一般具有复杂的结合键及晶体结构,并表现出高的熔点、硬度及大的脆性。尽管它具有一定的金属特性,但不能作为合金的基体相。而当它以细小的尺寸弥散地分布在合金中时,它又可使合金得到强化,能有效地提高其强度、硬度,提升其耐磨性及高速切削性能,起到所谓弥散硬化的作用。所以,金属间化合物又是合金钢中的重要组成相(或称第二相)。

　　需要指出的是,金属间化合物还具有许多特殊的物理、化学性能,如独特的电学、磁学、光学、声学性能以及电子发射性能等。随着高新技术的发展,这些特殊的性能正在超导合金、永磁合金以及形状记忆合金等功能材料中得到广泛的应用。

3.3.2　合金相图的建立

　　合金中各相的数量及其分布规律与合金的成分、结晶过程有直接的关系。与纯金属的结晶相比,合金的结晶有它的特点。首先,合金的结晶过程不一定在恒温下进行,很多是在一个温度范围内完成的,而纯金属的结晶是在固定的温度下进行的;其次,合金的结晶不仅会发生晶体结构的变化,还会伴有化学成分的变化,而纯金属的结晶,只会发生晶体结构的变化。合金的这种复杂的结晶过程,必须用合金相图进行分析。

1. 相图的基本知识

(1) 合金系　两个或两个以上的组元按不同比例配制成的一系列不同成分的合金,总称为合金系,如 Pb-Sb 合金系、Al-Si 合金系、Fe-C 合金系等。

(2) 相图　相图是反映在平衡条件(极缓慢冷却或加热)下各成分合金的结晶过程以及相和组织存在状态与温度、成分间关系的简图,用来研究合金系的状态、温度、压力及成分之间的变化规律。极缓慢的冷却或加热,就保证了结晶时原子的充分扩散,使之在某一条件下形成的相的成分和质量分数不随时间而改变,达到一种平衡状态,故相图又称为平衡图或状态图。由于在常压下二元合金的结晶状态取决于温度与成分两个因素,故二元合金相图通常采用由温度及成分组成的平面坐标系来表示。为此,相图中的每一点(即表象点)都代表某一成分的合金在某一温度下所处的相结构及组织状态。

在工业生产中,相图又是制订合金冶炼、铸造、锻造、焊接、热处理等工艺的重要依据。

2. 二元合金相图的建立

相图都是采用一定的实验方法、根据大量的实验数据建立起来的。实验的方法有多种,如热分析法、膨胀法、磁性法及 X 射线结构分析法等等,所有这些方法都是以合金发生相变时出现某些物理参量的突变为依据的。

热分析法是通过合金相变时放出热量或是吸收热量,来确定发生相变的温度(即临界点)建立相图的。下面以热分析法为例,说明 Cu-Ni 二元合金(白铜)相图的建立,具体步骤如下:

① 配制不同成分的 Cu-Ni 合金若干组(见表 3-4)。显然,配制的合金组数越多,测得的相图就越精确。

表 3-4　不同成分组合的 Cu-Ni 合金

质量分数/%	分组号				
	Ⅰ	Ⅱ	Ⅲ	Ⅳ	Ⅴ
Cu	100	75	50	25	0
Ni	0	25	50	75	100

② 将配制好的合金熔化均匀后,在极缓慢的冷却方式(冷却速度一般控制在 0.5～1.5 ℃·min^{-1} 之间)下,测出各组合金从液态到室温的冷却曲线,并标出其临界点温度(曲线上的转折点或恒温点)。

③ 在温度、成分坐标系中,分别作出各组合金的成分垂线,并在其上标出与冷却曲线相对应的临界点。

④ 将各成分垂线上具有相同意义的点连接成线,标明各区域内所存在的相,即测得 Cu-Ni 二元合金相图,如图 3-16 所示。

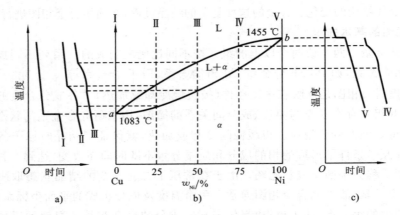

图 3-16　Cu-Ni 合金相图的测定

a)、c) 冷却曲线　b) 绘制的相图

3.3.3　二元合金相图与结晶分析

为了应用相图来分析、控制合金的结晶过程,了解合金的相及组织变化规律,下面对几类最基本的二元合金相图进行讨论。

1. 匀晶相图

组成二元合金的两组元在液态和固态能无限互溶,且只发生匀晶反应(从液相中直接结晶出固溶体的反应)的相图称为匀晶相图。

1) 图形特点

Cu-Ni 合金相图就是典型的匀晶相图,如图 3-17a 所示,可以看出,相图中只有两条曲线,即液相线aa_2a_1b与固相线ac_2c_1b。液相线代表各种成分的 Cu-Ni 合金在缓慢冷却时开始结晶的温度,或是在缓慢加热过程中熔化终止的温度;固相线则代表各种成分的 Cu-Ni 合金冷却时结晶终止或是加热时开始熔化的温度。液相线以上合金全部为液相(L),称为液相区;固相线以下合金全部为固相(α),称为固相区;液相线与固相线之间是双相区,即 L+α 相区。

由图 3-17 不难理解,如果两组元能形成无限固溶体,那么由它们组成的二元合金皆具有匀晶相图的特点。除 Cu-Ni 合金外,还有 Ag-Au 合金、Ag-Pt 合金及 Fe-Ni 合金等的相图都属于这种类型。

2) 合金平衡结晶过程

以图 3-17a 中 *b* 点成分的合金为例。由图可知,当合金缓慢冷却至 *1* 点温度时,液相中开始结晶出 α 固溶体。随着温度的下降,α 固溶体的量越来越多,剩余液相的量越来越少,当温度降至 *2* 点温度以下时,合金全部结晶为单相 α 固溶体,如图3-17b所示。其他成分合金的结晶过程与此类似。可见固溶体的结晶是在一个温度区间内进行的,并且在单相区内,相的成分就是合金的成分,相的质量就是合金的质量。

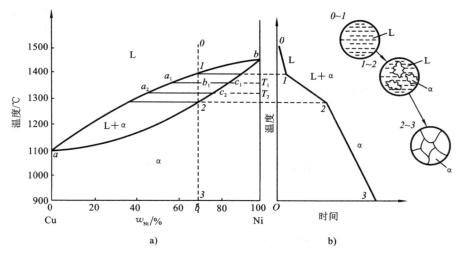

图 3-17　Cu-Ni 合金相图及结晶过程

a) 相图　b) 结晶过程

这里有两个值得讨论的问题：一是合金在两相区中不同的温度下，结晶出的 α 固溶体与剩余液相的成分（即 Ni 含量）是多少呢？二是结晶过程中的不同温度下，α 固溶体与液相的质量分数又是多少呢？这两个问题可以利用杠杆定律来解答。

3）杠杆定律

分以下两点来说明杠杆定律。

(1) 两平衡相成分的确定　根据相律*，当二元合金系中两相平衡共存时，若温度一定，则两平衡相的成分也随之而定。因此，为了确定图 3-17 中 b 点成分的合金冷却到 T_1 温度时，其 L 相与 α 相的成分，可采用下述方法。

通过指定温度 T_1 作成分轴的水平线，分别交液相线和固相线于 a_1 点和 c_1 点，则 a_1 点和 c_1 点在成分轴上的投影点即为相应 L 相和 α 相的成分（Ni 含量）。随着温度的下降，液相成分沿液相线变化，固相成分沿固相线变化。到温度 T_2 时，L 相成分及 α 相成分分别为 a_2 点和 c_2 点在成分轴上的投影。

由以上分析可知，较高温度结晶出的 α 相，比较低温度结晶出的 α 相的 Ni 含量要高，但由于极缓慢冷却，Cu、Ni 原子的相互扩散充分，从而使先后结晶出的 α 相成分可完全均匀化。但是在生产实际中冷却不能那么缓慢，原子扩散不能充分进行，结果造成先结晶的一次晶轴与后结晶的二次、三次晶轴成分不一致。即在一个晶粒内化学成分不均，这种现象称为枝晶偏析。

注　　*相律是描述系统的组元数、相数和自由度之间的关系的法则。自由度的含意是指在不改变平衡状态和相数的前提下，系统可以独立改变的内外因素的个数（如温度、压力、成分等），对于在标准大气压力下研究的合金系统，若略去除温度外的其他因素，其相律可用数学式表达：自由度（f）＝系统组元数（C）－平衡共存相数（P）＋1。

　　枝晶偏析对合金的力学性能、耐蚀性及工艺性能都会带来不利的影响。为了消除其影响,在生产上常将合金加热到低于固相线 $100 \sim 200\ ℃$ 的温度,并进行较长时间的保温,使其原子充分扩散,合金成分均匀一致。此即为第 5 章中将述及的均匀化退火工艺。

　　(2) 两平衡相相对量的确定　　在两相区内,温度一定时,两相的质量比是一定的。如图3-18a中 $w_{Ni}=x\%$ 成分的合金,在 T_1 温度时,两相的质量比可用下式表达:

$$\frac{m_L}{m_\alpha}=\frac{xc}{ax} \tag{3-1}$$

其中, m_L 为 L 相的质量; m_α 为 α 相的质量; xc 、ax 为线段长度,可用其在相图成分坐标上的数字来度量。

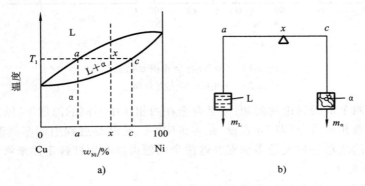

图 3-18　　匀晶相图及杠杆定律示意图

a) 匀晶相图　　b) 杠杆定律示意图

　　式(3-1)还可写成 $m_L \cdot ax = m_\alpha \cdot xc$,其证明如下。

　　设合金的总质量为1,其中 $w_{Ni}=x\%$ 。在 T_1 温度时,L 相中的 $w_{Ni}=a\%$,α 相中的 $w_{Ni}=c\%$,则有

$$m_L + m_\alpha = 1 \tag{3-2}$$
$$m_L \cdot a\% + m_\alpha \cdot c\% = x\% \tag{3-3}$$

对式(3-2)和式(3-3)求解,得

$$m_L = \frac{c-x}{c-a}, \quad m_\alpha = \frac{x-a}{c-a}$$

将分子与分母都换成相图中的线段,并将 m_L 与 m_α 以相对质量分数表示,则有

$$w_{m_L} = \frac{xc}{ac} \times 100\%, \quad w_{m_\alpha} = \frac{ax}{ac} \times 100\%$$

所以两相质量比为

$$\frac{m_L}{m_\alpha} = \frac{xc}{ax}$$

或

$$m_L \cdot ax = m_\alpha \cdot xc \tag{3-4}$$

对比图 3-18b 可看出,式(3-4)的形式与力学中的杠杆原理相似,故称之为杠杆定律。

需要指出的是,杠杆定律只适用于相图中的两相区(即固、液两相或两个固相),并且只能在平衡状态下使用。杠杆的两个端点为给定温度时两平衡相对应的成分点,而杠杆的支点为该合金的成分点。

2. 共晶相图

组成二元合金的两组元,在液体无限互溶而在固态只能有限互溶,并发生共晶反应时,所构成的相图为共晶相图。如由 Pb、Sn 二组元组成的合金系,其相图就是一种典型的共晶相图,如图 3-19 所示。此外,还有 Pb-Sb、Ag-Cu、Al-Si 等合金系的相图也都属于这种类型。

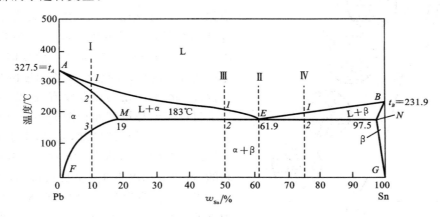

图 3-19 标注相区的 Pb-Sn 合金相图

1)图形特点

观察 Pb-Sn 共晶相图,可以发现它比匀晶相图复杂。

(1)图中的点与线 在图 3-19 中,t_A 为 Pb 的熔点,t_B 为 Sn 的熔点,AE、BE 为液相线,表示 Pb-Sn 合金在冷却过程中开始结晶的温度;$AMENB$ 线为固相线,表示合金结晶终了的温度;MF 线为 Sn 在 Pb 中的溶解度曲线,NG 线为 Pb 在 Sn 中的溶解度曲线;E 点为共晶点,MEN 线(水平恒温线)称为共晶线。

(2)图中的相区 在液相线以上为液相区,合金全部处于液相;在固相线以下有两个单相区,即 α 相区与 β 相区,α 相是 Sn 溶于 Pb 中的固溶体,β 相是 Pb 溶于 Sn 中的固溶体。在各单相区之间存在着三个两相区,即 L+α、L+β、α+β。

(3)共晶反应 图中共晶成分(E 点成分)的液态合金,缓慢冷却到 MEN 水平线所对应的温度(共晶温度)时,同时结晶出成分为 M 点的 α 相及成分为 N 点的 β 相,且这一结晶过程在恒温下进行,直到结晶完毕。可用下式表达:

$$L_E \xrightleftharpoons{\text{恒温}(183\ ℃)} α_M + β_N \qquad (3-5)$$

这种由一定成分的液相,在恒温下同时结晶出两种成分与结构皆不同的固相的反应,称为共晶反应。共晶反应的产物($α_M + β_N$)为两相机械混合物,称为共晶体。

由上可知,发生共晶反应时有 L、α、β 三相共存,共晶线 MEN 是这三相平衡的共存线。因此,凡成分在 M 点成分与 N 点成分之间的合金,在共晶温度时,均有共晶反应。把位于 E 点成分以左、M 点成分以右的合金称为亚共晶合金;位于 E 点成分以右、N 点成分以左的合金称为过共晶合金。

　　2) 合金的平衡结晶过程

　　对图 3-19 中各成分范围内的合金分别列举一例,并作出相应的成分垂线(合金Ⅰ、合金Ⅱ、合金Ⅲ、合金Ⅳ),进行结晶过程分析。

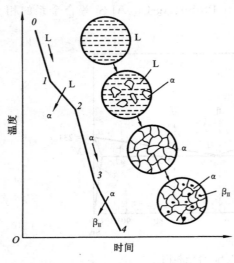

　　(1) 合金Ⅰ 合金Ⅰ位于 M 点成分以左($w_{Sn}=10\%$),在其从液态缓慢冷却到 1 点温度后,开始结晶出 α 固溶体,随着温度的降低,α 固溶体的量不断增多,剩余液相的量不断减少,当合金冷却到 2 点温度时,全部结晶为 α 固溶体。随后从 2 点温度冷却到 3 点温度,此间,α 相的成分没有变化。可见,以上过程完全是按匀晶相图的结晶进行的。从 3 点温度开始继续冷却,此时,由于 Sn 在 α 中的溶解度减小,将沿 MF 线不断降低,多余的 Sn 以 β 二次相 $β_{II}$(呈粒状)的形式从 α 中析出。到达室温时,α 中的 Sn 含量逐渐变到 F 点,合金最后的组织为 $α+β_{II}$。图 3-20 所示为合金Ⅰ的结晶过程。

图 3-20　合金Ⅰ的结晶过程

　　对于位于 N 点成分以右的合金,其平衡结晶过程与合金Ⅰ相似,冷却至室温的组织为 $β+α_{II}$。

　　需要指出的是,在描述合金的显微组织时,常以组织组成物(泛指合金组织中那些具有确定性质和特殊形态并在显微镜下能明显区分的各组成部分,也可称为组织组分)与相组成物(指显微组织中所包含的相,也可称为相组分)表达。组织组成物可以是单相,也可以是多相混合物。所以合金Ⅰ的组织组成物有两种,即 α 和 $β_{II}$,皆为单相,故这两个单相又是合金Ⅰ的相组成物。同理可以分析位于 N 点成分以右的合金。

　　(2) 合金Ⅱ 合金Ⅱ具有 E 点的成分($w_{Sn}=61.9\%$),为共晶合金。该合金从液态缓慢冷却至 183 ℃时,便发生共晶反应,恒温下反应完毕后,获得($α_M+β_N$)的两相共晶体。

　　根据杠杆定律,可以计算出 $α_M$、$β_N$ 的相对量,即

$$w_{α_M}=\frac{EN}{MN}\times100\%=\frac{97.5-61.9}{97.5-19}\times100\%\approx45.4\%$$

$$w_{β_N}=\frac{ME}{MN}\times100\%=\frac{61.9-19}{97.5-19}\times100\%\approx54.6\%$$

或者　　　　　　　　　　　$$w_{β_N}=100\%-45.4\%=54.6\%$$

随后从 183 ℃冷却到室温的过程中,α 和 β 的溶解度分别沿 *MF* 与 *NG* 线不断下降,于是从 α_M 中析出 β_{II},从 β_N 中析出 α_{II},最后 α 相的成分由 *M* 点成分变到 *F* 点成分,β 相的成分由 *N* 点成分变到 *G* 点成分。二次相 β_{II}、α_{II} 一般分布于晶界或固溶体之中,且量小又不易分辨,故在共晶体中一般不予考虑。

由上可知,合金 Ⅱ 的室温组织全部为(α+β)共晶体,其组织组成物只有一种,即共晶体,相组成物为两种,即 α 相和 β 相,此两相彼此相间排列,交错分布。图 3-21 所示为合金 Ⅱ 的结晶过程。

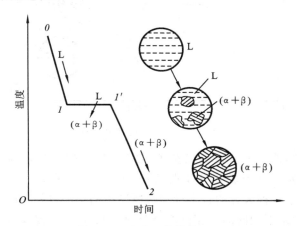

图 3-21　合金 Ⅱ 的结晶过程

(3) 合金Ⅲ　合金Ⅲ位于 *E* 点成分以左、*M* 点成分以右($w_{Sn}=50\%$),属亚共晶合金。当其从液态缓慢冷却到 *1* 点温度时,开始结晶出初生的 α 固溶体,随温度下降 α 相逐渐增多,剩余液相逐渐减少,同时,固相成分沿着 *AM* 线变化,液相成分沿 *AE* 线变化。当合金冷至 *2* 点共晶温度时,α 相成分为 *M* 点成分,剩余液相成分为 *E* 点成分。此时,液相进行共晶反应,形成($\alpha_M+\beta_N$)共晶体,即

$$L_E+\alpha_M \xrightleftharpoons{183\ ℃} (\alpha_M+\beta_N)+\alpha_M$$

该反应在 183 ℃下进行,经一定时间,直到液相全部结晶完毕,但整个过程中初生的 α_M 相不变化。从共晶温度继续往下冷却,随着 α、β 固溶体溶解度的降低,α_M 与 β_N 中分别析出 β_{II} 与 α_{II}。与前述相同,对于共晶体中析出的 α_{II} 与 β_{II} 不予考虑。

合金Ⅲ的室温组织为 $\alpha+\beta_{II}+$(α+β)共晶体,其组织组成物有三种,即 α、β_{II}、(α+β)共晶体,相组成物仍为两种,即 α 相与 β 相。图 3-22 所示为合金Ⅲ的结晶过程。

(4) 合金Ⅳ　合金Ⅳ位于 *E* 点成分以右、*N* 点成分以左($w_{Sn}=75\%$),属过共晶合金,其结晶过程与合金Ⅲ(亚共晶合金)的相似。首先从液相中结晶出初生的固溶体 β,然后进行共晶反应,反应结束后,随温度的下降,从 β 固溶体中析出 α_{II}。

合金Ⅳ的室温组织为 $\beta+\alpha_{II}+$(α+β)共晶体,其组织组成物有三种,即 β、α_{II}、(α+β),相组成物仍为两种,即 α 相与 β 相。

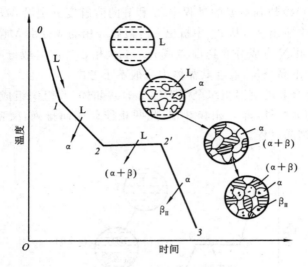

图 3-22　合金 Ⅲ 的结晶过程

　　综上分析可知,处于 F 点成分以左、G 点成分以右的合金,室温下分别具有 α 单相及 β 单相组织;处在 F 点成分与 G 点成分之间的合金,室温下的组织都是由 α 和 β 两相组成的,但由于各种成分的合金冷却时所经历的结晶过程不同,组织中所得到的组织组成物及其量是不相同的。在讨论合金的性能时,常常涉及合金的组织组成物,因此通常将其标注于相图的对应的成分区域中,如图 3-23 所示。在图的两相区内,任一合金在指定温度下的组织组成物及相组成物的相对量都可按杠杆定律的原则进行计算。这些将在第 4 章作详细讨论。

3. 其他类型相图

1) 包晶相图

　　若两组元在液态无限互溶,在固态有限互溶,并发生包晶反应,则所构成的相图为包晶相图,如图 3-24 所示。图中 dec 线是包晶反应线,成分在 d 点与 c 点间的合

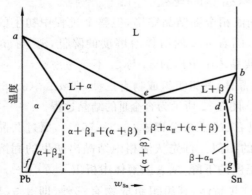

图 3-23　标注组织的 Pb-Sn 合金相图

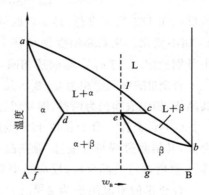

图 3-24　包晶相图

金,在包晶温度下均发生包晶反应。

所谓包晶反应是指由一种液相与一种固相在恒温下相互作用而转变为另一种固相的反应,可用下式表达:

$$\alpha_d + L_c \xrightleftharpoons{\text{恒温}} \beta_e \tag{3-6}$$

现以图中 e 点成分的合金为例,分析其结晶过程。液态合金冷却至 1 点温度时结晶出 α 固溶体,在 1 点与 e 点温度之间,按匀晶相图的结晶进行。冷却至 e 点温度时,液相具有 c 点成分,α 相具有 d 点成分,于是在 dec 线所对应的包晶温度下,发生如式(3-6)所示的包晶反应。包晶反应结束时,α 相与 L 相耗尽,合金成为单一的 β相。从包晶温度降至室温的过程中,β 相的溶解度沿 eg 线不断下降,同时从 β 中析出 α_{II},故室温下的组织为 $\beta + \alpha_{II}$。

2) 共析相图

若两组元组成的合金系,在固态下发生共析反应,则所构成的相图为共析相图,如图 3-25 所示。图中 cde 线为共析反应线,成分在 c 点与 e 点之间的合金在共析温度下均发生共析反应。

所谓共析反应是指在一定的温度下,由某种成分均匀一致的固相中同时析出两种化学成分和晶格结构完全不同的新固相的反应,可用下式表达:

$$\gamma_d \xrightleftharpoons{\text{恒温}} (\alpha_c + \beta_e)$$

$(\alpha_c + \beta_e)$ 亦为两相机械混合物,又称共析体。

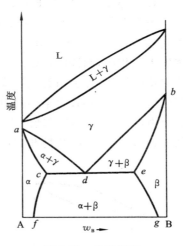

图 3-25　共析相图

从上述分析不难看出,共析反应与共晶反应极为相似,只是前者反应前为固相,而后者反应前为液相。因此,共析合金的结晶过程及室温平衡组织的分析与共晶相图分析相同。但因共析反应是在固态下进行的,且转变温度较低,易达到较大的过冷度,所以共析产物比共晶产物要细密得多。

3) 形成稳定化合物的相图

在某些组元组成的相图中,常形成一种或数种稳定化合物(指具有一定的熔点、并在其熔化前不发生分解的化合物),这些化合物可视为一独立的组元,在相图中以一条垂线表示,如图 3-26 所示。图中 Mg_2Si 即为稳定化合物,它把原相图分为左、右两个共晶相图,即 Mg-Mg_2Si 和 Mg_2Si-Si 系相图,其结晶过程分析与前述共晶相图分析完全相同。

3.3.4　合金性能在相图上的反映

合金相图表明了合金的成分、温度及平衡组织,而合金的性能又与其成分、组织有着直接的关系。显然,根据相图就可大致了解合金的一些性能。

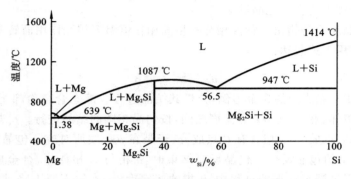

图 3-26 形成化合物的 Mg-Si 合金相图

1. 合金的力学、物理性能

当合金的结晶组织为单相固溶体时,因固溶强化作用,其强度、硬度在一定范围内随溶质含量的增加而升高,且塑性略有下降,如图 3-27a 所示。若 A、B 两组元的强度大致相同,则固溶体强度、硬度最高值的范围应处在 $w_B = 50\%$ 附近。此外,随溶质含量的增加,还会引起电导率的降低。这是因为溶质在溶剂中的含量增加,晶格歪扭也增大,从而导致合金中自由电子运动的阻力增大,而合金中电和热的传导都是依靠自由电子和离子的运动来进行的。总的来说,这种合金具有比纯金属高的强度和硬度,并能保持好的塑性和韧性。

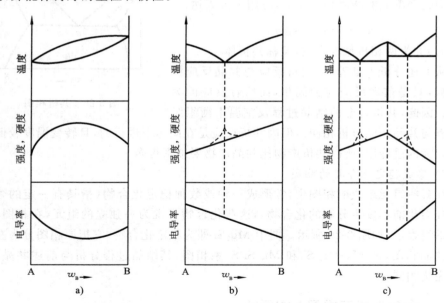

图 3-27 相图与合金的力学、物理性能

a) 形成无限固溶体的相图 b) 形成混合物的相图 c) 形成稳定化合物的相图

当合金的结晶组织为两相组成时,其硬度、强度及电导率与成分成直线关系变

化,如图3-27b所示。若两相形成的是细密的机械混合物——共晶体或共析体,那么前者各项性能将有更大的提高(见图 3-27b、图 3-27c 中的虚线);后者除了有较高的硬度、强度外,还有较好的韧性。

一旦结晶组织出现化合物,合金将表现出极高的硬度和极低的电导率(见图 3-27c)。

2. 合金的工艺性能

第 1 章已述及,材料的工艺性能是指其铸造性能、锻造性能、焊接性能及切削加工性能。以下重点介绍铸造性能在相图上的反映。由图 3-28a 可见,在形成单相固溶体的合金中,相图中液相线与固相线温度间隔越大,形成的树枝晶就越发达,给金属液造成的流动阻力就越大,合金的流动性也就越差,结果导致浇注时金属液不能充满铸型,铸件成为废品。与此同时,发达的树枝晶相互交错,形成许多分割的微区,这些微区难以及时得到外部金属液的补充,凝固后便成为许多分散的缩孔,使铸件的质量低劣。由于上述原因,单相固溶体合金不宜作为铸造合金。但此类合金的塑性较好,具有良好的锻造性能,容易实现均匀的变形。

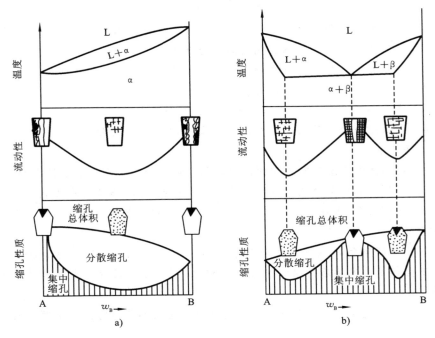

图 3-28　相图与合金铸造性能的关系

a) 形成单相固溶体时的流动性及缩孔　b) 形成共晶体时的流动性及缩孔

与单相固溶体合金相比,纯金属及共晶成分或接近共晶成分的合金(见图3-28b)液相线与固相线的温度间隔最小,故流动性好,又不易产生分散的缩孔。不过它们在凝固过程中容易出现的集中缩孔,生产上多采取设置冒口的方法,并将这种缩孔控制在冒口中,待铸件成形后再将冒口切除,以保证铸件的质量。因此,共晶成分或接近共晶成分的合金宜作为铸造合金。

需要指出的是,当合金的组织为两相组织时,其锻造性能不如单相固溶体好。这主要是因为不同的两相的塑性变形的性能不同,从而引起两相的变形不均匀。尤其是当两相中的一相较软、一相较硬,二者含量相差又较大时,更难达到单相合金变形的均匀程度。这种不均匀的变形将会产生比单相固溶体变形大得多的内应力,导致合金的开裂与破断。实践证明,合金的晶粒越细,第二相的分散度越大,就越有利于锻造性能的改善。

高分子材料及陶瓷材料的凝固过程都比金属材料复杂,但结晶的基本规律却与金属是相同的。它们结晶时也要有一定的过冷度,同样也是晶核形成与晶核长大的过程。陶瓷材料结晶过程中的组织变化规律也可用相图进行描述;高聚物在液态下的黏度比金属材料大得多,因此,当它们凝固时,一般情况下既有规则排列的结晶态,又有无规则排列的非晶态。这些问题将在第 9 章予以讨论。

思考与练习题

3-1　何谓凝固? 何谓结晶? 物质熔体能否凝固为晶体主要取决于何种因素?

3-2　什么是过冷度? 液态金属结晶时为什么必须过冷?

3-3　何谓自发形核与非自发形核? 它们在结晶条件上有何差别?

3-4　过冷度与冷却速度有何关系? 它对金属结晶后的晶粒大小有何影响?

3-5　在实际生产中,常采用哪些措施来控制晶粒大小?

3-6　什么是合金? 什么是相? 固态合金中的相是如何分类的? 相与显微组织有何区别和联系?

3-7　何谓间隙固溶体? 何谓间隙化合物? 试比较二者在形成条件上的异同点。

3-8　说明固溶体与金属化合物的晶体结构特点,并指出二者在性能上的差异。

3-9　何谓组元、成分、合金系、相图? 二元合金相图表达了合金的哪些关系? 有哪些实际意义?

3-10　何谓合金的组织组成物及相组成物? 指出 $w_{Sn}=30\%$ 的 Pb-Sn 合金在 183 ℃下全部结晶完毕后的组织组成物及相组成物,并利用杠杆定律计算它们的质量分数。

3-11　什么是共晶反应? 什么是共析反应? 它们各有何特点? 试写出相应的反应通式。

3-12　已知:A-B 二元系共晶反应式为 $L_{(w_B=75\%)} \xrightleftharpoons{500\ ℃} \alpha_{(w_B=15\%)} + \beta_{(w_B=95\%)}$。A 组元的熔点为 700 ℃,B 组元的熔点为 600 ℃,并假定 α 及 β 固溶体的溶解度不随温度而改变。试画出 A-B 二元合金相图。

3-13　为什么铸件常选用靠近共晶成分的合金,压力加工件则尽量选用单相固溶体成分的合金?

第4章

铁 碳 合 金

　　碳钢和铸铁是以 Fe、C 两种元素为基本组元的合金,常称铁碳合金(Fe-C 合金)。铁碳合金是现代工业,尤其是机械制造工业中用量最大、用途最广、最重要的工程材料。不同成分的铁碳合金从液态缓慢冷却至室温后,会结晶成不同的平衡组织,并表现出不同的性能。本章先从认识铁碳二元合金系相图入手,详细分析铁碳合金的成分、组织及性能间的变化规律。

4.1　铁碳合金系相图

4.1.1　铁碳合金系组元的特性

1. 纯铁

　　铁(Fe)是元素周期表中的过渡族元素,在常压下 1538 ℃熔化。工业生产中很难获得百分之百的纯铁,因此,工业纯铁多少总含有杂质,其中包括微量的碳。图4-1所示为纯铁从液态缓慢冷却为固态的冷却曲线。通过 X 射线晶体结构分析表明,纯铁结晶为固体后在冷却至室温的过程中发生两次同素异构转变,其变化过程为

$$\delta\text{-Fe} \underset{}{\overset{1394\,℃}{\rightleftharpoons}} \gamma\text{-Fe} \underset{}{\overset{912\,℃}{\rightleftharpoons}} \alpha\text{-Fe}$$
$$\text{(体心立方)} \qquad \text{(面心立方)} \qquad \text{(体心立方)}$$

　　由上可知,室温下的纯铁为 α-Fe,具有体心立方的晶体结构。纯铁的这种同素异构转变是相变过程,有重要的实用意义,因为有了这种转变,才有可能使钢铁通过热处理及合金化的途径实现组织性能的多种变化。这将在后续章节中得到更深入的理解。

　　由图 4-1 还可看到,α-Fe 在 770 ℃(居里温度)发生磁性转变,即在 770 ℃以上 α-Fe 的磁性消失。由于磁性转变无晶格类型的改变,故不属于相变。

　　工业纯铁的力学性能特点是强度、硬度低,塑性、韧性好,室温下性能指标还与其晶粒大小及杂质含量有关,大致为:抗拉强度 $R_m = 180 \sim 230$ MPa,断后伸长率 $A = 30\% \sim 50\%$,断面收缩率 $Z = 70\% \sim 80\%$,冲击韧度 $a_K = 160 \sim 200$ J·cm^{-2},硬度为 $50 \sim 80$HBW。

2. 碳

　　碳(C)是元素周期表中的非金属元素。自然界存在的游离态的碳有石墨、金刚

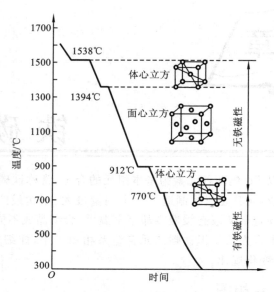

图 4-1　纯铁的冷却曲线及晶格变化

石和 C_{60}，它们是碳的同素异构体。

　　图 4-2 所示为金刚石的结构。由图 a 可见，每个碳原子均有四个等距离最邻近碳原子，全部按共价键结合，这使得金刚石成为自然界中最坚硬的固体。图 b 所示为金刚石的晶胞，碳原子在晶胞内除按常见的面心立方结构排列之外，在其晶体结构的四个间隙处还各排有一个原子，它们的坐标位置分别为 $\left(\frac{3}{4},\frac{1}{4},\frac{1}{4}\right)$、$\left(\frac{1}{4},\frac{3}{4},\frac{1}{4}\right)$、$\left(\frac{1}{4},\frac{1}{4},\frac{3}{4}\right)$、$\left(\frac{3}{4},\frac{3}{4},\frac{3}{4}\right)$。需要指出的是，这几个阵点坐标值的顺序与原点的选取相关。

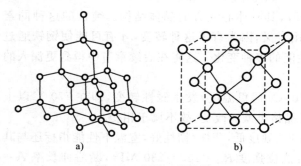

图 4-2　金刚石的结构
a) 共价键结合　b) 晶胞

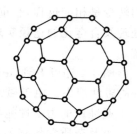

图 4-3　C_{60} 空心球结构

　　C_{60}（碳 60）是 20 世纪 80 年代才发现的碳的新形态，它是由 60 个碳原子形成的 C_{60} 空心球原子簇结构，如图 4-3 所示。簇的结构中包含 12 个五边形和 20 个六边形，五边形只与六边形相连,而五边形之间互不相连,从而构成一个具有 60 个顶点、外形似球的 32 面体,且球体的每个顶点都有一个碳原子。

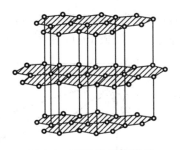

C_{60} 的直径不到 1 nm,故又称为球状纳米碳原子簇、C_{60} 分子等。C_{60} 的这种球状空心结构早就在美国建筑学家巴克明斯特·富勒(Buckminster Fuller)的某些建筑物中出现,因此科学界又将 C_{60} 命名为 Buck-ball(巴基球)。在固态时,C_{60} 通过较弱的分子间力晶化成面心立方晶体结构,且每个结点上有一个 C_{60} 分子。

图 4-4　石墨的晶体结构

C_{60} 作为一种新型超导材料、新型磁性材料、新型非线性光学材料等,具有重要的研究价值。

游离状态的石墨(G)具有六方晶系层状晶格结构,如图 4-4 所示。在同一层晶面上 C 原子以共价键结合,且间距小,为 0.142 nm,结合力较强;而两层之间的 C 原子间距较大,为 0.34 nm,结合力较弱。由于石墨晶体具有这样的结构特点,故石墨在长大的过程中,沿着层面的生长速度较快,即层面的扩大较快而层的加厚较慢,其结晶形态通常发展成片状。石墨耐高温,可导电,有一定的润滑性,但其强度、硬度极低,塑性、韧性极差。

C 在铁碳合金中的存在形式有三种:①C 溶入 Fe 的不同晶格中形成固溶体;②C 与 Fe 形成金属化合物,即渗碳体(Fe_3C);③C 以游离态石墨存在于合金中。研究表明,渗碳体在铁碳合金中只是一种亚稳定的相,因为它在长时间较高温度保温的条件下,会按照以下反应发生分解,即 $Fe_3C \longrightarrow 3Fe + C$,并形成石墨。可见,游离态的石墨才是一种稳定的相。

4.1.2　铁碳双重相图

C 和 Fe 可以形成一系列化合物,如 Fe_3C、Fe_2C、FeC 等。因此,整个铁碳相图包括 Fe-Fe_3C、Fe_3C-Fe_2C、Fe_2C-FeC、FeC-C 等几个二元系相图,如图 4-5 所示。实践表明,$w_C > 6.69\%$ 的铁碳合金没有实用价值。所以,该相图被深入研究的只是 $w_C \leqslant 6.69\%$ 的这一部分,如图4-5中的阴影部分所示。这里,Fe_3C 可视为一个组元,即组成 Fe-Fe_3C 相图。

通常情况下,铁碳合金按 Fe-Fe_3C 系进行结晶转变,但因 Fe_3C 在一定的条件下可分解为更稳定的石墨(G),故铁碳合金又可按 Fe-G 系进行结晶转变。这表明,对铁碳合金的结晶过程来说,实际上存在两种相图,即亚稳定的 Fe-Fe_3C 相图与稳定的 Fe-G 相图。

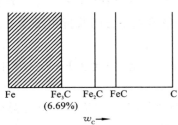

图 4-5　铁碳合金系的化合物

为了便于二者的比较和应用,常将它们画在一起,称之为铁碳双重相图,如图 4-6 所示。图中实线部分表示 Fe-Fe₃C 相图,虚线和部分实线组成 Fe-G 相图。

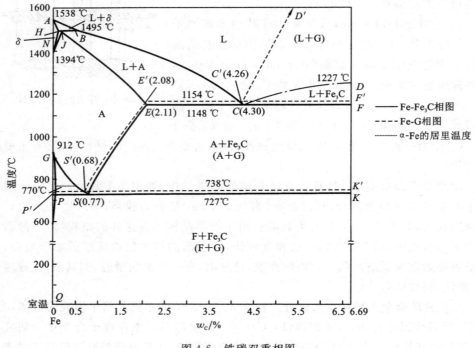

图 4-6　铁碳双重相图

铁碳相图是人类经过长期生产实践,并进行大量科学实验总结出来的规律。为此,图中的点、线及相区中标注的符号是国际上统一规定的,不可随意改变。但因从发表第一个相图至今,已有百余年的历史,随着材料科学的不断发展,相图的测定也愈来愈精细,因此,图中的某些点、线的成分在不同的书刊中可能略有差别。下面先讨论实线部分所表示的 Fe-Fe₃C 相图。

4.1.3　Fe-Fe₃C 相图的特征

图 4-7 为按组织分区的 Fe-Fe₃C 相图。对其进行分析不难看出,它是由三类基本相图组成的,即右半部的共晶相图、左上方的包晶相图及左下方的共析相图。

1. 图中的基本相

由于 Fe 的同素异构转变以及 Fe 与 C 在固态下有限互溶,因此在 Fe-Fe₃C 相图中出现了以下几种基本相:

(1) 铁素体　铁素体是 C 溶于 α-Fe 中所形成的间隙固溶体,具有体心立方晶格结构,用字母 F 或 α 表示。C 在铁素体中的溶解度(质量分数)很小,727 ℃时为 0.0218%(简化后为0.02%),室温下仅为 0.0008%。铁素体的力学性能与工业纯铁

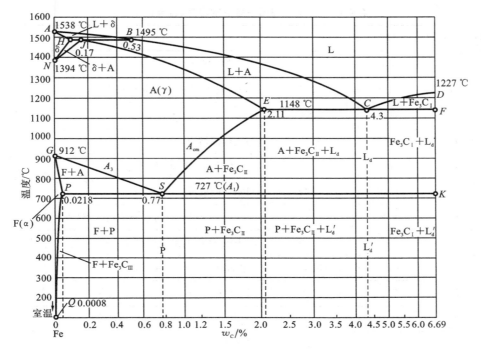

图 4-7 按组织分区的 Fe-Fe₃C 相图

几乎相同,即强度、硬度低,塑性、韧性好,770 ℃以上磁性消失。铁素体在室温下可稳定存在。

(2) 奥氏体 奥氏体是 C 溶于 γ-Fe 中所形成的间隙固溶体,具有面心立方晶格结构,用字母 A 或 γ 表示。C 在奥氏体中的溶解度(质量分数)较大,1148 ℃时可达 2.11%,727 ℃为 0.77%。奥氏体的力学性能与溶碳量有关,其强度、硬度不高,但塑性很好,适合进行压力加工,且无磁性。奥氏体在高温(727 ℃以上)可稳定存在。

(3) 渗碳体 前已述及,渗碳体(Fe_3C)是 Fe 与 C 组成的金属化合物,为铁碳合金的强化相。它具有复杂的晶体结构,其含碳量(质量分数)从室温直到熔化前均为 6.69%,即在熔点以下可稳定存在。渗碳体又硬又脆,其力学性能为:抗拉强度 $R_m = 30$ MPa,断后伸长率 $A \approx 0$,断面收缩率 $Z \approx 0$,冲击韧度 $a_K \approx 0$,硬度为 800HBW。

(4) δ 固溶体 δ 固溶体是 C 溶于 δ-Fe 中所形成的间隙固溶体,又称 δ 铁素体。它具有体心立方晶体结构,用字母 δ 表示。δ 固溶体存在于 1394~1538 ℃的温度范围内,是相图中的高温相。本章对它不作详细讨论。

除上述各相以外,图中还有液相,即处于液态的铁碳合金,用字母 L 表示。

2. 图中的特性点

Fe-Fe₃C 相图中的 14 个特性点及其含义分别列入表 4-1 中。

表 4-1　Fe-Fe₃C 相图中各点的温度、含碳量及含义

特性点符号	温度/℃	w_C/%	含　义
A	1538	0	纯铁的熔点
B	1495	0.53	包晶转变时液态合金的成分
C	1148	4.3	共晶点 $L_C \rightleftharpoons A_E + Fe_3C$
D	1227	6.69	Fe_3C 的熔点
E	1148	2.11	A 中的最大溶碳量
F	1148	6.69	Fe_3C 的成分
G	912	0	$\alpha\text{-Fe} \rightleftharpoons \gamma\text{-Fe}$ 的同素异构转变点(A_3)
H	1495	0.09	δ 固溶体中的最大溶碳量
J	1495	0.17	包晶点，$L_B + \delta_H \rightleftharpoons A_J$
K	727	6.69	Fe_3C 的成分
N	1394	0	$\gamma\text{-Fe} \rightleftharpoons \delta\text{-Fe}$ 的同素异构转变点(A_4)
P	727	0.0218	F 中的最大溶碳量
S	727	0.77	共析点(A_1)，$A_S \rightleftharpoons F_P + Fe_3C$
Q	(室温)	0.0008	室温时 F 中的溶碳量

3. 图中的特性线

ABCD 线为液相线，此线以上合金呈液态，冷却至该线合金开始结晶。

AHJECF 线为固相线，此线以下合金呈固态，冷却至该线合金全部结晶完毕。

HJB 线为包晶反应线，$w_C = 0.09\% \sim 0.53\%$ 的铁碳合金，在 1495 ℃ 的恒温下均发生包晶转变，即 $L_B + \delta_H \underset{\text{恒温}}{\overset{1495\ ℃}{\rightleftharpoons}} A_J$。

ECF 线为共晶反应线，$w_C = 2.11\% \sim 6.69\%$ 的铁碳合金，在 1148 ℃ 的恒温下均发生共晶转变，即 $L_C \underset{\text{恒温}}{\overset{1148\ ℃}{\rightleftharpoons}} (A_E + Fe_3C)$。共晶转变的产物是奥氏体与渗碳体(或共晶渗碳体)的机械混合物，称为莱氏体，用字母 L_d 表示，冷却至室温的莱氏体称为变态莱氏体(或低温莱氏体)，用 L_d' 表示。

PSK 线为共析反应线，$w_C = 0.02\% \sim 6.69\%$ 的铁碳合金，在 727 ℃ 的恒温下均发生共析转变，即 $A_S \underset{\text{恒温}}{\overset{727\ ℃}{\rightleftharpoons}} (F_P + Fe_3C)$。共析转变的产物是铁素体与渗碳体(或共析渗碳体)的机械混合物，称为珠光体，用字母 P 表示。*PSK* 线又称 A_1 线。

ES 线为碳在奥氏体中的溶解度曲线。由于在 1148 ℃时，奥氏体中溶碳量(质

量分数)最大可达 2.11%,而在 727 ℃时仅为 0.77%,因此 $w_C > 0.77\%$ 的铁碳合金自 1148 ℃冷却至 727 ℃的过程中,均将从奥氏体中析出渗碳体。此时的渗碳体称为二次渗碳体(Fe_3C_{II})。ES 线又称 A_{cm} 线,亦即从奥氏体中开始析出 Fe_3C_{II} 的临界温度线。

PQ 线为碳在铁素体中的溶解度曲线。由于在 727 ℃时铁素体中溶碳量(质量分数)最大可达 0.02%,而在室温时仅为 0.0008%。因此,$w_C > 0.0008\%$ 的铁碳合金自 727 ℃冷却至室温的过程中,均将从铁素体中析出渗碳体,此时析出的渗碳体称为三次渗碳体(Fe_3C_{III})。PQ 线亦即从铁素体中开始析出 Fe_3C_{III} 的临界温度线,由于 Fe_3C_{III} 量极少,往往予以忽略。

GS 线是合金冷却时自奥氏体中开始析出铁素体的温度线,通常称 A_3 线。

此外,CD 线是从液体中结晶出渗碳体的开始温度线。从液体中结晶出的渗碳体称为一次渗碳体(Fe_3C_I);GP 线是 $w_C < 0.02\%$ 的铁碳合金冷却时,从奥氏体中析出铁素体的终了温度线。

需要说明的是,本节讲述的一次渗碳体(Fe_3C_I)、二次渗碳体(Fe_3C_{II})、三次渗碳体(Fe_3C_{III})以及共晶渗碳体、共析渗碳体,它们的化学成分、晶体结构、力学性能都是一样的,并没有本质上的差别,不同的命名仅表示它们的来源、结晶形态及在组织中的分布情况有所不同而已。

4. 图中的相区

Fe-Fe_3C 相图可划分为以下相区:

(1) 五个单相区　ABCD 线以上的液相区(L),AHNA 线围着的 δ 固溶体相区(δ),NJESGN 线围着的奥氏体相区(A),GPQG 线围着的铁素体相区(F),DFKL 垂线代表的渗碳体相区(Fe_3C)。

(2) 七个双相区　ABHA 线围着的 L+δ 相区,JBCEJ 线围着的 L+A 相区,DCFD 线围着的 L+Fe_3C_I 相区,HJNH 线围着的 δ+A 相区,EFKSE 线围着的 A+Fe_3C 相区,GSPG 线围着的 A+F 相区,QPSKLQ 线围着的 F+Fe_3C 相区。

(3) 三个三相共存区　HJB 线为 L+δ+A 相区,ECF 线为 L+A+Fe_3C 相区,PSK 线为 A+F+Fe_3C 相区。

4.2　铁碳合金平衡结晶过程分析

4.2.1　铁碳合金的分类

由图 4-6、图 4-7 可知,不同成分的铁碳合金具有不同的平衡组织,而不同的组织又具有不同的性能。为此,按其含碳量及组织状况可将铁碳合金系分为工业纯铁、钢、白口铸铁、灰铸铁等几种类型。

1. 工业纯铁

工业纯铁指室温下的平衡组织几乎全部为铁素体的铁碳合金(其显微组织如图

3-10a 所示)。此类合金的 $w_C < 0.02\%$,位于 Fe-Fe$_3$C 相图 P 点成分以左的区域。工业纯铁仅适合作为某些电工材料。

2. 钢

钢指高温固态组织可为单相奥氏体的一类铁碳合金,其 $w_C = 0.02\% \sim 2.11\%$,位于 Fe-Fe$_3$C 相图中 P 点与 E 点成分之间。此类合金具有良好的塑性,适合锻造、轧制等压力加工。根据室温组织的不同又可分为以下三种:

(1) 亚共析钢　亚共析钢指室温下的平衡组织为铁素体与珠光体的铁碳合金,其 $w_C = 0.02\% \sim 0.77\%$,位于 P 点与 S 点成分之间。

(2) 共析钢　共析钢指室温下的平衡组织仅为珠光体的铁碳合金,其 $w_C = 0.77\%$(可化简为 0.8%),即为 S 点成分的合金,亦即 4.4 节碳素工具钢中的 T8 钢。

(3) 过共析钢　过共析钢指室温下的平衡组织为珠光体与二次渗碳体的铁碳合金,其 $w_C = 0.77\% \sim 2.11\%$,位于 S 点与 E 点成分之间。

3. 白口铸铁

白口铸铁指液态结晶时都有共晶反应且室温下的平衡组织中皆含变态莱氏体的一类铁碳合金,因其断口白亮而得名。此类合金的 $w_C = 2.11\% \sim 6.69\%$,位于 E 点成分以右,熔点较低,流动性好,便于铸造成形;但因组织中总含有一定量的莱氏体,硬度高、脆性大,故不能进行锻造、轧制等压力加工,也不易切削加工。根据室温组织的不同也可分为以下三种:

(1) 亚共晶白口铸铁　亚共晶白口铸铁指室温下的平衡组织具有变态莱氏体、珠光体与二次渗碳体的铁碳合金,其 $w_C = 2.11\% \sim 4.3\%$,位于 C 点成分以左。

(2) 共晶白口铸铁　共晶白口铸铁指室温下的平衡组织仅为变态莱氏体的铁碳合金,其 $w_C = 4.3\%$,即为 C 点成分的合金。

(3) 过共晶白口铸铁　过共晶白口铸铁指室温下的平衡组织为变态莱氏体与一次渗碳体的铁碳合金,其 $w_C = 4.3\% \sim 6.69\%$,位于 C 点成分以右。因其太脆,缺乏实用价值。

4. 灰铸铁

灰铸铁指室温下的平衡组织具有铁素体、珠光体,或是二者皆有的基体,且基体上分布着不同形态石墨的铁碳合金,其断口呈暗灰色,$w_C > 2.11\%$。

此外,还有麻口铸铁。有关铸铁的详细讨论见 4.5 节。

4.2.2　钢和白口铸铁的平衡结晶过程

为了认识钢和白口铸铁组织的形成规律,下面选择几种典型的合金,分析其平衡结晶过程及组织变化。基于图 4-7 中左上方的包晶反应对室温组织分析的意义不大,通常采用简化了的 Fe-Fe$_3$C 相图(图 4-8)进行说明。

1. 共析钢($w_C = 0.77\%$)

图 4-9 所示为共析钢的冷却曲线及平衡结晶过程。

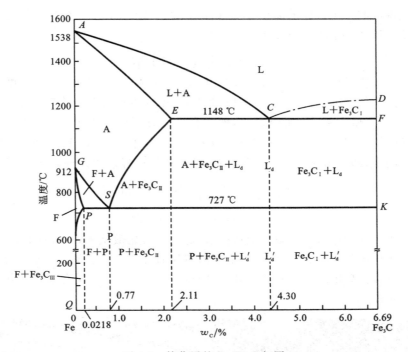

图 4-8 简化了的 Fe-Fe₃C 相图

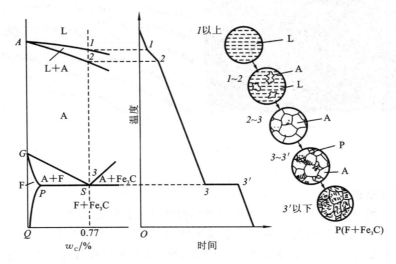

图 4-9 共析钢的平衡结晶过程

由图可见,当合金缓冷至 *1* 点温度时,其成分垂线与液相线相交,于是从液体中开始结晶出奥氏体。在 *1* 点至 *2* 点温度间,随着温度的下降,奥氏体的量不断增加,其成分沿 *AE* 线变化,而液相的量不断减少,其成分沿 *AC* 线(见图 4-8)变化。当温度降至 *2* 点时,合金的成分垂线与固相线相交,此时合金全部凝固为奥氏体。在 *2*

点至 3 点温度间是奥氏体的简单冷却过程,合金的成分、组织均不发生变化。当降至 3 点温度(727 ℃)时,将发生共析反应,即

$$A_{w_C=0.77\%} \xrightleftharpoons{727\ ℃} (F_{w_C=0.02\%} + Fe_3C_{w_C=6.69\%})$$

形成较细密的珠光体。随着温度的继续下降,铁素体的成分将沿着溶解度曲线 PQ 变化,并析出三次渗碳体。三次渗碳体量极少,常与共析反应中的渗碳体连在一起,不易分辨,可忽略不计。对此问题,后面各合金的分析处理皆相同。因此,共析钢的室温平衡组织全部为珠光体,其室温的组织组成物仅有一种,即 100% 的 P,但其相组成物却有两个,即 F 和 Fe_3C。它们的质量分数依照杠杆定律计算如下:

$$w_F = \frac{6.69-0.77}{6.69-0.0008} \times 100\% = 88.5\%$$

$$w_{Fe_3C} = 1 - 88.5\% = 11.5\%$$

珠光体具有层片状的显微组织特征,在低倍放大显微镜下观察,只能见到白色的 F 基体上分布着黑色条纹状的 Fe_3C 呈黑白相间的层状形貌或是二者难以分清,如图 4-10a 所示;若在高倍放大显微镜下观察,则可见到 F 与 Fe_3C 间有清晰的相界面,如图 4-10b 所示。

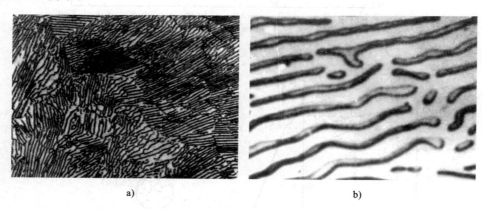

a)　　　　　　　　　　　　　　　　b)

图 4-10　共析钢的室温平衡组织

a) 珠光体(500×)　b) 珠光体(2000×)

2. 亚共析钢($w_C = 0.40\%$)

图 4-11 所示为 $w_C = 0.40\%$ 的钢的冷却曲线及平衡结晶过程。

由图可见,亚共析钢在 1 点至 3 点温度间的结晶过程与共析钢相似。当缓慢冷却至 3 点温度时,合金的成分垂线与 GS 线相交,此时由奥氏体中先析出铁素体(这是个同素异构相变过程,它与金属的结晶一样,包括形核和核心的长大两个阶段)。随着温度的下降,奥氏体和先析出铁素体的成分分别沿 GS 和 GP 线变化。当降至 4 点温度(727 ℃)时,铁素体的 $w_C = 0.02\%$,奥氏体的 $w_C = 0.77\%$,此时的奥氏体便发生共析反应,转变成珠光体而铁素体不变化。从 4 点温度继续冷却至室温,可以认为合金的组织不再发生变化,因此以 $w_C = 0.40\%$ 为代表的所有亚共析钢室温下的

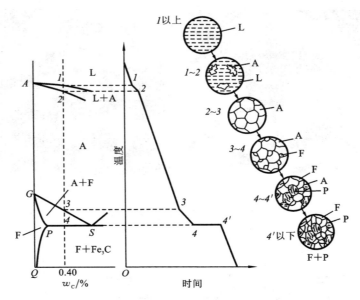

图 4-11 亚共析钢的平衡结晶过程

平衡组织均为铁素体和珠光体($F+P$)。其组织组成物有两种,即 F 和 P,二者的质量分数依照杠杆定律计算如下:

$$w_F = \frac{0.77-0.40}{0.77-0.0008} \times 100\% = 48\%$$

$$w_P = 1-48\% = 52\%$$

这种钢的相组成物仍为 F 和 Fe_3C,它们的质量分数为

$$w_F = \frac{6.69-0.40}{6.69-0.0008} \times 100\% = 94\%$$

$$w_{Fe_3C} = 1-94\% = 6\%$$

图 4-12 所示为亚共析钢的显微组织,其中白色块状为 F,亦称为先析铁素体;暗色的层片状为 P。随着钢中含碳量的增加,白色块状的 F 将会减少,当 $w_C \geqslant 0.6\%$ 以上时,块状的 F 将会逐渐变成白色的网状 F 分布在层片状 P 的周围。

3. 过共析钢($w_C = 1.20\%$)

图 4-13 所示为 $w_C = 1.20\%$ 钢的冷却曲线及平衡结晶过程。

由图可见,过共析钢在 1 点至 3 点温度间的结晶过程也与共析钢相似。当缓慢冷却至 3 点温度时,合金成分垂线与 ES 线相交,此时便开始沿奥氏体晶界析出二次渗碳体(Fe_3C_{II} 故呈网状分布)。随着温度的下降,奥氏体的成分沿溶解度曲线 ES 变化,且奥氏体的量不断减少,二次渗碳体的量不断增多。当降至 4 点温度(727 ℃)时,奥氏体的 $w_C = 0.77\%$,此时的奥氏体便发生共析反应转变成珠光体,而 Fe_3C 不变化。从 4 点温度继续冷却至室温,可以认为合金的组织不再发生变化。因此,以 $w_C = 1.20\%$ 为代表的所有过共析钢的室温平衡组织均为二次渗碳体和珠光体

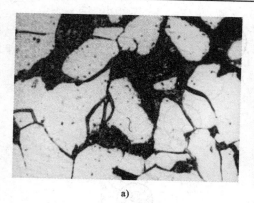
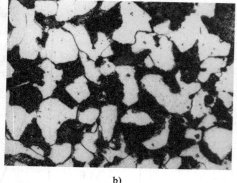

a)　　　　　　　　　　　　　　　　　b)

图 4-12　亚共析钢的显微组织

a) $w_C = 0.15\%$(500×)　b) $w_C = 0.40\%$(500×)

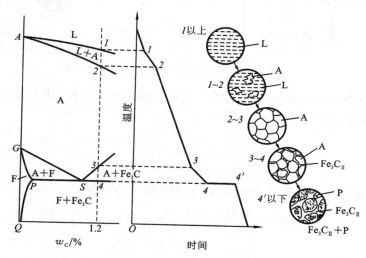

图 4-13　过共析钢的平衡结晶过程

(Fe_3C_{II} + P)。其组织组成物有两种，即 Fe_3C_{II} 和 P，二者的质量分数依照杠杆定律计算如下：

$$w_{Fe_3C_{II}} = \frac{1.20 - 0.77}{6.69 - 0.77} \times 100\% = 7\%$$

$$w_P = 1 - 7\% = 93\%$$

该钢的相组成物仍为 F 与 Fe_3C，二者相对量同样可依照杠杆定律进行计算。

图 4-14 所示的是过共析钢的显微组织，其中 Fe_3C_{II} 根据采用的浸蚀剂不同可为白色(或黑色)的细网状分布在层片状的 P 周围。

4. 共晶白口铸铁($w_C = 4.3\%$)

图 4-15 所示为共晶白口铸铁的冷却曲线及平衡结晶过程。

由图可见，当合金缓冷至 1 点共晶温度(1148 ℃)时，将发生共晶反应，即

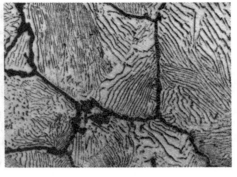

a)　　　　　　　　　　　　　　　　　　　　　b)

图 4-14　过共析钢的显微组织

a) 硝酸酒精溶液浸蚀(500×)　b) 苦味酸溶液热蚀(800×)

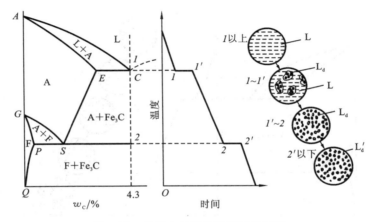

图 4-15　共晶白口铸铁平衡结晶过程

$$L_{w_C=4.3\%} \xrightarrow[]{1148\ ℃} (A_{w_C=2.11\%} + Fe_3C_{w_C=6.69\%})$$

形成高温莱氏体。在 *1* 点至 *2* 点温度间,随着温度的下降,莱氏体中的奥氏体成分将沿着溶解度曲线 ES 变化,并析出二次渗碳体(它与共晶渗碳体连在一起,在金相显微镜下难以分辨)。随着二次渗碳体的析出,奥氏体的含碳量不断下降,当温度降至 *2* 点(727 ℃)时,奥氏体的 $w_C=0.77\%$,此时的奥氏体发生共析反应转变为珠光体,于是高温莱氏体(L_d)也相应转变为变态莱氏体(L_d'),不难理解,变态莱氏体中含有珠光体、二次渗碳体和共晶渗碳体。从 *2* 点温度继续冷却至室温,可以认为合金组织不再发生变化。所以共晶白口铸铁的室温平衡组织为较粗大的变态莱氏体。其组织组成物仅有一种,即全部为 L_d',而相组成物仍是两种,即 F 和 Fe_3C。

　　图 4-16 所示为共晶白口铸铁的显微组织,图中的 P 呈黑色的斑点状或条块状,Fe_3C 基体呈白色。

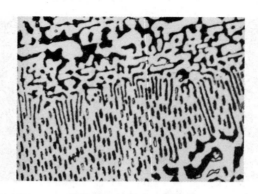

图 4-16　共晶白口铸铁的显微组织(200×)

5. 亚共晶白口铸铁($w_C = 3.0\%$)

图 4-17 所示为 $w_C = 3.0\%$ 白口铸铁的冷却曲线及平衡结晶过程。

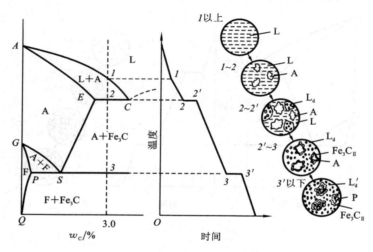

图 4-17　亚共晶白口铸铁的平衡结晶过程

由图可见,当合金缓冷至 *1* 点温度时,其成分垂线与液相线相交,从液体中便开始结晶出奥氏体(称为初生奥氏体)。在 *1* 点至 *2* 点温度间,随着温度的下降,奥氏体的量不断增加,液体的量不断减少。当降至 *2* 点温度(1148 ℃)时,奥氏体的 $w_C = 2.11\%$,剩余液体的 $w_C = 4.3\%$。此时,剩余液体发生共晶反应转变成高温莱氏体,而初生奥氏体不发生变化。在 *2* 点至 *3* 点温度间,随温度的下降,又从奥氏体(包括初生奥氏体以及莱氏体中的奥氏体)中析出二次渗碳体。当降至 *3* 点温度(727 ℃)时,奥氏体发生共析反应转变成珠光体,高温莱氏体转变成变态莱氏体。从 *3* 点温度继续冷却至室温,可以认为合金组织不再发生变化。所以以 $w_C = 3.0\%$ 为代表的所有亚共晶白口铸铁的室温平衡组织均为珠光体、二次渗碳体和变态莱氏体(P+ Fe_3C_{II} + L_d'),其组织组成物有三种,即 P、Fe_3C_{II}、L_d',而相组成物仍是两种,即 F 和

Fe_3C。

图 4-18 所示为亚共晶白口铸铁的显微组织,图中黑色带树枝状特征的是 P,分布在 P 周围的白色网是 Fe_3C_{II},具有黑白斑点状特征的是 L'_d。

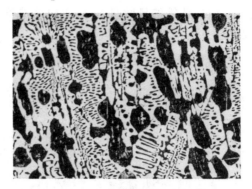

图 4-18　亚共晶白口铸铁的显微组织(200×)

6. 过共晶白口铸铁($w_C = 5.0\%$)

图 4-19 所示为 $w_C = 5.0\%$ 过共晶白口铸铁的冷却曲线及平衡结晶过程。

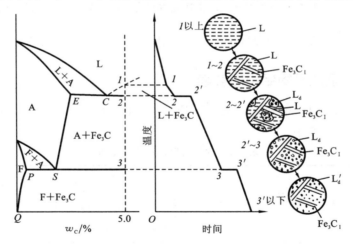

图 4-19　过共晶白口铸铁的平衡结晶过程

由图可见,当合金缓冷至 1 点温度时,其成分垂线与液相线相交,从液体中开始结晶出一次渗碳体。在 1 点至 2 点温度间,随着温度的下降,一次渗碳体的量不断增加,液体的量不断减少,当降至 2 点温度(1148 ℃)时,剩余液体的成分变为 $w_C = 4.3\%$。此时,剩余液体发生共晶反应转变为高温莱氏体,而一次渗碳体不发生变化。在 2 点至 3 点温度间,随温度的下降,莱氏体中的奥氏体不断析出二次渗碳体,当降至 3 点温度(727 ℃)时,奥氏体发生共析反应转变为珠光体。此时,高温莱氏体则转变为变态莱氏体,从 3 点温度继续冷却至室温,可以认为合金组织不再发生变化。

所以以 $w_C=5.0\%$ 为代表的所有过共晶白口铸铁组织均为一次渗碳体与变态莱氏体（$Fe_3C_I+L_d'$），其组织组成物有两种，即 Fe_3C_I、L_d'，而相组成物仍是两种，即 F、Fe_3C。

图 4-20 所示为过共晶白口铸铁的显微组织，图中白色带条状特征的是 Fe_3C_I，具有黑白点条状特征的是 L_d'。

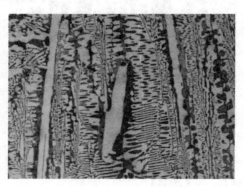

图 4-20　过共晶白口铸铁的显微组织（200×）

同样，白口铸铁的组织组成物及相组成物的质量分数都可依照杠杆定律计算。

4.3　碳对铁碳合金的影响

4.3.1　碳对室温平衡组织的影响

综合 4.2 节分析，将铁碳合金按 $Fe-Fe_3C$ 相图结晶后的钢与白口铸铁的室温平衡组织总结于表 4-2 中。

表 4-2　钢与白口铸铁平衡组织

名　　称	$w_C/\%$	组　　织	代表符号
工业纯铁	<0.02	铁素体（或铁素体＋少量三次渗碳体）	$F+Fe_3C_{III}$
亚共析钢	0.02~0.77	铁素体＋珠光体	$F+P$
共析钢	0.77	珠光体	P
过共析钢	0.77~2.11	珠光体＋二次渗碳体	$P+Fe_3C_{II}$
亚共晶白口铸铁	2.11~4.3	珠光体＋二次渗碳体＋变态莱氏体	$P+Fe_3C_{II}+L_d'$
共晶白口铸铁	4.3	变态莱氏体	L_d'
过共晶白口铸铁	4.3~6.69	变态莱氏体＋一次渗碳体	$L_d'+Fe_3C_I$

由表(4-2)可见，铁碳合金中的钢与白口铸铁室温平衡组织中的组织组成物可归纳为四种，即 F、Fe_3C、P、L_d'；相组成物为 F 和 Fe_3C。随着合金中含碳量的变化，其组

织组成物及相组成物的相对量皆发生变化,如图 4-21 所示。

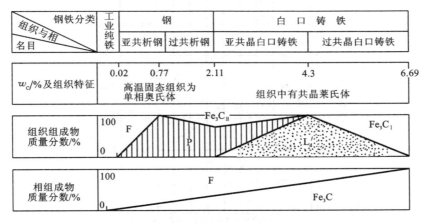

图 4-21 含碳量与组织组成物及相组成物的关系

由表 4-2 及图 4-21 还可看出,随着含碳量的增加,不仅其组织中 Fe_3C 的量渐进递增,而且其存在形态也发生变化,即由层片状形态分布在 F 基体内(形成珠光体 P),进而呈网状分布在晶界上(Fe_3C_{II}),当形成莱氏体 L_d' 时,Fe_3C 则成为连续分布的基体。这种组织形态上的变化,必然导致力学性能的明显变化。

4.3.2 碳对力学性能的影响

如上所述,可以理解 F、Fe_3C 与 P 是钢与白口铸铁室温平衡态的基本组织组成物,其中:F 软而韧;Fe_3C 硬而脆;P 的力学性能则介于 F、Fe_3C 之间,即具有较高的硬度、强度和良好的塑性、韧性。第 5 章还将进一步阐明非平衡冷却条件下因 P 形态的变化而导致的性能变化。

对以 F 为基体的钢来说,Fe_3C 的量越大,分布越均匀、细密,则钢的硬度、强度越高。但当 Fe_3C 以网状形态分布在晶界上,尤其是当它作为基体时,铁碳合金的塑性与韧性会大大下降。这就是高温缓慢冷却的过共析钢与白口铸铁脆性大的原因。

图 4-22 所示为钢中含碳量与力学性能(热轧火态的测定值)的关系曲线。它表明随含碳量的增加,钢的强度、硬度增大,塑性、韧性下降。当 $w_C > 1.00\%$ 时,由于网状 Fe_3C_{II} 的出现,其强度显著降低,而钢的硬度仍继续成线性增大。前已述及,钢的硬度在 $160 \sim 230$HBW 时,才具有最好的切削加工性能,且钢的塑性及焊接性能也越好。为了保证工业用钢有较好的强度、硬度、塑性及韧性的匹配,通常,其 $w_C < 1.40\%$。

一般情况下,若零件以要求塑性、韧性好为主,应选用低碳钢($w_C = 0.10\% \sim 0.25\%$);若零件要求塑性、韧性较好且强度较高,应选用中碳钢($w_C = 0.25\% \sim 0.60\%$);若零件要求以强度高且耐磨性好为主,应选用高碳钢($w_C = 0.60\% \sim 1.30\%$)。图 4-23 曲线所示为 $w_C < 2.11\%$ 的铁碳合金热加工的大致温度范围。

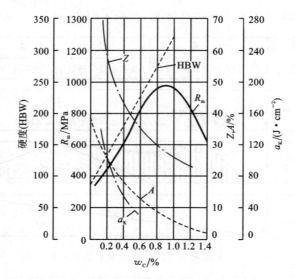

图 4-22   含碳量对钢力学性能的影响

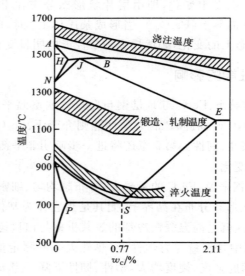

图 4-23 $w_C < 2.11$ 的铁碳合金热
加工的温度范围

当 $w_C > 2.11\%$ 以后,合金成为白口铸铁。它硬而脆,既不能压力加工,又很难切削,除采用铸造方式制成少数耐磨件外,在其他方面应用不多。

综上所述不难理解,Fe-Fe$_3$C 相图不仅为钢铁材料的选用和加工工艺提供了理论依据,还为选择铸造、热锻、热轧及热处理的加热温度范围提供了实践指南。

需要指出的是,Fe-Fe$_3$C 相图上的平衡组织只有在极其缓慢的冷却或加热条件(一般 $0.5\ ℃ \cdot min^{-1}$ 左右)下才能得到。对于实际生产中的钢铁材料,当冷却或加热速度较快时,所形成的组织不能完全用它来分析。另外,由于钢铁材料中除含 Fe、C 两元素外,还常存有 P、S、Si、Mn 等元素,因此在分析钢铁材料时,不仅要利用 Fe-Fe₃C 相图,有时还要考虑常存元素的综合作用。

4.4 非合金钢

前已述及,工业用钢的品种很多,为了便于生产、保管、选材和研究,根据国家标准 GB/T 13304.1—2008,按化学成分将钢分为非合金钢、低合金钢和合金钢。因为非合金钢中含合金元素极少,因此习惯上也称之为碳钢。

工程中应用的非合金钢(即碳素钢)除含 Fe、C 两组元外,通常还含有 P、S、Si、Mn 及微量的 H、O、N 元素。这些都是在冶炼时未能除尽的杂质元素,对钢的性能有一定的影响。为了了解钢中杂质产生的原因,正确选用碳钢,有必要了解一下钢铁从原材料至机械产品的大致生产过程。

4.4.1 钢铁材料的生产过程

如图 4-24 所示,在高炉中首先将铁矿石还原,生产出炼钢生铁;再将生铁进一步在各种炼钢炉中将含碳量降至 1.3%(质量分数)以下,并把其他杂质元素(P、S、Si、Mn 等)的含量也调整至规定的范围内。这就炼成了各种牌号的碳钢。然后经过轧制、锻造等冷、热变形工序,把碳钢加工成钢板、圆钢等各种型材或锻件,作为冶金产品投入社会。其中一部分直接用于工程结构中,如建筑、桥梁、船舶用的各种钢筋及型钢等,另一部分进入机械厂继续加工(经铸造、锻造、切削加工、热处理等工艺)制成各种零件并装配成机械产品。

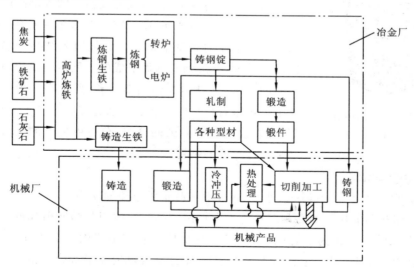

图 4-24 钢铁生产加工过程

4.4.2　钢锭的组织及缺陷

由图4-24可知,钢在冶炼后,除少数直接制成铸件外,绝大部分都要先铸成钢锭。按浇注前钢液脱氧程度的不同,可把钢锭分为镇静钢、沸腾钢和介于两者之间的半镇静钢三类。镇静钢是指钢液在浇注前进行了充分的脱氧,以至钢液注入锭模后不再发生碳与氧的反应而处于镇静状态,凝固后的钢锭成分比较均匀,组织也比较致密,属优质钢;沸腾钢是指钢液在浇注前脱氧不充分,钢液中含有较高的FeO,注入锭模后发生碳与氧的反应而产生CO气泡,当气泡逸出时会形成钢的沸腾现象。下面以镇静钢为主讨论钢锭的组织和缺陷。

1. 钢锭的组织特点

典型的钢锭组织是由表层细晶区、柱状晶区和中心等轴晶区所组成的,如图4-25所示。各晶区形成的条件分述如下:

（1）表层细晶区　钢液注入锭模后,由于模壁温度较低,与锭模接触的钢液冷却速度快,过冷度大,形成大量晶核,模壁也能起非自发形核的作用,因此形成细晶区。

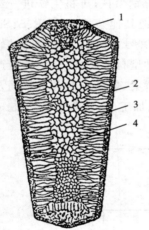

（2）柱状晶区　在表层细晶粒区形成后,随着模壁温度升高,钢液冷却速度有所降低。但垂直于模壁方向向外散热最快,晶核沿着与散热相反的方向优先长大而形成柱状晶区。

（3）中心等轴晶区　柱状晶长大到一定程度,锭模中心的钢液远离模壁,冷却速度变小。由于过冷度小,晶核少且散热的方向性不明显,故形成粗大的等轴晶区。

除上述三个晶区外,在钢锭的下部往往还有一个等轴细晶粒所组成的致密锥形区。它是因先结晶的晶体密度比钢液的大,下沉到底部而形成的。钢锭的组织对性能有明显的影响,如柱状晶的热塑性差,所以在一般锻钢的毛坯中不希望有严重的柱状晶。通过控制过冷度、散热条件等,可以改变三个晶区的分布,获得由单一的柱状晶区或等轴晶区组成的钢锭。

图 4-25　钢的铸锭
1—集中缩孔　2—细晶区
3—柱状晶区　4—等轴晶区

2. 钢锭的缺陷

钢锭除有上述几个晶区以外,还有如下一些不可避免的缺陷:

（1）缩孔和缩松　缩孔与缩松皆是由钢液结晶时的体积收缩所引起的。集中体积收缩形成的孔穴称为缩孔(见图4-25),分散体积收缩形成的分散小孔称为缩松。缩孔表面严重氧化,其附近含有大量夹杂物,锻造或轧制时不能焊合。钢材中不允许有缩孔残留,必须完全切除。缩松在锻造或轧制时可以焊合或减轻,其危害比残留缩孔小,但若缩松未被焊合,会削弱钢的力学性能,特别是使塑性下降,断裂韧度 K_{IC} 明显降低。

（2）杂质 在钢锭中,除有 Fe、C 元素之外,还含有 P、S、Si、Mn、N、H、O 等杂质元素。研究表明,在钢锭上部的杂质元素（如 P、S 等）含量高,夹杂物多;在钢锭中部的杂质元素含量低,夹杂物少,成分均匀;在钢锭下部的高熔点氧化物（如 SiO_2、FeO 等）多。因此,不难理解,由钢锭轧制成的钢材中总会有杂质。

3. 杂质元素对钢性能的影响

决定钢性能的主要因素是含碳量和组织形态,但是不能排除杂质元素对钢带来的影响。以下重点叙述 P、S、Si、Mn 元素的影响。

（1）P、S 的影响 一般来说,P 和 S 是钢中的有害杂质,它们来源于矿石、燃料等炼钢原料。P 可溶于铁素体,使钢的强度、硬度增大,塑性、韧性显著变差,尤其是 P 可形成 Fe_3P,使钢的脆性转变温度迅速升高,导致钢在室温下出现塑性、韧性恶化,低温时发生脆性断裂（即冷脆）的现象。冷脆对高寒地带和其他低温条件下工作的钢结构件具有严重的危害性。

S 在钢中能与 Fe 化合形成熔点为 1190 ℃ 的 FeS,而 FeS 又能与 Fe 形成低熔点（988 ℃）共晶体,且常分布于奥氏体的晶界上。当钢在 1000 ℃ 以上进行压力加工时,低熔点共晶体熔化,导致钢材沿晶界开裂（即热脆）。需要指出的是,有时为了改善某些钢的切削加工性,可以通过适当提高含硫量,制成易切削钢。

（2）Si、Mn 的影响 Si、Mn 是炼钢过程中因加入硅铁和锰铁脱氧而残留在钢中的有益杂质。它们能溶于铁素体,对钢起到一定的强化作用;另外,由于 Mn 与 S 的亲和力比 Fe 与 S 的亲和力要大,因此钢中的 Mn 可以优先夺取钢中的 S,形成 MnS。MnS 的熔点为 1600 ℃,远高于钢的热压力加工温度,并且 MnS 在高温下具有一定的塑性,不会使钢发生热脆,因此 Mn 可以减轻 S 的有害作用。但 MnS 毕竟是钢中的一种夹杂物,过量的 MnS 会使钢的疲劳强度及断裂韧度降低。

综上所述,基于杂质元素在炼钢时不可能除尽,为了改善钢的性能,除了在炼钢时保证钢的含碳量外,还必须将杂质元素的含量控制在一定的范围内。

4.4.3　非合金钢的分类

1. 按照国家标准 GB/T 13304.2—2008 分类

1）按主要质量等级分类

（1）普通质量非合金钢 普通质量非合金钢是指生产过程中不规定需要特别控制质量要求的钢。它应满足四个条件:第一,非合金化;第二,不规定热处理（退火、正火、消除应力及软化处理不作为热处理对待）;第三,其特性值应符合含碳量最高值≥0.10%,含硫量或含磷量最高值≥0.040%,含氮量最高值≥0.007%,抗拉强度最低值≤690 MPa,屈服强度最低值≤360 MPa,断后伸长率最低值（L_o = 5.56$\sqrt{S_o}$）≤

33%,弯心直径最低值$\geqslant 0.5 \times$试件厚度,冲击吸收能量最低值(20 ℃,V 型缺口,纵向标准试样)$\leqslant 27$ J,洛氏硬度最高值$\geqslant 60$HRB;第四,未规定其他质量要求。它主要包括碳素结构钢中的一部分以及质量相当的不同用途的钢。

(2)优质非合金钢　　优质非合金钢是指在生产过程中需要特别控制质量(例如控制晶粒度,降低含硫量、含磷量,改善表面质量或增加工艺控制等),以达到比普通质量非合金钢特殊的质量要求(例如良好的抗脆断性能、良好的冷成形性等),但这种钢的生产控制没有特殊质量非合金钢严格(如不用控制淬透性)。它包括碳素结构钢中的一部分,优质碳素结构钢中的一部分、易切削结构钢等质量相当的不同用途的钢。

(3)特殊质量非合金钢　　特殊质量非合金钢是指在生产过程中需要特别严格控制质量和性能(例如控制淬透性和纯洁度)的非合金钢。它主要包括优质碳素结构钢中的一部分、碳素弹簧钢、非合金调质钢、碳素工具钢等质量相当的不同用途的钢。

2) 按主要性能或使用特性分类

所谓主要性能或使用特性,是指在某些情况下,例如在编制体系或对钢进行分类时要优先考虑的特性。分类方法有:以规定最高强度(或硬度)为主要特性的非合金冷成形用薄钢板;以规定最低强度为主要特性的非合金钢,例如造船、压力容器、管道等的非合金钢;等等。具体分类细则可见国家标准 GB/T 13304.2—2008。

2. 按工程应用的需要分类

1) 按碳的质量分数分类

① 低碳钢,$w_C \leqslant 0.25\%$;

② 中碳钢,$0.25\% < w_C \leqslant 0.6\%$;

③ 高碳钢,$w_C > 0.6\%$。

2) 按质量和用途分类

① 碳素结构钢,用来制造桥梁、船舶、建筑等工程构件;

② 优质碳素结构钢,用来制造齿轮、弹簧、轴类等机器零件;

③ 碳素工具钢,用来制造刀具、量具、模具等工具。

4.4.4　非合金钢的牌号及应用

非合金钢的牌号主要是按质量和用途进行编制的。以下重点介绍碳素钢的牌号及应用。

1. 碳素结构钢

在国家标准 GB/T 700—2006 中所列的 Q215、Q235、Q275 三种牌号的 A、B 级和 Q195 钢属普通碳素结构钢,即普通质量非合金钢;除普通质量 A、B 级钢以外的所有牌号及 A、B 级规定冷成形性和模锻性特殊要求者,属优质非合金钢。

　　碳素结构钢主要保证力学性能,故其牌号也体现力学性能:用"Q＋数字＋质量等级符号＋脱氧方法符号"表示,其中"Q"为"屈"字的汉语拼音首字母,数字表示屈服强度值;字母 A、B、C、D 为质量等级符号,由 A 到 D 表示质量依次提高;脱氧方式符号"F"表示沸腾钢,"Z"表示镇静钢,"TZ"表示特种镇静钢,"Z"和"TZ"通常可以省略。例如,Q235AF 表示屈服强度不低于 235 MPa、质量为 A 级的沸腾钢,Q235C 表示屈服强度不低于 235 MPa、质量为 C 级的镇静钢。

　　表 4-3 所示为碳素结构钢的脱氧方法、化学成分、力学性能和应用举例,表中数据选摘自国家标准 GB/T 700—2006。

　　碳素结构钢一般情况下不经热处理,而在钢厂供应状态下(即热轧状态)直接使用。通常,Q195、Q215、Q235 钢的含碳量低,焊接性能好,塑性、韧性好,有一定强度,常轧制成薄板、钢筋、焊接钢管等,用于桥梁、建筑等结构和制造普通铆钉、螺栓、螺母等零件。Q275 钢的含碳量较高,故其强度较高,塑性、韧性较好,可进行焊接,并轧制成型钢、条钢和钢板作结构件以及制造简单机械的连杆、齿轮、联轴器和销子等零件。

2. 优质碳素结构钢

　　在国家标准 GB/T 699—1999 中所列的优质碳素结构钢牌号中,65Mn、70Mn、70、75、80、85 钢属特殊质量非合金钢,其余属优质非合金钢。

　　优质碳素结构钢必须同时保证化学成分和力学性能,所以大多为镇静钢,其牌号采用两位数字表示,且两位数字的万分数代表钢中平均碳质量分数。例如,45 钢表示钢中平均碳质量分数为 45/10,000,即 0.45%,08 钢表示钢中平均碳质量分数为 8/10,000,即 0.08%。

　　优质碳素结构钢主要用来制造机器零件,一般都要经过热处理以提高其力学性能。含碳量的不同,其用途也不同。08、08F、10、10F 钢塑性、韧性好,具有优良的冷成形性能和焊接性能,常冷轧成薄板,用来制造仪表外壳、汽车和拖拉机上的冷冲压件,如汽车车身、拖拉机驾驶室壳体等;15、20、25 钢用来制造尺寸较小、负荷较轻、表面要求耐磨、心部强度要求不好的渗碳零件,如活塞销、样板等;30、35、40、45、50 钢经热处理(淬火＋高温回火)后具有良好的综合力学性能,即具有较高的强度和较好的塑性、韧性,用来制造轴类零件,例如 40、45 钢常用来制造汽车和拖拉机的曲轴、连杆,一般的机床主轴,机床齿轮和其他受力不大的轴类零件;55、60、65 钢热处理(淬火＋中温回火)后具有高的弹性模量,常用来制造负荷不大、尺寸较小(截面尺寸为 12~15 mm)的弹簧,如调压、调速弹簧,柱塞弹簧,测力弹簧,冷卷弹簧等。

　　部分优质碳素结构钢的热处理温度、力学性能、交货状态硬度和应用举例如表 4-4 所示,表中数据选摘自 GB/T 699—1999。

表 4-3　碳素结构钢的脱氧方法、化学成分、力学性能和应用举例

牌号	等级	厚度(或直径)/mm	脱氧方法	C	Si	Mn	P	S	≤16	>16~40	>40~60	>60~100	>100~150	>150~200	Rm/MPa	≤40	>40~60	>60~100	>100~150	>150~200	温度/℃	KV2(纵向)/J 不小于	应用举例
				化学成分(质量分数)/%，不大于					ReL/MPa，不小于 厚度(或直径)/mm							A/%，不小于 厚度(或直径)/mm					冲击试验		
Q195	—	—	F、Z	0.12	0.30	0.50	0.035	0.040	195	185	—	—	—	—	315~430	33	—	—	—	—	—	—	受力不大的零件(如螺钉、螺母、垫圈等)、焊接件、冲压件、桥梁、建筑等金属结构件
Q215	A	—	F、Z	0.15	0.35	1.20	0.045	0.050	215	205	195	185	175	165	335~450	31	30	29	27	26	—	—	
Q215	B	—	F、Z	0.15	0.35	1.20	0.045	0.045	215	205	195	185	175	165	335~450	31	30	29	27	26	20	27	
Q235	A	—	F、Z	0.22	0.35	1.40	0.045	0.045	235	225	215	215	195	185	370~500	26	25	24	22	21	—	—	
Q235	B	—	Z	0.20	0.35	1.40	0.045	0.045	235	225	215	215	195	185	370~500	26	25	24	22	21	20	27	
Q235	C	—	Z	0.17	0.35	1.40	0.040	0.040	235	225	215	215	195	185	370~500	26	25	24	22	21	0	27	
Q235	D	—	TZ	0.17	0.35	1.40	0.035	0.035	235	225	215	215	195	185	370~500	26	25	24	22	21	-20	27	
Q275	A	—	F、Z	0.24	0.35	1.50	0.045	0.050	275	265	255	245	225	215	410~540	22	21	20	18	17	—	—	承受中等载荷的零件，如小轴、销子、连杆、农机零件等
Q275	B	≤40 / >40	Z	0.21	0.35	1.50	0.045	0.045	275	265	255	245	225	215	410~540	22	21	20	18	17	20	27	
Q275	C	—	Z	0.22	0.35	1.50	0.040	0.040	275	265	255	245	225	215	410~540	22	21	20	18	17	0	27	
Q275	D	—	TZ	0.20	0.35	1.50	0.035	0.035	275	265	255	245	225	215	410~540	22	21	20	18	17	-20	27	

表 4-4　部分优质碳素结构钢的化学成分、热处理温度、力学性能和应用举例

牌号	化学成分（质量分数）/%						试样毛坯尺寸/mm	推荐热处理温度/℃			力学性能					钢材交货状态硬度 (HBW10/3000)，不大于		应用举例
	C	Si	Mn	Cr	Ni	Cu		正火	淬火	回火	R_m/MPa	R_{eL}/MPa	A/%	Z/%	KU_2/J	未热处理钢	退火钢	
				不大于							不小于							
08F	0.05~0.11	≤0.03	0.25~0.50	0.10				930	—	—	295	175	35	60	—		—	受力不大但韧度要求高的冲压件（油桶、锅炉等）、紧固件（螺栓、螺母等）、焊接件、锻模、不太重要的齿轮、链轮
08	0.05~0.11	0.17~0.37	0.35~0.65	0.25	0.30	0.25		930	—	—	325	195	33	60	—	131	—	
15	0.12~0.18	0.17~0.37	0.35~0.65	0.25	0.30	0.25		920	—	—	375	225	27	55	—	143	—	热锻和热冲压零件、中大型机械用轴、拉杆、汽轮机机身、飞轮等铸造件
20	0.17~0.23	0.17~0.37	0.35~0.65	0.25	0.30	0.25		910	—	—	410	245	25	55	—	156	—	
30	0.27~0.34	0.17~0.37	0.50~0.80	0.25	0.30	0.25	25	880	860		490	295	21	50	63	179	—	
45	0.42~0.52	0.17~0.37	0.50~0.80	0.25	0.30	0.25		850	840	600	600	355	16	40	39	229	197	压缩机中的运动零件（连杆、活塞销等）、耐磨又承受负荷的零件（齿轮、轧辊等）
50	0.47~0.55	0.17~0.37	0.50~0.80	0.25	0.30	0.25		830	830		630	375	14	40	31	241	207	
60	0.57~0.65	0.17~0.37	0.50~0.80	0.25	0.30	0.25		810	—	—	675	400	12	35		255	229	弹性极限和强度要求较高的零件、弹簧、偏心轮、钢丝绳、离合器
80	0.77~0.85	0.17~0.37	0.50~0.80	0.25	0.30	0.25		—	820	480	1080	930	6	30		285	241	
85	0.82~0.90	0.17~0.37	0.50~0.80	0.25	0.30	0.25		—	820	480	1130	980	6	30		302	255	
15Mn	0.12~0.18	0.17~0.37	0.70~1.00	0.25	0.30	0.25	试样	920	—	—	410	245	26	55	—	163	—	高应力下工作的零件（钩、链、螺母等）、承受疲劳负荷的零件（曲轴、连杆等）
30Mn	0.27~0.34	0.17~0.37	0.70~1.00	0.25	0.30	0.25		880	860	600	540	315	20	45	63	217	187	
45Mn	0.42~0.50	0.17~0.37	0.70~1.00	0.25	0.30	0.25		850	840		620	375	15	40	39	241	217	耐磨要求高、在高负荷下工作的热处理零件（齿轮、齿轮轴、摩擦盘、弹簧、滚子等）
65Mn	0.62~0.70	0.17~0.37	0.90~1.20	0.25	0.30	0.25	25	830	—	—	735	430	9	30		285	229	
70Mn	0.67~0.75	0.17~0.37	0.90~1.20	0.25	0.30	0.25		790	—	—	785	450	8	30		285	229	

注　钢中 S、P 的质量分数为：优质钢，P≤0.035%，S≤0.035%；高级优质钢，P≤0.030%，S≤0.030%；特级优质钢，P≤0.025%，S≤0.020%。

3. 铸钢

工业生产中常用到的还有一般工程用铸造碳钢,简称铸钢。当零件复杂、无法锻造成形而铸铁又不能满足其力学性能要求时,可采用铸钢来铸造成形。铸钢主要用来制造机床基座、变速箱壳体、锤轮、水压机工作缸、横梁以及起重运输机的齿轮、联轴器等重要件。铸钢的牌号用"铸""钢"两字汉语拼音的首字母"Z""G"+两组数字表示,两组数字分别表示屈服强度和抗拉强度。如 ZG200-400 表示铸钢的屈服强度不小于 200 MPa,抗拉强度不小于 400 MPa。

一般工程用铸造碳钢的化学成分和力学性能如表 4-5 所示,表中数据选摘自国家标注 GB/T 11352—2009。

表 4-5　一般工程用铸造碳钢的化学成分、力学性能和应用举例

牌号	化学成分(质量分数)/%,不大于						力学性能						应用举例
	C	Si	Mn	S	P	残余元素	R_{eH} $(R_{p0.2})$ /MPa	R_m /MPa	A /%	根据合同选择			
										Z/%	KV_2/J	KU_2/J	
ZG 200-400	0.20	0.60	0.80	0.035	0.035	Ni 0.40	200	400	25	40	30	47	机座、变速箱壳体等
ZG 230-450	0.30					Cr 0.35	230	450	22	32	25	35	砧座、轴承盖、锤轮
ZG 270-500	0.40		0.90			Cu 0.40 Mo 0.20	270	500	18	25	22	27	飞轮、蒸汽锤、机架
ZG 310-570	0.50					V 0.05	310	570	15	21	15	24	汽缸、联轴器、齿轮
ZG 340-640	0.60					总量 1.00	340	640	10	18	10	16	齿轮、联轴器等

注　①对上限减少 0.01% 的 C,允许增加 0.04% 的 Mn,对 ZG200—400 的 Mn 最高至 1.00%,其余四个牌号 Mn 最高至 1.20%。

②各牌号性能适应于厚度为 100 mm 以下的铸件。当铸件厚度超过 100 mm 时,表中规定的屈服强度 $R_{eH}(R_{p0.2})$ 仅供设计使用。

4. 碳素工具钢

碳素工具钢属特殊质量非合金钢,其牌号用"T+数字"表示,其中"T"为"碳"字汉语拼音的首字母,数字的千分数代表钢中平均碳质量分数。例如,T8、T10 分别表示钢中平均碳质量分数为 0.8% 和 1.0% 的碳素工具钢。对于较高含锰量的碳素工具钢,牌号中加注锰元素符号 Mn,如 T8Mn;对于冶金质量好(含磷量、含硫量低)的高级优质碳素工具钢,则在牌号后注以"A"表示,如 T8MnA。

碳素工具钢经热处理(淬火+低温回火)后具有高硬度,用来制造尺寸较小,要求耐磨性好的量具、刃具、模具等。

部分碳素工具钢的化学成分、热处理规范如表 4-6 所示,表中数据选摘自国家标准 GB/T 1298—2008。

表 4-6　部分碳素工具钢的牌号、化学成分、热处理工艺和应用举例

牌号	主要化学成分(质量分数)/%			热处理工艺				应用举例
				交货状态		试样淬火		
	C	Mn	Si	退火硬度(HBW),不大于	退火后冷却硬度(HBW),不大于	温度和冷却剂	硬度(HRC),不小于	
T8	0.75~0.84	≤0.40	≤0.35	187	241	780~800℃,水	62	承受冲击、要求较高硬度的工具,如木工工具、冲头、铆钉、冲模
T8Mn	0.80~0.90	0.40~0.60						与 T8、T8A 类似,但淬透性更好,可制造截面较大的工具
T10	0.95~1.04	≤0.40		197		760~780℃,水		不受剧烈冲击的高硬度耐磨工具,如车刀、丝锥、钻头、手锯条
T12	1.15~1.24			207				丝锥、刮刀、板牙、钻头、铰刀、锯条、冷切边模、冲孔模、量规

注　钢中 S、P 的质量分数为:优质钢,P≤0.035%,S≤0.030%;高级优质钢,P≤0.030%,S≤0.020%。对 Cu、Cr、Ni、W、Mo、V 等元素的量也有规定。

4.5　铸铁

实用工业铸铁是指 $w_C > 2.11\%$ 并含有 Si、Mn、P、S 等元素的铁碳合金。由图 4-24 可知,高炉冶炼出的生铁分为两类:一类作为钢厂炼钢的原料,称为炼钢生铁,其含硫量和含磷量比较低,最终炼成 $w_C < 2.11\%$ 的各种钢锭;另一类作为铸造各种零件、毛坯的原料,称为铸造生铁。一般将铸造生铁置入铸造车间的冲天炉中,加入一定量的铁合金、废钢和回炉铸件后,重新熔炼成所需成分的铁液,再浇注成各种铸件。

与钢相比,铸铁的强度低,塑性、韧性差,但它有良好的铸造性能、切削加工性能及减振性,且生产工艺简单、造价低廉,因此它广泛应用于机械制造、冶金、矿山、交通

及石油、化工等部门。

铸铁的性能与其组织中所含的石墨有密切的关系。下面从石墨的形成过程开始,讨论各类铸铁的组织、性能及用途。

4.5.1　铸铁的石墨化过程及组织

1. 铸铁的石墨化概述

由图 4-6 铁碳双重相图可知,当铁碳合金中的 C 以渗碳体(Fe₃C)形式存在时,就会出现具有莱氏体组织的白口铸铁;当铁碳合金中的 C 全部或大部分以石墨(G)形式存在时,就会出现在钢的基体组织(即铁素体 F、珠光体 P)上分布着不同形状石墨的铸铁,统称灰铸铁。

前已述及,既然在铁碳合金中渗碳体只不过是一种亚稳相,而石墨才是稳定相,那么,为什么 Fe-Fe₃C 相图中铁碳合金平衡结晶时不析出石墨而是析出渗碳体呢?这主要是因为 Fe₃C 的含碳量($w_C=6.69\%$)较之石墨的含碳量($w_C=100\%$)更接近于工业铸铁的含碳量($w_C=2.5\%\sim4.0\%$),形成渗碳体晶核更容易。但当合金中含有促进石墨形成的元素 Si 并在高温有足够扩散时间的条件下,不仅渗碳体分解出石墨,铁液和奥氏体中也会析出稳定的石墨相来。材料学中把铸铁组织中石墨的形成过程称为铸铁的石墨化过程。

2. 石墨化的三个阶段

根据 Fe-G 相图,铸铁的石墨化过程可分为以下三个阶段:

(1) 第一阶段　第一阶段石墨化又称为高温石墨化。它是指从过共晶铁液中结晶出一次石墨 G_I 和共晶成分的铁液在 1154 ℃($E'C'F'$线)时发生共晶反应而形成共晶石墨,即

$$L_{C'} \xrightleftharpoons{1154\ ℃} A_{E'} + G_{共晶}$$

以及由一次渗碳体及共晶渗碳体在高温下长时间加热,缓慢冷却(退火)时分解石墨的过程。

(2) 第二阶段　第二阶段石墨化又称为中间石墨化。它是指在 1154~738 ℃之间的冷却过程中自过饱和奥氏体中不断析出二次石墨 G_{II}。

(3) 第三阶段　第三阶段的石墨化又称为低温石墨化。它是指在 738 ℃($P'S'K'$线)时发生共析反应而形成共析石墨,即

$$A_{S'} \xrightleftharpoons{738\ ℃} F_{P'} + G_{共析}$$

随着铸铁石墨化程度的不同,铸铁的组织也会不同。一般情况是,第一、第二阶段温度高,原子扩散能力强,石墨化过程能充分进行,即完全能按 Fe-G 相图结晶;第三阶段温度较低,原子扩散条件差,石墨化过程往往不能充分进行,甚至完全不进行。

当三个阶段的石墨化都能充分进行时,铸铁的组织为铁素体+石墨;当第一阶段

与第二阶段的石墨化能充分进行,第三阶段的石墨化完全抑制不能进行时,铸铁的组织为珠光体+石墨;若第三阶段石墨化能部分进行,铸铁的组织则为铁素体+珠光体+石墨。

综上所述不难看出,如果石墨化过程受到了不同程度的影响,铸铁的组织必将发生变化。

4.5.2　影响铸铁石墨化的因素

1. 化学成分的影响

铸铁中所含的元素 C、Si、Mn、P、S 对石墨化过程都会带来一定的影响,它们有的促进石墨化,有的阻碍石墨化。

(1) C 和 Si　铸铁中的 C 和 Si 是促进石墨化的元素。它们的含量愈高,石墨化过程愈易进行。随着含碳量的增高,石墨的晶核数增多,形成的石墨晶体也增多,从而促进了石墨化;Si 可使共晶点左移,使共晶点的含碳量降低,共晶温度提高,也有利于石墨的形成。

铸铁中 Si 的质量分数每增加 1%,共晶点的含碳量相应降低 1/3。为了综合考虑 C 和 Si 的影响,通常把 Si 量折合成相当的 C 量,并把原有 C 量与由 Si 折合的 C 量称为碳当量,即

$$碳当量 = w_C + \frac{1}{3}w_{Si}$$

由于共晶成分的铸铁具有最佳的铸造性能,因此一般将铸铁的碳当量配制在接近共晶成分的区域。

(2) Mn　铸铁中的 Mn 虽是阻碍石墨化的元素,但 Mn 与 S 能形成 MnS,从而减弱了 S 阻碍石墨化的作用,一定程度上还是起到了间接促进石墨化的作用。

(3) P　铸铁中的 P 对石墨化的影响不如上述元素对石墨化的影响大,有微弱促进石墨化的作用,但它可以形成 Fe_3P,会使铸铁的性能变脆,导致开裂。

(4) S　铸铁中的 S 是强烈阻碍石墨化的元素。这是因为 S 增加了 Fe、C 原子的结合力,并且,形成的 FeS 又阻碍了 C 原子的扩散,还降低铸铁的力学性能。

为了有利于石墨化过程的进行,工业铸铁的化学成分一般都控制在下列范围: $w_C = 2.5\% \sim 4.0\%$, $w_{Si} = 1.0\% \sim 3.0\%$, $w_{Mn} = 0.5\% \sim 1.4\%$, $w_P < 0.12\%$, $w_S < 0.1\% \sim 0.15\%$。

2. 冷却速度的影响

冷却速度对铸铁的石墨化影响很大。一般说来,冷却速度愈慢,愈有利于 C 的扩散,即对石墨化愈有利,而快冷则抑制石墨化。但是,非常缓慢的冷却速度在生产实际中是不现实的,因此,为保证在一般冷却速度下也能获得灰铸铁,生产上常利用调整铸铁中的 C 和 Si 的含量来达到目的。

　　由于铸铁的冷却速度又与铸件壁厚有直接关系,故生产中将铸件壁厚(影响到冷却速度)及 C、Si 总含量对铸铁组织石墨化的影响综合表达在图 4-26 中。由图可见,当铸铁中 C、Si 总含量一定时,铸铁件愈薄(即冷却愈快),石墨化过程愈难进行,愈容易形成白口铸铁。当铸件壁厚(即冷却速度)一定时,C、Si 总含量愈高,铸铁的石墨化将进行得愈彻底。

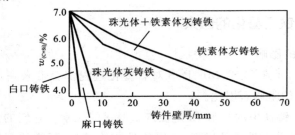

图 4-26　铸件壁厚及 C、Si 含量对铸铁组织的影响

4.5.3　铸铁的分类

1. 按石墨化程度分类

　　根据铸铁在结晶过程中石墨化程度的不同,铸铁可分为表 4-7 中所列出的三种类型。

表 4-7　石墨化程度不同的铸铁

铸铁类型	石墨化程度			显微组织	断口颜色
	第一阶段	第二阶段	第三阶段		
灰铸铁	充分进行	充分进行	充分进行	F+G	灰暗色
	充分进行	充分进行	部分进行	F+P+G	
	充分进行	充分进行	不进行	P+G	
麻口铸铁	部分进行	部分进行	不进行	L_d'+P+G	灰白相间色
白口铸铁	不进行	不进行	不进行	L_d'+P+Fe$_3$C	白亮色

2. 按石墨的形态分类

　　如果根据铸铁中石墨的结晶形态不同,表 4-7 中的灰铸铁又可细分为表 4-8 中所列出的五种类型。对于同一基体,若石墨形态不同,铸铁性能也有区别。

表 4-8　石墨结晶形态不同的铸铁

铸铁类型	片墨铸铁	孕育铸铁	球墨铸铁	可锻铸铁	蠕墨铸铁
石墨形态	粗片状	细片状	小球状	团絮状	蠕虫状

4.5.4 铸铁的特点及应用

1. 灰铸铁

生产中的灰铸铁通常是指片墨铸铁和孕育铸铁,它是应用最广泛的一类铸铁,其产量几乎占铸铁全部产量的 80% 以上。

灰铸铁与前述工业铸铁的成分大致相同。它由于 C、Si 含量较高,所以具有较强的石墨化能力。

图 4-27 所示为片墨铸铁的显微组织,可见其中石墨片粗大。图 a 为铁素体灰铸铁,图 b 为铁素体加珠光体灰铸铁,图 c 为珠光体灰铸铁。组织中的石墨为层状结构(见图 4-4),其力学性能很差($R_m \approx 20$ MPa,硬度为 $3 \sim 5$HBW,$A = 0\%$),一旦受到外力,石墨便会破断、脱落。因此,可以把石墨理解成是在金属基体上存在的一些微裂纹,它们割裂了基体而破坏了其连续性。此外,在石墨片边界及尖角处还会引起应力集中,致使灰铸铁的抗拉强度远比钢的低,塑性远比钢的差。显然,铸铁中的石墨数越多、尺寸越大、分布越不均匀,其抗拉强度就越低,塑性就越差。但石墨对铸铁抗压强度影响不大,还使铸铁具有良好的减振性。因此,灰铸铁主要用来制造汽车、拖拉机中的汽缸体、汽缸套、机床床身等承受压应力及振动的机件。

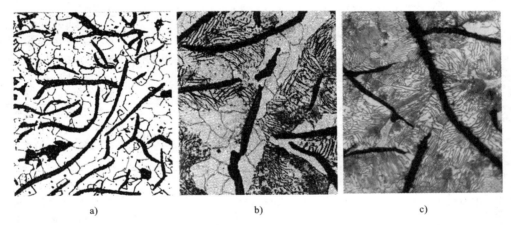

a)   b)   c)

图 4-27 片墨铸铁的显微组织

a) F+片状 G(100×)　b) F+P+片状 G(200×)　c) P+片状 G(300×)

需要指出的是,由于石墨的存在,灰铸铁切削加工时易断屑,并且在它脱落后的孔洞中还可存储润滑剂,再加上石墨本身也有润滑作用,这些都使灰铸铁具有良好的耐磨性。

为了改善片墨铸铁的性能,常在铁液中加入一定量的孕育剂($w_{Si} = 75\%$,其余为 Fe 以及少量 Ca、Al 等的硅铁合金,或 $w_{Si} = 60\% \sim 65\%$ 和 $w_{Ca} = 25\% \sim 35\%$ 的硅钙合金),作为非自发的晶核以细化石墨片,使灰铸铁获得在珠光体基体上分布着细小、均匀的片状石墨组织。这种灰铸铁称为孕育铸铁或变质铸铁。孕育铸铁的强度、硬度比片墨铸铁有明显的提高,且对铸件壁厚敏感性也相对减小。因此它多用来制造截面尺寸变化较大的重要铸件。

部分灰铸铁的力学性能、显微组织和应用举例如表 4-9 所示,表中数据选摘自国家标准 GB/T 9439—2010。牌号中"H""T"为"灰""铁"二字的汉语拼音的首字母,其后数字表示最低抗拉强度。

表 4-9　部分灰铸铁的力学性能、显微组织和应用举例

类型	牌号	铸件壁厚 /mm	R_m(强制性值)/MPa,不小于		铸件本体预期 R_m /MPa,不小于	硬度 (HBW)	显微组织		应用举例
			单铸试棒	附铸试棒或试块			基体	石墨	
片墨铸铁	HT100	5~40	100	—	—	≤170	铁素体+少量珠光体	粗片状	下水管、重锤、底座
	HT150	20~40	150	120	110	125~205	铁素体+珠光体	较粗片状	端盖、汽轮泵体、轴承座、阀壳、管路附件、机床底座、床身、滑座、工作台等
		40~80		110	95				
		80~150		100	80				
	HT200	20~40	200	170	155	150~230	珠光体	中等片状	汽缸、齿轮、底架、机体、飞轮、齿条、衬筒;一般机床床身及中等压力(8 MPa 以下)液压筒、液压泵和阀的壳体等
		40~80		150	130				
		80~150		140	115				
		150~300		130					
孕育铸铁	HT250	20~40	250	210	195	180~250	细小珠光体	较细片状	阀壳、油缸、汽缸、联轴器、齿轮、齿轮箱外壳、飞轮、凸轮、轴承座等
		40~80		190	170				
		80~150		170	155				
	HT300	20~40	300	250	240	200~275	索氏体或托氏体	细小片状	齿轮、凸轮、车床卡盘、剪床、压力机的机身、导板、转塔自动车床及其他重负荷机床的床身、高压液压筒、液压泵和滑阀的壳体等
		40~80		220	210				
		80~150		210	195				
	HT350	20~40	350	290	280	200~290			
		40~80		260	260				
		80~150		230	225				

2. 球墨铸铁

球墨铸铁(球铁)是经过球化处理及孕育处理后而获得的一种铸铁,其基体上分布着细小的球状石墨。它是在浇注前的铁液中加入一定量的球化剂(如稀土镁合金)和孕育剂(w_{Si}=75%的硅铁合金、硅钙合金)而获得的。

球墨铸铁的成分不同于片墨铸铁,一般为:$w_C=3.8\%\sim4.0\%$,$w_{Si}=2.0\%\sim2.8\%$,$w_{Mn}=0.6\%\sim0.8\%$,$w_S<0.04\%$,$w_P<0.1\%$,$w_{稀土}<0.03\%\sim0.05\%$。

球墨铸铁的显微组织也有三种类型:F+球状 G、F+P+球状 G、P+球状 G,分别如图4-28a、b、c 所示。由于组织中的石墨呈球状,故对金属基体的割裂与损伤作用远小于片状石墨的,这使得金属基体的强度能得到很好的发挥。研究表明,球墨铸铁的基体强度利用率可达 70%~90%,而片墨铸铁的基体强度利用率仅为 30%~50%。由此可见,球墨铸铁具有比片墨铸铁高得多的强度、更好的塑性与韧性,加之它便于生产,成本比钢低廉,在一些受力复杂、综合性能要求较高、无较大冲击力的场合下,可用球墨铸铁件取代某些钢件,如汽车和拖拉机的曲轴、凸轮轴,某些机床的主轴、轧钢机的轧辊等,都是用球墨铸铁制造的。

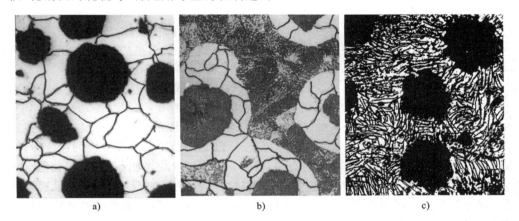

a)　　　　　　　　　b)　　　　　　　　　c)

图 4-28　球墨铸铁的显微组织

a) F+球状 G(300×)　b) F+P+球状 G(500×)　c) P+球状 G(500×)

部分球墨铸铁的力学性能、主要基体组织和应用举例如表 4-10 所示,表中数据选摘自国家标准 GB/T 1348—2009。牌号中的"Q""T"为"球""铁"二字汉语拼音的首字母,其后面的两组数字分别表示抗拉强度和断后伸长率。若标有字母"L",则表示该牌号的球墨铸铁有低温(-20 ℃或-40 ℃)下的冲击性能要求,若标有字母"R",则表示该牌号的球墨铸铁有室温(23 ℃)下的冲击性能要求。

表 4-10　部分球墨铸铁的力学性能(单铸试样)、主要基体组织和应用举例

牌号	R_m/MPa	$R_{p0.2}$/MPa	A/%	硬度 (HBW)	主要 基体组织	应用举例
	不小于					
QT400-18L	400	250	18	120~175	铁素体	汽车、拖拉机底盘零件,1600~6400 MPa 阀门的阀体和阀盖
QT400-18R						
QT400-18						
QT400-15			15	120~180		
QT450-10	450	310	10	160~210		

续表

牌号	R_m/MPa	$R_{p0.2}$/MPa	A/%	硬度 (HBW)	主要基体组织	应用举例
	不小于					
QT500-7	500	320	7	170～230	铁素体＋珠光体	机油泵齿轮
QT550-5	550	350	5	180～250		
QT600-3	600	370	3	190～270		柴油机、汽油机的曲轴,磨床、铣床、车床的主轴,空压机、冷冻机的缸体、缸套等
QT700-2	700	420	2	225～305	珠光体	
QT800-2	800	480		245～335	珠光体或索氏体	
QT900-2	900	600		280～360	回火马氏体或托氏体＋索氏体	汽车、拖拉机传动齿轮

3. 可锻铸铁

可锻铸铁是将白口铸铁经长时间石墨化退火处理后而获得的一种铸铁,其组织中的石墨呈团絮状(由于此石墨化过程是在固态下进行的,石墨的长大速度在各方向上大致相同,故石墨呈团絮状)。通常按图 4-29 所示的石墨化退火工艺进行处理,即:将白口铸铁加热至 900～980 ℃并在此温度下长时间保温退火,使组织中的渗碳体充分分解,形成奥氏体与团絮状的石墨。在随炉缓慢冷却的过程(冷却速度为40～50 ℃·h⁻¹)中,过饱和的 C 从奥氏体中析出,并在已生成的团絮状石墨表面形成二次石墨,达到共析反应温度(750～720 ℃)区时,以 3～5 ℃·h⁻¹ 或更慢的速度冷却,剩余奥氏体经共析转变为铁素体与石墨,得到 F＋团絮状 G 的组织(其石墨化退火工艺曲线为图 4-29 中的曲线 *1*)。这类铸铁断口中心比表层的石墨多,中心呈现黑灰色,因此称为黑心可锻铸铁(其显微组织如图 4-30 所示)。当共析反应温度阶段的冷却速度较快时,剩余奥氏体便直接转变为珠光体,得到 P＋团絮状 G 的组织(其石墨化退火工艺曲线为图 4-29 中的曲线 *2*)。这类铸铁称为珠光体可锻铸铁。

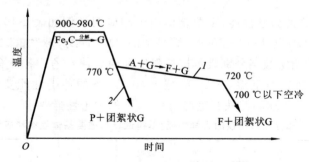

图 4-29　可锻铸铁的石墨化退火工艺

1—冷却速度较慢　*2*—冷却速度较快

可锻铸铁中的石墨呈团絮状,减弱了对基体的割裂作用,故其强度比片墨铸铁的高,其塑性、韧性比片墨铸铁的好。需要指出的是,可锻铸铁实际上是不可锻造的。一般,小的可锻铸铁件,其铁液处理容易,质量稳定,生产成本比球墨铸铁件的要低。普通可锻铸铁的化学成分为:$w_C = 2.4\% \sim 2.8\%$、$w_{Si} = 1.2\% \sim 2.0\%$,$w_{Mn} = 0.4\%$

$\sim 1.2\%$，$w_S \leqslant 0.18\%$，$w_P \leqslant 0.2\%$，$Cr < 0.05\%$。

工程中还有一种称为白心可锻铸铁的金属材料，它是白口铸铁在长时间退火过程中形成的，其间，白口铸铁表层发生氧化脱碳成为铁素体组织，心部成为珠光体＋团絮状石墨组织。其断口心部呈白亮色，表层呈灰暗色。由于它力学性能较差，生产工艺复杂，故生产中应用不多。

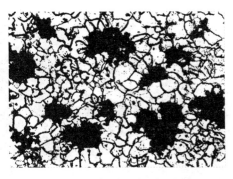

图 4-30　可锻铸铁的显微组织
F＋团絮状 G(200×)

可锻铸铁通常用来制造那些壁薄（厚度一般小于 25 mm）、形状复杂、承受振动或冲击载荷的小机件，如汽车和拖拉机的后桥、轮壳、减速器壳体、活塞环、管接头等。这些铸件如果是大批量生产，它的低成本优点便更为突出了。

部分可锻铸铁的力学性能和应用举例如表 4-11 所示，表中数据选摘自国家标准 GB/T 9440—2010。牌号中"K""T"为"可""铁"二字汉语拼音的首字母，"KTH"表示黑心可锻铸铁，"KTZ"表示珠光体可锻铸铁，"KTB"表示白心可锻铸铁。其后数字含义与球墨铸铁的相同。

表 4-11　部分可锻铸铁的力学性能和应用举例

名称	牌号	试样直径 d/mm	R_m /MPa，不小于	$R_{p0.2}$ /MPa，不小于	$A/\%$，不小于 $(L_o = 3d)$	硬度 (HBW)	应用举例
黑心可锻铸铁	KTH 275-05	12 或 15	275	-	5	≤150	弯头、三通等管道配件，低压阀门等
	KTH 300-06		300		6		
	KTH 330-08		330		8		农机犁刀、车轮壳，汽轮机壳、差速器壳等
	KTH 350-10		350	200	10		
珠光体可锻铸铁	KTZ 450-06	12 或 15	450	270	6	150～200	承受较高载荷，在磨损条件下工作并要求有较好韧性的零件，如曲轴、连杆、齿轮、摇臂、凸轮轴、活塞环、轴套等
	KTZ 550-04		550	340	4	180～230	
	KTZ 650-02		650	430	2	210～260	
	KTZ 700-02		700	530	2	240～290	
白心可锻铸铁	KTB 360-12	6	280	—	16	200	薄壁铸件仍具有较好的韧性，焊接性能和削加工性能好，适用于铸造壁厚在 15 mm 以下的薄壁铸件和焊接后不需进行热处理的铸件
		9	320	170	15		
		12	360	190	12		
		15	370	200	7		
	KTB 400-05	6	340	190	12	220	
		9	360	200	8		
		12	400	220	5		
		15	420	230	4		

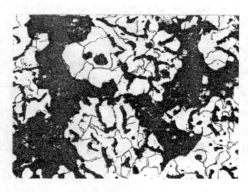

图 4-31　稀土蠕墨铸铁显微组织(100×)

4. 蠕墨铸铁

蠕墨铸铁是经过蠕化处理和孕育处理后而获得的一种新型铸铁。通常在铁液中加入稀土硅钙合金($w_{RE}=10\%\sim15\%$，$w_{Si}=50\%$，$w_{Ca}=15\%\sim20\%$)进行蠕化处理，然后加入少量孕育剂(硅铁)以促进石墨化，使铸铁中的石墨具有介于片状和球状之间的过渡形态(石墨片厚而短，两端圆钝)，如图 4-31 所示。

蠕墨铸铁的成分为：$w_C=3.5\%\sim3.9\%$，$w_{Si}=2.2\%\sim2.8\%$，$w_{Mn}=0.4\%\sim0.8\%$，w_P、$w_S<0.1\%$。其牌号用"蠕"的汉语拼音"Ru"和"铁"的汉语拼音的首字母"T"加表示抗拉强度的一组数字表示，如 RuT350，就表示最小抗拉强度为 350 MPa 的蠕墨铸铁。

蠕墨铸铁的显微组织是由蠕虫状石墨和钢的基体组成。与片状石墨相比，蠕虫状石墨的长度与厚度的比值明显减小，在大多数情形下，蠕墨铸铁组织比较容易得到铁素体基体。由于蠕虫状石墨的尖端比片状石墨要圆钝一些，对基体的割裂作用不如片状石墨那么强烈，并且应力集中也会减小，故蠕墨铸铁的抗拉强度、屈服强度、断后伸长率、断面收缩率、弹性模量和弯曲疲劳强度均优于片墨铸铁，接近于铁素体基体的球墨铸铁。同时它的导热性及铸造性能均优于球墨铸铁。

蠕墨铸铁多用来制造那些在热循环及较大温度梯度下工作的机件，如柴油机汽缸盖、汽缸套、钢锭模等。

蠕墨铸件单铸试样的力学性能、主要基体组织和应用举例如表 4-12 所示，表中数据选摘自国家标准 GB/T 26655—2011。

表 4-12　蠕墨铸铁单铸试样的力学性能、主要基体组织和应用举例

牌号	R_m/MPa，不小于	$R_{p0.2}/MPa$，不小于	$A/\%$，不小于	硬度(HBW)	主要基体组织	应用举例
RuT300	300	210	2.0	140~210	铁素体	汽车、拖拉机底盘件
RuT350	350	245	1.5	160~220	铁素体+珠光体	重型机床和铣床件、齿轮箱体、玻璃制件模具、汽缸盖
RuT400	400	280	1.0	180~240	珠光体+铁素体	
RuT450	450	315		200~250	珠光体	活塞环、汽缸盖、制动盘、刹车鼓、齿轮轴
RuT500	500	350	0.5	220~260	珠光体	

5. 合金铸铁

向铸铁中加入 Si、Al、Cr、Mo、Cu 等元素进行熔合，即可获得合金铸铁。合金铸

铁具有一般铸铁所不具备的耐高温、耐腐蚀、耐磨损等特殊性能。

1）耐热合金铸铁

铸铁的耐热性是指它在高温下抵抗氧化和生长的能力。氧化是指高温下的气氛使铸铁表层发生化学腐蚀而起皮的现象。生长是指铸铁在 600 ℃以上反复加热时，体积增大、力学性能降低的现象。这些现象是由于渗碳体分解为石墨，以及氧化性气体渗入铸铁内部造成内氧化所致。

向铸铁中加入 Si、Al、Cr 等合金元素，一方面在铸件表面形成致密的 SiO_2、Al_2O_3、Cr_2O_3 等氧化膜，保护其内部不被继续氧化，另一方面提高了铸铁的临界温度，或使铸铁形成单相的铁素体基体组织，使之在高温使用时不致发生相变或石墨化过程，以减少由此造成的体积变化，防止铸铁的生长。实践证明，耐热铸铁的组织最好是铁素体基的球墨铸铁。这是因为球状石墨呈孤立分布，互不相连，不易形成气体渗入的通道，降低了向内部氧化的条件。

部分耐热铸件主要用在高温下工作的炉底板、换热器、坩埚、废气管道、热处理炉内运输用链条等。

部分耐热铸铁的化学成分和力学性能如表 4-13 所示，表中数据选摘自国家标准 GB/T 9437—2009。

表 4-13　部分耐热铸铁的化学成分和力学性能

牌号	化学成分（质量分数）/％							力学性能	
	C	Si	Mn	P	S	Cr	Al	R_m/MPa	硬度
			不大于					不小于	（HBW）
HTRCr	3.0～3.8	1.5～2.5	1.0	0.10	0.08	0.50～1.00	—	200	189～288
HTRCr16	1.6～2.4	1.5～2.2	1.0	0.10	0.05	15.00 ～18.00	—	340	400～450
QTRSi4Mo1	2.7～3.5	4.0～4.5	0.3	0.05	0.015	Mo 1.0 ～1.5	Mg 0.01 ～0.05	550	200～240
QTRAl4Si4	2.5～3.0	3.5～4.5	0.5	0.07	0.015	—	4.0～5.0	250	285～341
QTRAl22	1.6～2.2	1.0～2.0	0.7	0.07	0.015	—	20.0～24.0	300	241～364

注　牌号中的"R"为"热"字汉语拼音的首字母。

2）耐蚀合金铸铁

铸铁组织中通常存在着三个不同的相，即石墨、渗碳体、铁素体。这三个相有着不同的电极电位，其中石墨电极电位高，而铁素体电极电位低。因此，在电解质溶液中铁素体会首先受到腐蚀溶解，导致铸件的失效。为了防止这种腐蚀，通常在铸铁中加入 Si、Cr、Al、Mn、Cu 等合金元素。这不仅可在铸铁表面形成一层致密的氧化膜，且可提高铁素体的电极电位，从而使其具有耐蚀性。

耐蚀合金铸铁主要用来制造化工机械的阀门、管道、泵及相关的容器。目前应用较多的耐蚀铸铁有高硅钼铸铁、稀土高硅铸铁等。

高硅耐蚀铸铁的化学成分和力学性能如表 4-14 所示,表中数据选摘自国家标准 GB/T 8491—2009。

表 4-14　高硅耐蚀铸铁的化学成分和力学性能

牌号	化学成分(质量分数)/%								力学性能	
	C	Si	Mn	P	S	Cr	Mo	Cu	抗弯强度 /MPa,不小于	挠度 /mm
				不大于						
HTSSi11Cu2CrR	≤1.20	10.00 ~12.00	0.50			0.60 ~0.80	—	1.80 ~2.20	190	0.80
HTSSi15R	0.65 ~1.10			0.10	0.10	≤0.50	≤0.50			
HTSSi15Cr4MoR	0.75 ~1.15	14.20 ~14.75	1.50			3.25 ~5.00	0.40 ~0.60	≤0.50	118	0.66
HTSSi15Cr4R	0.70 ~1.10						≤0.20			

注　牌号中的"S"为"蚀"字汉语拼音的首字母。

3) 抗磨合金铸铁

铸件常处在以下两种摩擦条件下工作:一种是无润滑的干摩擦,另一种是有润滑的摩擦。要求在干摩擦条件下工作的铸件具有高而均匀的硬度。白口铸铁虽有极高的硬度,但因脆性较大,不能承受冲击载荷,故无法满足轧辊、车轮等铸件的要求。为此,生产上常采用急冷的办法,保证铸件的表层有一定深度的白口铸铁组织,而心部为灰铸铁组织。这样就保证了铸件既有高的耐磨性,又能承受一定的冲击作用,采用这种急冷办法制得的铸铁又称冷硬铸铁。

此外,在白口铸铁的基础上加入质量分数为 14% ~15% 的 Cr 后,在铸铁中可形成铬的碳化物(Cr_7C_3),此碳化物比 Fe_3C 的硬度更高,从而可获得高铬白口铸铁。高铬白口铸铁用来制造大型球磨机的衬板及粉碎机的锤头等耐磨件。

要求润滑条件下工作的铸铁在软的基体上分布有硬的组织组成物。这样软基体磨损后形成的沟槽可保存油物。实践表明,具有珠光体基组织的灰铸铁可以满足这种要求。这是因为其中的铁素体可为软基体,而渗碳体层为硬组成物,同时石墨片又起储油和润滑作用。

若将珠光体基灰铸铁中磷(P)的质量分数提高到 0.4% ~0.6%,即可获得高磷铸铁。其中磷可与铁素体或珠光体形成磷共晶体(铁素体＋Fe_3P,珠光体＋Fe_3P 或铁素体＋珠光体＋Fe_3P),呈断续网状分布在基体上。磷共晶体具有高的硬度,能显著提升耐磨性。高磷铸铁广泛用来制造机床导轨和汽缸套等。

铬锰钨系抗磨铸铁的化学成分和硬度如表 4-15 所示,表中数据选摘自国家标准 GB/T 24597—2009。

表 4-15　铬锰钨系抗磨铸铁的化学成分和硬度

牌号	化学成分(质量分数)/%					硬度(HRC),不小于	
	C	Si	Cr	Mn	W	软化退火态	硬化态
BTMCr18Mn3W2	2.8~3.5	0.3~1.0	16~22	2.5~3.5	1.5~2.5	45	60
BTMCr18Mn3W				2.0~2.5	1.0~1.5		
BTMCr18Mn2W					0.3~1.0		
BTMCr12Mn3W2	2.0~2.8		10~16	2.5~3.5	1.5~2.5	40	58
BTMCr12Mn3W					1.0~1.5		
BTMCr12Mn2V				2.0~2.5	0.3~1.0		

注　①$w_P \leqslant 0.08\%$,$w_S \leqslant 0.06\%$。

②铬碳质量比必须大于等于 5。

③牌号中的"B""T"分别为"白口铸铁"的"白""铁"二字汉语拼音的首字母,"M"为"磨"字汉语拼音的首字母。

思考与练习题

4-1　默绘 Fe-Fe₃C 相图,并填出各区组织,标明重要的点、线、成分及温度。图中组元碳的质量分数为什么仅研究到 6.69%?

4-2　解释以下名词:

(1)铁素体;　(2)奥氏体;　(3)渗碳体;　(4)珠光体;　(5)莱氏体。

4-3　指出铁素体、奥氏体、渗碳体、石墨的晶体结构及力学性能特点。

4-4　说明纯铁的同素异构转变及其意义。α-Fe 在 770 ℃发生的转变有什么特点?

4-5　简述 Fe-Fe₃C 相图中共晶反应与共析反应,写出反应式,标出反应温度及反应前后的含碳量并说明两者的异同点。

4-6　比较 Fe₃C_I、Fe₃C_II、Fe₃C_III、Fe₃C_共晶、Fe₃C_共析的异同点。

4-7　说明 Fe-Fe₃C 相图在工业生产中的作用。

4-8　钢与白口铸铁在成分上的界限是多少? 碳钢按室温下的组织如何分类? 写出各类碳钢的平衡组织。

4-9　说明含碳量对钢和白口铸铁力学性能的影响。

4-10　说明铸铁石墨化过程三个阶段所发生的反应,第三阶段石墨化对铸铁组织的影响如何?

4-11　根据石墨形态,铸铁一般分为哪几类? 各类大致用途如何?

4-12　分析石墨形态对铸铁力学性能的影响。

4-13　识别下列牌号的铁碳合金：Q215、08F、45、T10A、HT150、QT400-18、KTH350-10，并指出其含碳量范围。

4-14　用杠杆定律分别计算珠光体、莱氏体在其共析温度与共晶温度转变完毕时，相组成物的质量分数。

4-15　现有两种铁碳合金，其中一种合金在室温下的显微组织中珠光体的质量分数为 75%，铁素体的质量分数为 25%，另一种合金显微组织中珠光体的质量分数为 92%，二次渗碳体的质量分数为 8%，用杠杆定律求出这两种合金中的含碳量，并指明按组织分类的名称。

4-16　判断下列说法的正误，并说明理由。

(1)同素异构转变与磁性转变皆为相变。

(2)发生共析反应的铁碳合金，其总的含碳量(质量分数)必须为 0.77%。

(3)石墨化过程的第一阶段最不易进行。

(4)可锻铸铁是可以锻造的。

4-17　画出 $w_C = 1.2\%$ 的铁碳合金从液态缓冷到室温时的冷却曲线及组织转变示意图，并用杠杆定律计算室温下其组织组成物及相组成物的质量分数。

第 5 章

钢铁热处理

调整钢的化学成分或对其实施改性处理是改善钢的使用性能和工艺性能的主要途径。两者都能改变钢的组织性能，但前者主要是通过合金化，后者则是通过热处理和其他强化技术来实现。有关钢的合金化将在第 7 章述及，本章只讨论碳钢与铸铁的热处理。

5.1 概述

热处理是将固态金属或合金通过加热、保温和冷却的方式来改变其组织结构以获得预期性能的一种加工工艺。这种工艺在机械制造工业中应用十分广泛。例如，机床中 $60\% \sim 70\%$ 的零件、汽车中约 80% 的零件都要进行热处理，还有一些工具、模具全部要进行热处理。总之，重要的零（构）件都需进行适当热处理才能使用。

根据加热和冷却及应用特点的不同，常用热处理方法的大致分类如图 5-1 所示。此外，还有真空热处理、离子轰击热处理、可控气氛热处理、形变热处理等方法。

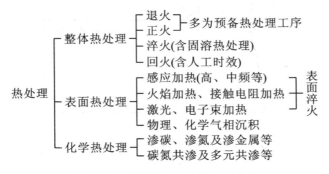

图 5-1 常用热处理方法的大致分类

热处理既可作为零件制造过程的中间辅助工序（即预备热处理），如退火或正火可以预先改善零件的切削加工性能，也可作为使零件性能达到规定技术指标的最终定性的一道或多道工序（即最终热处理），如淬火、回火及相关化学热处理等。

热处理之所以能使钢的性能发生很大变化，主要是因为钢在固态下经过加热与冷却后其组织结构发生了一系列转变。这些转变具有严格的规律性，即在一定的加热温度、一定的冷却条件下必然形成一定的组织。钢中组织转变的规律就是热处理的原理。

根据这个原理确定的温度、时间及冷却速度等参数就是热处理工艺。下面首先要了解钢在加热过程中的组织转变。这一转变过程必须依据 Fe-Fe$_3$C 相图来分析。

5.2　钢在加热时的组织转变

热处理的第一道工序一般都是将钢加热到临界点以上,其目的是为了获得奥氏体组织。

由 Fe-Fe$_3$C 相图可知:在平衡(极其缓慢加热或冷却)条件下,当共析钢加热超过 *PSK* 线(也称 A_1 线)时,珠光体完全转变为奥氏体;而亚共析钢和过共析钢则要分别加热到 *GS* 线(亦称 A_3 线)和 *ES* 线(也称 A_{cm} 线)以上才能全部转变为奥氏体。在实际热处理时,加热和冷却速度都将偏离平衡条件,即钢的相变是在非平衡条件下进行的。因此实际相变温度与平衡相变温度之间有一定差异,即加热时相变温度偏高而冷却时温度偏低,加热或冷却的速度越大,其偏差也越大。

因此,将碳钢实际加热时的相变温度标记为 Ac_1、Ac_3、Ac_{cm},冷却时的相变温度标记为 Ar_1、Ar_3 和 Ar_{cm},大致如图 5-2 所示。这些相变温度受钢的化学成分、加热(冷却)速度等因素的影响,并非固定不变。

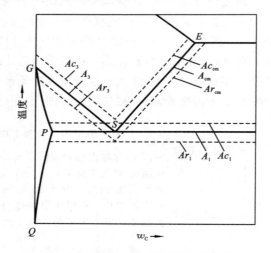

图 5-2　碳钢实际加热(冷却)时的相变温度

5.2.1　奥氏体的形成过程及其影响因素

1. 奥氏体形成的基本过程(以 $w_C = 0.77\%$ 的共析钢为例)

钢加热至相变温度以上转变成奥氏体的过程称为钢的奥氏体化。奥氏体化是通过奥氏体的形核、晶核长大、残留渗碳体的溶解和奥氏体成分均匀化等基本过程来完成的。图 5-3 所示为共析碳钢的奥氏体形成过程。

(1)奥氏体晶核的形成　共析钢室温组织是单一的珠光体,即铁素体与渗碳体

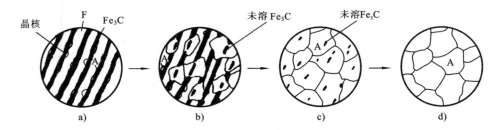

图 5-3　共析碳钢的奥氏体形成过程

a) A 形核　b) A 长大　c) 残留 Fe₃C 溶解　d) A 均匀化

的机械混合物,加热到 Ac_1 以上会转变为单相奥氏体,即

$$\underset{\substack{w_C=0.02\% \\ \text{体心立方}}}{F} \quad + \quad \underset{\substack{w_C=6.69\% \\ \text{复杂斜方}}}{Fe_3C} \quad \xrightarrow[\text{加热}]{Ac_1\text{ 以上}} \quad \underset{\substack{w_C=0.77\% \\ \text{面心立方}}}{A}$$

由于新形成的奥氏体和原来的铁素体及渗碳体的含碳量和晶体结构相差很大,因此奥氏体的形成一方面要发生晶格类型的变化,另一方面要通过 C 原子扩散。这就决定了奥氏体晶核最容易在铁素体与渗碳体的界面处形成。因为界面上的原子排列较紊乱,位错、空位密度较高,故容易发生结构重组和 C 原子的扩散。

（2）奥氏体晶核的长大　奥氏体晶核的长大是通过其相界面同时向铁素体与渗碳体两个方向推移来实现的。整个过程主要是铁素体的晶格转变和渗碳体的溶解。

（3）残留渗碳体的溶解　在奥氏体晶核长大过程中,由于渗碳体溶解提供的 C 原子远多于相同体积铁素体转变为奥氏体所需要的碳量,因此铁素体比渗碳体先消失,并且在奥氏体全部形成之后,还残留一定量的未溶解的渗碳体,在继续保温的条件下,它们便逐渐全部溶入奥氏体中。

（4）奥氏体成分的均匀化　当渗碳体完全溶解后,奥氏体中碳浓度的分布并不均匀,原来是渗碳体的地方碳浓度较高,而原先为铁素体的地方碳浓度较低。因此,必须继续保温,通过 C 原子的充分扩散而得到成分均匀的奥氏体,以利于提高随后冷却转变的组织质量。

对于亚共析钢或过共析钢,其奥氏体的形成过程与共析钢基本相同。但由于它们的组织中除都有珠光体外,还分别有先共析相铁素体或二次渗碳体,所以必须相应加热到 Ac_3 和 Ac_{cm} 线以上才能全部转变为单一、均匀的奥氏体。

2. 影响奥氏体转变的因素

奥氏体的形成速度主要取决于原子的扩散速度。因此,加热温度和速度、钢的成分及原始组织均影响奥氏体的形成速度。

（1）加热温度　加热温度的提高,一方面提高了原子的扩散能力,另一方面增大了奥氏体中碳的浓度梯度(GS 线与 SE 线之间的距离增加),这些都加速了奥氏体的形成。

（2）加热速度　如图 5-4 所示,加热速度愈快(如 v_2 快于 v_1),过热度就愈大,转

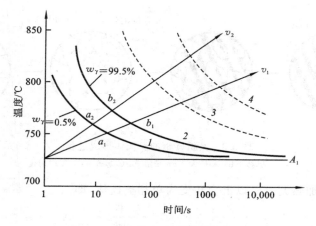

图 5-4　珠光体向奥氏体转变曲线
1—奥氏体开始形成　2—奥氏体形成结束
3—残留渗碳体溶解　4—奥氏体成分均匀化

变开始的温度亦愈高(如 a_2 高于 a_1),故奥氏体转变速度也愈快。

（3）化学成分　钢中含碳量增加时,渗碳体量增加,铁素体与渗碳体的相界面增多,因此奥氏体的形核部位也增多,其转变速度加快。钢中加入合金元素并不改变奥氏体形成的基本过程,但显著地影响了形成速度。除 Co、Ni 外,绝大多数合金元素如 Cr、Mo、W、V 等均减慢奥氏体的转变速度,故合金钢一般比碳钢的热处理加热温度高一些,保温时间也长一些。

（4）原始组织　原始组织中渗碳体为片状时,其奥氏体形成速度快,因为它的总相界面多,且渗碳体的片间距愈小,原子扩散距离也愈短,故片状珠光体一般比球(粒)状珠光体向奥氏体转变的速度快。

5.2.2　奥氏体晶粒度及其影响因素

钢在加热并奥氏体化后,若保温或继续升温,奥氏体晶粒将长大。奥氏体晶粒的大小直接影响冷却后钢的组织与性能,因此,热处理过程中要注意控制晶粒大小。

1. 奥氏体晶粒度的概念

前已述及,晶粒度是表示晶粒大小的尺度。金属平均晶粒度的测定按国家标准 GB/T 6394—2002 进行。根据奥氏体形成过程和晶粒长大的情况,奥氏体有以下三种不同概念的晶粒度:

（1）起始晶粒度　起始晶粒度指珠光体刚刚全部转变为奥氏体时的晶粒大小。虽然这时的晶粒度难以测定,但它对钢的组织和性能影响不大,并在随后的加热过程中还会继续长大。

（2）实际晶粒度　实际晶粒度指钢在某一具体热处理或热加工条件下所得到的奥氏体晶粒大小。它直接影响钢热处理后的组织及力学性能。

　　(3) 本质晶粒度　不同成分的钢在某一温度范围内加热时,有些钢的奥氏体晶粒随温度升高迅速长大,而有的则不易长大。如图 5-5 所示,在 930 ℃ 以下,本质粗晶粒钢就比本质细晶粒钢的长大速度快。为了比较不同牌号的钢在加热过程中奥氏体晶粒长大的倾向性,常用的测定方法是:将钢加热到 930±10 ℃,保温 8 h 后缓冷,然后制备成金相试样,在放大倍数为 100 的金相显微镜下将所观察到的晶粒大小与标准晶粒度等级图(见图 3-8)比较,凡晶粒度在 1～4 级者为本质粗晶粒钢,晶粒度在 5～8 级者则为本质细晶粒钢,超过 8 级者为超细晶粒钢(参见国家标准《金属平均晶粒度测定法》(GB/T 6394—2002))。本质晶粒度并不是晶粒大小的实际度量,而是指在相同加热条件下奥氏体晶粒长大的倾向性,但它会影响钢的加热工艺性能。沸腾钢一般为本质粗晶粒钢,而镇静钢一般为本质细晶粒钢,所以凡需热处理的工件,通常都采用本质细晶粒钢。需要指出的是,当加热温度超过 1000 ℃ 后,本质细晶粒钢的奥氏体晶粒具有更大的长大倾向。为了抑制奥氏体晶粒的长大,在一些钢中是通过加入合金元素来实现的。这将在第 7 章述及。

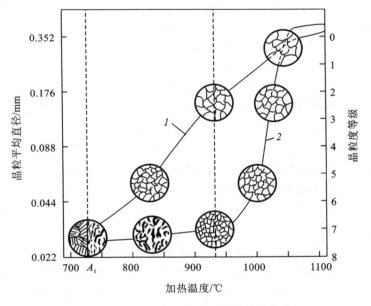

图 5-5　加热温度对钢本质晶粒度的影响

1—本质粗晶粒钢　2—本质细晶粒钢

2. 影响奥氏体晶粒长大的因素

　　(1) 加热温度、加热速度和保温时间　加热温度越高或保温时间越长,则奥氏体晶粒长大越明显;而高温、快速、短时加热可获得细小晶粒(如感应加热淬火)。

　　(2) 化学成分　C 是促进奥氏体晶粒长大的元素,故奥氏体中含碳量越高,其晶粒长大速度越快。若 C 以未溶碳化物的形式存在于奥氏体中,则有阻碍晶粒长大、细化奥氏体晶粒的作用。因此,过共析钢在 $Ac_1 \sim Ac_{cm}$ 之间加热,可获得较为细小的晶粒。除 Mn、P 等外,绝大多数合金元素(如 Ti、V、Nb、Zr、W、Cr、Mo 等)都可不同程度地阻碍奥氏体晶粒长大。

5.3　钢在冷却时的组织转变

钢件经加热、保温获得成分均匀、晶粒细小的奥氏体后,随之要进行冷却。通常采用两种方式冷却:一是等温冷却,即将钢迅速过冷至临界点(如 A_1 线)以下某一温度,使奥氏体在该恒温下转变;二是连续冷却,即将钢以某种速度不停顿地冷却,使奥氏体在连续降温过程中转变。为了便于分析问题,首先讨论等温冷却的情形。

5.3.1　过冷奥氏体的等温冷却转变图

实验表明:具有奥氏体状态的同一种钢,经不同温度等温冷却转变后,其组织与性能有明显的不同。为了更好地了解和掌握这种组织变化规律,必须进行典型钢种的研究,进而推知不同钢种的过冷奥氏体等温转变。

钢经过奥氏体化后,从高温过冷至 A_1 以下时,奥氏体不立即转变,但处于热力学不稳定状态,把这种存在于 A_1 以下暂不发生转变的不稳定奥氏体称为过冷奥氏体。

1. 共析碳钢过冷奥氏体等温转变图的建立

过冷奥氏体等温冷却转变图简称为等温转变曲线或 TTT(temperature time transformation)曲线。它综合反映了过冷奥氏体在不同温度下等温开始和终了的时间与转变产物之间的关系。测定 TTT 曲线常用的方法有金相法、膨胀法、磁性法,也常用多种方法配合测定。下面仅以金相法测定共析钢的转变为例作简要说明。

① 用金相试样测定不同等温温度(如 400 ℃、600 ℃、700 ℃)下共析钢过冷奥氏体的转变量与转变时间的关系曲线,亦称转变动力学曲线,如图 5-6a 所示。从各不同温度的转变动力学曲线可看出两点:第一,过冷奥氏体等温转变都要先经过一定时间的"准备"才开始转变,这段准备的时间称为孕育期;第二,转变量在 50%(质量分数)左右时,过冷奥氏体转变速度最快。

② 将各不同等温温度下测得的转变开始时间和终止时间标注在温度-时间(对数)坐标系中,并分别把起始点和终止点连接起来,便得到过冷奥氏体等温转变起始线和终止线,如图 5-6b 所示。由于曲线形状与字母"C"相似,故又称为 C 曲线。

在 C 曲线的下面还有两条水平线:M_s 线和 M_f 线,它们分别表示过冷奥氏体转变为马氏体的起始温度和终止温度,分别称为马氏体转变起始点(上马氏体点)和马氏体转变终止点(下马氏体点)。图 5-7 为共析钢过冷奥氏体等温冷却转变图,它表示了共析钢的 C 曲线及转变产物的温度分布状况。

从 C 曲线可看出:共析钢在 A_1 线以上,奥氏体稳定,不会发生转变;而在 A_1 以下、转变起始线以左的区域为不稳定的过冷奥氏体区;转变终止线以右的区域为过冷奥氏体转变产物区;两曲线之间则为转变过渡区,该区必为过冷奥氏体与部分转变产物的混合组织所构成。此外,C 曲线还可以反映出不同等温温度时过冷奥氏体的孕

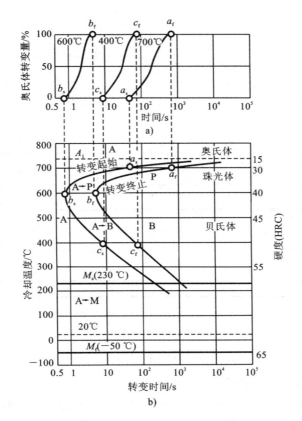

图 5-6　共析碳钢 C 曲线的建立

a) 不同过冷度下奥氏体等温转变动力学曲线　b) 共析碳钢的过冷奥氏体等温转变 C 曲线

育期变化。在曲线的"鼻尖"(约 550 ℃)上部温度范围内,孕育期将随等温温度的降低而缩短;在"鼻尖"下部,孕育期又随温度的降低而延长。显然,"鼻尖"处的孕育期最短,即此时的过冷奥氏体最不稳定,转变速度最快。这是由于过冷奥氏体转变速度同时受原子扩散速度(正比于温度)和转变自由能差(正比于过冷度)所制约,即为两方面综合作用的结果。还需指出,一旦过冷奥氏体全部转变为 C 曲线图中相应温度区域的组织,则该组织将稳定地保持至室温而不发生改变。

2. 过冷奥氏体转变产物的组织形态与性能

C 曲线将过冷奥氏体等温冷却转变图划分为珠光体型转变区、贝氏体型转变区和马氏体型转变区等。

1) 珠光体型转变(高温转变)区

在 C 曲线"鼻尖"上部区域(A_1~550 ℃之间)转变温度最高,这时的过冷奥氏体等温转变产物均为铁素体与渗碳体的机械混合物,其形貌近似于图 4-10 中共析钢的平衡组织。渗碳体呈层片状分布在铁素体基体上,且等温冷却温度越低,层片间距越小。为明确起见,通常按层片间距大小分为珠光体(P)、索氏体(S)和托氏体(T)三种

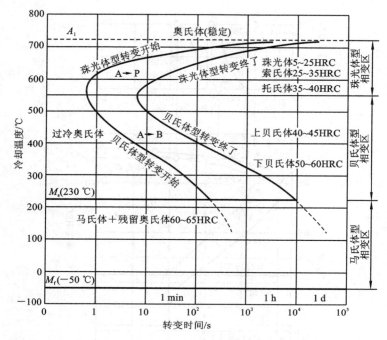

图 5-7　共析钢过冷奥氏体等温冷却转变图(C 曲线或 TTT 曲线)

组织,它们只是层片粗细和性能有差异,并无本质区别。

　　奥氏体向珠光体转变途径,一是通过 Fe、C 原子的充分扩散,形成高碳的渗碳体和低碳的铁素体;二是通过晶格重构,即由面心立方晶格的奥氏体向体心立方晶格的铁素体及复杂斜方晶格的渗碳体转变,这也是一个在固态下形核与长大的相变过程。图 5-8 所示为一个奥氏体晶粒转变成珠光体的过程。

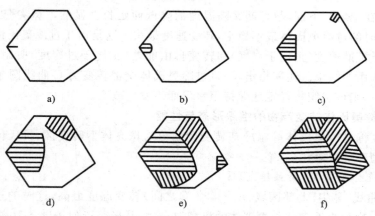

图 5-8　片状珠光体形成过程

a) 形成渗碳体晶核　b) 出现铁素体片　c) 形成多个铁素体与渗碳体的层片状组织

d) 形成多个位向不同的珠光体晶粒　e) 珠光体晶粒长大并连成一体　f) 全部形成珠光体

　　首先,靠晶界或缺陷处的能量条件及结构条件起伏,优先在过冷奥氏体晶界或缺陷处形成一个微小片状渗碳体晶核,如图 5-8a 所示,并通过吸收其两侧奥氏体中的 C 原子向纵、横两向扩散长大,使其两侧奥氏体含碳量明显降低,从而出现了铁素体片,如图 5-8b 所示。当铁素体横向长大时,必然向其两侧的奥氏体中排出多余的 C,使奥氏体的 C 浓度显著提高,又促进另一片渗碳体的形成。这样连续转变下去,就形成了多个铁素体与渗碳体的层片状组织。同时,在晶界的其他部分也可能形成多个铁素体与渗碳体的层片状组织,如图 5-8c 所示。最终在一个奥氏体晶粒内逐步形成多个位向不同的珠光体晶粒,其过程如图 5-8d、e、f 所示。由上所述不难看出,珠光体的转变是一种扩散型转变。

　　珠光体型转变产物的力学性能与其层片间距有很大关系。表 5-1 列出了共析钢的珠光体型转变产物的力学性能(表中仅示出硬度值变化,其中洛氏硬度值系由布氏硬度值换算而来)。

表 5-1　过冷奥氏体高温转变产物的形成温度和性能

组织名称	表示符号	形成温度范围/ ℃	硬度(HRC)	能分辨其层片的放大倍数
珠光体(粗片 P)	P	$A_1 \sim 650$	$5 \sim 25$	<500
索氏体(细片 P)	S	$650 \sim 600$	$25 \sim 35$	>1000
托氏体(极细 P)	T	$600 \sim 550$	$35 \sim 40$	>2000

　　由表 5-1 看出:珠光体型组织的层片间距越小,其硬度越高,强度也越高。同一成分的钢,当其组织为片状珠光体时的硬度和强度比球(粒)状珠光体的高,但塑性、韧性相对较差。为此,常用球化退火来获得球(粒)状珠光体组织,降低钢的硬度,改善某些钢的切削加工性能。

　　2) 贝氏体型转变(中温转变)区

　　在 C 曲线"鼻尖"处(约 550 ℃)至 M_s 点之间,过冷奥氏体等温转变产物则是渗碳体与含碳过饱和铁素体的两相机械混合物,称为贝氏体(B)。由于贝氏体型转变温度区间较低,故属于半扩散型转变,即 Fe 原子不能扩散,只是 C 原子有一定的扩散能力。随转变温度上、下限不同,所形成的贝氏体形态也明显不同,在 550~350 ℃之间形成羽毛状的组织,称为上贝氏体;在 350 ℃~M_s 点之间则形成具有不同取向的针叶状铁素体,其内平行分布着许多极细小的碳化物,称为下贝氏体。

　　上贝氏体的形成过程如图 5-9a 所示。在奥氏体晶界上含碳量较低处,优先生成铁素体晶核,然后向晶内方向长大。在铁素体长大时,多余的 C 原子向周围的奥氏体中扩散使其富碳,当铁素体片间的奥氏体含碳量增大到一定程度时,便从中析出小条(短棒)状或小片状渗碳体,断续地分布于平行而密集的铁素体片之间,形成羽毛状上贝氏体(见图 5-9b 中的黑色部分)。

　　下贝氏体的形成过程如图 5-10a 所示。铁素体(F 或 α)晶核首先在奥氏体(A 或 γ)晶界处生成,然后沿一定晶面呈针叶状生长。由于下贝氏体的转变温度区间较

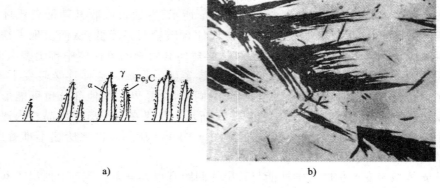

图 5-9　上贝氏体的形成和显微组织
a）形成及特征　b）显微组织（1000×）

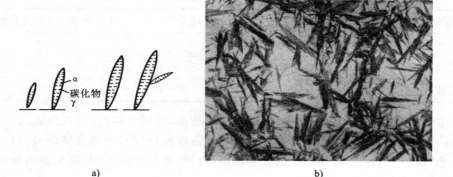

图 5-10　下贝氏体的形成和显微组织
a）形成及特征　b）显微组织（500×）

低，因此 C 原子不能长距离扩散而只能在铁素体片长大的同时沿一定晶面以极细小的碳化物ε-$Fe_{2.4}$C沉淀析出（见图 5-10b）。

　　贝氏体的力学性能主要取决于其组织形态。上贝氏体中的小条状渗碳体断续分布于较宽厚的铁素体条之间，分割了基体的连续性，易引起脆断。因此，上贝氏体的强度较低，韧性较差。下贝氏体因其铁素体针细小、无方向性，且碳化物分布均匀、弥散度大，加之产生高密度位错亚结构等诸因素的综合作用，致使其硬度高达 50～55HRC。故下贝氏体有良好的强度和韧性的匹配（亦即综合力学性能优良），是一种有重要应用价值的组织，而上贝氏体是热处理时不希望获得的组织。

　　3）马氏体型转变（低温转变）区

　　当温度区间低于 M_s 点（共析碳钢约 230 ℃）时，过冷奥氏体便不能在恒温下转变，而是以极大的过冷度连续冷却，得到一种碳在 α-Fe 中的过饱和间隙固溶体，称之为马氏体（M），其晶体结构为体心正方晶格，晶格常数 c/a 称为马氏体的正方度。

（1）马氏体转变的特点　　由于马氏体的转变是在较低温度下发生的，故它具有以下特点：

① 转变是在一个温度范围内（即 $M_s \sim M_f$ 之间）连续冷却完成的，若在此温度区间的某一温度下停留，只能形成一定量的马氏体，只有不断降低温度，马氏体的转变量才能增多。

② 形成速度极快（爆发式转变），即瞬间形核、瞬间长大。

③ 属无扩散型转变，Fe、C 原子均不能扩散，故马氏体与原奥氏体的成分相同。

④ 转变不完全（即不彻底），即使当温度降至 M_f 点时，过冷奥氏体向马氏体转变虽已结束，但总有少部分未转变的奥氏体残留下来，称之为残留奥氏体（用 A_r 或 A' 表示）。奥氏体溶碳量越高，则过冷奥氏体越稳定，其 M_s 点和 M_f 点就越低，残留奥氏体量也就越多。

⑤ 马氏体转变必然引起体积急剧膨胀，这是产生相变应力和残留奥氏体的根源。

（2）马氏体的形态及性能　　马氏体的组织形态也有两种类型。当奥氏体的 w_C >1.0% 时，所得到的马氏体组织全部为片状，如图 5-11 所示；当奥氏体的 w_C < 0.2% 时，所得到的马氏体组织几乎全部为板条状，如图 5-12 所示；$w_C = 0.2\% \sim 1.0\%$ 的奥氏体，得到片状和板条马氏体的混合组织。

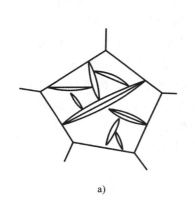

a)　　　　　　　　　　　　b)

图 5-11　片状马氏体的特征和显微组织
a）特征　b）显微组织（500×）

片状马氏体也称为针状马氏体或孪晶马氏体。它主要出现于淬火后的某些高碳钢和高碳合金钢中，故又称为高碳马氏体。它的立体形貌呈双凸透镜状，在光学显微镜下则呈竹叶或针片状，针片大小不一，片与片之间互成一定交角。片状马氏体中含碳量较高，其 $c/a \gg 1$。由于马氏体转变速度极快，片与片容易相互撞击而产生大量显微裂纹，严重的晶格畸变也产生内应力，故片状马氏体虽硬度和强度高，但塑性和韧性差。

板条马氏体主要出现于淬火后的低碳钢或低碳合金钢中，故也称低碳马氏体或位错马氏体。它略呈椭圆截面的柱状，在光学显微镜下则呈一束束细长板条状组织

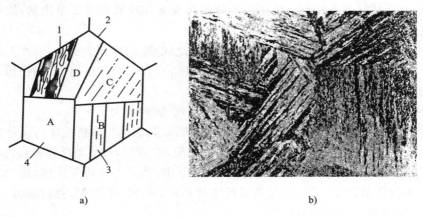

图 5-12　板条马氏体的特征和显微组织

a) 特征　b) 显微组织(500×)

1—板条马氏体　2—原奥氏体晶界　3—同位向束　4—板条群

形貌,许多尺寸大致相同而位向平行的束条,构成一个马氏体群。一个奥氏体晶粒内可形成 3～5 个不同位向的马氏体群,如图 5-12a 所示的 A、B、C、D 群。板条马氏体的含碳量较低,其 $c/a≈1$,晶格畸变小,但其中有大量的位错。由于位错的强化作用,又由于平行的束条在形成过程中不易相互撞击而产生显微裂纹,所以板条马氏体有较高的强度和较好的韧性,以及良好的综合力学性能。如 $w_C=0.2\%$ 的低碳马氏体的硬度可达 50HRC,抗拉强度最高可达 1500 MPa,冲击韧度为 150～180 J·cm^{-2}。

总而言之,两种马氏体的形态、性能各有差别,但都是热处理强化所需求的重要组织。C 在 α-Fe 中过饱和固溶,导致晶格发生畸变,以及由相变引发高密度位错等晶体缺陷间的交互作用,是马氏体硬度、强度高的根本(主要)原因。相比之下,合金元素对马氏体的强化作用则较弱,尤其对硬度影响不大。

3. 影响 C 曲线的因素

了解影响 C 曲线的因素,对研究钢的性能、合理选材及制订热处理工艺都有指导作用。影响 C 曲线的形状和相对位置的因素主要有以下几方面:

1) 含碳量

随含碳量的增加,奥氏体的稳定性增大,C 曲线右移。图 5-13 至图 5-15 所示为含碳量对碳钢 C 曲线的影响。需要注意的是,奥氏体中所溶入的碳量不一定与该钢的平均含碳量相同,这要看钢是否完全奥氏体化。如在正常淬火加热条件下,亚共析钢的 C 曲线位置将随钢的含碳量增加而向右移,直至共析钢的 C 曲线"鼻尖"离温度坐标轴最远(见图 5-13),即孕育期最长;而过共析钢的正常淬火加热温度规定在 Ac_1 以上 30～50 ℃(不完全奥氏体化),因此,随着过共析钢中含碳量的增加,未溶的渗碳体量也增多,这时过冷奥氏体中的未溶渗碳体可促进奥氏体的分解(转变),则又使 C 曲线逐渐左移(见图 5-15)。

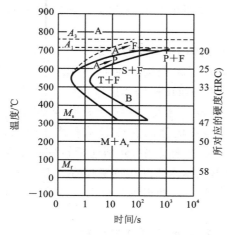

图 5-13　亚共析钢的 C 曲线

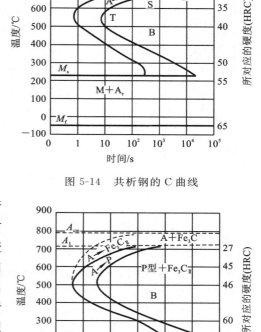

图 5-14　共析钢的 C 曲线

从图 5-13、图 5-15 不难看出：与共析钢相比，亚共析钢和过共析钢的 C 曲线右上方分别多出一条铁素体和渗碳体的转变起始线，说明这两类钢的过冷奥氏体在向珠光体型组织转变之前，将分别要先析出一部分铁素体和二次渗碳体，然后再进行同共析钢一样的转变。因此，其最终组织也相应多出少量的 F 和 Fe_3C_{II}。

此外，还可注意到这两类钢的 M_s 和 M_f 点的高低也与共析钢有所不同，这对不同含碳量的钢淬火后的残留奥氏体量也会有影响。

图 5-15　过共析钢的 C 曲线

　2）合金元素

除 Co 外，绝大多数合金元素溶入奥氏体后，都会对 C 曲线的相对位置和形状特征产生不同程度的影响。这一点将在第 7 章中述及。

　3）加热温度和保温时间

随着奥氏体化温度的提高和保温时间的延长，碳化物溶解充分，奥氏体成分更加均匀化，晶粒粗大（因总形核部位减少），这些都能延长孕育期，增强过冷奥氏体的稳定性，对 C 曲线右移有所影响。

5.3.2　过冷奥氏体的连续冷却转变图

钢的等温转变 C 曲线图（TTT 曲线）反映了过冷奥氏体等温冷却转变的规律，是指导等温热处理工艺的重要依据，但生产中多数热处理工艺采用连续冷却方式。

为此，测定和利用过冷奥氏体连续冷却转变曲线图更有实际意义。该图简称 CCT（continuous cooling transformation）图。

1. 过冷奥氏体 CCT 图的建立

实验室中常用膨胀法测定 CCT 图。类似测绘 TTT 图一样，将一组试样经奥氏体化后，以不同的速度连续冷却，如随炉缓冷、空气冷却等，可测出每一冷却速度下过冷奥氏体的转变起始和终止时间；在温度-时间（对数）坐标系中，分别连接转变起始点和终止点，即得奥氏体连续冷却转变起始线 P_s、转变终止线 P_f、M_s 和 M_f 线，即得到共析钢完整的 CCT 图，如图 5-16 所示。

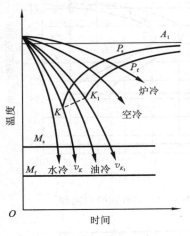

图 5-16 共析钢的 CCT 曲线

2. 连续冷却转变 CCT 图的分析

从图 5-16 看出：在 A_1 以下 P_s 以左为过冷奥氏体区；P_f 线以右为转变产物（珠光体型组织）区；而 P_s 与 P_f 之间为二者的过渡区；M_s 和 M_f 分别为马氏体转变起始点和终止点；KK_1 连线为过冷奥氏体向珠光体转变的终止线，即当冷却速度线与此线相交时，过冷奥氏体便终止珠光体型转变，剩余的过冷奥氏体将一直保持到 M_s 线以下再发生马氏体转变。

当冷却速度大于 v_K 时（如水冷），过冷奥氏体不再发生珠光体型转变，而是几乎全部转变为马氏体（总有少量残留奥氏体）组织。因此，对 CCT 图而言，v_K 是在连续冷却条件下获得全部马氏体组织的最小冷却速度，称之为钢的淬火临界冷却速度。显然，v_K 愈小的钢在冷却时愈易得到马氏体组织。当冷却速度小于 v_{K_1} 时（如空冷、炉冷），将获得全部珠光体型组织，而当冷却速度处于 $v_K \sim v_{K_1}$ 之间（如欠速冷却即油冷）时，将先后得到托氏体加马氏体的混合组织。

5.3.3　TTT 图与 CCT 图的比较

为了便于比较，将共析钢的 TTT 图与 CCT 图绘于同一图上，如图 5-17 所示。由图可见，TTT 图位于 CCT 图的左上方。因此，由 TTT 图上确定的淬火临界冷却速度 v_K' 大于由 CCT 图上确定的淬火临界冷却速度 v_K。可以推知，参照 v_K' 值对钢进行连续冷却时能确保得到最多的马氏体组织。此外，CCT 图只有类似 TTT 图的上半部分（珠光体型转变区），而无下半部分贝氏体型转变区，故共析钢连续冷却时不可能得到贝氏体型组织。这是因为，在连续冷却时温度

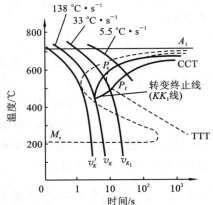

图 5-17 共析碳钢的 TTT 图与 CCT 图的比较图

下降很快,在贝氏体转变区停留时间太短,达不到贝氏体所要求的孕育期。还可看出,连续转变的孕育期较等温转变要长一些,即转变稍滞后。

前已述及,CCT 图和 TTT 图分别是分析连续冷却和等温转变的重要依据,但是由于测定 CCT 图比较困难,某些钢的 CCT 图至今尚未测定出来。而 TTT 图较容易测定,它不仅用来分析等温转变,也可用来粗略估计连续冷却时过冷奥氏体的转变产物,因而是有实用意义的。具体方法大多是将各连续冷却速度曲线画在 TTT 图上,再参照 CCT 图的特点分析每条冷却速度曲线在该图上所经过的各组织转变区域,即可定性地估计所得的组织。如以 v_{K_1} 速度冷却时,大致可获得(S+M)的混合组织,而以 v_K 速度冷却时则可得马氏体与残留奥氏体的混合组织。

5.4　钢的整体热处理

以上两节内容阐明了碳钢在加热和冷却过程中各种组织转变的基本规律,侧重分析了过冷奥氏体等温(或连续)冷却转变的基本原理。以下将利用热处理原理逐一简介各种热处理工艺方法的要领,并联系实际应用进行分析。

钢的整体热处理(亦称普通热处理)即是对钢件整体进行穿透加热和冷却的热处理工艺,主要包括退火、正火、淬火和回火,在生产中应用十分广泛。

5.4.1　退火

退火是指将钢加热到适当温度,保温一段时间后缓慢冷却的热处理工艺。不论是哪种退火方法,绝大多数都是作为工件材料(如锻轧坯件、铸钢铸铁坯件)的预备热处理来安排的工序。

各种退火的加热温度范围和工艺方法如图 5-18 所示。钢的常用退火方法有完全退火、等温退火、球化退火、去应力退火和均匀化退火等。

1. 完全退火

完全退火是指将钢加热到 Ac_3 以上 20~30 ℃,保温后随炉缓慢冷却(一般是大量工件实行炉冷,少量工件则出炉埋入砂中冷却),以使冷却速度曲线较平缓地通过该亚共析钢 C 曲线右上方区域从而获得接近于平衡组织的热处理工艺。完全退火又称为重结晶退火或普通退火。

所谓"完全",是指钢的组织能通过重新形核、长大得以全部奥氏体化转变。其目的主要是通过重结晶细化晶粒,以改善毛坯件粗大、不均匀的原始组织,充分消除内应力、防止变形开裂。此外,完全退火还可降低硬度、软化钢件,改善切削加工性能。

完全退火主要用于某些亚共析碳钢和中碳合金结构钢的铸、锻、焊坯件以及热轧型材的预备热处理,间或作为少数不重要坯件的最终热处理工序。

完全退火工艺周期很长,为缩短整个退火过程提高加热炉等设备的利用率,常用等温退火工艺代之。

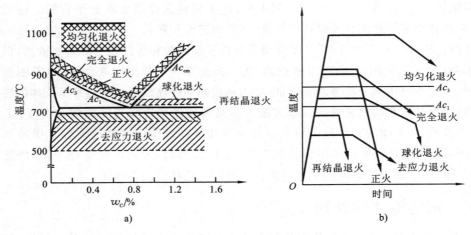

图 5-18　各种退火的加热温度范围及工艺方法
a) 加热温度规范　b) 退火工艺曲线

2. 等温退火

等温退火是指指将钢件毛坯加热到高于 Ac_3(或 Ac_1)温度,保温适当时间后停止加热并开启炉门,使工件较快地冷却至 C 曲线中珠光体型转变区的某一温度下等温,让奥氏体向珠光体型组织的转变充分进行,然后再冷却到室温的工艺方法。其作用和目的与完全退火一致。等温冷却温度应根据钢件对组织与性能要求选择,由其 C 曲线来确定。等温冷却温度越高,所得珠光体组织越粗大,退火钢的硬度也越低。

3. 球化退火

球化退火是指使某些高碳工具钢或高碳合金钢中的碳化物全变成球(粒)状的热处理工艺。球化退火后的显微组织特征为粒状碳化物均匀地分布在铁素体基体上,如图 5-19 所示。这种"球化体"的硬度远比层片状珠光体低。

球化退火的目的,一是降低硬度,改善切削加工性能,二是为淬火前作好组织准备。它主要用来改善共析钢、过共析碳钢、某些合金工具钢(如刃具钢、量具钢、模具钢等)的切削加工性能。

球化退火的加热温度为 Ac_1 以上 20~30 ℃,以使较多未溶碳化物粒子在长时间保温过程中自发球化;保温后在通过 Ar_1 温度范围冷却时应极其缓慢,以使奥氏体发生共析转变时,未溶碳化物能作为从奥氏体中析出碳化物的核心,有利于获得良好的"球化体"组织。若球化退火前钢中有较多的网状碳化物存在,则应先用正火消除网状

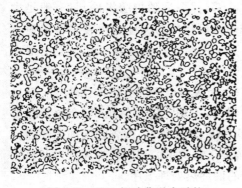

图 5-19　T12 钢球化退火后的
显微组织(500×)

Fe_3C_{II}，然后再进行球化退火，否则将影响球化效果。

4. 去应力退火

去应力退火是指将钢件加热至 Ac_1 以下的某一温度（有时可以为 $200\sim400$ ℃）保温后随炉缓慢冷却，但钢件并无组织结构变化的热处理工艺。其目的是消除铸铁件、焊接件的残余应力和机械加工、冷变形（如弹簧冷卷成形）过程中产生的残余应力。

5. 均匀化退火

均匀化退火是指将钢加热至其熔点以下 $100\sim200$ ℃保温 $10\sim15$ h 后缓慢冷却的热处理工艺，亦称扩散退火。均匀化退火的目的是减少钢锭、铸钢件或锻坯的化学成分偏析和组织不均匀性。

此外，还有用于钢在冷变形之后或在变形过程中，使其硬度降低、塑性增强的再结晶退火。

5.4.2　正火

正火是指将钢加热到 Ac_3（亚共析钢）或 Ac_{cm}（过共析钢）以上 $30\sim50$ ℃，保温一定时间后在空气中冷却，得到珠光体型组织的热处理工艺。亚共析钢正火后的组织一般为索氏体加上不连续的铁素体网块，其加热规范和冷却方式分别如图5-18a、图5-20所示。

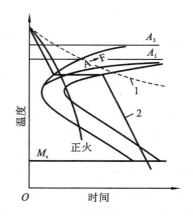

图 5-20　亚共析钢退火与正火的比较
1—完全退火　2—等温退火

由于亚共析钢正火比退火的冷却速度快，故得到的索氏体组织比退火组织珠光体细小，强度和硬度也有所提高。正火的一般作用及工序地位在于以下方面：①作为预备热处理，能适当提高低碳钢、中碳钢的硬度，改善其切削性能；能消除过共析钢中的网状渗碳体，为球化退火作组织准备。②正火可细化晶粒，使组织均匀化，消除内应力，在一定程度上有改善强韧性及提高硬度的效果，故也可作为对力学性能要求不太高的普通结构件的最终热处理工序。

与退火相比，正火更利于提高钢的强度和硬度，且生产周期短、成本低。

正火与退火的正确运用，在于必须首先明确各种工件正火（或退火）的目的和作用，而后再明辨所选材料的成分特点及其类别名称，才能确定正火（退火）工艺的加热温度范围，以达预期效果。

5.4.3　淬火

所谓淬火，是指将钢加热到 Ac_3 或 Ac_1 以上 $30\sim50$ ℃保温后，以大于其 v_K 的速度快冷至 M_s 点以下，以获得马氏体或在 M_s 点稍上等温则得 B_F 组织的热处理工艺。淬火后回火前的马氏体通常称为淬火马氏体,可记作 $M_淬$。

淬火工艺是强化钢的最重要手段,可显著提高钢的硬度和改善钢的耐磨性,再通过与后续回火工艺紧密配合,可获得不同强韧性的组织,以满足工件对各种使用性能的要求。对于力学性能要求高的工件,淬火往往作为最终热处理工序。

1. 淬火加热温度的选定

图 5-21 表示了碳钢的淬火加热温度选择规范。

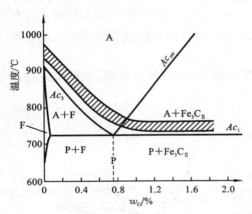

图 5-21　碳钢的淬火加热温度规范

（1）亚共析钢的加热温度　亚共析钢的加热温度一般为 Ac_3 以上 30～50 ℃。若温度太高,奥氏体晶粒易变粗大;若温度低于 Ac_3,钢中尚有未转变的铁素体,这样淬火后的组织中就会出现"软点"（铁素体相）。但在某些特殊情况下,却要有意利用这种低碳马氏体加铁素体的亚温淬火（Ac_1～Ac_3 之间加热）组织,以改善某些低碳亚共析钢零件的切削加工性能,获得满意的表面粗糙度。

（2）过共析钢及共析钢的加热温度

过共析钢及共析钢的加热温度一般为 Ac_1 以上 30～50 ℃,即在 Ac_1～Ac_{cm} 之间。由于这类钢在淬火加热以前都已经过球化退火,故按此规范加热可保证:①钢在奥氏体化过程中留有一部分未溶解的粒状渗碳体,既可阻止奥氏体晶粒长大,又可使之经淬火后均匀分布在马氏体基体上,更有利于提高钢的硬度,改善钢的耐磨性。②未溶解的渗碳体存在,可降低奥氏体中的含碳量,部分改变马氏体形态,以降低马氏体的脆性。③得到非常细小的马氏体（隐晶马氏体）组织。

图 5-22 所示为 T12 钢在 780 ℃加热淬火并经低温回火后的显微组织,即大量弥散的粒状渗碳体（白色颗粒）＋隐晶马氏体（黑色基体）＋残留奥氏体。若淬火温度太高（过热淬火）,将得到粗大马氏体加大量残留奥氏体,使钢的性能恶化。

2. 淬火加热时间的确定

钢件淬火加热时间长短,对奥氏体均匀化和实际晶粒度大小也有重要影响。

加热时间包括升温时间和保温时间。一般从工件装炉后上升到淬火温度所需时间为升温时间,保温时间是指从到达淬火温度开始至完成奥氏体均匀化所需的时间。

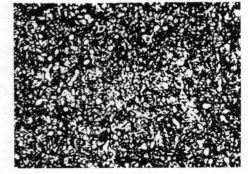

图 5-22　T12 钢正常淬火、回火后的显微组织（500×）

生产中常用以下公式确定保温时间 τ，即

$$\tau = \alpha K D$$

其中，α 为加热系数，与钢种及加热介质有关，具体操作时可查有关热处理手册；K 为与装炉量有关的系数，$K = 1 \sim 1.5$；D 为工件有效厚度，一般指尺寸最小的部位。

此外，也可用实验来确定保温时间。

3. 淬火介质

淬火介质或称冷却剂是控制钢件冷却速度保证淬火质量的重要媒介物质，一直是金属热处理领域的一个重要研究课题。

淬火的目的是获得马氏体（包括下贝氏体）组织。因此，淬火冷却速度必须大于钢的临界冷却速度（v_K），而快速冷却易造成工件的变形、开裂。要解决此问题，一方面应选择比较理想的淬火介质，另一方面宜采用合理的淬火方法。

钢的理想淬火介质与 C 曲线的关系如图5-23 所示。在 650 ℃以上保证过冷奥氏体不转变为珠光体型组织的前提下，应尽量减慢冷却速度以减小热应力（工件表里温差引起的内应力）作用；在 C 曲线"鼻尖"处应尽快冷却，以保证过冷奥氏体不在此处转变；当避开"鼻尖"后，又应缓慢冷却，因为此后发生马氏体转变时，将产生较大的相变应力。若工件同时存在较大相变应力和热应力，容易导致工件的变形或开裂。所以，淬火时应尽量减小上述内应力，但至今尚未找到一种理想的淬火介质。

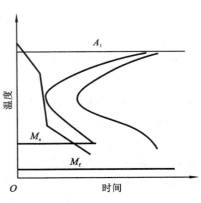

图 5-23　钢的理想淬火冷却速度

表 5-2 中列出了常用的淬火介质自来水、盐水、碱水和矿物油的冷却特性及应用场合。

表 5-2　常用淬火介质的冷却特性

名　　称	最大冷却速度时*		平均冷却速度/($℃ \cdot s^{-1}$)*	
	所在温度/ ℃	冷却速度 /($℃ \cdot s^{-1}$)	650～550 ℃	300～200 ℃
静止自来水，20 ℃	340	775	135	450
静止自来水，40 ℃	285	545	110	410
静止自来水，60 ℃	220	275	80	185
$w_{NaCl} = 10\%$ 的水溶液，20 ℃	580	2000	1900	1000
$w_{NaOH} = 15\%$ 的水溶液，20 ℃	560	2830	2750	775
$w_{Na_2CO_3} = 5\%$ 的水溶液，20 ℃	430	1640	1140	820

续表

名　称	最大冷却速度时*		平均冷却速度/(℃·s⁻¹)*	
	所在温度/℃	冷却速度/(℃·s⁻¹)	650～550 ℃	300～200 ℃
10 号机油,20 ℃	430	230	60	65
10 号机油,80 ℃	430	230	70	55
3 号锭子油,20 ℃	500	120	100	50

注　*冷却速度系由 φ20 mm 银球所测,各冷却速度值均是根据有关冷却速度特性曲线估算的。

(1) 水　水的冷却特性不理想,在 C 曲线"鼻尖"温度区的冷却能力不强(冷却速度小于 200 ℃·s⁻¹),而在马氏体转变区(200～300 ℃)冷却速度又太快,高达 775 ℃·s⁻¹。此外,水温的升高也对其冷却能力影响较大,通常要采用循环水来控制水温。水作为冷却剂不污染工件及环境且经济方便,是最常用的淬火介质,尤其是多用于形状简单或截面尺寸较小的碳钢件的淬火冷却。

(2) 盐水、碱水　$w_{NaCl}=10\%$ 或 $w_{NaOH}=15\%$ 的水溶液,能明显提高 400～600 ℃温度区的冷却速度,而对低温(200～300 ℃)区仍有较高的冷却能力,可用于形状简单、硬度要求高而均匀且变形要求不严的碳钢件的淬火。

(3) 油　油是一种常用的淬火介质,其主要特点是低温区的冷却速度比水小得多,在高温区的冷却速度也很小。故各类矿物油(机油、柴油等)主要用于形状复杂的中、小合金钢件的淬火冷却,使用过程应控制油温低于 80～100 ℃。

(4) 其他淬火介质　为减小工件变形、开裂倾向,还可用碱浴、硝盐浴(熔盐)等淬火介质,其冷却能力介于水和油之间,主要用于处理形状复杂、尺寸较小、变形要求严格的工具钢的分级淬火和等温淬火。常用的硝盐浴和碱浴的成分、熔点及使用温度如表 5-3 所示。

表 5-3　热处理常用盐(碱)浴的成分、熔点及使用温度

介质	化学成分	熔点/℃	使用温度/℃
碱浴	$w_{KOH}=85\%$,$w_{NaNO_2}=15\%$,另加 $w_{H_2O}=3\%\sim5\%$	130	150～180
硝盐浴	$w_{KNO_3}=53\%$,$w_{NaNO_2}=40\%$,$w_{NaNO_3}=7\%$,另加 $w_{H_2O}=3\%$	100	120～200
硝盐浴	$w_{KNO_3}=55\%$,$w_{NaNO_2}=45\%$	137	155～550

4. 淬火方法

采用某一种冷却介质有时很难达到理想的淬火效果。为此,生产上常采取改进淬火方法来达到既能将工件淬硬,又能减小变形、开裂的目的,以弥补淬火介质的不

足。不同淬火方法的工艺曲线如图 5-24 所示。

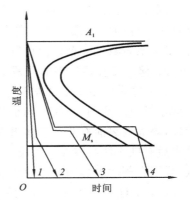

图 5-24　不同淬火方法的工艺曲线
1—单介质淬火　2—双介质淬火
3—M 分级淬火　4—B 等温淬火

（1）单介质淬火　单介质淬火指的是将奥氏体化后的工件迅速投入一种淬火介质中冷却至室温的淬火方法，其工艺曲线为图 5-24 中的曲线 1。碳钢在水中淬火、合金钢在油中淬火均为单介质淬火。此法操作简单，易实现机械化，应用较广泛。但水中淬火变形开裂倾向大，而油中淬火时大碳钢件不容易淬硬（硬度不足或不均匀）。

（2）双介质淬火　双介质淬火指的是将奥氏体化后的工件先在一种冷却能力较强的介质中冷却至接近 M_s 点、随即迅速转移到另一种冷却能力较弱的介质中冷却的淬火方法。如先水淬再油冷，或先水淬后再空冷，以及先油淬再空冷等，其工艺曲线为图 5-24 中的曲线 2。

双介质淬火既可保证工件得到马氏体组织，又可降低在马氏体转变区的冷却速度，减小淬火热应力，从而减小工件变形开裂的可能性，如大尺寸的碳钢件适合水-油淬火，大型、复杂合金钢件可用油-空气淬火。但双介质淬火工艺操作较复杂，掌握好工件提出水面、然后立即转入油中的最佳时机是工艺操作的难点，这对热处理工作人员的实践经验要求较高，也不适合机械化操作。

（3）贝氏体等温淬火　贝氏体等温淬火指的是将奥氏体化后的工件淬入稍高于 M_s 点的熔盐中保温一定的时间，使其发生下贝氏体转变后再进行空冷的工艺，其工艺曲线为图 5-24 中的曲线 4。

等温淬火的目的是为了获得强度较高、韧性较好的下贝氏体组织。它适合形状复杂、尺寸要求变形很小的工具和零件，如模具、刀具、齿轮等的淬火。因为要保持盐浴槽的恒温，等温淬火也只能用于尺寸较小、批量小的工件。

（4）马氏体分级淬火　马氏体分级淬火一般指的是将奥氏体化后的工件淬入略高于（或低于）M_s 点的碱浴或盐浴中适当保温、待工件表面与心部温度较为接近后再取出空冷或油冷的淬火方法，其工艺曲线为图 5-24 中的曲线 3。

与单介质和双介质淬火法相比，分级淬火能很好地消除淬火工件表面与心部的温差，从而可避免或减小工件变形开裂的倾向，适于形状复杂、厚薄不均的工件淬火。因盐浴和碱浴冷却能力有限，故此法仅用于尺寸较小的工件，如碳钢件的截面尺寸一般为 10~12 mm，合金钢件的截面尺寸一般为 20~30 mm。

除上述淬火方法外，还有喷液淬火、局部淬火和延迟（预冷）淬火等。

（5）深冷处理　深冷处理指的是将淬火工件继续冷却到室温以下温度（−70~−80 ℃或更低）保持一定时间，使其中的残留奥氏体继续转变为马氏体的工艺，其实质是零摄氏度以下淬火。

深冷处理的目的是进一步降低钢中残留奥氏体量,以提高钢的硬度,改善钢的耐磨性及工件的尺寸稳定性。它主要用于淬火后残留奥氏体量较多的合金钢或精密件,如刃具量具钢和精密偶件等。

5. 淬火工件易出现的问题及其预防

(1)淬火后硬度不足或不均匀　淬火后硬度不足或不均匀的原因在于:①冷却速度不够或不均匀,未能得到全部马氏体组织;②加热或保温过程中工件表面被氧化脱碳,淬火后表面有非马氏体组织;③亚共析钢加热温度低于 Ac_3 或保温时间不足,淬火后有铁素体相存在。解决这些问题的措施是:防止工件在加热过程中的氧化脱碳,采用合理的加热和冷却规范确保工艺的正确实施。

(2)工件变形及开裂　工件变形及开裂的原因主要是淬火过程中的热应力和相变应力综合作用的结果。为减小变形和开裂倾向,可采取以下措施:①工件设计合理、选材正确;②合理选用预备热处理工艺,为淬火前作好组织准备;③控制淬火加热温度和保温时间,防止晶粒粗大;④采用适当的淬火冷却方法;⑤淬火后及时回火。

5.4.4　回火

钢件淬火后不宜直接使用,必须及时回火。回火是指将淬火后的钢件加热到 Ac_1 以下某一温度保温后,冷却至室温而获得不同于前述索氏体、托氏体、马氏体类组织的热处理工艺。因此,钢在回火后的组织,与钢的 TTT 图没有联系。因此,回火必然是作为最终热处理与淬火并用的。

回火是决定钢件在使用状态下的组织和性能的一道关键工序。回火不足可再适当追补一次,但若回火过度则将前功尽弃,必须重新淬火。

1. 回火的目的

(1)消除应力,降低脆性　淬火马氏体(主要是片状马氏体)脆性大,存在一定的内应力,若不及时回火消除,容易引起工件变形和开裂。

(2)稳定工件尺寸　淬火马氏体及残留奥氏体都是非稳态组织,在使用过程中容易发生组织变化,从而引起工件的尺寸变化。

(3)调整性能　一般,淬火件强度和硬度高、韧性和塑性差,通过及时回火可获得良好的强度与韧性的匹配,满足不同使用性能的要求。

2. 淬火钢回火时的组织和性能变化

钢件淬火后的组织为马氏体和残留奥氏体,它们均为亚稳态组织,有自发向铁素体和渗碳体转变的倾向。下面以高碳马氏体为例,讲述回火转变过程的四个阶段。

(1)马氏体开始分解(100~200 ℃)　淬火钢在 200 ℃ 以下加热时,马氏体中开始析出极细小的 $\varepsilon\text{-}Fe_xC(x\approx2.4)$,使马氏体的过饱和度降低,正方度($c/a$)也随之降低,内应力得以部分消除,但析出的过渡相碳化物 $\varepsilon\text{-}Fe_xC$ 与母相(马氏体)保持一定的共格关系。回火过程中这种由极细的 ε 碳化物与低饱和度的 α 固溶体构成的基体组织称为回火马氏体,记作 $M_{回}$,其显微组织如图 5-25 所示。

从图 5-25 可看出:高碳回火马氏体组织
形态仍保持原片状特征,但由于析出 ε 碳化
物,其耐蚀能力降低,故在光学显微镜下呈
黑色片状。同样,低碳回火马氏体呈暗板条
组织。

　　(2)残留奥氏体分解(200～300 ℃)　淬
火马氏体转变成回火马氏体,其体积缩小,
正方度减小,降低了对残留奥氏体的压力。
故从 200 ℃ 起,残留奥氏体开始向下贝氏体
转变,到 300 ℃ 转变基本结束。在 200～
300 ℃时回火组织为回火马氏体和下贝氏

图 5-25　片状马氏体低温回火
显微组织(500×)

体,但因下贝氏体量不多,一般认为还是以回火马氏体为主。

　　(3)回火托氏体形成(300～500 ℃)　当温度高于 250 ℃后,因 C 原子的扩散能
力增大,过饱和 α 固溶体逐渐转变成铁素体;同时,ε-Fe_xC 也逐渐转变成细小稳定的
Fe_3C,并失去与母相的共格联系,但马氏体针形态仍隐约可见,淬火内应力大部分消
除。在 300～500 ℃回火得到铁素体基体与大量弥散分布的极细颗粒状 Fe_3C 形成
的混合组织,称为回火托氏体,记作 $T_回$,其显微组织如图 5-26 所示。

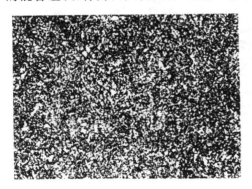

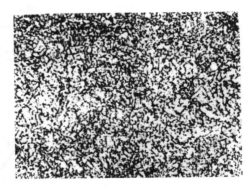

图 5-26　回火托氏体显微组织(500×)　　　　　图 5-27　回火索氏体显微组织(500×)

　　(4)回火索氏体终结(500～650 ℃)　当回火温度达 400 ℃以上时,片状或板条
铁素体开始发生再结晶,形成等轴状铁素体;而细颗粒状的 Fe_3C 也不断聚集长大,
此阶段到 500 ℃时基本完成,淬火内应力完全消除。因此,在 500～650 ℃回火,得到
多边形等轴晶铁素体基体上密布着较大颗粒状 Fe_3C 的混合组织,称为回火索氏体,
记作 $S_回$,如图 5-27 所示。从以上两种回火组织对比可以看出,$T_回$ 的碳化物极细小,
而 $S_回$ 中的碳化物颗粒粗大,铁素体基体特征明显。应该指明,$T_回$ 和 $S_回$ 与前述的 T
和 S 在形态和性能上有很大差别,不可混为一谈。

　　由于淬火钢在不同温度下回火得到不同的回火组织,因而其力学性能也不同。

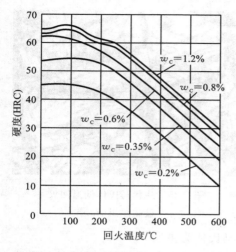

图 5-28　不同含碳量淬火钢硬度
随回火温度的变化

从图 5-28 可以看出,不同淬火钢在200 ℃以下回火时,其硬度基本不变,但高碳钢略有升高,其原因是在此温度范围回火,马氏体内会析出极细小的共格碳化物,且钢中的碳量越高,析出的这种碳化物就越多,研究表明它具有增高硬度的作用。在 200～300 ℃回火时,硬度变化不大,因为有残留奥氏体分解成回火马氏体或下贝氏体来补偿硬度的降低;当温度高于300 ℃后,钢的硬度降低很快。

图 5-29 所示为 $w_C = 0.41\%$、$w_{Mn} = 0.72\%$ 的中碳钢力学性能与回火温度的关系。从图可知:随回火温度的升高,中碳淬火钢的屈服强度、抗拉强度在200～300 ℃ 范围内回火时均显示出最高值;高于 300 ℃时,随着回火温度的继续升高,其强度和硬度降低而塑性和韧性上升,弹性极限在 300～500 ℃达到最高。

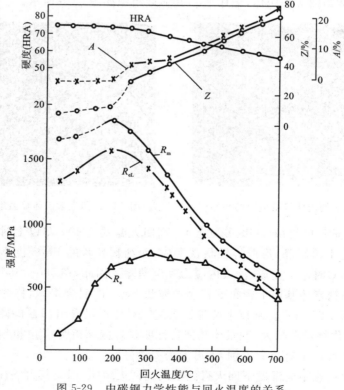

图 5-29　中碳钢力学性能与回火温度的关系

3. 回火的分类及应用

根据淬火钢在回火时的组织转变和性能变化规律,可将回火工艺分为低温回火、中温回火、高温回火三种。

(1)低温(150~250 ℃)回火 低温回火的目的在于部分消除淬火应力和脆性,提升韧性和塑性,但仍保持淬火后的高硬度(中、高碳钢为 58~64HRC)和高耐磨性。低温回火后的组织为回火马氏体加少量残留奥氏体。低温回火多用于高碳工具钢、滚动轴承钢和表面淬火及渗碳淬火件。低碳板条马氏体一般已经自发回火,故不必再回火。但是低碳合金钢淬火后还是进行一次回火为宜。

(2)中温(350~500 ℃)回火 中温回火可得到高的弹性极限和屈服强度及一定的韧性,其组织为回火托氏体,内应力消除大半,硬度一般为 35~45HRC,主要用来处理热成形弹簧件。

(3)高温(500~650 ℃)回火 高温回火得到回火索氏体组织,内应力完全消除,故具有良好的强度、塑性及韧性的匹配,即综合力学性能优良,硬度一般为 25~35HRC 且又不影响工件后续精细切削加工的质量。通常将淬火加高温回火的热处理工艺简称为调质处理。调质主要适用于各种重要结构零件的最终热处理,如某些受交变载荷作用且疲劳性能要求高的连杆、轴类、齿轮等,也常用于表面淬火件、渗氮件、精密刃具、量具和模具的预备热处理。

4. 回火脆性

随回火温度的升高,淬火钢的冲击韧度与回火温度的关系如图 5-30 所示,即在 250~400 ℃和 450~650 ℃两个区间冲击韧度明显降低。这种现象称为钢的回火脆性,前者称为低温回火脆性,后者称高温回火脆性。

(1)低温回火脆性 这类回火脆性亦称第一类回火脆性。其产生的主要原因是在此温度区间回火时,碳化物片将沿板条马氏体的板条、束群或片状马氏体的边界上析出,破坏了基体的连续性所致。几乎所有的钢都有这类回火脆性。为防止这类回火脆性,一般淬火钢不在该温度范围内回火或采用等温淬火。

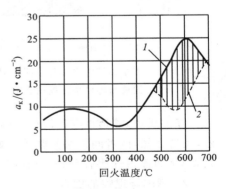

图 5-30 淬火钢冲击韧度与回火温度的关系
1—快冷 2—慢冷

(2)高温回火脆性 这类回火脆性也称第二类回火脆性,主要出现在某些合金结构钢中,如含 Ni、Cr、Mn、Si 等元素的调质钢中。这类回火脆性的特点是回火后快冷(油冷)不产生脆性,而慢冷(空冷)则会产生脆性,如图 5-30 中剖面线区域所示的差别。

5.4.5　钢的淬透性与淬硬性

1. 淬透性与淬硬性的区别

淬透性和淬硬性是热处理工艺中的两个重要概念,是选材和制订热处理工艺所要考虑的重要因素。

(1) 淬透性　淬透性指钢件在淬火时能获得淬硬层(马氏体层)深度的能力,是钢种本身固有的属性。衡量淬透性的优劣,通常用标准试样在一定条件下淬火时所能达到的有效淬硬层深度(或能够全部淬透的最大直径)来表示。淬硬层深度是指由钢件表面至内部马氏体组织占 50% 处的距离。显然,钢的淬硬层深度愈大,淬透性就愈好。若淬硬层深度达到心部时,则说明工件已被淬透。

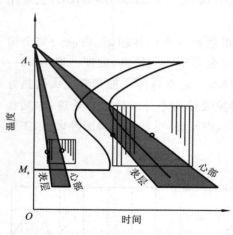

图 5-31　大小工件的表层与心部冷却
速度对淬硬层深度的影响

应该注意,不要将淬透性与具体淬火条件下的淬硬层深度混为一谈。在相同奥氏体化条件下,同种钢的淬透性是相同的。但是,水淬比油淬的淬硬层深度大,小件比大件的淬硬层深度大,如图 5-31 所示:小件被淬透,由表及里几乎全为 M;大件表层为 T+M 的混合组织而心部因冷速更小则为 P 型组织。但是,不能因此误认为大件的淬透性比小件差。

(2) 淬硬性　淬硬性指正常淬火情况下获得马氏体组织所能达到的最高硬度。它主要取决于马氏体中的含碳量,而与合金元素关系不大。显然,含碳量高的钢其淬硬性也高。

综上所述,淬透性与淬硬性是两个不同的概念。淬透性好的钢,其淬硬性不一定好,反之亦然,两者间无必然联系。如中碳合金钢 40Cr 和 45 钢比较,前者因含合金元素 Cr 而淬透性比后者好,但其淬硬性却比后者差。

2. 影响淬透性的因素

淬透性是钢的本质属性,与钢材外部条件(如形状、尺寸、表面积及冷却介质等)无关,但却与其临界冷却速度密切相关,临界冷却速度愈小的钢,其淬透性亦愈好。因此,凡是影响临界冷却速度 v_K(或者说 C 曲线位置)的因素(如化学成分、淬火温度和保温时间)均影响淬透性。

(1) 化学成分　化学成分是影响淬透性的主要因素。亚共析钢随含碳量的增加,其淬透性得到提升;而过共析钢在正常淬火加热温度范围内,随钢中含碳量的增加,其淬透性下降。除 Co 以外的合金元素(如 Mn、Mo、Cr、Al、Si、Ni、B 等)均使某合金钢的 C 曲线右移,意即使 v_K 减小,故提升了钢的淬透性。

（2）淬火温度和保温时间　加热温度的升高和保温时间的延长,均可适当地提升钢的淬透性,但这样会引起晶粒粗大,故一般不采用此法来提升钢的淬透性。

3. 淬透性的测定

（1）临界淬透直径法　采用一系列不同直径的试棒在一定的淬火介质中淬火,找出能完全淬透的最大直径 D_C,即得到某钢在该介质中淬火的临界淬透直径。显然,D_C 越大,淬透性也越好。

（2）末端淬火法（简称端淬法）　末端淬火法于 1937 年由 W. E. Jominy 最先提出,因其方法能较完整地反映钢的淬透性特点,应用最广,具体测定方法见国家标准 GB/T 225—2006 或其他文献。

须知,不同钢种有不同的淬透性,而且同一种钢因成分在一定范围内波动变化,其淬透性也有一定的差异。

用端淬法测定的淬透性以 $J\dfrac{\mathrm{HRC}}{d}$ 值表示,其中,J 表示试样末端淬透性;d 表示至水冷端的距离;HRC 值为在 d 处测得的硬度值。如淬透性值 $J\dfrac{30\sim35}{10}$ 表示距水冷端 10 mm 处试样硬度为 $30\sim35$ HRC。

4. 淬透性的应用

常用钢的淬透性曲线均可在有关手册中查到,也可自测。钢的淬透性的主要应用有以下两方面:

（1）估算淬硬层深度　若有必要,零件设计时可利用已知的淬透性曲线来估算零件的有效淬硬层深度。

（2）根据淬硬层深度选择材料　有效淬硬层深度对工件力学性能影响很大。当工件完全淬透后,经回火可得到沿整个截面分布一致的组织,故其力学性能分布也均匀一致;当未淬透时,工件心部的力学性能低于表面淬透层的性能。图 5-32 将两种淬透性不同的钢制成等径的圆棒在调质处理后的性能进行了比较。可以看出,两者硬度相同时,淬透性好的钢（见图 5-32a）,其强度和冲击韧度由表及里各处都是均匀一致的,而淬透性差的钢（见图 5-32b）,其相应指标由表及里都是降低的,尤以冲击

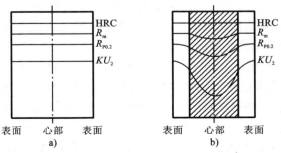

图 5-32　淬透性不同的钢经调质后的力学性能比较

a）完全淬透　b）未淬透

韧度降低最甚。总之,钢的淬透性越差,其综合力学性能水平也越低。当工件截面尺寸很大时,淬透性对性能影响尤其显著,机械零件设计者需认真考虑这一特点。

为了合理利用材料,零件是否有必要完全淬透,还得取决于其服役条件:当工作应力沿截面均匀分布时,如受拉或压应力的螺栓、拉杆、锤杆、锻模等,都要求截面上的力学性能均匀一致,因此,要选用淬透性较好的钢,以保证工件心部淬透,甚至得到90%以上的马氏体组织;而承受弯曲或扭转载荷的零件(如轴类),其表面应力最大,而心部很小,故一般只要淬透至半径的1/2或3/4处即可,这时可以选用淬透性并不很好的钢,这样性价比也更合理。

此外,还要根据淬硬性要求来选择适宜含碳量的钢,以保证所选钢种淬火后能达到硬度要求。设计大尺寸碳钢件时,用正火代替调质,则性能相近且更经济。安排工艺路线时也应顾及零件的淬透性,凡调质件都应先粗加工成形然后再行调质。

需要指出的是,钢及其他金属材料的热处理都是通过专用热处理设备实现的,而热处理炉又是最基本、最主要的设备。

热处理炉的种类很多。按炉温不同可分为低温炉(650 ℃以下)、中温炉(650~1000 ℃)和高温炉(1000 ℃以上)等,按热能供应和加热方式可分为电阻炉、燃料炉和电磁感应加热炉等,按加热介质可分为在氧化介质下加热的热处理炉、可控气氛热处理炉、真空热处理炉、浴炉和流动粒子炉等。另外,工业应用中还按工艺方法的不同分为退火炉、淬火炉、回火炉、渗碳炉、渗氮炉和实验炉等,按炉腔形式可分为箱式炉、管式炉、井式炉、罩式炉等。各种热处理炉的特性、技术参数可查阅相关热处理设备的书籍。

5.5　钢的表面热处理

许多零件(如曲轴、齿轮、花键轴、凸轮轴等)在工作时,总要承受摩擦、扭转、弯曲等交变载荷和冲击载荷。因此,要求表面有高的强度、硬度、疲劳强度和较好的耐磨性,而心部又要有好的韧性。但普通(整体)热处理工艺却很难兼顾零件表面和心部各具有不同的性能要求,因而往往要采用强化表面的热处理方法,即表面淬火。

(1)表面淬火工艺　表面淬火工艺是指将钢件表层迅速加热到奥氏体化温度后,激冷使表层形成马氏体组织而心部组织仍保持不变的热处理工艺。表面淬火只改变表层组织性能而不改变钢的化学成分。

(2)表面淬火用钢　大多选用中碳钢或中碳低合金钢,如 40、45 钢、40Cr、40MnB 及 60Ti 钢等淬透性不太好的钢。含碳量过高,会影响钢件心部的韧性;含碳过低,会影响钢件表层的硬度和耐磨性。另外,铸铁(如灰铸铁、球墨铸铁等)件也可用表面淬火,使其表面耐磨性进一步增强。

(3)表面淬火加热方法　表面淬火多用于零件的局部表面强化,主要有(高频、中频或工频)感应加热、火焰加热、电接触加热等方法,其中工业上应用最多的是感应加热表面淬火。

5.5.1　感应加热表面淬火

1. 感应加热的基本原理

把钢件放入感应器(由空心铜管绕成)中,如图 5-33 所示,当感应器通入一定频率的交流电时,在感应器内即产生交变电磁场。由于磁场感应作用,钢件中便产生同频率的交变电流(涡流),这种感应电流在工件表面的密度最大,而心部几乎为零,即所谓的"趋肤效应"。电流透入工件表层深度与电流频率有关,一般可用下式表示:

$$\delta = 500/\sqrt{f}$$

其中,δ 为电流透入深度,单位为 mm;f 为电流频率,单位为 Hz。

可见,f 愈高,δ 愈浅。依靠钢件本身的电阻,集中在表层的强大涡流可迅速将表层加热至奥氏体化温度以上,而心部几乎没有被加热,随即喷水冷却已加热的表面,工件以适宜的速度边旋转边下移就可实现连续表面淬火。

按电源频率范围不同,感应加热主要有以下三种方式:

① 高频(200～300 kHz)感应加热,它适用于硬化层深度为 0.5～2.0 mm 的中、小零件,如小模数齿轮、中小轴类件的表面淬火。

② 中频(2500～8000 Hz)感应加热,它主要用于直径较大硬化层深度为 2.0～10 mm 的轴、齿轮和其他件的表面淬火。

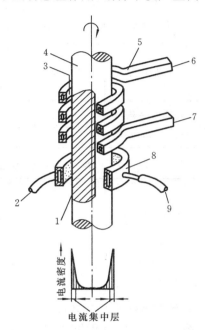

图 5-33　感应加热表面淬火装置
1—加热淬火层　2,6—进水口
3—间隙　4—工件　5—加热感应圈
7,9—出水口　8—淬火喷水套

③ 工频(50 Hz)感应加热,它用于硬化层在 10～15 mm 或更深的轧辊等大型零件的表面淬火。

高频感应加热淬火后的零件均需进行低温(一般 180～200 ℃)回火,达到减小内应力的目的。除可采用在加热炉回火的方法之外,还可利用零件内部的余热实现自身回火,以节约能源。

2. 感应加热淬火的特点

① 加热速度快,工件不易氧化脱碳,变形小;

② 获得的马氏体组织极细小,硬度高、脆性小、疲劳强度高;

③ 加热层深度易控制,可实现自动化批量生产;

④ 设备一次性投资较大,感应器制造成本也高,因此不适于复杂形状零件和小批量生产。

3. 感应表面淬火的技术要求及效果

(1) 表面硬度　一般要求硬度和强度较高的零件，取 55～58HRC，而韧性要求较高的零件，可取 40～55HRC(详见表 5-4 和表 5-5)。

表 5-4　机床齿轮表面淬火常用材料的硬度要求

受载类型	材　料	表面硬度(HRC)	说　　明
低速低载	45 钢	40～45 45～50	(1) 淬火后表面硬度应达到 50～55HRC，最终硬度应由回火工艺确定； (2) 预先热处理常采用正火、调质，以改善切削加工性能和心部的韧性
中速中载	40Cr 钢	40～45 45～50 50～55	
高速中高载，伴有冲击载荷	20Cr、12CrNi3 钢	58～63	渗碳后加高频淬火

表 5-5　汽车、拖拉机零件表面淬火常用材料的硬度要求

零件类别	材　料	表面硬度(HRC)		说　　明
		耐磨性要求较高的零件	耐磨性要求一般，强度、韧性要求较高的零件	
小型拖拉机、轿车的凸轮轴	35、40、45、50 钢	55～63	45～58	表面淬火前为正火或调质组织
载重车的半轴	40Cr、45Cr、40MnB、45MnB 钢	55～63	45～58	表面淬火前为正火或调质组织
载重车、拖拉机的挺柱和凸轮	合金铸铁		≥43	表面淬火前应为细珠光体基体＋细小均匀分布石墨和针状及少量网状碳化物
重载汽车、大功率柴油机的曲轴	球墨铸铁	45～58		珠光体＋球状石墨(可允许质量分数为 15%～20%的铁素体)
汽车、拖拉机的活塞环	片墨铸铁		≥43(有时≥38)	细珠光体＋细小片状石墨(可允许质量分数为 5%～10%的铁素体)

（2）**淬硬层深度**　一般可取半径的 1/10，特小件取 1/5，大件取小于 1/10（可参考表 5-6 和表 5-7）。

表 5-6　汽车、拖拉机零件表面淬火的淬硬层深度要求

零件的性能要求	淬硬层深度	备　　注
耐磨	1～7 mm	按加工留磨量及使用情况（是否修磨后继续使用）而定
耐疲劳	为零件直径的 10%～20%	零件直径大于 40 mm 时，取 10%

表 5-7　不同零件感应表面淬火所选用的淬硬层、材料及设备

工作条件及零件种类	所需淬硬层深度/mm	选用材料	采用设备
工作于摩擦条件下的零件，如一般较小齿轮、轴类	1.5～2	45、40Cr 钢	高频设备
承受扭曲、压力负荷的零件，如曲轴、大齿轮、磨床主轴	3～5	45、40Cr、9Mn2V 钢，球墨铸铁	中频设备
承受扭曲、压力负荷的大型零件，如冷轧辊	≥10～15	9Cr2W、9Cr2Mo 钢	工频设备

（3）**预备热处理**　不重要的零件表面淬火前可用正火处理，较重要的零件要先调质处理以得到回火索氏体组织。

（4）**变形要求**　在图样上应规定工件允许的变形范围（见表 5-8）。

表 5-8　表面淬火件变形要求举例

零件或淬火部位	变形情况及要求	备　　注
轴类	摆差为 0.20～0.25 mm	允许用压力机校正后达到此要求
机床齿轮花键孔	孔径小于 50 mm 时，加工余量小于 0.25 mm；孔径大于 50 mm 时，加工余量小于 0.35 mm	采取工艺措施可使内孔变形尽量减小到 0.05 mm 以下
机床齿轮齿面	单面加工余量 0.2 mm	加工余量太大则表面耐磨性显著下降

5.5.2　火焰加热表面淬火

图 5-34 所示为火焰加热淬火，其加热源为氧乙炔焰或煤气与氧的混合气体，燃

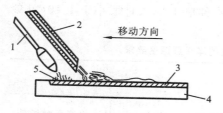

图 5-34　火焰加热表面淬火
1—喷嘴　2—喷水管　3—淬硬层
4—工件　5—加热层

烧的火焰喷射在零件表面上,使工件表面快速加热到淬火温度时立即喷水冷却。

火焰加热淬火的特点是:

① 操作简单,不需特殊设备;

② 淬硬层一般为 2~6 mm;

③ 淬火质量不易稳定;

④ 适合单件、小批生产的大型零件和需要局部淬火的工具或零件,如大型轴类零件、大模数齿轮等。

5.5.3　高能束表面加热淬火

激光束、电子束及离子束为三种高能量粒子束流。它们能量密度极高,对材料表面加热时具有加热速度快、加热精度高、节约能源、无二次污染等优点,引起了广大材料研究工作者的极大兴趣和关注。20 世纪 70 年代以来,国内外在高能束表面强化技术的工业应用方面已经取得了长足的进步和显著的经济、社会效益,成为材料表面改性的一个高新技术领域。

1. 激光加热表面淬火

激光是物质受激辐射而产生的一种增强光。工业上常采用能产生激光的特定物质(如 CO_2 气体、CO 气体、红宝石等)在外界光辐射、辉光放电等作用下,使之受激发而产生激光光子,通过激光装置透射出的一束高单色性、高亮度、高方向性和高相干性的光(其波长大于 X 射线而小于无线电波的电磁波),它也是一种新型的高能量热源。

(1) 激光加热表面淬火的原理及过程　聚焦和散焦激光束快速扫描钢铁件的表面,被扫描部位将所吸收的光能瞬间转化为热能并达到相变温度以上,致使扫描区的金属由原始组织急速发生相变而形成奥氏体,而其他部位仍处在未受热的原始状态。在激光束撤离后,工件自身导热激冷(冷却速度通常是水淬冷却速度的 1000 倍以上)使扫描区得到极细密的、高硬度的马氏体组织,实现自冷淬火。由于工件相对于激光束作快速移动,故形成一定几何形状的相变区,如图 5-35 所示。

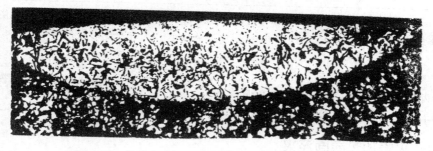

图 5-35　铸铁激光淬火硬化带断面形貌(白色弓形区)

（2）激光加热表面淬火的特点　与常规的感应加热表面淬火、渗碳表面硬化等工艺相比,激光加热表面淬火有如下特点:

① 激光的功率密度很高（大于 1000 W·cm^{-2}）,加热速度极快（超过 10,000 ℃·s^{-1}）,通常在 0.5 s 内将工件从室温加热到相变温度以上,所以晶粒难以长大,工件几乎不会变形,表面光洁。

② 激光与零件作用时间很短（10^{-2}～10^{-1} s）,区域很小,冷却极快,又由于加热速度很快,因此奥氏体晶粒极细,马氏体组织也极细密;对于同一种材质,激光加热表面淬火比高频淬火得到的硬度要提高 15% 左右,这使零件的耐磨性和疲劳强度有较大的提升。

③ 激光的操作系统可灵活移动,因此它更适合处理那些直径大小不等的圆筒状铸铁件的内壁,以及零件上的一些拐角、狭窄沟槽等。这不仅解决了常规热处理不易解决的问题,而且同种零件淬火后比不淬火的使用寿命至少提高 1 倍。

例如,1987 年原华中理工大学曾对一种手持式内燃凿岩机的汽缸进行激光淬火,其使用寿命基本达到当时同类产品的世界先进水平;1998 年用激光加热表面淬火技术批量修复翻新武汉钢铁公司待废弃的一种薄板剪刀件（长 1.4 m,重约 100 kg）,其刃口耐磨性大大提升,使用寿命几乎相当于新购件的水平。

2. 电子束加热表面淬火

电子束加热表面淬火与激光束加热表面淬火类似。它也是利用高能粒子束流定向辐射工件表面,使之急热急冷而达到淬火目的的,不同的只是二者使用的热源不同。电子束加热表面淬火的热源是高能电子束,图 5-36 所示为电子束装置。该装置主要由电子枪、真空室、控制系统及传动机构组成（最关键的部件电子枪由灯丝和高电位阳极构成）。在一定的真空度条件下,电子枪的灯丝被加热到 2500 ℃时便发射电子并被高电位加速成高速电子束流从阳极中央的孔洞穿过（可通过传动机构中的聚焦线圈和偏转线圈的共同作用来精确调控电子束以改变其工艺参数）,使电子束流轰击照射工件表面,导致其表面温度急速上升到钢的相变点以上,并通过自激冷却完成表面淬火处理。利用计算机编制的程序可以准确地实现这一系列工艺操作过程。

电子束像激光一样可以对金属材料的局部极快地进行加热,并自冷淬火。不过,电子束要比激光功率密度更高,其能量也更易被基材金属吸收,故其能量利用率非常高。另外,电子束淬火必须在低真空状态（真空度 1 Pa 左右）中进行,这就避免了表面氧化、氮化的不利影响,因而可以获得比激光热处理时表面及内在质量更好的硬化层组织。为便于对电子束和激光束两种表面

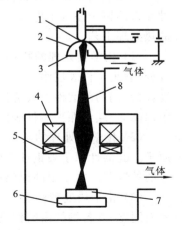

图 5-36　电子束装置

1—灯丝　2—栅极　3—阳极
4—电磁透镜　5—偏转线圈
6—工作台　7—工件　8—电子束

强化工艺进行选择,表5-9列出了用这"两束"对钢铁材料进行表面淬火的特征比较,以供参考。

表 5-9　电子束加热表面淬火与激光加热表面淬火的比较

项　　目	电子束加热表面淬火	激光加热表面淬火
能量效率	99%	15%
能量反射率	几乎为零,不需防止反射	40%左右,需表面黑化防止反射
处理条件	需在真空中进行	可在大气中进行(或需辅助气体)
辐照对焦	通过控制会聚透镜的电流调节,可在任意位置上轻易对焦	通过调节透镜聚焦系统与工件之间的距离来对焦
淬火自由度	电子束偏转可简单地由计算机软件来变更,自由度很大,很方便	必须更换反射或聚焦系统,机械地改变辐照相对位置
设备投资	较低	较高,是电子束加热表面淬火的3倍
运转费	较低	较高,是电子束加热表面淬火的2倍
设备普及率	较低	较高

5.6　钢的化学热处理

化学热处理是指将钢件置于一定的化学介质中加热、保温,使介质中的一种或几种元素的原子渗入工件表层,以改变钢件表层化学成分和组织又兼顾有更好强韧性的热处理工艺。

(1)化学热处理的特点　与表面淬火相比,化学热处理的特点是通过改变表面成分,满足工件表层组织、性能与心部不同的要求。它能更有效地提高钢件的表面硬度,改善钢的耐磨性及疲劳性能,提高抗多次冲击的能力。此外,它还能提高钢件的耐蚀能力,起到保护零件表面的作用。

(2)化学热处理的基本过程　①化学介质的分解,使之释放出待渗元素的活性原子。②活性原子被钢件表面吸收和溶解。③活性原子由表面向内部扩散,形成一定的扩散层。在一定的保温温度下,通过控制保温时间可控制扩散层深度。

(3)化学热处理种类　化学热处理的种类很多,如渗碳和碳氮共渗可提高钢的表面硬度,改善钢的耐磨性及疲劳性能;渗氮和渗硼可显著改善钢的表面耐磨性和耐蚀性;渗铝可提高钢的高温抗氧化能力;渗硫可降低钢的摩擦系数,改善钢的耐磨性;渗硅可改善钢件在酸性介质中的耐蚀性;等等。

目前,生产上应用最广泛的化学热处理工艺是渗碳、渗氮、碳氮共渗和氮碳硫多元共渗等。

5.6.1　渗碳

1. 渗碳的目的及用途

渗碳的最终目的是为提高工件的表层硬度、疲劳强度和改善耐磨性,并使心部具有良好的塑性和韧性。它主要用来制造承受强摩擦、冲击及容易疲劳损坏的零件,如齿轮、轴类、链条、套筒、摩擦片和活塞销等。

2. 渗碳用钢

渗碳用钢均为低碳钢及低碳合金钢,如 15、20 钢,20Cr、20CrMnTi、20Cr2Ni4A 钢等(详见 7.2.2 节中的"渗碳钢")。只有这些钢经渗碳后,表层才能有高碳钢的成分而心部仍保持原低碳钢的成分和良好的韧性与塑性。

3. 渗碳方法

实际生产中使用较普遍的渗碳方法有固体渗碳法和气体渗碳法。

(1) 气体渗碳法　如图5-37所示,将工件装入密封的渗碳炉中加热到 $900 \sim 950\ ℃$,向炉内滴入有机液体(如煤油、甲醇、丙酮等)使之分解,在高温下,通过下列反应生成活性碳原子:

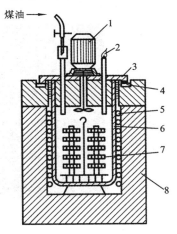

煤油 →

图 5-37　气体渗碳装置
1—风扇电动机　2—废气火焰
3—炉盖　4—砂封　5—电阻丝
6—耐热罐　7—工件　8—炉体

$$CH_4 \longrightarrow [C] + 2H_2$$
$$2CO \longrightarrow [C] + CO_2$$
$$CO + H_2 \longrightarrow [C] + H_2O$$

生成的活性碳原子[C]渗入钢件表面后,由于高温奥氏体溶碳能力强,于是[C]向其内部扩散,形成渗碳层。

钢件渗碳层的成分、厚度与渗碳气氛、加热温度、保温时间等因素有关。常用渗碳温度为 $930\ ℃$ 左右,渗层厚度则主要取决于时间,一般要经现场试验测定。气体渗碳的优点是效率高、质量易控制、可实现生产自动化,目前工业生产中应用极为普遍。

(2) 固体渗碳法　固体渗碳是将少数钢件埋入填满粒状渗碳剂的用铁皮焊制的密封箱,然后置入普通箱式电炉中加热至 $900 \sim 950\ ℃$ 保温、渗碳的一种方法。木炭颗粒渗碳剂在催渗剂(如 $BaCO_3$ 或 Na_2CO_3 等)作用下,发生以下反应:

$$2C + O_2 \longrightarrow 2CO$$
$$BaCO_3 + C \longrightarrow 2CO + BaO$$
$$2CO \longrightarrow [C] + CO_2$$

生成的活性碳原子[C]被钢件表面吸收达到渗碳效果。

固体渗碳的优点是设备简单、成本低、容易实现,但生产效率低,质量不易控制,多为中、小工厂所采用,适于单件、小批生产。

4. 渗碳后的热处理

钢件渗碳后其表层含碳量一般应控制在 $w_C = 0.85\% \sim 1.05\%$ 范围内。某低碳

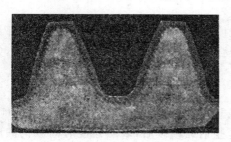

钢齿轮经渗碳后渗碳层按齿廓分布的宏观形貌如图5-38所示。渗碳缓冷后的显微组织如图 5-39 所示,即由齿部表层到齿心部依次为:过共析组织(Fe_3C_{II}+P)→共析组织(P)→亚共析组织(P+F)的过渡层→心部原始组织(F+P_{少量})。一般规定:从表面至过渡层的 1/2 处即为渗碳层深度。

图 5-38 渗层按齿廓分布的宏观形貌实体图

钢件必须经过渗碳、淬火加低温回火的最终热处理才能有效发挥渗碳层的强化作用。生产上经常采用的淬火方法主要有两种,如图 5-40 所示。

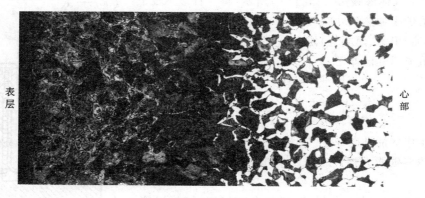

表层   心部

图 5-39 低碳钢渗碳缓冷后的显微组织(100×)

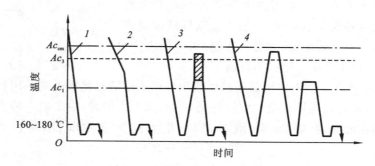

图 5-40 渗碳后的热处理工艺

1,2—直接淬火法 3——次淬火法 4—两次淬火法

(1)直接淬火法 钢件渗碳出炉后预冷至稍高于心部的 Ac_3 温度时在单一介质中进行淬火(亦称延迟淬火冷却);或不经预冷直接淬火,其工艺曲线如图 5-40 中曲

线 1、2 所示。该工艺方法虽经济简便、生产率高、成本低、脱碳倾向小,但不能矫正渗碳层和心部组织,仅适于本质细晶粒钢或耐磨性和承载要求低的零件。固体渗碳不便于直接淬火。

(2) 一次淬火法 钢件渗碳后先在缓冷坑中冷至室温,再进行加热淬火。要求心部强度高、韧性好(为得到全部低碳马氏体组织)的渗碳件,其淬火加热温度应稍高于心部的 Ac_3;若要求表面高硬、耐磨,其淬火温度则应选在 Ac_1 以上 $30\sim50$ ℃。这样可使表层晶粒细化但心部组织却改善不大,故又称渗碳层细化淬火。该工艺也只用于本质细晶粒钢,其工艺曲线如图 5-40 中曲线 3 所示。此法的缺点在于不能使表层、心部兼得较理想的组织。

(3) 两次淬火法 两次淬火的工艺曲线如图 5-40 曲线 4 所示。渗碳后经两次淬火(加热温度不同)虽然能使零件获得较好的力学性能,但会延长生产周期,加大零件变形,因此应用较少。

低碳钢渗碳、淬火加低温($160\sim200$ ℃)回火后,表层组织为高碳细针状回火马氏体+细粒状碳化物+少量的残留奥氏体,硬度为 $56\sim64$HRC。心部组织则取决于渗碳件尺寸和淬透性,一般低碳钢为珠光体+铁素体,硬度为 $10\sim15$HRC;对于直径小、淬透性好的低碳合金钢可获得低碳板条回火马氏体+少量铁素体的混合组织,其硬度为 $35\sim45$HRC,故能确保心部具有较高的强度以及足够好的塑性和韧性。

5. 渗碳淬火、回火零件的技术要求

(1) 渗碳层表面含碳量 渗碳层表面含碳量最好为 $w_C=0.85\%\sim1.05\%$。如果表层 $w_C<0.85\%$,则对钢件的耐磨性不利;如果 $w_C>1.10\%$,则碳化物增多,使渗碳层脆性增大,使用时易发生剥落。渗碳层回火后钢件表层硬度可达到 $58\sim63$HRC。

(2) 渗碳层厚度(D_p) 渗碳层厚度一般应由零件尺寸及工作条件而定。对不同零件,可参考以下值:

轴类件	$D_p=(0.1\sim0.2)R$	(R 为轴半径)
齿 轮	$D_p=(0.1\sim0.3)m$	(m 为模数)
薄壁件	$D_p=(0.2\sim0.3)t$	(t 为零件厚度)

(3) 硬度变化曲线和心部硬度 从渗碳件表面到心部的硬度梯度变化应平缓、均匀;心部要有一定的强度,根据钢的淬透性不同,心部硬度一般应为 $35\sim42$HRC,且不允许有大块或网状铁素体。

(4) 不要求渗碳的部位 在图样上应注明不要求渗碳的部位以防渗碳淬硬,或多留加工余量,渗碳缓冷后再去除多余的渗层。

一般渗碳件的加工工艺路线为:锻造→正火→切削加工为半成品→渗碳→淬火→低温回火→精磨。

5.6.2　渗氮和碳氮共渗

1. 渗氮

渗氮也称氮化,是在 A_1 以下温度(一般为 520～600 ℃)使活性氮原子渗入钢件表层的化学热处理工艺。

常用的气体渗氮法是利用氨气热分解来获得活性氮原子,即

$$2NH_3 \xrightarrow{>380\ ℃} 2[N] + 3H_2$$

(1) 渗氮的一般工艺过程　渗氮通常在专用设备或井式渗碳炉中进行,先将调质后的工件除油净化,工件入炉前先用氨气将炉内空气排除,然后密封加热渗氮。渗氮结束后,应随炉冷却至 200 ℃ 以下再停止供氨,方可出炉。此外,现代工业生产中较多采用先进的"辉光"离子氮化法,亦称离子渗氮。其优点是渗氮时间较常规渗氮时间短、渗层质量好、节能且无公害、工作条件良好,正在得到广泛应用。其不足之处是当零件形状复杂或截面尺寸相差悬殊时,很难同时达到同一硬度和渗层深度值。

(2) 渗氮的特点　渗氮处理以后,工件表层由连续分布的、致密的化合物组织 $\{Fe_3N(\varepsilon) + [Fe_3N(\varepsilon) + Fe_4N(\gamma')]\}^*$ 构成,而心部与预备热处理组织相同。35CrMn 钢渗氮处理的显微组织如图 5-41 所示。由于表层氮化物不易浸蚀,故在金相照片中成为白亮层。与表面淬火和渗碳相比,渗氮具有以下特点:

① 表面硬度高,可达 1000～1100HV,相当于 65～70HRC,耐磨性和疲劳性能更好。

② 热硬性好。渗氮件在 550～600 ℃ 工况下仍保持很高的硬度,并具有较好的耐蚀性。

③ 渗氮温度低,工件变形极小,适于精密零件。

④ 零件渗氮前应进行调质处理,以提高心部的强度和韧度。

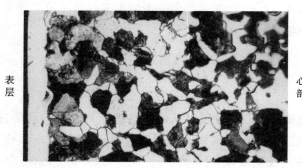

表层　　　　　　　　　　　　　　　　　　　　心部

图 5-41　35CrMn 钢渗氮处理的显微组织(500×)

注　　*ε 相是一可变成分的间隙化合物,室温下氮的质量分数为 8.1%～11.2%,具有密排六方晶格。
　　　γ' 相是一可变成分的间隙相,室温下氮的质量分数为 5.7%～6.1%,具有面心立方晶格。

⑤ 渗氮工艺时间长，氮化层较浅，合理的层深一般为 0.1～0.6 mm。渗氮后不再淬火、回火，仅进行精磨或研磨，以免除去渗氮层。

（3）渗氮用钢和工艺路线 渗氮用钢主要选用含 Cr、Mo、Al 等合金元素的中碳合金钢，如最常用渗氮钢为 38CrMoAlA。

渗氮工艺广泛用于各种高速传动的精密齿轮、精密机床主轴（如镗杆和磨床主轴）、高速柴油机曲轴，以及耐磨、耐蚀零件，如汽缸、阀门等。

渗氮件的技术要求：应注明渗氮层表面硬度、渗氮深度、渗氮区域（不渗氮的部分应注明，以便镀铜防渗氮）及工件心部硬度。重要零件还要提出对心部力学性能、金相组织及渗氮层脆性等方面的要求。

一般渗氮件的加工工艺路线为：锻造→退火→粗加工→调质处理→半精加工→去应力退火→粗磨→渗氮→精磨或研磨。

2. 碳氮共渗

碳氮共渗是一种同时向钢件表面渗入碳原子和氮原子的化学热处理工艺。碳氮共渗零件的性能介于渗碳和渗氮零件之间。目前，应用比较广泛的是中温（780～880 ℃）气体碳氮共渗和低温（500～600 ℃）气体氮碳共渗（即气体软氮化）。前者以渗碳为主，主要用来提高结构件（如齿轮、蜗轮、蜗杆、轴类件等）的硬度，改善耐磨性和疲劳性能；后者以渗氮为主，主要用来提高工模具的表面硬度，改善耐磨性、抗咬合性和耐蚀性。

碳氮共渗件常选用低碳或中碳钢及中碳合金钢，共渗后可直接淬火和低温回火，其渗层组织为细片（针）状回火马氏体加少量粒状碳氮化合物和残留奥氏体，表面硬度为 57～63HRC；心部组织和硬度取决于钢的成分和淬透性。

5.6.3 常规表面热处理与化学热处理工艺的比较

为便于了解表面淬火与渗碳、渗氮和碳氮共渗三种常规化学热处理工艺的特点和性能，现将它们列入表 5-10 进行比较。比较时应注意的是各热处理方法的用钢条件有别，故仅供参考。

表 5-10 表面淬火与化学热处理工艺的比较

处理方法	感应表面淬火	气体渗碳	气体渗氮	中温碳氮共渗
处理过程	表面加热淬火、低温回火	渗碳、淬火、低温回火	调质、渗氮	碳氮共渗、淬火、低温回火
生产周期	很短，几秒或几十秒钟	较长，3～12 h	很长，30～50 h	较短，3～6 h
硬化层深度/mm	0.5～15	0.8～1.8	0.1～0.6	0.3～0.7
最高硬度（HRC）	55～61	56～64	65～70（800～1100HV）	57～63
耐磨性	较好	良好*	最好	良好

续表

处理方法	感应表面淬火	气体渗碳	气体渗氮	中温碳氮共渗
疲劳强度	良好	较好	最好	良好
耐蚀性	一般	一般	最好	较好
热处理后变形	小	较大	最小	较小

注　＊在重载和严重磨损条件下使用。

有关钢铁热处理改性工艺及相关组织间的变化规律为本课程的核心内容,附录 A 和附录 B 作了简明的归纳总结,便于读者学习时参考。

5.6.4　气相沉积表面强化处理

气相沉积是利用气相之间发生物理、化学的反应,在工件表面沉积单层或多层薄膜,从而使材料或工件获得所需要的各种优异性能的一种技术。运用这种技术可在工件表面沉积 Si、Ni、TiC 和 TiN 等覆盖层,以满足耐热、耐蚀、耐磨等性能的要求。

根据气相沉积方式的不同,以及使反应过程进行所提供的能量方式不同,可将气相沉积技术分为物理气相沉积(PVD)、化学气相沉积(CVD)和等离子体化学气相沉积(PCVD)等三种类型。它们是 20 世纪末期发展起来的表面镀覆新技术,现广泛应用于电子、信息、光学、声学、航天、能源和机械制造等多种领域。

1. 物理气相沉积

在真空条件下,以各种物理方法(如蒸发或溅射等)所产生的原子和分子物质沉积在基材上形成薄膜或涂层的过程称为物理气相沉积。

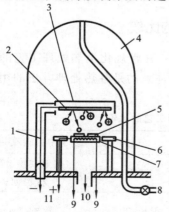

图 5-42　直流二极溅射镀膜装置
1—高压线　2—阴极(靶)　3—阴极屏蔽
4—钟罩　5—基片　6—阳极
7—基片加热器　8—氩气入口　9—加热电源
10—至真空系统　11—高压电源

按照沉积时物理机制的特点,将 PVD 划分为三种类型,即真空蒸发镀膜(VE)、真空溅射(VS,又称阴极溅射)和离子镀膜。后两类沉积技术所得膜层结合力较高,目前应用较多。尽管诸多 PVD 法在具体技术措施上有很大差别,但其沉积过程都要经过三个阶段:靶源"发射"粒子,蒸气通过真空空间向基片迁移输送粒子,粒子在基材或零件的表面结合成膜。

1) 阴极溅射(溅射镀膜)

溅射镀膜术发展很快,自 1965 年 IBM 公司研究出射频溅射法以来,至今已经出现了 10 种以上的溅射法。下面以直流二极溅射为例说明其基本原理。

图 5-42 所示为直流二极溅射装置。该装置由被溅射的靶材(阴极)和成膜工件(基片)

及其固定支架(阳极)组成。在真空条件下通入氩气(压强维持在 1.33×10^{-2} Pa 左右),接通直流高压电源,阴极靶上的负高压在极间建立起等离子区,其中带正电的氩离子被电场加速而轰击阴极靶,使靶材中的原子及其他主粒子溅射出来并沉积到基片(工件)表面上而形成镀膜层。

采用溅射法已成功地得到了石英、玻璃、氧化铝、氮化物、金刚石等薄膜。此法因不限靶材种类,因而大大扩展了制取薄膜的选材范围。不过,10 μm 以上厚度的膜层不宜采用直流二极溅射。

2) 离子镀膜

离子镀膜将在真空室中的辉光放电、等离子体技术与真空蒸发镀膜技术结合在一起,兼有真空蒸发镀膜(见图 5-43a)和阴极溅射的优点。早在 20 世纪 70 年代它就成功地沉积出了以 TiN 和 TiC 为代表的超硬镀层。真空蒸发镀膜和阴极溅射沉积的粒子,主要为原子和分子,且粒子能量较低。而离子镀膜的沉积粒子除了有原子、分子外,还有部分能量高达几百甚至上千电子伏特的离子一起参与成膜。这些高能粒子可以打入基材约几个纳米的深度,从而大大提高了膜层与基材间的结合力。因此,离子镀膜的特点有:膜层附着力强,不易脱落;沉积速率快,镀层质量好,可镀得 30 μm的膜层;可镀材质广泛;等等。

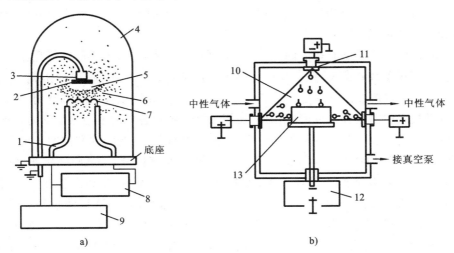

图 5-43　离子镀膜
a)真空离子镀膜　b)多弧离子镀膜
1—绝缘引线　2—基片架(阴极)　3—高压引线和屏蔽　4—真空室　5—阴极暗区
6—辉光放电区　7—蒸发灯丝(阳极)　8—蒸发电源(浮动输出)　9—高压电源(浮动输出)
10—等离子体　11—蒸发源　12—电源　13—基体(工件)

在众多的离子镀膜技术中,多弧离子镀是当前 PVD 技术中较为先进的镀膜方法。图5-43b为它的工作原理示意图。其独特之处是蒸发源不采用熔池,蒸发靶用水冷却。接正、负电压之后,使靶能进行大电流($10^5 \sim 10^7$ A·cm^{-2})的电弧放电,其金属靶上蒸发的粒子通过电弧柱时电离成等离子体,并以较高的能量轰击基体,形成沉积膜。由于靶材可在反应室内任意放置,故可设计多个蒸发源以利于提高膜厚分布的均匀度和镀覆工效。

由于离子镀膜技术大大增强了膜层与基材的结合,故用于某些机械零件和工、模具的耐磨、耐蚀强化效果显著。从长远观点来看,PVD法在工业上的应用趋势可归纳为:①对昂贵的大尺寸高速钢刀具镀覆 TiN、BN、TiC 等,可使表面硬度达到 2000 HV 以上,从而获得优异的耐磨性及加倍延长刀具的使用寿命;②内燃动力等热机向高效率、超高温方向发展,势必要求更好的抗高温氧化性和耐蚀性,在基材表面沉积高耐氧化合金膜可达此目的;③可在各种工程机械零件上镀覆减摩润滑膜,以及在汽车塑料零件上镀覆合金薄膜。

2. 化学气相沉积

化学气相沉积是把一种或几种含有构成薄膜元素的化合物、单质气体通入放有基材的反应室,借助空间气相化学反应在基材表面沉积固态薄膜的工艺技术。

(1) CVD法的沉积过程　CVD法的沉积过程主要包括以下三个步骤:①产生挥发性化合物,如 $TiCl_4$、CH_4 和 H_2 等(除了涂层物质之外的其他反应产物必须是挥发性的);②将挥发性化合物输送到沉积区,被基材表面吸附;③在基材表面发生化学反应生成固态产物(如 TiC 或 TiN 等)。

最常用的反应类型有热分解反应、化学合成反应和氧化、还原反应等几种。过程中的主要工艺参数有温度、压力和反应物供给配比,只有这三者很好地协调,才能获得符合质量要求的膜层和一定的成膜生产率。化学气相沉积技术除广泛用于微电子和光电子技术中薄膜和器件的制作外,还用来沉积各种各样的冶金涂层和防护涂层,广泛用于工具、模具、装饰以及耐化学腐蚀、耐高温氧化、耐热腐蚀和冲蚀等场合。

(2) CVD法的特点　①沉积层纯度高、沉积层与基体结合力强;②沉积物众多,可以沉积多种金属合金、半导体元素、难熔的碳(氮、氧、硼)化物和陶瓷,这是其他方法无法做到的;③能均匀涂覆几何形状复杂的零件,这是因为 CVD 法过程有高度的分散性;④设备简单、操作方便,可以在标准大气压或者低于标准大气压下进行沉积,工艺重复性好,适合批量生产;⑤沉积温度高,一般在 $1000 \sim 1100$ ℃之间,往往引起基体材料中的相变、晶粒长大和组分扩散,使沉积层或所得工件的质量都受到影响。

实践表明,化学气相沉积法可以在硬质合金和刃具钢、模具钢的基体表面形成由碳化物、氮化物、氧化物等构成的,具有冶金结合的几微米厚的超硬耐磨层或耐蚀层,能使硬质合金刀片的使用寿命延长 $1 \sim 5$ 倍,使冷模具的使用寿命延长 $3 \sim 10$ 倍。

5.7　铸铁的热处理

铸铁热处理的原理、工艺与钢基本相同,但因其 C、Si、Mn、S、P 等元素的含量较高,故具有以下热处理特点:①共析转变温度升高。随成分的变化,铸铁的共析温度在 750~860 ℃ 范围内,当铸铁加热到共析温度范围时,形成奥氏体、铁素体和石墨等多相平衡组织,使热处理后的组织与性能多样化。②C 曲线右移,淬透性得到提升。由于铸铁中含硅量高,故有较好的淬透性,中小铸铁件可在油中淬火。③奥氏体中的含碳量可用加热温度和保温时间来调整。由于铸铁中有较多的石墨,当奥氏体化温度升高时,石墨不断溶入奥氏体中便获得不同含碳量的奥氏体,因而可得到不同含碳量的马氏体。④由于石墨的导热性差,故铸铁加热过程应缓慢进行。以下就常用铸铁的热处理方法作一简介。

5.7.1　灰铸铁的热处理

热处理虽然不能改变灰铸铁的石墨形态和大小,但可改变其基体组织,从而对改善性能有一定效果,常用以下几种热处理方法。

1. 去应力退火

去应力退火也称人工时效。它是将铸铁件加热至 500~600 ℃(加热速度为60~120 ℃·h^{-1}),保温一段时间(一般为 4~8 h)后随炉冷却。其目的是消除铸件的残余内应力,防止后续加工或使用过程中的变形、开裂,保证铸件的尺寸精度。人工时效不改变铸铁组织。

此法主要用于大型、复杂铸件或高精度的铸件,如机床床身、机座、汽缸体等铸件,在切削加工前,一般要进行去应力退火。

2. 软化退火

当冷却速度较快时,在铸件表层和薄壁处,很容易形成白口组织,使机械加工难以进行。因此,需要消除白口组织,其工艺为:850~900 ℃ 加热进行高温石墨化退火,保温 2~4 h 使铸件组织中的 Fe_3C 石墨化,接着随炉冷却至 600~400 ℃ 使铸件组织发生第二和第三阶段石墨化,然后出炉空冷,最后得到铁素体或铁素体加珠光体的基体组织,从而降低了铸件的硬度。

为了防止铸铁件表层或薄壁处形成白口组织,可在浇注前采取一定的措施,以省去随后的软化退火工序。

3. 表面淬火

铸铁的表面淬火可提高工件的表面硬度,改善其耐磨性,得到表层为马氏体加片状石墨的组织。通常采用高频感应加热、火焰加热、激光加热及电接触法加热等表面淬火方法。

实践表明,机床导轨、汽缸内壁等铸件经表面淬火后,其使用寿命显著延长。

5.7.2　球墨铸铁的热处理

球墨铸铁组织性能方面有突出优点,钢的热处理工艺方法原则上都能适用于它且能取得良好效果。球墨铸铁的热处理主要有退火、正火、等温淬火、表面淬火和调质等。

1. 退火

退火的目的在于获得有良好塑性和韧性的铁素体基体。在球墨铸铁的冶炼过程中，加入球化剂将增大铸件的白口倾向，铸件的薄壁处将出现铁素体＋珠光体＋石墨＋$Fe_3C_{共晶}$＋Fe_3C_{II}，这种混合组织增大了硬脆性。为改善其组织和切削性能，通常采用以下工艺：

（1）高温退火　当组织中有 Fe_3C_I 存在时，应进行高温退火，即将其加热到 900～950 ℃，保温 2～5 h，炉冷至 600 ℃再出炉空冷。

（2）低温退火　当组织中无 Fe_3C_I 而只有铁素体＋珠光体＋石墨时，可用低温退火消除铸造应力，即将其加热到 720～760 ℃，保温 3～6 h 使铸件组织发生第三阶段石墨化，然后炉冷至 600 ℃左右再出炉空冷。

经高、低温退火后的组织均为铁素体＋石墨。

2. 正火

正火的目的在于得到珠光体基体，并细化组织以提高球铁的强度，改善其耐磨性。正火又分高温正火和低温正火。

（1）高温正火　高温正火也称为完全奥氏体化正火，目的是为了得到细珠光体和石墨组织。其工艺为：加热到 880～920 ℃，保温 3 h，然后出炉空冷。为增加基体中的珠光体含量，还可采用风冷及喷雾冷却。正火冷速较大时，往往会在铸件中引起一定的内应力。为此，正火后可采取 550～600 ℃去应力退火。正火后组织为珠光体＋石墨。

（2）低温正火　低温正火也称为不完全奥氏体化正火，目的是得到铁素体＋珠光体＋石墨组织，使铸件有较好的塑性、韧性，但强度比高温正火略低。其工艺为：加热至 820～860 ℃，保温一定时间，然后空冷至室温，使基体保留部分铁素体，获得铁素体＋珠光体＋石墨组织。

3. 调质

调质用于要求综合力学性能较高的球墨铸铁件，如大型内燃发动机的连杆、曲轴等。其工艺为：加热到 850～900 ℃，使基体组织转变为奥氏体，然后在油中淬火得到马氏体，再经 550～600 ℃高温回火，最终得到回火索氏体＋石墨组织。

4. 等温淬火

等温淬火适用于要求强度、硬度、冲击韧度较高，耐磨性较好和形状复杂的零件，如齿轮、滚动轴承套圈、凸轮轴、曲轴等。其工艺为：加热到 860～900 ℃保温后，迅速移至 250～300 ℃等温盐浴中进行等温淬火处理，得到下贝氏体＋石墨组织。由于盐浴冷却能力有限，仅用于截面不大的零件。

5.8　热处理与机械零件设计制造的关系

进行热处理的零件不仅要满足工况要求,还要适应热处理工艺要求,否则会给热处理造成困难或因变形超差、开裂而导致报废。

5.8.1　热处理的要求

1. 对零件结构形状的要求

为了减小工件淬火变形开裂倾向,除采取适宜的热处理工艺、选材及加工工艺路线外,零件结构设计合理也非常重要,应掌握以下原则:

(1) 避免尖角、棱角　工件的尖角及棱角处是淬火应力最为集中的地方,容易出现淬火裂纹,故应避免尖角,如图 5-44 所示。

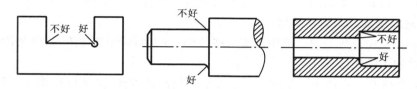

图 5-44　避免尖角的设计

(2) 避免零件截面尺寸相差悬殊　零件截面尺寸悬殊的零件在淬火冷却时,由于冷却不同步而使变形、开裂倾向增大。因此,可采用开工艺孔、加厚零件太薄部分及合理安排孔洞位置等措施来减小冷却不均匀性,如图 5-45、图5-46所示。

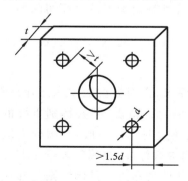

图 5-45　合理安排孔洞位置
　　　的设计

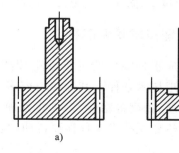

图 5-46　变不通孔为通孔的设计
a)不通孔,厚薄不均　b)通孔,厚薄均匀

(3) 采用对称、封闭结构　不对称及开口结构的零件在淬火时应力分布不均匀,易引起变形,故在淬火前可采用封闭结构或淬火后再开槽(口),如图 5-47 所示的弹簧卡头。另外,对称的两侧开槽比只开一个槽的零件(如轴类)更为合理。

(4) 采用组合结构　对截面尺寸相差很大或各部分性能要求相差较大的零件,

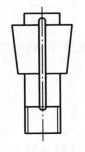

图 5-47　弹簧卡头

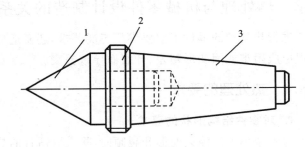

图 5-48　磨床顶尖
1—头部　2—螺纹部分　3—尾部

可采用不同材料分别热处理后,镶拼起来。如图 5-48 所示的磨床顶尖,其头部采用 W18Cr4V 钢,其尾部采用 45 钢,并经淬火处理至硬度为 45HRC。

2. 对切削加工工艺的要求

为避免工件在热处理过程中造成某些缺陷,适当调整切削加工工艺,才能达到良好的冷热加工的配合。

(1) 合理安排冷热加工工序　对精度要求较高的零件,应尽量在淬火、回火后再加工其内孔或键槽,以防变形和开裂;对要求精度高的细长或形状复杂的零件,可在半精加工和最终热处理之间安排去应力退火,如渗氮件就是如此。

(2) 预留加工余量　对调质件、渗碳件及淬火、回火件应留一定余量(具体可查有关手册或通过试验获得)。

(3) 减小工件表面粗糙度　减小表面粗糙度,特别是减少工件表面切削加工刀痕,可降低应力集中,防止淬火裂纹源的产生。

5.8.2　热处理技术条件的标注

设计人员应根据零件的工作条件,提出性能要求,再根据性能要求选择材料,提出最终热处理技术条件。其标注内容多为硬度的允许范围,某些特别重要的零件还应标出强度、韧度等指标,以供热处理生产及质检时用。一般,在图样上既可直接用文字对热处理技术条件扼要说明,也可采用国家标准《金属热处理工艺分类及代号》(GB/T 12603—2005)规定的代号和技术条件来标注。具体细则与标注方法如下。

1. 热处理工艺代号的组成

热处理工艺代号由基础分类工艺代号和附加分类工艺代号组成。

在基础分类方面,根据工艺总称、工艺类型和工艺名称(按获得的组织状态或渗入元素进行分类),热处理工艺分为三个层次,如表 5-11 所示。

表 5-11　热处理工艺分类及代号

工　艺　总　称	代号	工　艺　类　型	代号	工　艺　名　称	代号
热处理	5	整体热处理	1	退火	1
				正火	2
				淬火	3
				淬火和回火	4
				调质	5
				稳定化处理	6
				固溶处理，水韧处理	7
				固溶处理＋时效	8
		表面热处理	2	表面淬火和回火	1
				物理气相沉积	2
				化学气相沉积	3
				等离子体增强化学气相沉积	4
				离子注入	5
		化学热处理	3	渗碳	1
				碳氮共渗	2
				渗氮	3
				氮碳共渗	4
				渗其他非金属	5
				渗金属	6
				多元共渗	7

　　附加分类就是对基础分类中某些工艺的具体条件进行更细化的分类，包括实现工艺的加热方式及代号（见表 5-12）、退火工艺及代号（见表 5-13）、淬火冷却介质和冷却方法及代号（见表 5-14）和化学热处理中渗非金属、渗金属、多元共渗工艺按渗入元素的分类。表 5-12、表 5-13、表 5-14 选摘自国家标准 GB/T 12603—2005。

表 5-12　加热方式及代号

加热方式	可控气氛（气体）	真空	盐浴（液体）	感应	火焰	激光	电子束	等离子体	固体装箱	流态床	电接触
代号	01	02	03	04	05	06	07	08	09	10	11

表5-13　退火工艺及代号

退火工艺	去应力退火	均匀化退火	再结晶退火	石墨化退火	脱氢处理	球化退火	等温退火	完全退火	不完全退火
代号	St	H	R	G	D	Sp	I	F	P

表5-14　淬火冷却介质和冷却方法及代号

冷却介质和方法	空气	油	水	盐水	有机聚合物水溶液	热浴	加压淬火	双介质淬火	分级淬火	等温淬火	形变淬火	气冷淬火	冷处理
代号	A	O	W	B	Po	H	Pr	I	M	At	Af	G	C

热处理工艺代号标记规定如下:

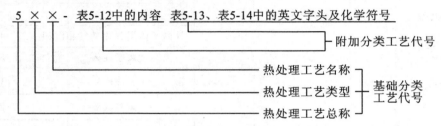

其中基础分类代号采用三位数字系统;附加分类代号与基础分类代号之间用半字线连接,采用两位数和英文字头做后缀的方式表达。

在基础分类工艺代号的三位数字中:第一位数字"5"表示热处理工艺的总代号;第二、三位数字分别表示表5-11中的工艺类型代号和工艺名称代号;当第二、三位数字所代表的不需明确时就用"0"代替。

附加分类工艺代号由用两位数字组成的加热方式代号(见表5-12)和用英文字母表示的退火工艺、淬火冷却介质、冷却方法(见表5-13、表5-14)等组成。当工艺在某个层次不需进行分类时,该层次用阿拉伯数字"0"代替。

2. 热处理工艺代号编排的几点说明

(1) 当对冷却介质及冷却方法需要用表5-14中两个以上字母表示时,用加号将两个或多个字母连接起来,如 H+M 表示热浴分级淬火;

(2) 化学热处理中,若没有表明渗入元素的各种工艺,如多元共渗、渗金属、渗非金属,可以在其代号后用括号表示渗入元素的化学符号;

(3) 多工序热处理工艺代号用半字线将各工艺代号连接起来,但除第一个工艺外,后面的工艺均省略第一位数字"5",如"515-33-01"表示调质和气体渗氮。

表5-15所示为常用热处理工艺代号。

表 5-15　常用热处理工艺代号

工　艺	代号	工　艺	代号	工　艺	代号
热处理	500	形变淬火	513-Af	离子渗碳	531-08
整体热处理	510	气冷淬火	513-G	碳氮共渗	532
可控气氛热处理	500-01	淬火及冷处理	513-C	渗氮	533
真空热处理	500-02	可控气氛加热淬火	513-01	气体渗氮	533-01
盐浴热处理	500-03	真空加热淬火	513-02	液体渗氮	533-03
感应热处理	500-04	盐浴加热淬火	513-03	离子渗氮	533-08
火焰热处理	500-05	感应加热淬火	513-04	流态床渗氮	533-10
激光热处理	500-06	流态床加热淬火	513-10	氮碳共渗	534
电子束热处理	500-07	盐浴加热分级淬火	513-10M	渗其他非金属	535
离子轰击热处理	500-08	盐浴加热盐浴分级淬火	513-10H+M	渗硼	535(B)
流态床热处理	500-10	淬火和回火	514	气体渗硼	535-01(B)
退火	511	调质	515	液体渗硼	535-03(B)
去应力退火	511-St	稳定化处理	516	离子渗硼	535-08(B)
均匀化退火	511-H	固溶处理,水韧处理	517	固体渗硼	535-09(B)
再结晶退火	511-R	固溶处理＋时效	518	渗硅	535(Si)
石墨化退火	511-G	表面热处理	520	渗硫	535(S)
脱氢处理	511-D	表面淬火和回火	521	渗金属	536
球化退火	511-Sp	感应淬火和回火	521-04	渗铝	536(Al)
等温退火	511-I	火焰淬火和回火	521-05	渗铬	536(Cr)
完全退火	511-F	激光淬火和回火	521-06	渗锌	536(Zn)
不完全退火	511-P	电子束淬火和回火	521-07	渗钒	536(V)
正火	512	电接触淬火和回火	521-11	多元共渗	537
淬火	513	物理气相沉积	522	硫氮共渗	537(S-N)
空冷淬火	513-A	化学气相沉积	523	氧氮共渗	537(O-N)
油冷淬火	513-O	等离子体增强化学气相沉积	524	铬硼共渗	537(Cr-B)
水冷淬火	513-W	离子注入	525	钒硼共渗	537(V-B)
盐水淬火	513-B	化学热处理	530	铬硅共渗	537(Cr-Si)
有机水溶液淬火	513-Po	渗碳	531	铬铝共渗	537(Cr-Al)
盐浴淬火	513-H	可控气氛渗碳	531-01	硫氮碳共渗	537(S-N-C)
加压淬火	513-Pr	真空渗碳	531-02	氧氮碳共渗	537(O-N-C)
双介质淬火	513-I	盐浴渗碳	531-03	铬铝硅共渗	537(Cr-Al-Si)
分级淬火	513-M	固体渗碳	531-09		
等温淬火	513-At	流态床渗碳	531-10		

3. 整体热处理零件的标注方法

国家标准 GB/T 12603—2005 虽已规定了现行热处理工艺分类及代号的详细表示方法,但考虑到某些原机械工业部机床专业标准(GC 423—62)所规定的热处理工艺代号还可能会出现在某些旧的设计图上,为了方便工作,在此一并列出以便查阅核对(见表 5-16)。

表 5-16　原用热处理技术条件、代号及表示方法

热 处 理	代表符号	表示方法举例
退火	Th	退火表示方法为:Th
正火	Z	正火表示方法为:Z
调质	T	调质至 220~250HBW,表示方法为:T235
淬火	C	淬火回火至 45~50HRC,表示方法为:C48
油中淬火	Y	油冷淬火后回火至 30~40HRC,表示方法为:Y35
高频淬火	G	高频淬火后回火至 50~55HRC,表示方法为:G52
调质高频淬火	T-G	调质后高频淬火回火至 52~58HRC,表示方法为:T-G54
火焰淬火	H	火焰加热淬火后回火至 52~58HRC,表示方法为:H54
碳氮共渗	Q	碳氮共渗淬火后回火至 56~62HRC,表示方法为:Q59
渗氮(氮化)	D	渗氮层深度至 0.3 mm,硬度大于 850HV,表示方法为:D0.3-900
渗碳淬火	S-C	渗碳层深度至 0.5 mm,淬火后回火至 56~62HRC,表示方法为:S0.5-C59
渗碳高频淬火	S-G	渗碳层深度至 0.9 mm,高频淬火后回火至 56~62HRC,表示方法为:S0.9-G59

热处理技术条件大多标注在零件图样的标题栏上,如图 5-49 所示。

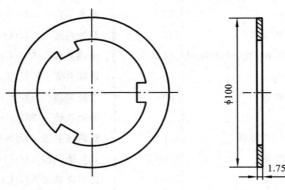

渗碳0.4~0.5 mm	
淬火回火56~62HRC	
名称	摩擦片
材料	10钢

图 5-49　10 钢摩擦片

4. 局部热处理的标注

对局部热处理的零件,要热处理的部分一般用细实线限定,并在引线上写明热处理技术条件,如图 5-50 所示。

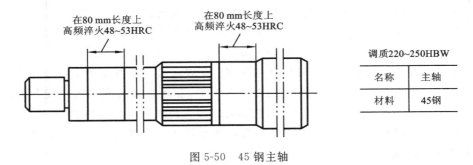

图 5-50　45 钢主轴

总之,在零件设计时,应注意避免设计技术要求的不合理现象,如:①要求大截面零件获得小尺寸试样的性能指标;②要求低碳钢不经化学热处理达到高硬度;③一个零件上有多种硬度要求(没考虑热处理工艺条件可否达到);④零件要求的硬度超过钢材的淬硬性。

此外,在标注技术条件时,不要对热处理方法规定太具体,以便发挥热处理工作者的创新性。

思考与练习题

5-1　何谓热处理?其主要环节是什么?

5-2　试述 A_1、A_3、A_{cm},Ac_1、Ac_3、Ac_{cm} 和 Ar_1、Ar_3、Ar_{cm} 的意义。

5-3　何谓奥氏体的起始晶粒度、实际晶粒度和本质晶粒度?本质细晶粒钢加热后的实际晶粒一定比本质粗晶粒钢的晶粒细吗?

5-4　扼要指出共析钢过冷奥氏体在各形成温度区间转变产物的组织形态与性能特点。

5-5　参考图 5-16 和图 5-17,图示解答 T8 钢在多数连续冷却条件(亦不排除少数等温条件)下,如何仅利用 TTT 图获得以下组织?并指出这些组织对应哪种热处理工艺方法。

(1)珠光体;　(2)索氏体;　(3)托氏体+马氏体+残留奥氏体;　(4)下贝氏体;

(5)下贝氏体+马氏体+残留奥氏体;　(6)马氏体+残留奥氏体。

5-6　何谓淬火临界冷却速度、淬透性和淬硬性?它们主要受哪些因素的影响?

5-7　为什么亚共析碳钢的正常淬火加热温度为 Ac_3 以上 30～50 ℃,而共析和过共析碳钢的正常淬火加热温度为 Ac_1 以上 30～50 ℃?试分析原因。

5-8　对过共析碳钢零件,何种情况下采用正火?何时采用球化退火?

5-9　指出下列钢件坯料按含碳量分类的名称、正火的主要目的、工序地位及正火后的组织：

(1)20 钢齿轮；　(2)T12 钢锉刀；　(3)性能要求不高的 45 钢小轴。

它们可否改用等温退火？为什么？

5-10　简述回火的分类、目的、组织性能及其应用范围。

5-11　扼要比较表面淬火与常用化学热处理方法渗碳、渗氮的异同点。

5-12　什么是钢的回火脆性？如何防止第一、第二类回火脆性？

5-13　钢件渗碳后还要进行何种热处理？处理前后表层与心部组织有何不同？

5-14　现有低碳钢齿轮和中碳钢齿轮各一个，要求齿面具有高的硬度和好的耐磨性。各应怎样进行热处理？比较它们热处理后在组织和性能上的差别。

5-15　何谓预备热处理与最终热处理？各按什么原则确定？退火和正火可以作为最终热处理吗？为什么？

5-16　试比较感应表面加热淬火与激光表面加热淬火工艺的优点和不足之处。

5-17　试比较物理气相沉积和化学气相沉积两种材料表面成膜法的异同点。

第6章

金属材料的塑性变形

第4章已述及,铸铁不能进行锻造,而冶金厂生产的非合金钢或合金钢的钢锭又必须经过轧制、锻造、挤压、拉拔等无切屑加工,才能成为钢材(方钢、圆钢、工字钢、钢筋等)投入使用。轧制、锻造等无切屑加工之所以能够使材料成形,是因为金属材料具有塑性变形的性能,即在外力作用下发生永久变形而不断裂的特性。有了这一特性,钢材才能承受后续的车、铣、刨、钻等切削加工,直到金属零件完全成形。

最终制成的金属零件产品既要有高的抵抗塑性变形的能力,避免因发生塑性变形而不能正常工作,又要有一定的塑性,以免发生无变形先兆的突然断裂,带来灾难性的事故。

塑性变形不仅改变了金属的外形与尺寸,还会使其内部组织与性能发生变化。因此,研究金属在外力作用下的塑性变形过程、掌握变形的实质以及对金属组织与性能带来的影响,对于合理地使用金属、改善其性能,具有很重要的实际意义。由于工程上所用的金属材料一般都是由多晶体组成的,所以当它们发生塑性变形时,其中每个晶粒都会不同程度地参与变形。这表明,分析多晶体的塑性变形规律应从单晶体开始。

6.1 单晶体金属的塑性变形

虽然从宏观上看,固体材料的塑性变形方式很多,如伸长、缩短、弯曲、扭转等,但从微观上看,一般认为,在常温及低温下单晶体塑性变形的方式主要有两种,即滑移与孪生,其中又以滑移为主。因此本节重点讨论滑移变形的相关问题。

6.1.1 滑移变形

1. 滑移的表象

滑移是指当应力超过材料的弹性极限后,晶体的一部分沿一定的晶面和晶向相对于另一部分发生滑动位移的现象。这种位移在应力去除后是不能恢复的,所以金属晶体经过滑移变形后,其表面会留下变形的痕迹,这种痕迹在显微镜下,甚至用肉眼都可观察到。图6-1所示为表面抛光的金属铝试样在拉伸变形后出现的滑移痕迹,图中可以见到,每个晶粒的内部都有一些近似平行的线条,称之为滑移带。如果在分辨率很高的电子显微镜下观察每一条滑移带,就可发现它们都是由许多更细并相互平行的滑移线所组成的,如图 6-2 所示。滑移线间距一般为 20～30 nm,滑移量一般为 200～300 nm。由图可见,两相邻滑移带间有一定的间距,且带的厚度也不相等。这表明晶体的滑移变形是不均匀的,它只是集中发生在某些晶面上,而滑移带或滑移线间的另一些晶面并没有滑移。在材料学中,把这些能够进行滑移的晶面称为滑移面,而滑移面上能够发生滑动的方向称为滑移方向。

图 6-1　金属铝拉伸晶粒内的变形痕迹

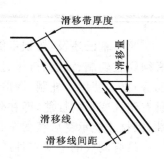

图 6-2　滑移带及滑移线

2. 滑移系

研究表明,滑移面通常是原子密度最大的晶面,滑移方向也是滑移面上原子密度最大的方向。这是因为原子密度最大的晶面或晶向之间的原子间距最大,原子间结合力最弱,故沿着这些晶面或晶向进行滑移所需的外力最小,最容易实现。图 6-3 所示为不同原子密度晶面间的距离。图中,晶面 I 的原子密度大于晶面 II 的,由几何关系可计算出,晶面 I 之间的距离大于晶面 II 之间的距离。当有外力作用时,晶面 I 则会首先开始滑移。

一个滑移面和该面上的一个滑移方向构成一个滑移系,它表示晶体中一个滑移的空间位向。在通常情况下,晶体的滑移系越多,可供滑移的空间位向也越多,金属的塑性变形能力也越大。滑移系的多少,取决于金属的晶体结构。金属常见的三种晶格的滑移系列于表 6-1 中。由表可知,在体心立方晶格中有六种不同方位的{110}面,每个{110}面上有两种⟨111⟩晶向。因此,体心立方晶格共有 $6 \times 2 = 12$ 个滑移系。同样,面心立方晶格和密排六方晶格分别有 12 个和 3 个滑移系。这表明体心立方和面心立方晶格金属比密排六方晶格金属的塑性要好。需要指出的是,具有体心立方晶格的铁与面心立方晶格的铜和铝虽然滑移系数目均为 12,但实践证明,铜和铝比铁的塑性要好,这是因为滑移方向对滑移所起的作用要比滑移面大的

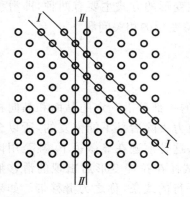

图 6-3　晶格中不同晶面的面间距

缘故。

表 6-1　三种典型金属晶格的主要滑移系

晶格	体心立方	面心立方	密排六方
晶格类型	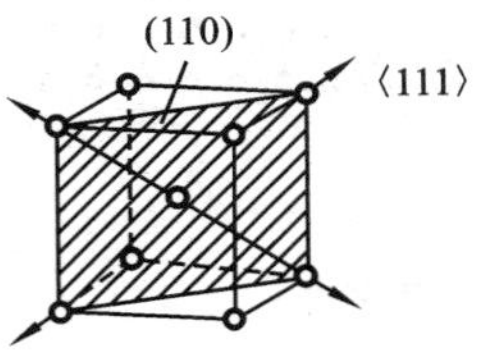	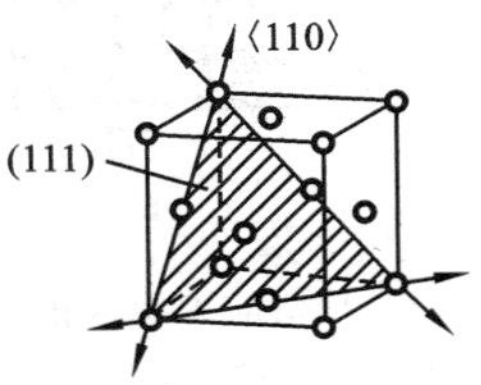	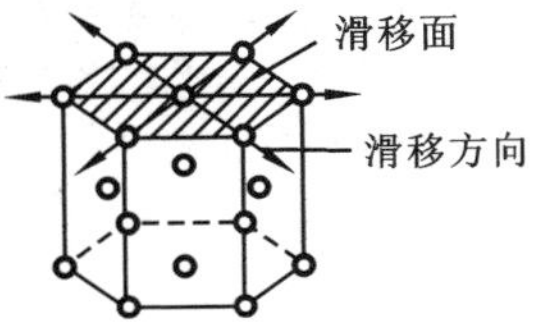
滑移面	{110}6 个	{111}4 个	六方底面 1 个
滑移方向	⟨111⟩2 个	⟨110⟩3 个	底面对角线 3 个
滑移系数目*	6×2＝12	4×3＝12	1×3＝3

注　*平行晶面的滑移系相同,此处体心立方滑移系数目不包括{112}和{123}面上的滑移。

6.1.2　滑移与位错运动

1. 切应力的作用

根据力学分析,作用在金属单晶体上的外力 F,在某晶面上所产生的应力可分解为垂直于该晶面的正应力 σ 及平行于该晶面的切应力 τ,如图 6-4 所示。这两个应力对晶体所起的作用是不同的:正应力只能使晶体的晶格发生弹性伸长,当正应力大于原子间的结合力时,晶体会断裂,如图 6-5 所示;切应力可使晶体产生弹性歪扭,当切应力大到一定值后,沿滑移面会产生相对滑移,滑移后的原子会到达新的平衡位置。因此,在外力去掉后,晶体也不再恢复原状,即产生了塑性变形,如图 6-6 所示。当切应力足够大时,也能引起晶体断裂。

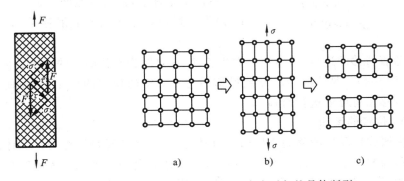

图 6-4　外力在单晶体某晶面
上的分解

图 6-5　正应力引起的晶体断裂
a) 正常晶体　b) 晶体受正应力作用　c) 晶体断裂

从上述分析可知,晶体的滑移是在切应力的作用下发生的。

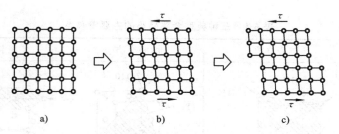

图 6-6　切应力引起的晶体塑性变形

a) 正常晶体　b) 晶体受切应力作用　c) 晶体滑移后

2. 临界分切应力

　　需要提出的一个问题是,常见金属晶体的滑移系都不止一个,它们在切应力的作用下是同时滑移还是有先后之别呢? 研究表明,只有当作用于滑移面上滑移方向的分切应力 τ_c 大于或等于一定的临界值(称为临界分切应力,它的大小取决于金属原子间的结合力)时,滑移才能进行。如图 6-7 所示,设单晶体试样的横截面面积为 A,轴向拉力为 F;滑移面面积为 A',滑移面的法线与外力 F 的夹角为 φ,滑移方向与外力的夹角为 λ,那么可以求出滑移面的面积为

$$A' = \frac{A}{\cos\varphi}$$

故作用在滑移面上滑移方向的分切应力为

$$\tau_c = \frac{F}{A}\cos\varphi\cos\lambda$$

其中,$\cos\varphi\cos\lambda$ 称为取向因子。

　　由此不难理解,在那些空间位向不一致的滑移系中,最先达到临界分切应力的滑移系,势必首先开始滑移。

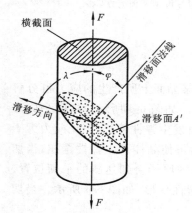

图 6-7　外力 F 在滑移方向
上的分切应力

　　随着滑移的进行,晶体还会发生转动,这是因为滑移面上的正应力构成了力偶所致(见图 6-4)。晶体的转动导致滑移系与外力空间位向的变化,从而使原来不能滑移的滑移系有可能进行滑移。

3. 位错的运动

　　在研究单晶体滑移的临界切应力时发现,如果将滑移设想为是晶体的一部分沿着滑移面相对于另一部分作整体滑动,即滑移面上每一个原子都同时移到另一个平衡位置,那么外加的切应力就必须同时克服滑移面上所有原子之间的结合力。按照这种整体式的滑动计算出的临界切应力比实际测得的临界切应力要大三四个量级,如表6-2所示。这一现象可以用位错在晶体中的运动来解释。

表 6-2　几种金属单晶体的临界切应力理论计算值和实测值

金　属	理论计算值 τ'/MPa	实测值 τ''/MPa	τ'/τ''，约等于
铜	6272	0.98	6400
银	4410	0.588	7500
金	4500	0.920	4891
镍	11,000	5.80	1896
镁	3000	0.830	3614
锌	4800	0.940	5106

　　第 2 章已述及，晶体中存在着位错。大量的理论与实验证明，晶体的滑移就是通过位错在滑移面上的运动来实现的。图 6-8 所示为刃型位错运动过程中滑移面上、下原子位移的情况，图中晶体 P 处有一个正刃型位错"⊥"。当该晶体受切应力 τ 作用后，原子发生位移，位错会从 P 处移动一个原子间距到达 Q 处。由图 6-8 可以看到，位错邻近原子的位置仅发生了微小的移动，因此它所需的临界切应力很小。如果这种位错运动在切应力作用下连续不断地进行，那么位错将一直移动到晶体的表

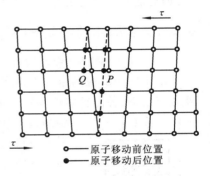

图 6-8　刃型位错的运动

面，造成一个原子间距的滑移变形量，如图 6-9 所示。在同一滑移面上，若有大量位错移出，则会在晶体表面形成一条滑移带；并且随着滑移的不断进行又会生成许多位错，即当塑性变形量不断增加时，晶体中的位错密度也会增大。

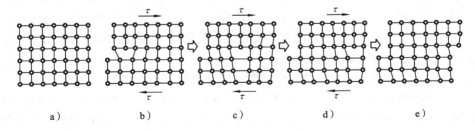

a)　　　　b)　　　　c)　　　　d)　　　　e)

图 6-9　刃型位错运动产生晶体的滑移过程
a)理想晶体　b)位错晶体受切应力作用　c)位错移动　d)位错移到晶体表面　e)产生滑移

　　孪生是金属进行塑性变形的另一种方式，它通常出现在滑移系较少的金属中，或是滑移受到限制、很难进行的情况下。如密排六方晶格的镁、锌等金属容易发生孪生变形；体心立方晶格的金属因滑移系较多，只有在低温或受到冲击时（承受高应变速率的变形）才发生孪生变形；而面心立方结构的金属一般不容易发生孪生变形。

　　孪生与滑移的区别在于：首先，孪生比滑移所需的切应力大得多，变形速度极快，

接近于声速;其次,孪生通过晶格切变使晶格位向改变,使变形部分与未变形部分呈镜面对称,而滑移不引起晶格位向的变化;还有,孪生变形时,相邻原子面的相对位移量小于一个原子间距,而滑移时滑移面两侧晶体的相对位移量是原子间距的整数倍。

6.2　多晶体金属的塑性变形

多晶体金属的塑性变形是由许多位向不同的小晶粒共同参与变形而完成的。由于每个小晶粒都可视为一个单晶体,因此它们的主要塑性变形方式仍为滑移与孪生,而滑移也是通过位错在滑移面上的运动来实现的。

多晶体的塑性变形虽与单晶体的塑性变形有相似之处,但由于各晶粒的位向不同,加之晶粒之间还有晶界,因此它的塑性变形又表现出许多不同于单晶体的特点。

6.2.1　多晶体塑性变形的特点

1.不均匀的塑性变形过程

由于每个晶粒的位向不相同,其内部的滑移面及滑移方向分布也不一致,因此在外力作用下,各晶粒内滑移系上的分切应力也不相同。图6-10所示为多晶体金属中

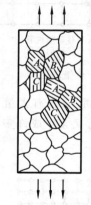

图 6-10　多晶体金属中各晶粒所处的位向

各晶粒所处的位向。有些晶粒所处的位向能使其内部的滑移系获得最大的分切应力,并将首先达到临界分切应力而开始滑移。这些晶粒所处的位向为易滑移位向,又称为"软位向";还有些晶粒所处的位向,只能使其内部滑移系获得的分切应力最小,最难滑移,被称为"硬位向"。与单晶体塑性变形一样,首批处于软位向的晶粒,在滑移过程中也要发生转动。转动的结果,可能会导致从软位向逐步到硬位向,使之不再继续滑移,而引起邻近未变形的硬位向晶粒开始滑移。由此可见,多晶体的塑性变形先发生于软位向晶粒,然后发展到硬位向晶粒,是一个不均匀的塑性变形过程。图 6-10 中的 A、B、C 表示不同位向晶粒的滑移次序。

2.晶粒间位向差阻碍滑移

各相邻晶粒之间存在位向差,当一个晶粒发生塑性变形时,周围的晶粒如不发生塑性变形,就不能保持晶粒间的连续性,甚至造成材料出现孔隙或破裂。存在于晶粒间的这种相互约束,必须有足够大的外力才能予以克服,即在足够大的外力下,能使某晶粒发生滑移并能带动或引起其他相邻晶粒也发生滑移。这就意味着增大了晶粒变形的阻力,提高了抵抗塑性变形的能力。

3.晶界阻碍位错运动

晶界是相邻晶粒的过渡区,原子排列不规则,当位错运动到晶界附近时,受到晶界的阻碍而堆积起来,即位错的塞积,如图 6-11 所示。若使变形继续进行,则必须增大外力,可见晶界使金属的塑性变形抗力增大。图 6-12 所示为双晶粒试样的拉伸试

验,在拉伸到一定的伸长量后观察试样,发现在晶界处变形很小,而远离晶界的晶粒内变形量较大。这说明晶界的变形抗力大于晶内的变形抗力。

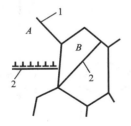

图 6-11　位错在晶界处的堆积
1—晶界　2—滑移面

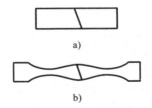

图 6-12　晶界对拉伸变形的影响
a) 变形前　b) 变形后

　　综上所述,金属的晶粒越细,晶界总面积越大,需要协调的具有不同位向的晶粒越多,其塑性变形的抗力便越大,表现出的强度也越大。另外,金属晶粒越细,在外力作用下,有利于滑移和能参与滑移的晶粒数目就越多。一定的变形量会由更多的晶粒分散承担,不致造成局部的应力集中,从而推迟了裂纹的产生,即使发生的塑性变形量很大也不致断裂,表现出塑性的增强。在强度提高同时塑性也增强的情况下,金属在断裂前要消耗较大的能量 ,因而其韧性也比较好。这进一步阐明了实际生产中一般希望获得细晶粒金属材料的原因。

6.2.2　塑性变形对金属的影响

1. 对组织结构的影响

　　(1)显微组织呈现纤维状　随着塑性变形量的增大,原本等轴状的晶粒相应地被拉长或压扁,晶粒内的滑移带增多,如图 6-13a 所示。当变形量很大时,各晶粒被进一步拉长或压扁成为细条状或纤维状,称之为纤维组织,如图 6-13b 所示。这种组织导致沿纤维方向的力学性能与垂直纤维方向的性能不一致。

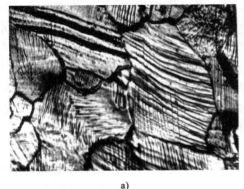
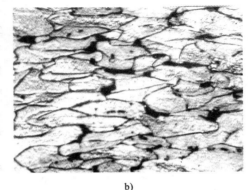

a)　　　　　　　　　　　　　　　　　　b)

图 6-13　塑性变形引起的组织变化
a) 晶粒内的滑移带　b) 晶粒被拉长

（2）组织内的亚晶粒增多　金属无塑性变形或塑性变形量很小时,位错分布是均匀的。但在大量变形之后,由于位错运动及位错间的交互作用,位错分布变得不均匀了,并使晶粒碎化成许多位向略有差异的亚晶块(或亚晶粒)。在亚晶块边界上聚集着大量位错,而其内部位错很少,如图 6-14 所示。

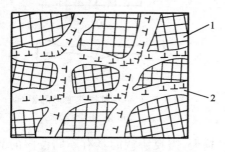

图 6-14　金属变形后的亚结构

1—晶格较完整的亚晶块　2—严重畸变区

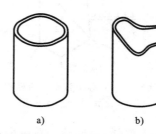

a)　　　　b)

图 6-15　形变织构造成的制耳

a) 无织构　b) 有织构

（3）产生形变织构　由于塑性变形过程中晶粒的转动,当变形量达到一定程度(70%～90%)时,绝大部分晶粒的某一位向就会与外力方向趋于一致,这种现象称为形变织构或择优取向。例如,低碳钢经高度冷拉丝、冷轧制变形后,各晶粒的〈110〉向会平行于拉丝方向;各晶粒的{100}面也平行于轧制板面。变形织构使金属的力学性能呈现各向异性,对加工和使用都带来一定的困难。例如,在深冲薄片零件时,零件边缘不齐,造成"制耳"现象,如图 6-15b 所示。但织构现象也有有利的一面,制造变压器铁芯的软磁硅钢片,在〈100〉方向最易磁化,可明显提高变压器的效率。

2. 对力学性能的影响

（1）出现加工硬化现象　随着塑性变形量的增大,金属的强度、硬度升高,塑性、韧性下降,这种现象称为加工硬化(也称为冷变形强化)。

位错密度及其他晶体缺陷的增加是导致加工硬化的原因。随着变形量的增大,位错密度急剧增大,金属晶体中各原子间失去了正常的相邻关系,晶格发生畸变,形成许多亚晶界位错畸变区,这使得位错与位错间的相互缠结及大量位错在亚晶界上的塞积加重,以致位错的运动越来越困难,金属继续塑性变形的抗力增大,塑性下降,强度、硬度升高,如图6-16所示。

从理论上讲,尽量减少甚至完全消除晶体中位错等缺陷,可获得近似理想晶体的材料。这样的材料中因为没有位错,晶体要产生滑移需要克服整个滑移面上各原子间的

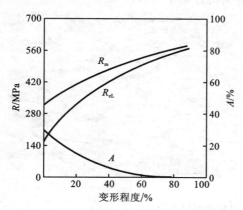

图 6-16　纯铜冷轧过程中力学性能的变化

结合力,所以强度很高,如图 6-17 所示,但目前尚
无法制备大体积、低位错密度的金属。当金属的位
错密度增加到$10^6 \sim 10^8 \ cm^{-2}$,即曲线上的 ρ_k 时,材
料的强度会降到最低;而当塑性变形量加大,位错
密度超过 ρ_k 时,金属的强度又会显著升高。因此不
难理解,使金属中产生大量的位错,也是强化金属
的一种手段。实践表明,加工硬化是对那些不能进
行热处理强化的材料(如纯铜、纯铝、奥氏体型不锈
钢等)进行强化的有效途径。

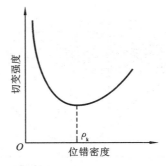

图 6-17　位错密度与切变强度的关系

　　(2)金属内部形成残余内应力　　所谓残余内应力,是指金属没有外部因素作用
时,在金属内部保持平衡而存在的应力。它是由于金属在外力作用下内部变形不均
匀而引起的。使金属变形的外力所做的功,90%以上消耗于滑移和孪生之中,并以热
量的形式耗散掉,只有不到 10%的功转变为内应力残存于金属中。残余内应力可分
三类:第一类内应力平衡于金属表面与心部之间,它是由于金属表面与心部变形不均
匀造成的,又称宏观内应力;第二类内应力平衡于晶粒之间或晶粒内不同区域之间,
它是由于相邻晶粒之间变形不均匀或晶粒内不同部位变形不均所造成的,又称为微
观内应力;第三类内应力是由晶格畸变、位错密度增加所引起的,又称为晶格畸变内
应力,它是变形金属中的主要内应力(占 90%以上),是使金属强化的主要因素。

　　残余内应力的存在通常是不利的,它会使金属零件发生宏观变形,耐蚀性下降,
在切削加工及热处理过程中容易变形和开裂。当零件的表面存在残余拉应力时,将
降低承受载荷的能力,尤其是会降低疲劳强度。

6.3　变形后金属的加热变化

　　由于金属经塑性变形后出现了晶粒破碎、晶格畸变、内应力增大等变化,因此,它
处于比变形前更高的能量状态,具有自发向稳定的低能量状态转变的倾向,只是在室
温下,这种自发转变需要的时间很长。若对塑性变形后的金属加热,使原子活动能力
增强,将大大加快转变的过程,有利于金属迅速恢复到稳定的组织状态。研究表明,
这一转变的过程随加热温度的升高表现为回复、再结晶、晶粒长大三个阶段。

6.3.1　回复

　　图6-18所示为加热温度对变形金属组织与性能的影响。由图可见,回复阶段的
加热温度不高,原子活动能力有限,还不能使拉长的显微组织发生变化,但塑性变形
造成的空位缺陷可以移动并与间隙原子结合而消失。点缺陷明显减少,使金属电阻
率降低。此外,位错也可以迁移,同一滑移面上的位错在迁移中相遇重排,表现出有
序分布,从而降低了晶格畸变程度,使内应力明显减小。此时,金属的强度、硬度略有
降低,塑性略有上升。但总的看来,回复阶段仍保持加工硬化的特征。

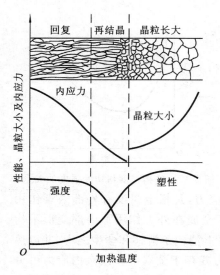

图 6-18　加热温度对变形金属
组织与性能的影响

在生产上,常利用回复现象将冷变形金属进行低温加热,既可稳定组织又可保留加工硬化效果,这种方法称为去应力退火。例如,用冷拉钢丝卷制弹簧,在卷成之后都要进行一次 250~300 ℃ 的低温处理,以消除内应力使其定形。

6.3.2　再结晶

1. 再结晶的概念

当变形金属被加热到较高温度时,由于原子活动能力增强,晶粒的形状开始发生变化,通常是在已变形的亚晶界上位错大量聚集处、晶格严重畸变处形成新的结晶核心,并不断长大为稳定的等轴晶粒,取代被拉长及破碎的旧晶粒。由此可见,再结晶的过程也是一个形核和长大的过程。核心之所以出现在位错聚集的地方,是因为那里原子能量最高,最不稳定。需要指出的是,再结晶过程并不是一个相变过程,因为再结晶前后新旧晶粒的晶格类型和成分完全相同,不同的仅仅是新晶粒中的晶体缺陷减少了,内应力消失了。

经再结晶后,金属的强度、硬度降低,塑性明显上升,加工硬化现象消除。因此再结晶在生产上主要用于冷塑性变形加工过程的中间处理,以消除加工硬化作用,便于下道工序的继续进行。例如冷拉钢丝,在最后成形前常常要经过几次中间再结晶退火处理。

2. 再结晶温度

由于再结晶不是一个恒温过程,而是在一个温度范围内发生的,因此变形金属的再结晶能否实现,与其加热温度有直接关系。温度过低,不能发生再结晶;温度过高,又会发生晶粒长大。这表明加热温度受再结晶开始温度的限制,而金属再结晶开始温度又随条件的变化而发生以下改变:

(1)随变形量的变化而改变　金属预先变形量越大,则再结晶温度越低。变形量越大,则位错密度越高,晶格畸变越严重,即所处的能量状态越高,向稳定的低能量状态转变的倾向就越强烈。所以再结晶形核可在较低的温度下进行。但变形量达某一值以后,再结晶温度达一恒定值就不再降低,即存在一个最低的再结晶温度。材料学中把能够进行再结晶的最低温度称为金属的再结晶温度。对于纯金属,再结晶温度 $T_{再}$ 和熔点 $T_{熔}$(单位均为 K)之间大致存在 $T_{再} = 0.4 T_{熔}$ 的关系。可见,高熔点金属的再结晶温度也高。需要指出的是,实际生产中已习惯将热力学温度换算为摄氏温度来表达再结晶温度。

(2)随金属纯度的变化而改变　金属纯度越低,则再结晶温度越高,这是由于杂质或合金元素的存在使原子扩散困难。如纯铁的 $T_{再} = 450$ ℃,碳钢的 $T_{再} = 500~$

650 ℃,含有大量高熔点金属 W、Mn、V 的高温合金的 $T_{再}$ ＞700 ℃。在一般生产中,实际使用的再结晶退火温度常比 $T_{再}$ 高 150～250 ℃。

（3）随加热时间的变化而改变　再结晶温度还是时间的函数,加热速度越快,则再结晶温度越高,因为原子来不及扩散,再结晶形核被推迟至更高温度下进行。保温时间越长,再结晶温度越低,因为保温时间长,可使动能不大的原子充分进行迁移、扩散,以利形核和长大。

6.3.3　晶粒长大

再结晶阶段结束后,金属获得均匀细小的等轴晶粒。这些细小的晶粒潜伏着长大的趋势,因为小晶粒长大后可以减小晶界的总面积,降低总的晶界能量。只要条件满足,晶粒长大就会自动进行。实践证明,再结晶后晶粒的长大受以下因素的影响:

（1）加热温度和时间　加热温度越高,保温时间越长,金属的晶粒就长得越大。加热温度的影响尤为显著。

（2）预先变形的程度　当变形程度很小时,由于金属的晶格畸变很小,变形储能很低,不能满足形核所需能量,不足以引起再结晶,故晶粒没有变化。

再结晶晶粒大小与变形程度的关系如图 6-19 所示。当变形程度达 2％～10％时,金属中只有部分晶粒发生变形,变形极不均匀,变形储能仅在局部地区满足形核能量条件,以致只能形成少量的核心,并得以充分长大,从而导致再结晶后的晶粒特别粗大。这个变形程度称为临界变形度,生产中应尽量避开这一变形程度。

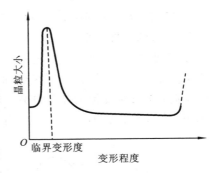

图 6-19　再结晶晶粒大小与变形程度的关系

超过临界变形度之后,随变形程度的增大,变形越来越均匀,再结晶时形成的核心数大大增多,故可获得细小的晶粒,并且在变形量达到一定程度后,晶粒大小基本不变。

以上讨论的是金属在再结晶温度以下进行塑性变形（如实际生产中的冷拔、冷拉、冷冲压等加工）后加热时的变化,表 6-3 所示为回复、再结晶、晶粒长大阶段的变化特点及应用。

表 6-3　回复、再结晶、晶粒长大阶段的变化特点及应用

变化阶段	回复	再结晶	晶粒长大
发生温度	较低温度	较高温度	更高温度
转变机制	原子活动能量小,空位移动使晶格扭曲恢复;位错短程移动,适当集中形成规则排列	原子扩散能力大,新晶粒在严重畸变组织中形核和生长直至畸变晶粒完全消失,但无晶格类型转变	新生晶粒中,大晶粒吞并小晶粒,晶界位移

变化阶段	回复	再结晶	晶粒长大
组织变化	在金相显微镜下观察,组织无变化	形成新的等轴晶粒,有时还产生再结晶织构,位错密度大大下降	晶粒明显长大
性能变化	强度、硬度略有降低,塑性略有上升,电阻率明显降低	强度、硬度明显降低,加工硬化基本消除,塑性上升	使性能恶化,特别是塑性明显下降
应用说明	去应力退火,可消除内应力,稳定组织	再结晶退火,可消除加工硬化,消除组织各向异性	应在工艺处理过程中防止产生

6.4 金属的热塑性变形

6.4.1 热加工与冷加工的区分

利用塑性变形来成形零件的工艺有冷加工和热加工的区别。通常把再结晶温度以下进行的塑性变形称为冷加工,把再结晶温度以上进行的塑性变形称为热加工。冷加工变形时,在组织上伴随有晶粒的变形,同时由于晶粒内和晶界上位错数目的增加,还会导致加工硬化。而在热加工中,因为加工硬化和再结晶两个过程会同时发生,加工中发生变形的晶粒也会立即发生再结晶,通过形核、长大成为新的晶粒,故经过热加工后,金属加工硬化现象消失。图 6-20 所示为冷轧和热轧后金属的组织。

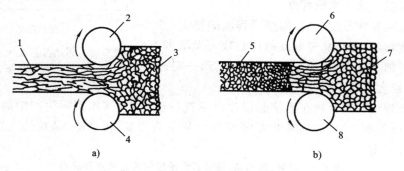

图 6-20 冷轧和热轧后金属的组织

a)冷轧变形拉长晶粒   b)热轧再结晶成等轴晶粒

1—冷轧后的拉长晶粒   2,4,6,8—轧辊   3,7—钢锭原始晶粒   5—热轧后的等轴晶粒

由于金属在高温下变形抗力小,塑性好,易于进行变形加工,因此对于大尺寸或塑性不太好的金属,生产上常在加热状态下进行塑性成形,热轧、锻造等工艺皆属此类热加工。

6.4.2　热加工对金属组织与性能的影响

正确的热加工方式可以改善金属的组织与性能,具体表现在以下几方面:

(1) 消除铸态金属中的缺陷　由液态金属凝固后的铸态组织(以钢锭为例)不仅晶粒粗大,而且存在缩松、气孔和微小裂纹等缺陷。采用锻、轧等热加工方法可使粗大柱状晶破碎,缩松、气孔焊合,从而使金属更加致密,明显改善材料的塑性和韧性。在生产实际中,凡受力复杂、性能要求高的重要零件通常采用先锻造成形毛坯、而后进行切削加工的方法。

(2) 形成热加工流线　金属中总有夹杂物。在热加工过程中,各种可变形的夹杂物会沿变形方向拉长呈流线分布,也称纤维组织,如图 6-21 所示。流线使材料的力学性能具有明显的方向性。通常沿流线方向力学性能好,特别是塑性、韧性较好;垂直于流线方向的性能则较差,特别是塑性、韧性较差。因此,在零件的设计与制造中必须考虑流线的合理分布。应尽量使流线与零件工作时承受的最大拉应力方向一致;当外加切应力或冲击力垂直于零件流线时,最好能使之沿零件外形轮廓连续分布,这样可提高零件的使用寿命。如图 6-22 所示,曲轴若采用锻造成形,其流线分布是合理的;若采用经轧制的原材料直接切削加工成形,其流线分布则是不合理的,易造成薄弱处断裂破坏。此外,热加工会使金属表面产生较多的氧化铁皮,造成其表面粗糙,尺寸精度不够。

图 6-21　锻造起重吊钩的流线

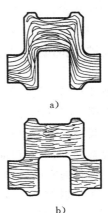

a)

b)

图 6-22　曲轴流线的分布
a) 锻造成形　b) 切削加工成形

6.5　钢的强度和韧性的优化

6.5.1　金属的强度与塑性、韧性的关系

从上述内容可知,塑性对金属压力加工是很有意义的。金属有了塑性才能通过

轧制、挤压等变形工序生产出所需要的产品,然而,过量的塑性变形又会使正在工作中的零件或构件失去应有的尺寸精度而不能继续正常工作,尤其当外加载荷超过一定临界值后,甚至出现断裂现象。由于断裂在工程上常以危害性的方式出现,所以从事机械设计和材料设计的技术人员必须对它有所了解。

1. 金属的断裂

断裂是指在应力作用(有时还兼有热及介质的作用)下金属材料被分离成两个或几个部分的现象。例如,低碳钢光滑试样在室温下进行拉伸试验时,随着应力的增大,可以明显见到试样出现了缩颈(见图 1-10b)。缩颈一旦产生,试样原来所受的单向应力状态就被破坏了,而在缩颈区出现了三向应力状态,致使试样的塑性变形变得比较困难。为了继续发展塑性变形,必须提高轴向应力,于是缩颈进一步变细,试样便发生了快速断裂。此时试样所承受的最大应力 $R_m > R_{eL}$。研究表明,大多数金属材料的断裂过程都包括裂纹的形成与扩展两个阶段,但不同的断裂类型,这两个阶段的表现并不相同。

2. 断裂类型

1)韧性断裂

韧性断裂是指金属材料断裂前发生了明显的宏观塑性变形的断裂。研究表明,这种断裂早期出现的显微裂纹常源于材料内部的夹杂物质点,而且裂纹在扩展过程中需要不断地消耗能量,表现出一个缓慢的撕裂过程。例如,低碳钢光滑试样在室温下的静态拉伸断裂,就是典型的韧性断裂。其特点是:试样在拉伸过程中出现明显的缩颈,断裂后断口呈杯形;用肉眼或放大镜观察,分离的断口面呈灰色的纤维状(这是微裂纹不断扩展和相互连接造成的)。

2)脆性断裂

脆性断裂是指金属材料断裂前不发生明显的宏观塑性变形而突然发生的一种断裂。研究表明,这种断裂的早期裂纹往往源于晶界或亚晶界处,且一般情况下扩展的速度极快。其特点是:试样断裂过程中材料的截面尺寸没有变化,断口平直;用肉眼或放大镜观察,分离的断口面上有金属光泽点,呈颗粒状,断口周围看不到纤维状纹理的存在。也有的断面上可见到人字状或放射状花纹。

由于脆性断裂常突发在材料的屈服点之前(即 $R_m < R_{eL}$),所以它是没有可见先兆的,往往会带来灾难性的后果,如飞机坠毁、轮船沉没、桥梁垮塌、铁轨崩裂、高压容器爆炸等等。

相比之下,脆性断裂在工程中比韧性断裂显得更为重要。这是因为,韧性断裂发生前会产生较大的塑性变形,而这种变形对绝大多数正在服役的构件和零件是不允许的。例如,精密机床的丝杠在工作中若产生微量的塑性变形,精度就会明显下降;炮筒若有微量塑性变形,就会使炮弹偏离射击目标。至于所有的弹簧件,不管其形状如何,都必须在弹性范围内工作。不难理解,在上述情况下,还未等到断裂的到来,使用者已将构件或零件进行了拆换。可见,工程实际中材料的脆性断裂比韧性断裂的危险要大得多。

实践表明,处于以下状态的钢件都存在着脆性断裂的隐患:带有原始裂纹的高强度($R_{eL} \geqslant 1500$ MPa)钢结构件、中低强度($R_{eL} < 1500$ MPa)材料制造的大型和重型零件、低温下工作的钢结构件、在交变应力作用或冲击载荷下工作的钢件、受环境介质与拉应力共同作用的钢件等。

如何防止脆性断裂呢? 研究表明,材料的韧性较好,发生脆性断裂的倾向就较小。在第 1 章已述及,评定材料韧性的力学性能指标是冲击韧度 a_K 和断裂韧度 K_{IC}。为了使所设计的零件或构件不发生脆性断裂,首先就应选择那些冲击韧度及断裂韧度能达到甚至超过设计要求的材料。除此之外,还应考虑韧性与强度的匹配问题。

6.5.2　金属材料的强韧化

1. 强度与塑性、韧性的匹配

我们已知,强度是材料在外力作用下抵抗塑性变形和破断的能力,塑性是指材料断裂前发生永久变形的能力,韧性是指材料断裂前吸收塑性变形能量、抵抗裂纹形成和扩展的能力。需要注意的是,材料的强度与塑性、韧性往往是矛盾的。在不改变材料成分和成形工艺的情况下,提高强度会引起塑性、韧性的下降;反之,增强塑性、韧性又会牺牲强度。在航空航天零件或构件的制造中,为了避免零件或构件的脆性断裂,既需要材料有好的塑性和韧性,又需要材料有很高的强度甚至超高强度($R_m > 1800$ MPa)。材料的强度与塑性、韧性如何设计才是合理的呢? 根据断裂力学的研究结果可知,应使强度与塑性、韧性相匹配地提高,即首先针对具体工作条件找出强度与塑性、韧性之间的对应关系,在确保强度设计合理性的前提下,把零件或构件看作裂纹体,用断裂力学的方法计算出所希望的塑性、韧性值,保证使用中不出现脆性断裂,达到安全可靠的目的。关于断裂力学的系统理论及设计计算方法,可参阅相关文献。

以下主要以钢为对象讨论其强度、韧性优化的相关问题。

2. 钢的强度提高(强化)

提高钢的塑性变形抗力的过程称为钢的强化。由于金属材料的塑性变形主要是由位错的滑移运动造成的,因此钢的强化就在于设法增大位错运动的阻力。提高钢的强度的技术途径主要有以下几种:

(1)细化晶粒　晶界是位错运动难以克服的障碍。因为晶界上原子排列紊乱,存在着晶格畸变,位错只能在晶界附近堆积,从而形成阻碍其他位错继续向晶界移动的反向应力。金属的晶粒越细,这一阻碍作用越强。计算表明,金属的强度与其晶粒大小存在以下关系:

$$R_{eL} = R_0 + Kd^{-1/2}$$

其中,d 为晶粒尺寸;R_0、K 为材料常数,前者代表位错在晶内运动的总阻力,后者表征晶界对变形的影响,与晶界结构有关。铝、纯铜、铁、黄铜室温时屈服强度与晶粒尺寸的关系如图6-23所示。可见常温下晶粒尺寸越小,金属塑性变形的抗力越高。

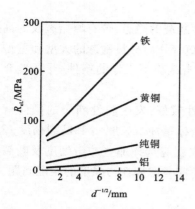

图 6-23　几种金属室温时屈服强度
与晶粒大小的关系

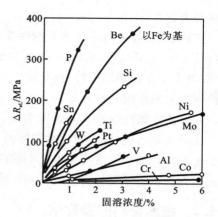

图 6-24　合金元素对纯铁的
固溶强化效果

（2）形成固溶体　由于溶质原子与基体金属（溶剂）原子的大小不同，形成固溶体后基体晶格会发生畸变，导致滑移面变得"粗糙"，并增加了位错运动的阻力，因此金属的塑性变形抗力会得到提高。这是强化金属的重要方法。例如，钢淬火后形成 C 在 α-Fe 中的过饱和固溶体组织，从而获得较高的强度与硬度。图 6-24 所示为不同合金元素对纯铁的固溶强化效果。

（3）形成第二相　第 3 章已述及，通常把在合金中呈连续分布且数量占多数的相称为基体相，把数量少的"析出相"或利用机械、化学等方法加入的极细小分散粒子称为第二相。弥散分布的第二相可以提高金属塑性变形的抗力，因为它有效地阻碍了位错的运动。研究表明，当运动的位错在滑移面上遇到第二相粒子时必须提高外加应力，才能克服它的阻挡，使滑移继续进行，并且只有当第二相粒子的尺寸小于 $0.1~\mu m$ 时，这种阻挡效果才是最好的。

在金属材料中，利用过饱和固溶体的析出是获得第二相的手段之一。第 7 章中将述及，回火时析出了呈细小弥散分布的合金碳化物微粒，会产生弥散硬化而使钢的屈服强度升高。

（4）采用冷加工变形　前已述及，金属在发生塑性变形的过程中，欲使变形继续进行下去，必须不断增加外力，这说明金属中产生了阻止继续塑变的抗力。而这种抗力就是由于变形过程中位错密度不断增加、位错运动受阻所引起的（即加工硬化）。

采用冷加工变形对于提高金属板材与线材的强度有着很大的实用价值。例如，经冷拉拔的琴弦，可具有很高的强度。此外，对于那些在热处理过程中不发生相变的金属，加工硬化则更是极为重要的强化手段。

3. 钢的韧性的提升

1）影响钢的韧性的因素分析

不难理解，外力作用下钢中裂纹形成和扩展的难易程度反映了钢的韧性的好坏，断裂力学中已建立了一些专门研究这类问题的数学模型。

例如,钢在单向拉伸时形成裂纹所需要的拉应力 σ_f 可表示为

$$\sigma_f \approx \sqrt{4G\gamma/d}$$

其中,G 为弹性模量;γ 为表面能;d 为晶粒尺寸。

又如,通过对高强度钢的实际研究,得到断裂韧度 K_{IC} 的表达式为

$$K_{IC} \propto \frac{R^* - R_{eL}}{4\sqrt{N}}$$

其中,R^* 为发生解理脆断的临界应力,若 $R^* \propto R_m$,则 $R_m - R_{eL}$ 差值越大,钢的韧性越好,即钢越不易脆断;N 为钢中夹杂物的含量(每平方毫米的颗粒数),它与夹杂物的平均距离 d_T 之间存在着如下关系:

$$d_T \propto 1/\sqrt{N}$$

由上所述可知,钢的韧性受其组织结构参量 d、d_T 和一般力学性能 R_m、R_{eL} 的影响,组织结构是影响裂纹形成与扩展难易程度的直接因素。钢的组织结构因素还包括晶界、相界、亚结构、基体和强化相形态等。

2)提升钢的韧性的技术途径

基于以上分析,提升钢的韧性的技术途径主要有以下几种:

(1)细化钢的晶粒和组织　　控制钢的轧制温度和轧后冷却速度,以细化奥氏体再结晶晶粒和冷却后的铁素体晶粒。晶粒愈细,位错塞积的数目就愈少,就愈不易产生应力集中,愈不易形成裂纹,从而钢的韧性也就愈容易得到保证。

(2)改善基体相和强化相的形态　　由于低碳马氏体(板条马氏体)是平行生长的,不易引起显微裂纹,对钢的韧性有利,比中、高碳马氏体形成裂纹的倾向小,因此,在需要和可能的条件下,应尽量采用低碳马氏体作为钢的基体相。另外,在淬火碳钢回火时,由于 Fe_3C 既可形成晶界薄膜,又可形成大质点,而这两种形态对裂纹的形成都很敏感,所以在给定的热处理条件下,加入合金元素 Mn、Ni 等形成合金碳化物来代替 Fe_3C,可减小碳化物质点的尺寸,也可消除形成晶界薄膜的倾向,使钢不易出现裂纹,达到提升钢的韧性的目的。

(3)减少杂质和改善非金属夹杂物的形态　　减少钢中 P、S、N、H、O 及其他有害元素的含量,可减少它们在晶界上的偏聚,以抑制回火脆性倾向,防止预先存在的显微裂纹。另外,钢中的非金属夹杂物常常是断裂的发源地,裂纹容易从该处发生,需要予以控制。采用真空熔炼等现代技术,并通过在钢中加入微量稀土元素,能有效地控制非金属夹杂物的形态。

(4)降低钢的韧脆转变温度　　工程上有一类在严寒气候和极低温度下工作的钢制件,如 -45 ℃ 温度下的铁轨,盛装液氢、液氮的容器等,当使用温度低于某一值时,这类钢制件的韧性常常会变得很差而出现脆性断裂。为防止这类情况的出现,可向钢中加入合金元素 Ni。Ni 可明显降低钢的韧脆转变温度,使钢的低温韧性得到提升。因此,国内外的低温用钢中都含有合金元素 Ni。

　　由上所述可知,钢的强度和韧性都受其内部组织结构、相的形态及分布的影响,因此,控制钢的组织形态,控制有害杂质的含量和分布,对提高钢的强度、提升钢的韧性都是有利的。基于此,可以研究开发既提高强度又提升韧性,且使二者最匹配的、安全可靠的新型合金钢。

　　需要说明的是,以上介绍的只是钢的强韧化方法和技术途径中的很小一部分,还可查阅相关文献资料获取更多的方法与途径。

思考与练习题

　　6-1　金属塑性变形的主要方式是什么? 解释其含意。

　　6-2　何谓滑移面和滑移方向? 它们在晶体中具有什么特点?

　　6-3　为什么原子密度最大的晶面比原子密度较小的晶面更容易滑移?

　　6-4　什么是滑移系? 滑移系对金属的塑性有何影响? 体心立方、面心立方、密排六方金属中,哪种金属塑性变形能力强? 为什么体心立方和面心立方的金属滑移系相同,但面心立方金属塑性变形能力更好?

　　6-5　用位错理论说明实际金属滑移所需的临界切应力值比理论计算值低很多的现象。

　　6-6　为什么室温下钢的晶粒越细,强度、硬度越高,塑性、韧性也越好?

　　6-7　塑性变形使金属的组织与性能发生了哪些变化?

　　6-8　什么是加工硬化现象? 指出产生的原因及消除的措施。

　　6-9　说明冷加工后的金属在回复与再结晶两个阶段中组织及性能变化的特点。

　　6-10　如何区分冷加工与热冷加工? 它们在加工过程形成的纤维组织有何不同?

　　6-11　用下述三种方法制造齿轮,哪种方法较为合理? 用图示对比分析其理由。

　　(1) 用热轧厚钢板切出圆饼直接加工成齿轮;

　　(2) 由热轧粗圆钢锯下圆饼直接加工成齿轮;

　　(3) 由一段圆钢镦粗锻成圆饼再加工成齿轮。

　　6-12　提高材料的塑性变形抗力有哪几种方法? 其基本原理是什么?

　　6-13　有一直径为 10 mm 的圆柱形纯铜单晶体拉伸试样。拉伸时,当滑移方向与拉伸轴间的夹角为 45°,且滑移面的法线与拉伸方向的夹角也为 45°时,此滑移系的分切应力最大为 0.98 MPa,问该晶体拉伸屈服载荷为多少。

　　6-14　三个低碳钢试样,其变形程度分别为 5%、15%、30%,如果将它们加热至800 ℃,指出哪个试样会出现粗晶粒,为什么?

　　6-15　何谓金属材料的韧性断裂和脆性断裂? 二者的宏观断口有什么差异? 钢的脆性断裂最容易发生在哪些工作条件下? 如何防止脆性断裂?

第7章

合金钢

第4章已述及,根据化学成分的不同,我国的工业用钢分为三大类:非合金钢、低合金钢和合金钢。本章在国家标准 GB/T 13304.2—2008 的分类原则下,将低合金钢归于合金钢一类进行讲述。

非合金钢(一般指碳钢)冶炼工艺简单,易加工,价格低廉,且可以通过不同的热处理工艺来改变其性能,满足工业生产上的一般需求。所以非合金钢应用广泛,其产量占钢铁总产量的 80% 以上。但是随着科学技术的发展,非合金钢的性能在很多方面不能满足更高的、全面性要求。非合金钢在工程应用上有以下几方面的局限性:

①强度指标偏低。通常 Q235 钢经热轧空冷后,其 $R_{eL} = 235$ MPa,$R_m \approx 400$ MPa。若在该非合金钢基础上加入质量分数为 1.5% 的合金元素 Mn,则钢的 R_{eL} 可达 360 MPa,R_m 可达 520 MPa。因此,如果选用低强度的非合金钢来制造强度要求高的机器,势必导致零件厚大、设备笨重。

②淬透性较差。非合金钢水淬的最大淬透直径为 15~20 mm,对大截面零件,因淬不透而难获得高而均匀的力学性能。

③高温强度低、热硬性差。非合金钢淬火后的使用温度不能高于 250 ℃,否则,强度和硬度就明显降低,如高碳刃具钢只能用于很低的切削速度。

④不具备特殊的物理化学性能。非合金钢在抗氧化、耐蚀、耐热、耐磨及电磁性能等方面都较差,不能满足特殊环境下的使用要求。

为了克服非合金钢的不足,在冶炼优质非合金钢的同时有目的地加入一定量的一种或一种以上的金属或非金属元素。这类元素统称为合金元素,含有这类合金元素的钢统称为合金钢。通常加入的合金元素有 Mn(锰)、Ni(镍)、Si(硅)、Cr(铬)、W(钨)、B(硼)、Mo(钼)、V(钒)、Ti(钛)、Nb(铌)、Co(钴)以及 RE(稀土)等。钢中所加入合金元素(alloy element,AE)的质量分数记为 w_{AE}。

合金钢在上述几方面性能上确比非合金钢优越,但在压力加工、切削加工、焊接工艺性方面比非合金钢稍差,且成本较高。

7.1 合金钢基本知识

已定型生产的合金钢有数千种,与非合金钢一样,必须对其进行分类编号,才便于管理和使用。

7.1.1　合金钢的分类

依照国家标准 GB/T 13304.2—2008 合金钢的主要分类方法有两种：一是按主要质量等级分为优质合金钢和特殊质量合金钢，以下还分为若干子类；一是按主要性能和使用特性分为工程结构用钢，机械结构用钢，工具钢，轴承钢，不锈、耐蚀和耐热钢，特殊物理性能钢，其他钢，以下还分为若干子类。基于合金钢的分类所涉及的产业众多，本节将国家标准和工程应用的实际结合起来，按用途分类，如图 7-1 所示。

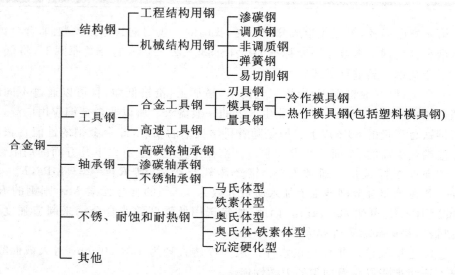

图 7-1　合金钢按用途分类情况

除一般工程构件用钢之外，其他各类钢件大都需经严格的热处理之后才能使用。

7.1.2　合金钢的编号

不同国家的钢的编号方法不同。钢的编号的总原则是，用简明、确切的符号和数字将钢中各组成元素的大致含量表示出来，有的还可以反映钢的性能和用途特征，其优点是易识易记。以下按国家标准《钢铁产品牌号表示方法》(GB/T 221—2008)进行分述。

1. 结构钢

在 4.4.3 节中已述及，凡用来制造机器零件和工程结构的钢都属于结构钢。合金结构钢是在碳素结构钢的基础上加入合金元素而发展形成的钢。

(1) 工程结构用钢　工程结构用钢与普通碳素结构钢牌号的编制规则相同(见4.4 节)。

(2) 机械结构用钢　机械结构用钢牌号的基本形式为"两位数字＋元素符号＋数字＋……"。其前两位数字的万分数表示平均碳质量分数，例如，40Cr 钢的平均碳质量分数应为 40/10,000，即 0.40%；元素符号后面的数字为该元素的平均质量分数；当元素的平均质量分数为 1.50%～2.49%、2.50%～3.49%、3.50%～4.49%、4.50%～5.49%……时，相应标注为 2、3、4、5……；当元素的平均质量分数小于 1.5% 时，牌号中仅标出元素符号，一般不标出含量。例如，20SiMn2MoV(钢的化学成分为 $w_C = 0.17\% \sim 0.23\%$，$w_{Si} = 0.90\% \sim 1.20\%$，$w_{Mn} = 2.20\% \sim 2.60\%$，$w_{Mo} = 0.30\% \sim 0.40\%$，$w_V = 0.05\% \sim 0.12\%$)表示钢的平均质量分数 $w_C = 0.20\%$，$w_{Si} < 1.50\%$，$w_{Mn} = 2.40\%$，$w_{Mo} < 1.50\%$，$w_V < 1.50\%$；若 S、P 含量达到高级优质钢，则在牌号后加"A"，如 18Cr2Ni4WA；若 S、P 含量达到特级优质钢，则在牌号后加"E"，如 50MnE。

（3）易切削结构钢　易切削结构钢的牌号由"Y＋两位数字＋易切削元素"，其中"Y"为"易"字汉语拼音的首字母，两位数字的万分数表示平均碳质量分数。对于含钙、铅、锡等易切削元素的易切削钢，在牌号中分别以元素符号 Ca、Pb、Sn 表示；对于加硫和加硫、磷的易切削钢，通常不在牌号中标出易切削元素硫、磷；对于较高含锰量的加硫或加硫、磷的易切削钢，牌号中只标出 Mn，但对较高含硫量的易切削钢，在牌号尾部标出元素符号 S。

例如，$w_C = 0.42\% \sim 0.50\%$、$w_{Ca} = 0.002\% \sim 0.006\%$ 的易切削钢，其牌号表示为 Y45Ca；$w_C = 0.40\% \sim 0.48\%$、$w_{Mn} = 1.35\% \sim 1.65\%$、$w_S = 0.16\% \sim 0.24\%$ 的易切削钢，其牌号表示为 Y45Mn；$w_C = 0.40\% \sim 0.48\%$、$w_{Mn} = 1.35\% \sim 1.65\%$、$w_S = 0.24\% \sim 0.32\%$ 的易切削钢，其牌号表示为 Y45MnS。

2. 工具钢

（1）合金工具钢　合金工具钢与合金结构钢牌号的编制方法相似，基本形式为"一位数字或无数字＋元素符号＋数字＋……"。前一位数字的千分数表示平均碳质量分数，当平均碳质量分数不小于 1.00% 时，钢号中不标出其质量分数；元素符号以后的数字表示方法与合金结构钢的相同。例如，9SiCr(钢的化学成分为 $w_C = 0.85\% \sim 0.95\%$，$w_{Si} = 1.20\% \sim 1.60\%$，$w_{Cr} = 0.95\% \sim 1.25\%$)表示平均质量分数 $w_C = 0.90\%$，$w_{Si} < 1.50\%$，$w_{Cr} < 1.50\%$；又如，CrWMn(钢的化学成分为 $w_C = 0.90\% \sim 1.05\%$，$w_{Cr} = 0.90\% \sim 1.20\%$，$w_W = 1.20\% \sim 1.60\%$，$w_{Mn} = 0.80\% \sim 1.10\%$)表示平均质量分数 $w_C \geqslant 1.00\%$，$w_{Cr} < 1.50\%$，$w_W < 1.50\%$，$w_{Mn} < 1.50\%$。

（2）高速工具钢　高速工具钢的平均碳质量分数大多小于 1.0%，在牌号中不标出其质量分数，而合金元素含量的表示方法与合金工具钢的相同。例如，W18Cr4V 钢(其化学成分为 $w_C = 0.73\% \sim 0.83\%$，$w_W = 17.20\% \sim 18.70\%$，$w_{Cr} = 3.80\% \sim 4.50\%$，$w_V = 1.00\% \sim 1.20\%$)表示平均质量分数 $w_W = 18.00\%$，$w_{Cr} = 4.00\%$，$w_V < 1.50\%$，碳质量分数不标出。

合金工具钢均属于高级优质钢，但在牌号中不加"A"。

3. 轴承钢

轴承钢又称为滚动轴承钢。

(1) 高碳铬轴承钢　　高碳铬轴承钢的牌号的基本形式为"G＋元素符号 Cr＋数字",其中"G"为"滚"字汉语拼音的首字母。高碳铬轴承钢的平均碳质量分数均大于1.0%,在牌号中不标出其质量分数,而元素符号 Cr 后面数字的千分数表示平均铬质量分数。例如,GCr15、GCr4(钢的铬质量分数分别为 1.40%～1.65%、0.35%～0.50%)表示平均质量分数 $w_{Cr}=1.50\%$、$w_{Cr}=0.40\%$。

(2) 渗碳轴承钢　　渗碳轴承钢的基本形式为"G＋两位数字＋合金元素＋数字",其中,G 后面两位数字的万分数表示平均碳质量分数,合金元素后面数字的表示方法与合金结构钢相同。例如,G20CrMn(钢的化学成分为 $w_C=0.17\%$～0.23%,$w_{Cr}=0.35\%$～0.65%,$w_{Mn}=0.65\%$～0.95%)表示平均质量分数 $w_C=0.20\%$,$w_{Cr}<1.50\%$,$w_{Mn}<1.50\%$。

(3) 高碳铬不锈轴承钢　　高碳铬不锈轴承钢与渗碳轴承钢牌号的表示形式相同。例如,G95Cr18(钢的化学成分为 $w_C=0.90\%$～1.00%,$w_{Cr}=17.0\%$～19.0%)表示平均质量分数 $w_C=0.95\%$、$w_{Cr}=18.0\%$。

4. 不锈、耐蚀和耐热钢

不锈、耐蚀和耐热钢牌号的基本形式为"两位或三位数字＋元素符号＋数字＋……"。两位或三位数字的万分数或十万分数表示碳质量分数的最佳控制值,元素符号后面数字的表示方法与合金结构钢的相同,钢中有意加入的铌、锆、氮等合金元素,虽然含量很低,也应在牌号中标出 Nb、Zr、N 等。

牌号中关于碳质量分数最佳控制值的数字表示有以下规定:

① 对于只规定碳质量分数上限的钢,当碳质量分数上限不大于 0.10% 时,以上限的 3/4 作为碳质量分数;当碳质量分数上限大于 0.10% 时,以上限的 4/5 作为碳质量分数,且此类钢牌号中用两位数字的万分数来表示碳质量分数的最佳控制值。例如,碳质量分数上限为 0.08% 时,其牌号中的碳质量分数以 06 表示;碳质量分数上限为 0.20% 时,其牌号中的碳质量分数以 16 表示;碳质量分数上限为 0.15% 时,其牌号中的碳质量分数以 12 表示。

② 对于碳质量分数上限不大于 0.030% 的超低碳不锈钢,牌号中用三位数字的十万分数表示碳质量分数的最佳控制值。例如,碳质量分数上限为 0.030% 时,其牌号中的碳质量分数以 022 表示;碳质量分数上限为 0.020% 时,其牌号中的碳质量分数以 015 表示。

③ 对于规定碳质量分数上、下限的钢,以牌号中的两位数字的百分数表示平均碳质量分数。例如,碳质量分数为 0.16%～0.25% 时,其牌号中碳的质量分数以 20 表示。

综上所述,为便于理解,举出以下几种钢牌号表示的例子:

$w_C\leqslant0.08\%$、$w_{Cr}=18.00\%$～20.00%、$w_{Ni}=8.00\%$～11.00% 的不锈钢,牌号为 06Cr19Ni10。由牌号可知,碳质量分数的最佳控制值为 0.06%,铬、镍的平均质量分数分别为 19.00%、10.00%。

$w_C \leqslant 0.030\%$、$w_{Cr} = 16.00\% \sim 19.00\%$、$w_{Ti} = 0.10\% \sim 1.00\%$ 的不锈钢，牌号为 022Cr18Ti。由牌号可知，碳质量分数的最佳控制值为 0.022%，铬的平均质量分数为 18.00%，钛的平均质量分数小于 1.5%。

$w_C = 0.15\% \sim 0.25\%$、$w_{Cr} = 14.00\% \sim 16.00\%$、$w_{Mn} = 14.00\% \sim 16.00\%$、$w_{Ni} = 1.50\% \sim 3.00\%$、$w_N = 0.15\% \sim 0.30\%$ 的不锈钢，牌号为 20Cr15Mn15Ni2N。由牌号可知，碳平均质量分数为 0.20%，铬、锰、镍的平均质量分数分别为 15.00%、15.00%、2.00%，氮的含量很低。

7.1.3 合金元素在钢中的作用

合金钢种类繁多，性能优良，使用有别，关键在于钢中所含各种元素合金化的微妙作用。尽管合金元素在钢中的相互作用很复杂，但仍有一定的规律可循，其主要作用综合表现在强化钢中的基本相、改变铁碳相图中的相区、影响热处理过程等三方面。

1. 强化钢中的基本相

（1）形成合金铁素体　钢中所含非碳化物形成元素如 Si、Mn、Ni、Al、Co 等，基本上都能溶入基本相铁素体中而形成合金铁素体，使钢的强度、硬度提高，塑性、韧性下降。塑性、韧性下降的幅度随所溶合金元素的不同而不同。图 7-2、图 7-3 所示分别为合金元素在退火钢中溶入铁素体后对铁素体硬度和冲击吸收能量的影响。从图可见，Si、Mn、Ni 的强化效果比较明显，W、Mo、Si 使韧性下降很快；当铁素体中 $w_{Cr} \leqslant 2\%$ 或 $w_{Ni} \leqslant 5\%$ 或 $w_{Mn} \leqslant 2\%$ 时，铁素体的冲击吸收能量还有一定的提高（见图 7-3）。这些现象都是由于合金元素对铁素体产生了固溶强化。

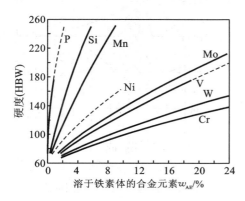

图 7-2　合金元素对铁素体硬度的影响
（实线表示快冷，虚线表示慢冷）

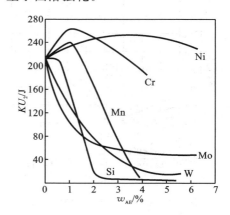

图 7-3　合金元素对铁素体冲击
吸收能量的影响

一般来说，某合金元素的晶格形式与铁素体不相同时，其原子半径与 Fe 原子的半径相差愈大，该元素对基本相 F 的强化效果就愈显著。如 Cr、W、V、Mo 皆为体心立方晶格，而 Si、Mn 晶格复杂，与 F 晶格形式相差甚远，故二者强化效果差别明显

（见图 7-2）。

（2）形成合金渗碳体或特殊碳化物　钢中含有强碳化物形成元素（如 Cr、Mo、W、V、Nb、Ti 等）时，其中一部分溶入基本相 Fe_3C 中形成合金渗碳体，如 $(Fe,Cr)_3C$、$(Fe,Mn)_3C$ 等，另一部分则形成特殊碳化物，如 $Cr_{23}C_6$、Cr_7C_3、WC、VC、NbC、TiC 等金属化合物，此外，也有很少一部分溶入铁素体中。

合金渗碳体及特殊碳化物的硬度和稳定性均优于一般渗碳体（Fe_3C），且这些细小碳化物经正常热处理时很难溶入奥氏体中，也不易聚集长大，高度弥散分布于钢基体中，故能显著提高钢的强度、硬度，改善钢的耐磨性和热硬性，这正是第二相各种碳化物弥散强化的重要作用。因此，这些元素常作为合金结构钢的辅加元素，又作为合金工具钢的主加元素。

2. 改变 $Fe-Fe_3C$ 相图中的相区

合金元素的加入，可以改变 $Fe-Fe_3C$ 相图的相区，主要表现在对 γ、α 相区及 S 点和 E 点的影响。

（1）扩大 γ 区　Ni、Mn、Co、C、N、Cu 等合金元素与 Fe 作用能扩大 γ 区，使 A_3 线降低，A_4 点升高，特别是当钢中加入一定量 Ni、Mn 元素时，相图 γ 区的扩大尤为明显，到室温下仍能获得正常的奥氏体，如铸造高锰钢 ZGMn13 和不锈钢 12Cr18Ni9（$w_{Ni}=8.00\%\sim10.00\%$）均属于奥氏体型钢。图 7-4 所示为 Mn 对 $Fe-Fe_3C$ 相图的影响。

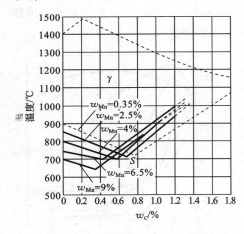

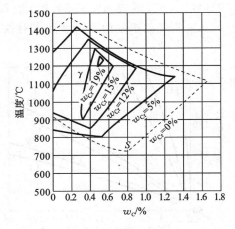

图 7-4　Mn 对 $Fe-Fe_3C$ 相图影响　　　　图 7-5　Cr 对 $Fe-Fe_3C$ 相图的影响

（2）扩大 α 区　Si、Cr、V、Ti、W、Mo 等合金元素与 Fe 作用能扩大 α 区，使 A_3 线升高，A_4 点降低，如图 7-5 所示。钢中加入一定量的 Cr、Si 元素，γ 区可能消失（即扩大 α 区），将得到全部铁素体组织，如不锈钢 10Cr15（$w_{Cr}=14.00\%\sim16.00\%$）、10Cr17（$w_{Cr}=16.00\%\sim18.00\%$）、16Cr25N（$w_{Cr}=23.00\%\sim27.00\%$）等均属于铁素体型钢。

（3）对 S 点和 E 点的影响 所有合金元素均能使相图中的 S 点和 E 点左移，致使共析和共晶成分中的含碳量减少，如不锈钢 40Cr13 中 $w_C = 0.36\% \sim 0.45\%$，但却属于过共析钢；又如高速工具钢 W18Cr4V 中 $w_C = 0.73\% \sim 0.83\%$，但其铸态组织中却有莱氏体，故称之为莱氏体钢。从图 7-4 及图 7-5 均可看出 Mn、Cr 元素对 S 点、E 点的位置影响。合金元素对相图的影响，赋予合金钢许多特殊性能。

3. 影响热处理过程

合金钢与非合金钢的热处理方法基本相同，但合金元素的作用会影响钢的热处理过程。

1）对奥氏体化及晶粒度的影响

除 Ni、Co 以外，绝大多数合金元素，特别是强碳化物形成元素（如 Cr、Mo、W、V、Ti 等）都降低 Fe、C 原子的扩散速度，因而将延缓奥氏体化过程；同时，形成合金渗碳体和特殊碳化物更难溶入奥氏体中，并且阻碍奥氏体晶界的移动和奥氏体晶粒的长大，起到了细化晶粒的作用。因此，合金钢的奥氏体化要选择较高的加热温度和较长的保温时间，使合金元素充分溶入奥氏体中，以提升钢的淬透性。合金元素的加入使得合金钢多为本质细晶粒钢，故经热处理后都有良好的力学性能。

2）对过冷奥氏体转变的影响

① 除 Co 以外，大多数合金元素溶入奥氏体后都使 C 曲线右移或变形，均可提升过冷奥氏体的稳定性。

从图 7-6a 可以看出，随着钢中含镍量的增加，C 曲线明显右移，故提升了钢的淬透性，有的合金钢甚至淬火空冷也可形成合金马氏体。由于 C 曲线显著右移，因而合金钢多在油中淬火，这对于减小工件变形开裂的倾向十分有利。

从图 7-6b 可以看出，随着钢中含铬量的增加，C 曲线由一组变成两组，即改变了 C 曲线的形状，使某些钢的珠光体转变曲线和贝氏体转变曲线上下分开，形成两组独立的 C 曲线（即 P 型、B 型各一组），因而某些钢空冷也可得到贝氏体组织。

② 除 Al、Co、Si 外，大多数合金元素（如 Mn、Cr、Ni、Mo 等）溶入奥氏体后，均降低钢的 M_s 点，使某些淬火钢中的残留奥氏体增多。为消除残留奥氏体增多带来的不利影响，某些合金钢的热处理工艺更复杂了。

3）对回火转变的影响

① 合金元素在回火过程中会推迟、减慢马氏体的分解和残留奥氏体的转变，提高铁素体的再结晶温度，阻止碳化物的析出及长大即增大了回火抗力。这使得淬火钢的硬度在较高温度（如 500～650 ℃）下不易降低，也即提升了耐回火性。这种在高温下保持高硬度的能力称为钢的热硬性。V、Si、Mo、W 等合金元素在提升钢的热硬性方面的作用较强，如 W18Cr4V 高速钢的热硬性很好。

② 某些含 W、Mo、V 量较高的合金钢在回火时，随着回火温度的升高，其硬度出现升高的现象，称为"二次硬化"，如图 7-7 所示。出现二次硬化的回火温度一般在 500～600 ℃，其原因是：在此温度范围回火时，马氏体基体中将析出大量细小弥散的

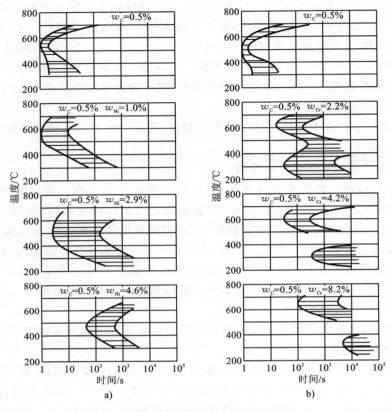

图 7-6　合金元素对 C 曲线的影响

a) Ni 的影响　b) Cr 的影响

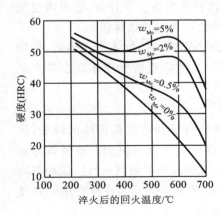

图 7-7　$w_C = 0.35\%$ 钼钢的回火
温度与硬度的关系

特殊碳化物(如 Mo_2C、W_2C、VC 等),使钢的硬度不仅不降低反而再次升高。淬火后的高合金钢中残留奥氏体增多,在该温度回火后的冷却过程中将会使大量的残留奥氏体向回火马氏体或贝氏体转变。两方面的综合作用使钢出现了"二次硬化"现象,这对热处理是有利的。

③ 第 5 章已述及,中、低碳钢在 $250 \sim 400$ ℃回火时,会产生第一类回火脆性,为避免它的出现,可不在此温度范围内回火或采取等温淬火方法。第二类回火脆性主要在某些合金结构钢(如含 Cr、Ni、Mn、Si 等元素的调质钢)于 $500 \sim 650$ ℃回火时出现。一般认为,第二类回火脆性是由钢中某些微量元素(如 As、Sb、Bi 及 P、S、Si)向晶界偏聚,引起晶界弱化造成的。采

用快冷(如油冷)可避免这种现象,但对大截面工件来说,快冷有一定困难。因此,常在钢中加入质量分数为 0.5% 的 Mo 或质量分数为 1% 的 W 来减小其影响或防止第二类回火脆性的产生。

认识合金钢,了解合金元素在钢中的主要作用,对于理解后述各种合金钢的热处理及选材等内容是很重要的。

7.2　结构钢

7.2.1　工程结构用合金钢

工程结构用合金钢包括供冷成形用的热轧或冷轧扁平产品用合金钢(压力容器用钢、汽车用钢等)、预应力用合金钢、矿用合金钢、高锰耐磨钢等。工程结构用合金钢的产量占全部钢产量的大部分,故用它取代碳素结构钢具有重大的经济意义。其中比较典型的钢种是低合金高强度合金钢(又称普通低合金钢、普低钢),它是为了满足一些工程构件既要求承载大又要求自重轻的要求,我国自主开发的符合国情资源特色的优质钢,是在碳素结构钢的基础上加入少量合金元素($w_{AE} < 3\%$)炼制而成的,在供货状态下可同时保证化学成分和力学性能,且与碳素结构钢的生产成本相近。

1) 用途

工程结构用合金钢主要用来制造桥梁、船舶、车辆、锅炉、压力容器、石油管道、大型钢架结构及农业机械等。采用工程结构用合金钢取代碳素结构钢可以减轻构件重量,提高构件强度,提升构件韧性,保证构件能耐久、可靠地使用。

2) 性能特点

工程结构用合金钢的强度较高,塑性、韧性好,压力加工性能和焊接性能良好。这类钢的屈服强度较碳素结构钢的提高了 30%~50%,尤其是其屈强比(R_{eL}/R_m)的提高更为明显。其室温下的冲击吸收能量 $KU_2 > 34$ J,且其冷脆转变温度较碳素结构钢的约低 −10 ℃;在 −40 ℃时,工程结构用合金钢的冲击吸收能量 KU_2 不低于 27 J。

3) 成分特点及作用

(1) 含碳量　一般 $w_C \leqslant 0.25\%$,以保证其良好的韧性、焊接性能及冷成形性能。

(2) 主加合金元素　$Mn(w_{Mn} \leqslant 1.8\%)$能固溶强化铁素体,细化珠光体。

(3) 辅加合金元素　V、Ti、Nb 等与钢中的碳形成微小的碳化物(如 TiC、VC、NbC 等),起细化晶粒和弥散硬化作用;此外,有的钢加入少量稀土元素,以消除钢中有害杂质的影响,减弱其冷脆性。

4) 热处理及组织

这类钢通常在热轧退火(或正火)状态下使用,其组织为铁素体加珠光体(或索氏体)。构件焊接后一般不再热处理。

5) 常用钢种

低合金高强度结构钢在工程中应用较多,其牌号与碳素结构钢牌号的编制方法一致,其最低屈服强度为 345 MPa。同一种牌号的钢还有质量等级之分,要求在 20 ℃、0 ℃、−20 ℃、−40 ℃条件进行夏比冲击试验并达到相应冲击吸收能量指标的钢材,分别记为 B、C、D、E 级;不要求进行冲击试验的钢材记为 A 级。

部分低合金高强度结构钢的主要化学成分、拉伸性能和应用举例如表 7-1、表7-2 所示,表中数据选摘自国家标准 GB/T 1591—2008。

工程中最常用的钢种有 Q345A、Q390A、Q420A 等。

需要指出的是,生产应用中也有不少采用工程结构用钢激冷淬火后自发回火,以获得综合力学性能优良的低碳马氏体组织的成功实例,如柴油机摇臂轴、铁轨鱼尾螺栓、油井吊卡、打麦机筛板、碾米机米筛等。实践表明,这一工艺用于那些变形程度要求不高、尺寸不大的中小型零部件,往往可获得满意的使用效果和很好的经济效益。

7.2.2　机械结构用合金钢

国家标准 GB/T 13304.2—2006 按主要性能及使用特性,将机械结构用合金钢分为调质处理合金结构钢、表面硬化合金结构钢、冷塑性成形合金结构钢、合金弹簧钢等(不锈、耐蚀和耐热钢,轴承钢除外)。本节依照合金钢的实际应用分类讲述。

1. 渗碳钢

1) 用途

渗碳钢应用甚广,主要用来制造表面需要承受高磨损且在动态下工作的零件,如变速齿轮、活塞销、内燃机凸轮轴等各种表面耐磨件。

2) 性能特点

渗碳钢经渗碳淬火、回火后可获得表硬心韧、耐磨、抗疲劳等多重优良性能。

3) 成分特点及作用

渗碳钢主要是低碳钢和低碳合金钢。

(1) 含碳量　一般 $w_C = 0.10\% \sim 0.25\%$,以保证零件渗碳后心部有足够的韧性和塑性。

(2) 合金元素　主要加入能提升淬透性的 Mn、Ni、Cr、B 等元素;辅加少量 Ti、V、W、Mo 等元素形成稳定的化合物,阻碍晶粒长大,提高渗碳层的硬度,改善钢的耐磨性。

4) 常用的渗碳钢

为了能正确选用钢材及制订热处理工艺,常按强度或淬透性的不同将合金渗碳钢分三类。

(1) 低淬透性渗碳钢　20Cr、20MnV 钢等属于低淬透性渗碳钢,它们在水中的淬硬层深度一般为 20~35 mm。这类钢经热处理后,心部强度较低,韧性较差,只能用于受力不大($R_m = 800 \sim 1000$ MPa)但耐磨性要求高的零件,如活塞销、滑块、小齿轮等。

表 7-1 部分低合金高强度结构钢的化学成分 (质量分数，%)

牌 号	质量等级	C	Si	Mn	P	S*	V（不大于）	Cr	Ni	N	Mo	其他	Als*（不小于）
Q345	A,B	0.20	0.50	1.70	0.035	0.035	0.15	0.30	0.50	0.012	0.10	Nb 0.07 Cu 0.30 Ti 0.20	—
Q345	C	0.20	0.50	1.70	0.030	0.030	0.15	0.30	0.50	0.012	0.10	Nb 0.07 Cu 0.30 Ti 0.20	0.015
Q345	D	0.18	0.50	1.70	0.025	0.025	0.15	0.30	0.50	0.012	0.10	Nb 0.07 Cu 0.30 Ti 0.20	0.015
Q345	E	0.18	0.50	1.70	0.025	0.020	0.15	0.30	0.50	0.012	0.10	Nb 0.07 Cu 0.30 Ti 0.20	0.015
Q390	A,B	0.20	0.50	1.70	0.035	0.035	0.20	0.30	0.50	0.012	0.10	Nb 0.07 Cu 0.30 Ti 0.20	—
Q390	C	0.20	0.50	1.70	0.030	0.030	0.20	0.30	0.50	0.012	0.10	Nb 0.07 Cu 0.30 Ti 0.20	0.015
Q390	D	0.20	0.50	1.70	0.025	0.025	0.20	0.30	0.50	0.012	0.10	Nb 0.07 Cu 0.30 Ti 0.20	0.015
Q390	E	0.20	0.50	1.70	0.025	0.020	0.20	0.30	0.50	0.012	0.10	Nb 0.07 Cu 0.30 Ti 0.20	0.015
Q420	A,B	0.20	0.50	1.70	0.035	0.035	0.20	0.30	0.50	0.012	0.10	Nb 0.07 Cu 0.30 Ti 0.20	—
Q420	C	0.20	0.50	1.70	0.030	0.030	0.20	0.30	0.50	0.012	0.10	Nb 0.07 Cu 0.30 Ti 0.20	0.015
Q420	D	0.20	0.50	1.70	0.025	0.025	0.20	0.30	0.50	0.012	0.10	Nb 0.07 Cu 0.30 Ti 0.20	0.015
Q420	E	0.20	0.50	1.70	0.025	0.020	0.20	0.30	0.50	0.012	0.10	Nb 0.07 Cu 0.30 Ti 0.20	0.015
Q460	C	0.18	0.60	1.80	0.030	0.030	0.20	0.60	0.80	0.015	0.20	B 0.004 Cu 0.55 Nb 0.11 Ti 0.20	—
Q460	D	0.18	0.60	1.80	0.025	0.025	0.20	0.60	0.80	0.015	0.20	B 0.004 Cu 0.55 Nb 0.11 Ti 0.20	0.015
Q460	E	0.18	0.60	1.80	0.025	0.020	0.20	0.60	0.80	0.015	0.20	B 0.004 Cu 0.55 Nb 0.11 Ti 0.20	0.015
Q500	C	0.18	0.60	1.80	0.030	0.030	0.12	0.60	0.80	0.015	0.20	B 0.004 Cu 0.55 Nb 0.11 Ti 0.20	—
Q500	D	0.18	0.60	1.80	0.025	0.025	0.12	0.60	0.80	0.015	0.20	B 0.004 Cu 0.55 Nb 0.11 Ti 0.20	0.015
Q500	E	0.18	0.60	1.80	0.025	0.020	0.12	0.60	0.80	0.015	0.20	B 0.004 Cu 0.55 Nb 0.11 Ti 0.20	0.015

注：* Als 表示酸溶铝。

表7-2　部分低合金高强度结构钢的拉伸性能和应用举例

牌号	质量等级	R_{eL}*/MPa,不小于 公称厚度(直径、边长)/mm						R_m/MPa 公称厚度(直径、边长)/mm					A/%,不小于 公称厚度(直径、边长)/mm				应用举例
		≤16	16~40	40~63	63~80	80~100	100~150	≤40	40~63	63~80	80~100	100~150	≤40	40~63	63~100	100~150	
Q345	A,B	345	335	325	315	305	285	470~630	470~630	470~630	470~630	450~600	20	19	19	18	车辆冲压件、中低压锅炉、汽包、化工容器、建筑结构、承受动载荷的焊接件
	C,D,E												21	20	20	19	
Q390	A~E	390	370	350	330	330	310	490~650	490~650	490~650	490~650	470~620	20	19	19	18	中高压锅炉、汽包、化工容器、较高载荷的构件
Q420	A~E	420	400	380	360	360	340	520~680	520~680	520~680	520~680	500~650	19	18	18	18	大型桥梁、船舶焊接构件、高压容器、电站设备构件
Q460	C,D,E	460	440	420	400	400	380	550~720	550~720	550~720	550~720	530~700	17	16	16	16	大型挖掘机、起重运输机、钻井平台
Q500	C,D,E	500	480	470	450	440	—	610~770	600~760	590~750	540~730	—	17	17	17	—	

注　* 当屈服不明显时，可测量 $R_{p0.2}$ 代替 R_{eL}。

（2）中淬透性渗碳钢　20CrMn、20CrMnTi、20CrMnMo 钢等属中淬透性渗碳钢，它们在油中的最大淬硬层深度为 25～60 mm，多用来制造中等强度（R_m＝1000～1200 MPa）的耐磨零件，如汽车和拖拉机的变速齿轮、齿轮轴、轴套等。

（3）高淬透性渗碳钢　18Cr2Ni4WA 和 20Cr2Ni4 钢（中合金钢）属高淬透性渗碳钢，它们的淬透性很好，油中最大淬透直径大于 100 mm，多用来制造承受重载荷（R_m＞1200 MPa）和强烈磨损的重要大型零件，如内燃机车的主动牵引齿轮，柴油机曲轴、连杆，飞机、坦克中的曲轴及重要齿轮等。这类钢渗碳后可空冷淬火，并应进行深冷处理（－70～－80 ℃）或高温（650 ℃左右）回火，以减少渗碳层中的残留奥氏体，改善表层耐磨性。

部分合金渗碳钢的化学成分、热处理工艺、力学性能和应用举例如表 7-3 所示，表中数据选摘自国家标准 GB/T 3077—1999。

5）热处理特点及组织

渗碳钢件的最终热处理应为渗碳、淬火加低温回火。具体淬火工艺根据钢种不同而定：合金渗碳钢一般都是渗碳后直接淬火；而渗碳时易过热的钢种，如 20Cr 钢等在渗碳之后直接空冷（正火），以消除过热组织，而后再进行加热淬火和低温回火。

热处理后，渗碳钢件表层的组织为高碳细针状回火马氏体加粒状碳化物及少量残留奥氏体，硬度为 58～62HRC。心部组织与钢的淬透性及零件的截面尺寸有关，全部淬透时为低碳回火马氏体及铁素体，硬度达 40～50HRC。多数情况下心部为少量低碳回火马氏体、托氏体（或细珠光体）及少量铁素体的混合组织，硬度达 25～35HRC，从而使心部具有好的强韧性。

6）渗碳钢的一般加工工艺路线安排

以中淬透性的 20CrMnTi 钢制造直径为 50 mm 的汽车变速齿轮为例，其技术条件要求渗碳层深度为 1.2～1.6 mm，表面碳质量分数为 1.0%，齿顶硬度为 58～60HRC，齿心部硬度为 30～45HRC。其一般加工工艺路线为：下料→毛坯锻造→正火→加工齿形→局部镀铜→渗碳→预冷淬火加低温回火→喷丸→精磨（磨齿）。

锻造的主要目的在于使毛坯内部获得正确的金属流线分布和提高组织致密度。正火的目的一是改善锻造组织，二是调整硬度（170～220HBW），有利于切削加工。对不需淬硬部分可采用镀铜或其他措施防止渗碳。根据渗碳温度（920 ℃）和渗碳层深度要求（查阅有关资料），渗碳时间确定为 7 h。具体热处理工艺曲线如图 7-8 所示。经淬火加低温回火后，表面和心部均能达到技术条件要求。

喷丸不仅可清除齿轮热处理过程中产生的氧化皮，且能使表层发生微量塑性变形而增强压应力，有利于提高疲劳强度；精磨（磨量为 0.02～0.05 mm）是为了使喷丸后的齿面更光洁。

2. 调质钢

调质钢是调质处理合金结构钢的简称，大多是指□□□冲击载荷零件的钢。由它制造的零件都要经□□□

表 7-3　部分合金渗碳钢化学成分、热处理工艺、力学性能和应用举例

	钢号	C	Mn	Si	Cr	其他	淬火温度/℃ 第一次	淬火温度/℃ 第二次	淬火冷却介质	回火温度/℃	回火冷却介质	Rm/MPa	ReL/MPa	A/%	Z/%	KU2/J	应用举例
中淬透性	20Mn2	0.17~0.24	1.40~1.80	0.17~0.37	—	—	850	—	水、油	200	水、空	785	590	10	40	47	齿轮、小轴、活塞销等,也用做锅炉、高压容器管道
	20Cr	0.18~0.24	0.50~0.80	0.17~0.37	0.70~1.00	—	880	780~820	水、油	200	水、空	835	540	10	40	47	
	20MnV	0.17~0.24	1.30~1.60	0.17~0.37	—	V 0.07~0.12	800	—	水、油	200	水、空	735	590	10	40	55	轴、蜗杆、活塞销、摩擦轮、汽车和拖拉机上的变速箱齿轮
	20CrMn	0.17~0.23	0.90~1.20	0.17~0.37	0.90~1.20	—	850	—	水、油	200	水、空	950	750	10	40	47	
	20CrMnTi	0.17~0.23	0.80~1.10	0.17~0.37	1.00~1.30	Ti 0.04~0.10	880	870	油	200	水、空	1080	850	10	40	55	
	20MnTiB	0.17~0.24	1.30~1.60	0.17~0.37	—	Ti 0.04~0.10 B 0.0005~0.0035	860	—	油	200	水、空	1130	930	10	40	55	
高淬透性	18Cr2Ni4WA	0.13~0.19	0.30~0.60	0.17~0.37	1.35~1.65	Ni 4.00~4.50 W 0.80~1.20	950	850	空	200	水、空	1180	835	10	45	78	大型渗碳齿轮和轴类件
	20Cr2Ni4	0.17~0.23	0.30~0.60	0.17~0.37	1.25~1.65	Ni 3.25~3.65	880	780	油	200	水、空	1180	1080	10	45	63	
	25SiMn2MoV	0.22~0.28	2.20~2.60	0.90~1.20	—	Mo 0.30~0.40 V 0.05~0.12	900	—	油	200	水、空	1740	900	10	45	63	

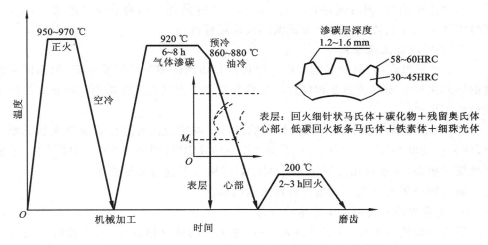

图 7-8　20CrMnTi 钢制汽车变速齿轮热处理工艺曲线

1）用途

调质钢广泛用来制造汽车、拖拉机、机床等的重要零件,如机床主轴、汽车半轴、压缩机连杆、齿轮、高强度螺栓等。

2）性能特点

调质钢经调质热处理后具有高的强度、硬度,并与韧性有良好的匹配,综合力学性能优良。

3）成分特点及作用

调质钢多为中碳合金钢,$w_C = 0.35\% \sim 0.50\%$。当含碳量过低时,回火后硬度、强度不足;当含碳量过高时,钢的塑性和韧性下降。主加合金元素 Cr、Mn、Ni、Si、B 等可提高淬透性,固溶强化铁素体;辅加合金元素 W、Mo、V 可改善耐回火性。此外,加入 Mo、W 还能减轻或防止第二类(高温)回火脆性,加入 V 能细化晶粒。

调质钢的调质效果与钢的淬透性有很大关系,一般应根据零件受力情况而定:对于整体截面受力均匀的零件,要求淬火后保证心部获得 90% 以上的马氏体;对于承受弯曲扭转应力的零件,只要求淬火后离表面 $R/4$(R 为表面到中心的距离)处保证得到 80% 以上的马氏体。

4）常用的调质钢

常用的调质钢按淬透性的不同分为三类。

(1)低淬透性调质钢　40Cr、40MnB 钢等属低淬透性调质钢,它们油淬时的最大淬透直径为 30～40 mm,多用来制造一般尺寸的重要零件,如轴类、连杆、螺栓等。

(2)中淬透性调质钢　35CrMo、42CrMo 钢等属中淬透性调质钢,它们油淬的最大直径为 40～60 mm,多用来制造截面较大的零件,如曲轴、连杆等。

(3)高淬透性调质钢　40CrNiMo 钢等属高淬透性调质钢,它们油淬的直径可达 60～100 mm,多用来制造大截面、重载的零件,如机床和汽轮机的主轴、叶轮等。

需要指出的是,调质钢并非一定要经调质才能使用。综合力学性能要求不高的某些工件采用正火或整体淬火加低温回火也是可行的。

5)热处理特点及组织

(1)要求强度高、韧性好的零件　连接件和传动件多采用调质处理,利用回火温度的不同来调整零件的强度和韧性。某些合金调质钢回火后应快冷以防止高温回火脆性的产生。

(2)要求表面耐磨而心部强韧性好的零件　调质后还可进行表面淬火加低温回火,使表面硬度为 55～58HRC,心部为 250～350HBW(相当于 25～38HRC)。若耐磨性要求更高,可选专用渗氮钢 38CrMoAl,调质后再进行渗氮处理。

调质钢经调质处理后的组织为回火索氏体。

6)调质钢的一般加工工艺路线安排

下料→锻造→正火(或等温退火)→粗加工→调质→精加工→(必要时可进行表面淬火加低温回火或渗氮处理)→精磨或研磨。

对低淬透性调质钢,切削加工前宜采用正火;对中、高淬透性调质钢,切削加工前则采用等温退火。若渗氮处理,在直径方向上预留的精磨余量不应超过 0.15 mm,因为渗氮层厚度一般不超过 0.6 mm。考虑淬透性的影响,凡调质钢件必须先行粗加工然后再行调质处理。

部分调质钢的化学成分、热处理工艺、力学性能和应用举例如表7-4所示,表中数据选摘自国家标准 GB/T 3077—1999。

3. 非调质钢

在碳素结构钢或低合金钢中加入微量合金元素、热轧后直接加工成零件、无须调质处理便可达到性能要求的专用结构钢,称为非调质机械结构钢,简称非调质钢。

1)用途

目前,非调质钢主要用来制造汽车、拖拉机和机床类零件。热锻和易切削非调质钢多用来制造汽车的连杆、曲轴、前轴、半轴、凸轮轴、花键轴以及汽车机油泵传动齿轮、各类传动轴等;而在机床行业,主要用来制造各类机床丝杠、光杠、主轴、花键轴、齿条和电动机主轴等;还广泛用来制造某些对韧性要求不太高的汽车零件,以取代中碳调质钢和合金调质钢。随着高强度、高韧度非调质钢的发展,其应用范围还在不断地扩大。例如,我国目前开发的自发回火低碳马氏体型或贝氏体型非调质钢,已用来制造汽车的水泵轴等零件。

2)成分及性能特点

非调质钢中的含碳量大多为 $w_C = 0.32\% \sim 0.49\%$,加入的微合金元素主要有 V、Ti、Mn 和 B、N 等,最常用的是 V,其次是 Mn。Mn 可降低珠光体形成温度,细化珠光体,从而提高钢的强度,且有促进 VN 和 VC 溶解、降低 VC 固溶温度的作用。当 $w_{Mn} = 1.50\% \sim 1.60\%$ 时,Mn 将促进贝氏体的形成。所以,具有贝氏体的非调质钢,其 Mn 的含量均较高。我国生产的部分非调质钢的化学成分和力学性能如表 7-5

表 7-4　部分调质钢的化学成分、热处理工艺、力学性能和应用举例

类别	牌号	化学成分(质量分数)/%					热处理工艺				力学性能,不小于					应用举例
		C	Si	Mn	Cr	其他	淬火		回火		R_{eL}/MPa	R_m/MPa	A/%	Z/%	KU_2/J	
							温度/℃	冷却介质	温度/℃	冷却介质						
低淬透性	45Mn2	0.42~0.49	0.17~0.37	1.40~1.80	—	—	840	油	550	水,油	735	685	10		47	齿轮、连杆、摩擦盘
	40Cr	0.37~0.44	0.17~0.37	0.50~0.80	0.80~1.10	—	835	油	520	水,油	785	980	9	45		重要调质零件,如齿轮、轴、曲轴,连杆螺栓,表面淬火零件
	40MnB	0.37~0.44	0.17~0.37	1.10~1.40	—	B 0.0005~0.0035			500				10			
	42SiMn	0.39~0.45	1.10~1.40	1.10~1.40	—	—	880	水	590	水	735	885	15		71	机车连杆,强力双头螺栓,高压锅炉给水泵轴
	40CrV	0.37~0.44	0.17~0.37	0.50~0.80	0.80~1.10	V 0.10~0.20			650				10	50	47	
中淬透性	40CrMn	0.37~0.45	0.17~0.37	0.90~1.20	0.90~1.20	—	840	油	550		835	980	9		55	汽车、拖拉机、机床、柴油机的轴,齿轮、电动机轴、高速高载荷、冲击载荷下工作的中小零件,机车牵引大齿轮及发电机转子,480℃以下工作的紧固件
	40CrNi	0.37~0.44	0.17~0.37	0.50~0.80	0.45~0.75	Ni 1.00~1.40	820		500		785		10			
	42CrMo	0.38~0.45	0.17~0.37	0.50~0.80	0.90~1.20	Mo 0.15~0.25	850		560		930	1080	12	45	63	
	35CrMo	0.32~0.40	0.17~0.37	0.40~0.70	0.80~1.10	Mo 0.15~0.25			550			980				
	30CrMnSi	0.27~0.34	0.90~1.20	0.80~1.10	0.80~1.10	—	880	水,油	520		835	1080	10		39	高速高载荷砂轮轴、齿轮、轴、联轴器、离合器
	38CrMoAlA	0.35~0.42	0.20~0.45	0.30~0.60	1.35~1.65	Mo 0.15~0.25, Al 0.70~1.10	940		640		980	980	14	50	71	镗床镗杆、蜗杆、高压阀门等高硬度渗氮件
高淬透性	37CrNi3	0.34~0.41	0.17~0.37	0.30~0.60	1.20~1.60	Ni 3.00~3.50	820		500		980	1130	10		47	活塞销、凸轮轴、齿轮、重要螺栓、拉杆
	40CrNiMoA	0.37~0.44	0.17~0.37	0.50~0.80	0.60~0.90	Mo 0.15~0.25, Ni 1.25~1.65	850	油	600		835	980	12	55	78	受冲击载荷的高强度的传动零件,如锻压机床的传动心轴、压力机曲轴等零件
	40CrMnMo	0.37~0.45	0.17~0.37	0.90~1.20	0.90~1.20	Mo 0.20~0.30					785	980	10		63	偏面尺寸较大的重要零件
	25Cr2Ni4WA	0.20~0.28	0.17~0.37	0.30~0.60	1.35~1.65	Ni 4.00~4.50, W 0.80~1.20			550		930	1080	11	45	71	截面尺寸较小、完全淬透的重要件

表 7-5　部分非调质机械结构钢的化学成分和力学性能

牌　号	化学成分(质量分数)/%						钢材直径(边长)/mm	力学性能不小于				
	C	Si	Mn	S	V	其他,不大于		R_m/MPa	R_{eL}/MPa	A/%	Z/%	KU_2/J
F35VS	0.32~0.39	0.20~0.40	0.60~1.00		0.06~0.13		≤40	590	390	18	40	47
F40VS	0.37~0.44	0.20~0.40	0.60~1.00		0.06~0.13		≤40	640	420	16	35	37
F45VS	0.42~0.49	0.20~0.40	0.60~1.00		0.06~0.13		≤40	685	440	15	30	35
F30MnVS	0.26~0.33	≤0.80	1.20~1.60		0.08~0.15	P 0.035	≤60	700	450	14	30	实测
F35MnVS	0.32~0.39	0.30~0.60	1.00~1.50	0.035~0.075	0.06~0.13	Cr 0.30	≤40	735	460	17	35	37
F35MnVS							>40~60	710	440	15	33	35
F38MnVS	0.34~0.41	≤0.80	1.20~1.60		0.08~0.15	Ni 0.30	≤60	800	520	12	25	实测
F40MnVS	0.37~0.44	0.30~0.60	1.00~1.50		0.06~0.13	Cu 0.30	≤40	785	490	15	33	32
F40MnVS							>40~60	760	470	13	30	28
F45MnVS	0.42~0.49	0.30~0.60	1.00~1.50		0.06~0.13		≤40	835	510	12	28	28
F45MnVS							>40~60	810	490	12	28	25
F49MnVS	0.44~0.52	0.15~0.60	0.70~1.00		0.08~0.15		≤60	780	450	8	20	实测

所示,表中数据选摘自国家标准 GB/T 15712—2008。

与调质钢相比,非调质钢对尺寸(体积)效应不敏感,其力学性能尤其是硬度在零件截面上的分布较为均匀。这对大型零部件来说尤为可贵和重要。此外,非调质钢的切削加工性能优于具有索氏体组织的调质钢,尤其是那些易切削非调质钢更高一筹。非调质钢具有良好的高、中频感应或激光加热淬火特性。与同等强度级别的调质钢相比,在同样渗氮和碳氮共渗工艺条件下,非调质钢可以获得更高的硬度和更大的渗层深度,且渗氮处理后心部硬度也不降低。试验表明,非调质钢具有良好的表面强化特性。

3) 技术经济特点

世界范围内的石油危机,迫使人们对节能降耗技术十分关注,于是,以节能减耗为特点的非调质钢在欧洲和日本等地得到迅速发展。显然,这与非调质钢省去了退(正)火和调质等热处理工序有关。它有着如下诸多技术经济特点和优势:

(1) 节约了能耗 例如,冷作硬化非调质钢制螺杆件,在省略退火和调质两道工序后,每吨钢最高可节省电能 2500 kW·h。

(2) 避免了工件变形 调质钢在淬火过程中变形开裂或后续校直时产生废品的可能性减小。

(3) 提高了材料利用率 非调质钢不需热处理,用料尺寸和加工余量减小,材料利用率可提高 5%～10%,并节省了相关工序的材料消耗,降低了零件的成本。

(4) 缩短了生产周期 省去了有关热处理工序后生产周期缩短了,由此还提高了零件质量和劳动生产率。

(5) 减少了环境污染 调质处理需要用淬火油,酸洗后要排出废液,它们对环境造成污染。而非调质钢不需调质处理,故有"绿色钢材"之称。

据悉,英国某公司选用一种非调质钢制造汽车发动机曲轴,与采用合金调质钢的曲轴相比,其材料和冷、热加工成本约降低 39%。可见,微合金非调质钢无疑有着巨大的市场潜力。

4) 非调质钢的类别及生产工艺路线

非调质钢一般按其加工方法分为热压力加工(热锻)用非调质钢(其牌号前冠以"F"代号)和易切削加工用非调质钢(其牌号前冠以"YF"代号)两大类。少数高强度高韧度热锻用非调质钢及冷作硬化用非调质钢的牌号分别用"GF"和"LF"代号表示。

由于非调质钢不需热处理,因此其生产工艺路线就变得很简单。热锻件、易切削加工件及冷作硬化件的工艺路线分别为:轧材→热锻→机械加工→成品(如曲轴);轧材→机械加工→成品(如模具);轧材→拉拔加工→冷成形(如螺栓)。

4. 弹簧钢

1) 用途

弹簧钢主要用来制造各种弹簧和弹性元件。

2）性能特点

由于弹簧利用的是弹性变形时吸收能量以缓和振动和冲击的原理,因此弹簧钢应具有高的弹性极限、屈强比、疲劳强度和足够的韧性;同时,弹簧钢需要有较好的热处理工艺性能(如淬透性好、过热敏感性弱)及良好的表面质量(如无氧化、脱碳层及加工刀痕、裂纹、夹杂等),以确保具有良好的疲劳性能。

3）成分特点及作用

（1）含碳量　对于合金弹簧钢取 $w_c=0.45\%\sim0.70\%$,以保证经热处理后有高的弹性极限和疲劳极限;对于碳素弹簧钢取 $w_c=0.62\%\sim0.90\%$。

（2）主加元素 Si、Mn　加入主加合金元素的目的是为了提升淬透性,强化铁素体,提高屈强比。

（3）辅加元素 Cr、W、V、Mo 等　加入辅加合金元素的目的是为了减小弹簧钢的脱碳和过热倾向,同时进一步改善耐回火性和提高冲击韧度。

4）常用的弹簧钢

表 7-6 所示为部分弹簧钢的主要化学成分、热处理工艺、力学性能和应用举例,表中内容选摘自国家标准 GB/T 1222—2007。其中,具有代表性的弹簧钢有以下几种：

（1）65Mn、70 钢　这两种弹簧钢可用来制造尺寸小于 8～15 mm 的小型弹簧,如坐垫弹簧、发条、弹簧环、刹车弹簧、离合器簧片等。

（2）60Si2Mn 钢　其中加入了 Si、Mn 元素,提升了钢的淬透性,可用来制造直径或厚度在 20～25 mm 的弹簧,如汽车、拖拉机、机车上的减振板簧和螺旋弹簧、汽缸安全阀簧(工作温度小于 230 ℃)。

（3）50CrVA 钢　它不仅淬透性好,而且有较好的热强性,适于工作温度在 350～400 ℃下的重载大型弹簧,如阀门弹簧、气门弹簧。

5）热处理特点及组织

弹簧钢按加工方法和热处理特点分两类。

（1）冷成形弹簧　对于尺寸小于 10 mm 的弹簧,常用弹簧钢丝(条)冷绕成形,其制造方法有三种：

①冷拔前常进行索氏体化处理,即奥氏体化后在 500～550 ℃铅浴或盐浴中等温,形成索氏体组织,然后经多次冷拔(加工硬化)至规定尺寸,以使其屈服强度显著提高,再冷绕成弹簧。这样成形的弹簧,只需在 200～300 ℃进行去应力退火,使其定形。这类钢丝材料为碳素弹簧钢和 65Mn 等合金钢。

②冷拔至规定尺寸后进行淬火加中温回火,然后冷绕成形再进行去应力退火。这类钢丝的抗拉强度不及方法①处理的钢丝的抗拉强度,这样成形的弹簧主要用于动力机械阀门弹簧等不重要零件。

③使用退火状态供应的弹簧钢丝冷绕成形后,再进行淬火加中温回火。这类钢

表 7-6 部分弹簧钢的化学成分、热处理工艺、力学性能和应用举例

牌号	主要化学成分(质量分数)/%					热处理工艺			力学性能,不小于				应用举例
	C	Mn	Si	Cr	其他	淬火加热温度/℃	冷却介质	回火加热温度/℃	R_{eL}/MPa	R_m/MPa	A/%	Z/%	
65	0.62~0.70	0.50~0.80	0.17~0.37	≤0.25	—	840	油	500	785	980	9*	35	截面尺寸小于15 mm的小弹簧
70	0.62~0.75	0.50~0.80	0.17~0.37	≤0.25	—	830	油	480	835	1030	8*	30	
85	0.82~0.90	0.50~0.80	0.17~0.37	≤0.25	—	820	油	480	980	1030	6*	30	
65Mn	0.62~0.70	0.90~1.20	0.17~0.37		—	830	油	540	785	980	8*	30	截面尺寸小于25 mm的弹簧,例如车厢板簧,机车板簧,缓冲卷簧
60Si2Mn	0.56~0.64	0.60~0.90	1.60~2.00	≤0.35		870	油	480	1180	1275	5*	25	
55SiMnVB	0.52~0.60	1.00~1.30	0.70~1.00	≤0.35	V 0.08~0.16 B 0.002	860	油	480	1225	1375	5	30	
60Si2MnA	0.56~0.64	0.70~1.00	1.60~2.00		—	870	油	440	1375	1570	5	20	截面尺寸小于30 mm的重要弹簧,例如小型汽车载重弹簧,扭杆簧,工作温度低于35℃的耐热弹簧
60Si2CrA	0.56~0.64	0.40~0.70	1.40~1.80	0.70~1.00		850	油	420	1570	1765	6	20	
60Si2CrVA	0.56~0.64	0.40~0.70	1.40~1.80	0.90~1.20	V 0.10~0.20	850	油	410	1665	1860	6	20	
50CrVA	0.46~0.54	0.50~0.80	0.17~0.37	0.80~1.00	V 0.10~0.20	850	油	500	1130	1275	10	40	
60CrMnBA	0.56~0.64	0.70~1.00	0.17~0.37	0.70~1.00	B 0.0005~0.004	830~860	油	460~520	1080**	1225	9	20	

注 * 为 $A_{11.3}$ 值。** 为 $R_{p0.2}$ 值。

丝的牌号有 60Si2MnA 和 50CrVA 等。

(2) 热成形弹簧　当螺旋弹簧的直径或板簧厚度大于 10 mm 时,若采用冷成形加工则困难较大,一般选用热轧钢丝或钢板条加热成形,热成形后经淬火加中温回火,使之获得高弹性的回火托氏体组织。回火后螺旋弹簧的硬度一般为 45～50HRC,板簧的硬度为 39～47HRC。

回火后再进行喷丸处理,可进一步提高弹簧的疲劳强度,使使用寿命延长数倍。

5. 易切削钢

易切削钢是指在钢中加入一种或几种易切削元素,使其切削加工性能得到明显改善的结构钢,简称易切钢。

1) 用途

易切削钢的应用范围较广,可用于结构钢件,如机床丝杠,手表和照相机的齿轮轴、齿轮等。在某些合金工具钢(如塑料模具钢等)中,为了改善其切削性能,制造出高精度模具,可加入易切削元素,使之成为易切削钢。

2) 性能特点及作用

易切削钢能降低切削力和切削热,减少刀具磨损,提高工件、刀具的寿命,改善排屑性能,提高切削速度。

3) 化学成分特点

不同种类易切削钢的基体化学成分均不相同,但它们所含的易切削元素主要是 S($w_S = 0.08\% \sim 0.30\%$)、Pb($w_{Pb} = 0.15\% \sim 0.25\%$)、Ca($w_{Ca} = 0.001\% \sim 0.005\%$)、稀土元素(少量),这些元素可以单独加入,也可以同时加入几种。

易切削元素在钢中形成夹杂物(称为易切相),可中断基体与切屑的连续性,促使形成卷曲半径小而短的切屑,减小切屑与刀具的接触面积。

由于易切削钢中含硫量较高,且存在大量夹杂物(易切相),所以钢的力学性能,特别是横向性能相对较低。

4) 常用的易切削钢

部分易切削钢的化学成分和力学性能如表 7-7 所示,表中数据选摘自国家标准 GB/T 8731—2008。

自动机床加工的零件大多选用低碳易切削钢;切削性能要求高的零件可选用含硫较高的 Y15;需要焊接的零件可选低硫的 Y12 钢;强度要求较高的零件可选用 Y20 或 Y30 钢;车床丝杠可选用 Y40Mn 钢;Y12Pb 钢广泛用于精密仪表行业,如制造手表、照相机齿轮、轴类等。

5) 热处理特点

对于在数控机床上加工的形状复杂、尺寸不大、强度要求不高的,材质为 Y12、Y20 的零件,如螺栓、螺母等,需进行渗碳处理;对于承受较高负荷,材质为 Y30、Y40Mn 的零件,如高强度螺杆、车床丝杠等,需采用调质处理。

表 7-7 部分易切削钢的化学成分和力学性能

类型	牌号	化学成分（质量分数）/%						力学性能			
		C	Si	Mn	P	S	其他	R_m/MPa	A/% 不小于	Z/% 不小于	硬度（HBW） 不大于
硫系	Y08	≤0.09	≤0.15	0.75~1.50	0.04~0.09	0.26~0.35	—	360~570	25	40	163
	Y12	0.08~0.16	0.15~0.35	0.70~1.00	0.08~1.50	0.10~0.20		390~540	22	36	170
	Y15	0.10~0.18	≤0.15	0.80~1.20	0.05~1.10	0.23~0.33		390~540	20	30	175
	Y20	0.17~0.25	0.15~0.35	0.70~1.00	≤0.06	0.08~0.15		450~600	20	30	187
	Y30	0.27~0.35	0.15~0.35	0.70~1.00	≤0.06	0.08~0.15		510~655	15	25	229
	Y45	0.42~0.50	≤0.40	0.70~1.00	≤0.05	0.15~0.25		560~800	12	20	165
	Y40Mn	0.37~0.45	0.15~0.35	1.20~1.55	≤0.05	0.20~0.30		590~850	14	20	241
	Y08MnS	≤0.09	≤0.07	1.00~1.50	0.04~0.09	0.32~0.48		350~500	25	40	165
	Y45MnS	0.40~0.48	≤0.40	1.35~1.65	≤0.04	0.24~0.30		610~900	12	20	241
铅系	Y08Pb	≤0.09	≤0.15	0.75~1.05	0.04~0.09	0.26~0.35	Pb 0.15~0.35	360~570	25	40	165
	Y12Pb	≤0.15	≤0.15	0.85~1.15	0.04~0.09	0.26~0.35		360~570	22	36	170
	Y15Pb	0.10~0.18	≤0.15	0.80~1.20	0.05~0.10	0.23~0.33		360~570			
	Y45MnSPb	0.40~0.48	≤0.40	1.35~1.65	≤0.04	0.24~0.33		610~900	12	35	241
锡系	Y08Sn	≤0.09	≤0.15	0.75~1.20	0.04~0.09	0.26~0.40	Sn 0.09~0.25	350~500	25	40	165
	Y15Sn	0.13~0.18	≤0.15	0.40~0.70	0.03~0.07	≤0.05		390~540	22	36	
	Y45Sn	0.40~0.48	≤0.40	0.60~1.00	≤0.06	0.20~0.35		600~745	12	20	
	Y45MnSn	0.40~0.48	≤0.40	1.20~1.70	≤0.04	0.20~0.35		610~850	22	36	241
钙系	Y45Ca	0.42~0.50	0.20~0.40	0.60~0.90	0.04	0.04~0.08	Ca 0.002~0.006	600~755	12	26	241

7.3　轴承钢

7.3.1　轴和轴承

轴是机器中最基本、最重要的结构件。它支承着各种传动件(如带轮、齿轮等)，并起传递动力的作用，因此它的尺寸和精度直接影响机器的工作。轴的转动需要靠轴承的支承来完成，轴上被轴承支承的部分称为轴颈。按轴承与轴颈接触处的摩擦性质来分，轴承可分为滚动轴承和滑动轴承两类。滚动轴承广泛用于高速运转的机器，如机床、汽车、拖拉机、柴油机、电动机、自行车等。滚动轴承的结构及不同形状的滚动体分别如图7-9、图7-10所示。本节讲述的是用来制造滚动轴承的一类钢——轴承钢。需要指出的是，轴承钢的化学成分大多类似于合金工具钢，因而轴承钢也可以用来制造某些刃具、量具、模具及精密构件等。

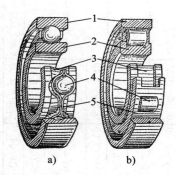

图 7-9　轴承的结构
a)球轴承　b)圆柱滚子轴承
1—外套圈　2—内套圈　3—套圈上凹下的滚道
4—滚动体　5—保持架

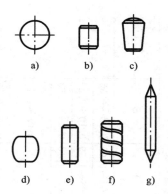

图 7-10　滚动体
a)球　b)短圆柱滚子　c)圆锥滚子
d)凸度圆柱滚子　e)长圆柱滚子
f)中空螺旋圆柱滚子　g)滚针

1. 滚动轴承的工作条件

滚动轴承工作时，外套圈固定在机器上设计的轴承座内，内套圈随轴一起转动。滚动体和内、外套圈都要受到周期性变化的应力的作用，这种应力作用的频率甚至可以达到每分钟数万次。此外，滚动体和套圈之间还存在着摩擦及润滑剂的侵蚀作用。因此，滚动轴承的损坏常常是由接触表面产生了小块金属的疲劳剥落、磨损及锈蚀所引起的。

2. 轴承钢的性能要求

(1) 高的硬度、强度和好的耐磨性　轴承滚动体与套圈之间不仅有滚动摩擦而且有滑动摩擦。因此，轴承部件都要求高硬度(一般为 62～64HRC)，且必须硬度均匀，以抵抗高的摩擦和磨损。

(2) 高的接触疲劳强度　由于滚动体与套圈之间为点或线接触，其压应力可达

3000～5000 MPa。高的接触疲劳强度可延长轴承的使用寿命。

（3）足够的韧性和耐蚀性。

（4）高的纯净度　轴承部件的表面及整体质量对其寿命皆影响很大,故要严格控制轴承钢中夹杂物和杂质的含量。

3. 成分特点及作用

（1）高的含碳量　含碳量一般应达到 0.95%～1.05%（质量分数）,以保证经最终热处理后达到高的硬度、强度和好的耐磨性要求。含碳量较低的轴承钢必须经渗碳热处理后达到这一要求。

（2）主加元素 Cr　当 $w_{Cr}=0.35\%\sim1.95\%$ 时,可形成合金渗碳体 $(Fe,Cr)_3C$,由此提升钢的淬透性,进而改善钢的耐磨性。

（3）辅加元素 Si、Mn　添加合金元素 Si、Mn 可进一步提升钢的淬透性,使钢能获得均匀的组织。

（4）严格控制 S、P 含量　规定钢中 $w_S\leqslant0.025\%$,$w_P\leqslant0.027\%$,且钢中夹杂物的形态及分布必须控制在规定级别之内。

7.3.2　轴承钢的分类

根据化学成分和用途不同,轴承钢按国家标准 GB/T 13304.2—2008 可分为高碳铬轴承钢、渗碳轴承钢、不锈轴承钢、高温轴承钢、无磁轴承钢等。

1. 高碳铬轴承钢

1）一般使用范围

高碳铬轴承钢是许多企业广为熟悉的轴承钢,有多个牌号。它们的含碳量一致且都很高（$w_C=0.95\%\sim1.50\%$）,但合金元素尤其是 Cr 元素的质量分数相差较大,由 1.35% 至 1.95% 不等。Cr 元素除了能提升钢的淬透性之外,还能形成碳化物,改善钢的耐磨性,所以那些含铬量较低的钢适合制造尺寸较小的球、圆柱滚子等滚动体。含碳量较高并含有 Si、Mn 或 Mo 元素的轴承钢主要用来制造中大型轴承（如壁厚大于 12 mm、外径小于 250 mm）的套圈和滚动体,还适合制造量具、冷冲模具及柴油机的精密偶件等。高碳铬轴承钢中使用量最大的钢种有 GCr15 和 GCr15SiMn 等。

高碳铬轴承钢的化学成分和硬度如表 7-8 所示,表中数据选摘自国家标准 GB/T 18254—2002。

2）热处理及显微组织

常用轴承钢的热处理工艺主要包括球化退火、淬火和低温回火。

球化退火的目的一是获得球状珠光体（即"球化体"组织）,为淬火做好组织准备,二是降低锻造后钢坯的硬度,有利于切削加工。若球化退火前钢中有明显的网状渗碳体时,还应先用正火使之消除。

淬火加热温度对轴承钢的性能影响较大,如图 7-11 所示。

表 7-8　高碳铬轴承钢的化学成分和硬度

牌　号	化学成分(质量分数)/%									硬度(HBW)
	C	Si	Mn	Cr	Mo	P	S	Ni	Cu	
						不大于				
GCr4	0.95~1.05	0.15~0.30	0.35~0.50	≤0.08			0.020	0.25	0.20	179~207
GCr15		0.15~0.35	0.25~0.45	1.40~1.65	≤0.10	0.025	0.25			
GCr15SiMn		0.45~0.75	0.95~1.25					0.30	0.25	179~217
GCr15SiMo		0.65~0.85	0.20~0.40	1.40~1.70	0.30~0.40	0.027	0.30			
GCr18Mo		0.20~0.40	0.20~0.40	1.65~1.95	0.15~0.25	0.025		0.25		179~207

注　GCr15、GCr15SiM 要求 Cu+Ni 的质量分数不大于 0.5%。

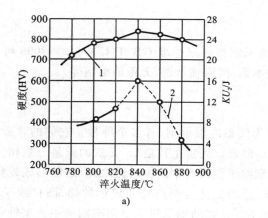
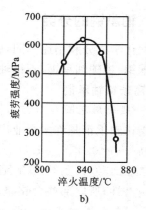

图 7-11　淬火温度对 GCr15 钢的硬度、冲击吸收能量和疲劳强度的影响

a)硬度、冲击吸收能量　b)疲劳强度

1—硬度　2—冲击吸收能量

　　GCr15 钢的淬火温度一般应控制在 830±10 ℃。温度高于 850 ℃后,一方面晶粒较粗大,另一方面,淬火后残留奥氏体增加,使钢的冲击韧度和疲劳强度降低。

　　低温(150~160 ℃)回火后的组织为极细小的回火马氏体+细小粒状碳化物及少量残留奥氏体,硬度为 61~66HRC。轴承钢零件回火后的硬度要求如表 7-9 所示。

　　3) 加工工艺路线安排

　　轴承钢的加工工艺路线为:轧制、锻造→球化退火→切削加工→淬火+低温回火→磨加工→低温时效→成品。

　　对于精密轴承钢件,为进一步降低内应力和残留奥氏体量,稳定尺寸,必须在淬

表 7-9　轴承钢零件回火后的硬度要求

牌　号	零件名称	回火后的硬度（HRC）
GCr15	套圈	61～65
	关节轴承套圈	58～64
	滚针、滚子	61～65
	直径小于 45 mm 的钢球	62～66
	直径大于 45 mm 的钢球	60～66
GCr15SiMn	套圈	60～64
	钢球	60～66
	滚子	61～65

火后、低温回火前立即进行深冷处理（−60～−80 ℃），还应在磨加工后于 120～130 ℃保温 5～10 h（所谓低温时效）处理，目的是进一步消除磨削应力，稳定工件尺寸。例如，内燃机油泵中一对小尺寸精密偶件针阀体的热处理工艺曲线如图 7-12 所示。只有经过这样严格的热处理，才能保证针阀体具有好的耐磨性与尺寸稳定性，不致因些微磨损、变形而引起漏油和"卡死"现象。

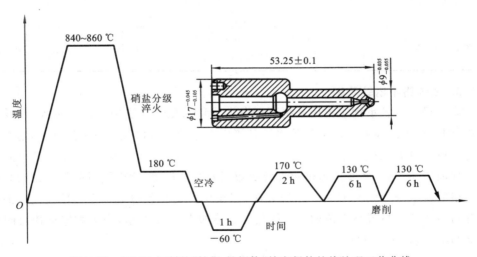

图 7-12　GCr15 钢制的"针阀-针阀体"精密偶件的热处理工艺曲线

2. 渗碳轴承钢

渗碳轴承钢主要用来制造高冲击负荷条件下工作的中型（外径不大于 250 mm）、大型（外径为 250～450 mm）和特大型（外径大于 450 mm）的轴承零件，如轧钢机、矿山挖掘机及其他重型机械上所用轴承的套圈及滚动体。这些轴承件不仅要求表面硬度高、耐磨性好，还要求心部有较好的韧性和足够的强度，所以要用渗碳轴承钢来制造。

不同牌号的渗碳轴承钢中的含碳量都比较低(w_C＝0.08％～0.23％)；加入的合金元素有 Cr、Mn、Ni、Mo 等，牌号不同，其含量有所不同。经渗碳处理后，钢的表面可获得一定厚度的高碳层(w_C＝0.95％～1.05％)，再经淬火、回火后，高碳层便转变为硬度达 60HRC 以上的硬化层。需要指出的是，渗碳层的厚度需要视具体技术要求，通过渗碳工艺来控制。例如，一般大型轴承零件要求硬化层厚度为 4.0～5.0 mm。部分渗碳轴承钢的化学成分如表 7-10 所示，表中数据选摘自国家标准 GB 3203—82。

表 7-10　部分渗碳轴承钢的化学成分　　　　　　　（质量分数，％）

牌　　号	C	Si	Mn	Cr	Ni	Mo	Cu	P	S
								不大于	
G20CrMo	0.17～0.23	0.20～0.35	0.65～0.95	0.35～0.65	—	0.08～0.15	0.25	0.03	0.03
G20Cr2Ni4		0.15～0.40	0.30～0.60	1.25～1.75	3.25～3.75	—			
G20Cr2Mn2Mo			1.30～1.60	1.70～2.00	≤0.30	0.20～0.30			
G20Cr2Ni4A			0.30～0.60	1.25～1.75	3.25～3.75	—		0.020	0.020

3. 高碳铬不锈轴承钢

高碳铬不锈轴承钢主要用来制造在海水、河水、化学介质中工作的轴承，以及在石油钻井、核电站及原子反应堆等腐蚀环境中工作的一些机械设备中的轴承，这类钢的化学成分具有高碳(w_C＝0.90％～1.10％)、高铬(w_{Cr}＝16.00％～19.00％)的特点。如前所述，高含碳量能保证钢在淬火以后有高的硬度，高含铬量能保证钢的马氏体中铬的质量分数大于 12％。研究表明，当钢中铬的质量分数大于 12％以后，钢就具有耐蚀性了。高碳铬不锈轴承钢的化学成分如表 7-11 所示，表中数据选摘自国家标准 GB/T 3086—2008。

表 7-11　高碳铬不锈轴承钢的化学成分　　　　　　　（质量分数，％）

牌　　号	C	Si	Mn	S	P	Cr	Mo	Ni＋Cu
G95Cr18	0.90～1.00					17.00～19.00	—	
G102Cr18Mo	0.95～1.10	≤0.80	≤0.80	≤0.030	≤0.035	16.00～18.00	0.40～0.70	≤0.50
G65Cr14Mo	0.60～0.70					13.00～15.00	0.50～0.80	

7.4 合金工具钢

在合金钢中,工具钢分为合金工具钢和高速工具钢。用来制造刃具、量具和模具的合金钢统称为合金工具钢。有关高速工具钢的内容将在 7.5 节讲述,有关碳素工具钢的内容可回顾 4.4 节。

7.4.1 刃具钢

刃具钢是专门用来制造车刀、铣刀、刨刀、钻头、丝锥、板牙等带有切削刃的一类工具(统称为刃具)的钢。

1. 性能要求

刃具钢经热处理之后应达到以下性能:

(1)硬度高、耐磨性好 切削加工时,刀具的刃部与被加工件之间会产生剧烈的摩擦,并迅速发热升温。温度一旦升至 200～250 ℃,刃部硬度就会降低,因此,只有当刀具刃部的硬度大大超过被切削材料的硬度(160～230HBW)时,才能保持高的切削效率。一般要求刃具的硬度大于 60HRC。

(2)热硬性好 在切削加工中,如果刃部因温度升高硬度很快降低,那么切削刃就会卷曲变形,不能正常工作。因此,要求刀具材料具有在较高温度下也能保持较高硬度的特性,即具有好的热硬性。热硬性(也称红硬性)与钢的耐回火性,回火过程中析出弥散碳化物的多少、大小及种类有关。

(3)淬透性好 好的淬透性有利于整个刃部达到均匀一致的高硬度。

(4)韧性和塑性足够 刀具如果韧性和塑性不足,就有可能在切削加工过程中崩刃、折断。

2. 成分特点及作用

合金刃具钢主要用来制造低切削速度、刃部发热温度低于 300 ℃ 的一类切削工具。其含碳量 $w_C=0.9\%～1.1\%$,以保证能形成足够的合金碳化物;主加合金元素 Cr、Mn、Si 等的总量为 $w_{AE}<5\%$,目的是为了提升钢的淬透性、强化铁素体及形成合金碳化物;钢中的 W、V 等元素能提高钢的硬度、改善钢的耐磨性,并能细化晶粒。由于这类钢中所含合金元素的总质量分数不超过 5%,所以使用中又称之为低合金刃具钢。

3. 常用刃具钢

合金刃具钢的典型牌号为 9SiCr 和 CrWMn。9SiCr 钢的淬透性好,油中淬火最大直径为 60 mm,经 230～250 ℃ 回火后硬度仍不低于 60HRC,常用来制造薄刃刀具和冷冲模等,工作温度小于 300 ℃。CrWMn 钢含有较多的碳化物,有较高的硬度和较好的耐磨性,淬透性也较好,淬火后有较多残留奥氏体,工件变形很小,但其热硬性不如 9SiCr 钢,常用来制造截面较大、切削刃受热不高、要求变形小、耐磨性好的刃具,如长丝锥、长铰刀、拉刀等,也常作量具钢和冷作模具钢使用。

部分合金刃具钢的化学成分、热处理工艺应用举例如表 7-12 所示,表中数据选摘自国家标准 GB/T 1299—2000。

表 7-12　部分合金刃具钢的化学成分、硬度、热处理工艺和应用举例

牌号	化学成分(质量分数)/%								交货状态 布氏硬度(HBW 10/3000)	试样淬火			应用举例
	C	Si	Mn	P	S	Co	Cr	其他		淬火温度/℃	冷却剂	洛氏硬度(HRC), 不小于	
				不大于									
9SiCr	0.85~0.95	1.20~1.60	0.30~0.60	0.030	0.030		0.95~1.25		241~197	820~860	油	62	板牙、丝锥、钻头、铰刀、冷冲模、冷轧辊
8MnSi	0.75~0.85	0.30~0.60	0.80~1.10				—	—	≤229	800~820		60	木工凿子、锯条或其他工具
Cr06	1.30~1.45	≤0.40	≤0.40				0.50~0.70		241~187	780~810	水	64	刮刀、刀、剃刀等切削刀具
Cr2	0.95~1.10					1.00	1.30~1.65		229~179	830~860	油	62	低速切削工具、车刀、插刀及铰刀等、量具、样板及凸轮销、偏心轮、冷轧辊
9Cr2	0.80~0.95						1.30~1.70		217~179	820~850			冷轧辊、钢印、冲孔凿、冲头及冷冲模
W	1.05~1.25						0.10~0.30	W 0.80~1.20	229~187	800~830	水		慢速切削刀具如铣刀、车刀、刨刀
CrWMn	0.90~1.05			0.80~1.10			0.90~1.20	W 1.20~1.60	225~207		油		长丝锥、长铰刀、板牙、拉刀、量具、冷冲模

4. 刃具钢的加工工艺路线及热处理特点

（1）低合金刃具钢 以 9SiCr 钢圆板牙产品（用于加工外螺纹的精细刃具）为例，其加工工艺路线为：下料→球化退火→切削加工→淬火＋低温回火→磨平面→刨槽→开口。

9SiCr 钢圆板牙（M6×0.75 mm）的热处理工艺曲线如图 7-13 所示。从图 7-13 看出，淬火时工件应先加热至 600～650 ℃保温（保温时间根据工件截面厚度按 60～90 s · mm^{-1} 确定），其目的是减小工件表里温差，防止变形。奥氏体化后在 160～200 ℃ 的硝盐浴中进行分级淬火，可进一步减小变形。最后在 190～200 ℃ 进行低温回火，使硬度达到所要求的 60～63HRC。回火后组织为回火马氏体、未溶碳化物和少量残留奥氏体。

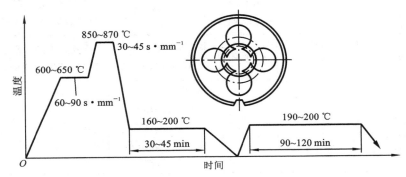

图 7-13 9SiCr 钢圆板牙的热处理工艺曲线

7.4.2 模具钢

专门用来制造各种模具的钢材称为模具钢，一般分为冷作模具钢和热作模具钢。

1. 冷作模具钢

1）用途

冷作模具钢主要用来制造冷冲模、冷挤压模、冷镦模及拉丝模、搓丝模、滚丝模等，它们的工作温度一般为 200～300 ℃。

2）性能要求

冷作模具的主要损坏形式是磨损和变形，也有常见的崩刃、断裂等失效。为此，对模具制造材料有要求：①硬度高，如表 7-13 所示；②足够的韧性与疲劳性能；③淬透性好，热处理变形小。常见冷作模具钢选用举例如表 7-14 所示。

表 7-13 冷作模具对硬度（HRC）的要求

模具及其辅件	硅钢片冲模	薄钢板冲模	厚钢板冲模	拔丝模	剪刀	直径小于 5 mm 的小冲头	冷挤压铜铝件模具	冷挤压钢件模具
凸模	58～60	58～60	56～58	—	54～58	56～58	60～64	60～64
凹模	60～62			＞64	—	—		58～60

表 7-14　常见冷作模具钢选用举例

冲模种类	牌号 简单(轻载)	复杂(轻载)	重 载	备 注
硅钢片冲模	Cr12,Cr12MoV	9Mn2V,Cr12MoV	—	因加工批量大,要求寿命较长,故均采用高合金钢
冲孔落料模			Cr12MoV	—
压弯模		—	Cr12,Cr12MoV	—
拔丝拉伸模			Cr12,Cr12MoV	—
冷挤压模	T10A,9Mn2V	9Mn2V,Cr12MoV	Cr12MoV	要求热硬性时还可选用 W18Cr4V、W6Mo5Cr4V2 钢
小冲头		Cr12MoV	W18Cr4V,W6Mo5Cr4V2	冷挤压钢件、硬铝冲头还可选用超硬高速钢、基体钢*
冷镦(螺栓、螺母)模,冷镦(轴承钢、球钢)模			Cr12MoV,Cr12MoV,W18Cr4V,Cr4W2MoV,基体钢*	

注　*基体钢指 65Nb(6Cr4W3Mo2VNb)钢、CG-2(6Cr4Mo3Ni2WV)钢、RM2(5Cr4W5Mo2V)钢等,它们的成分相当于高速工具钢在正常淬火状态的组织中去除残留碳化物后的基体化学成分。这种钢过剩碳化物少,颗粒细,分布均匀,在保证较高的硬度,一定耐磨性和抗压强度条件下,抗弯强度得到显著提高,韧性得到显著改善,淬火变形也变小。

3) 化学成分特点

高含碳量($w_C = 1.0\% \sim 2.0\%$),以保证经热处理后硬度高、耐磨性好;主加合金元素 Cr、Mo、W、V 形成难溶碳化物,以提升耐磨性及淬透性。

4) 常用冷作模具钢

根据冷作模具的工作条件,可选用碳素工具钢,如 T8A、T10A、T12A 钢等,制造负荷轻、尺寸小、形状简单的模具;可选用合金工具钢,如 9SiCr、CrWMn、GCr15、9Mn2V 钢等,制造负荷、尺寸较大,形状较复杂,批量不很大的模具;而重载荷、形状复杂、变形要求小的大型冷作模具应选用 Cr12 钢、Cr12MoV 钢等制造;对性能要求更高的模具,可选用基体钢制造。

部分冷作模具钢的化学成分、硬度、热处理工艺和应用举例如表 7-15 所示,表中数据选摘自国家标准 GB/T 1299—2000。

5) 加工工艺路线及热处理特点

一般冷作模具的加工工艺路线为:下料→锻造→球化退火→切削加工→淬火→回火→精磨→成品检验。

表 7-15 部分合金模具钢的化学成分、硬度、热处理工艺和应用举例

类型	牌号	化学成分(质量分数)/%								交货状态	试样淬火			应用举例
		C	Si	Mn	P	S	Ni	Cr	其他	布氏硬度(HBW 10/3000)	淬火温度/℃	冷却剂	洛氏硬度(HRC)不小于	
					不大于	不大于								
冷作模具钢	Cr12	2.00~2.30			0.030	0.030	—	11.50~13.00	Co≤1.00	269~217	950~1000	油	58	冷冲模冲头、冷切(硬质薄的金属)的剪刀、钻套、量规、螺纹滚模、料模、拉丝模、木工工具
	Cr12MoV	1.45~1.70	≤0.40	≤0.40	0.030	0.030	—	11.00~12.50	Co≤1.00 Mo 0.40~0.60 V 0.15~0.30	255~207	950~1000	油	58	冷切剪刀、圆锯、切边模、滚边模、标准工具与量规、拉丝模、螺纹滚模
	6W6Mo5Cr4V	0.55~0.65	≤0.40	≤0.40	0.030	0.030	—	3.70~4.30	W 6.00~7.00 Mo 4.50~5.50 V 0.70~1.10 Nb 0.20~0.35	≤269	1180~1200	油	60	钢件、硬铝件的冷挤压模
热作模具钢	5CrNiMo	0.50~0.60	≤0.40	0.50~0.80	0.030	0.030	1.40~1.80	0.50~0.80	Mo 0.15~0.30	241~197	830~860	油	—	大型锤锻模等
	5CrMnMo	0.50~0.60	0.25~0.60	1.20~1.60	0.030	0.030		0.60~0.90	Mo 1.50~1.30	241~197	820~850	油	—	中小型锤锻模等
	3Cr2W8V	0.30~0.40	≤0.40	≤0.40	0.030	0.030		2.20~2.70	W 7.50~9.00 V 0.20~0.50	≤255	1075~1125	油	—	螺钉或铆钉热挤压模、压铸模及压力机锻模

Cr12 钢属莱氏体钢,原始组织中的网状共晶碳化物分布不均匀将使模具变脆、崩刃,故应通过反复锻造来改善碳化物的不良分布状态,也将有利于发挥后续热处理的效果。

选用碳素工具钢或低合金刃具钢制造冷作模具的热处理方式为:球化退火,淬火＋低温回火。当选用 Cr12 冷作模具钢时,其热处理方案有两种:

(1) 一次硬化法　其工艺为:950～1000 ℃加热淬火＋180～250 ℃回火,硬度为58～60HRC。这样处理的钢具有良好的耐磨性和韧性,用于重载模具的制造。

(2) 二次硬化法　即在 1100～1150 ℃加热淬火,再经 490～520 ℃高温回火二次,使之产生二次硬化。这样处理的钢硬度为 60～62HRC,热硬性和耐磨性较好,但韧性较差,适用于在 400～450 ℃温度下工作的模具,如 6Cr4W3Mo2VNb 钢制造的冷镦六角凸模。

Cr12 钢的淬火回火后的组织为回火马氏体、粒状碳化物和残留奥氏体。需要注意的是,Cr12 钢淬火后残余应力较大,若模具未经回火,则磨削加工后模具表面会呈现条状和不规则的网络状裂纹。实践表明,如果模具回火不充分(回火一次),也有可能磨削后仍会出现少量细小裂纹,但经两次回火后,则不再出现磨削裂纹。因此,有些 Cr12 模具需要回火两次,淬火应力才能得到基本释放。图 7-14 所示为 Cr12 钢硅钢片冲模及其热处理工艺。

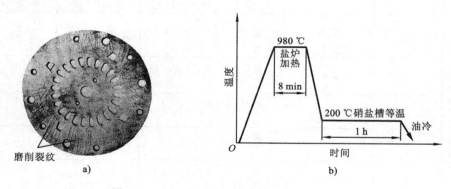

图 7-14　Cr12 钢硅钢片冲模及其热处理工艺

a)带有磨削裂纹的模具(未经回火)　b)热处理工艺

此外,表 7-16、表 7-17 所示分别为常用冷作模具钢的回火温度、硬度和回火脆性温度范围。

表 7-16　常用冷作模具钢的回火温度与硬度

牌　号	淬火硬度 (HRC)	达到下列硬度(HRC)范围的回火温度/℃				
		45～50	52～56	54～58	58～61	60～63
9Mn2V	62.0	380	300	250	220	150～180
Cr12(980 ℃淬火)	63	—	—	320～350	250	180～190

续表

牌　　号	淬火硬度（HRC）	达到下列硬度（HRC）范围的回火温度/℃				
		45～50	52～56	54～58	58～61	60～63
Cr12MoV(1030 ℃淬火)	63	—	540	400	230	170
W18Cr4V	>62	—	—	—	620	560
W6Mo5Cr4V2	>60	—	—	—	620	560
Cr4W2MoV	60～62	—	—	—	520～540	—

表 7-17　冷作模具钢的回火脆性温度范围

牌　　号	CrWMn	9Mn2V	GCr15	9SiCr	Cr12	Cr12MoV
温度/℃	250～300	190～230	200～250	200～240	290～330	325～375

2. 热作模具钢

1）用途

热作模具钢用来制造热锻模、热镦模、热挤压模、热冲裁模及压铸模等。工作时模具型腔表面温度常达 300～400 ℃，局部有时可达 600 ℃，用于高熔点金属的压铸模表面甚至超过 1000 ℃。

2）性能要求

热作模具工作时与高温锻坯或炽热的金属液接触，需承受强大的冲击载荷及反复的加热和冷却，型腔表面还会受到剧烈的摩擦，结果导致模具产生塑性变形（型孔胀大）、热疲劳（型腔表面出现网状裂纹）、热磨损（型腔表面出现沟痕、剥落）等缺陷而不能继续使用。因此，热作模具钢应具备：

①高强度及与其合理匹配的韧性、足够的硬度和好的耐磨性；

②较好的回火稳定性和热硬性；

③良好的热疲劳性能和抗氧化性能。

此外，对尺寸大的模具，还应有好的淬透性和导热性。

3）成分特点及作用

①含碳量适中（w_c=0.4%～0.6%），以保证良好的强度与韧性匹配以及较高的硬度和较好的热疲劳性能。

②含合金元素 Cr、Mn、Ni、Mo、V、W 等，其中 Cr、Ni、Mn 可改善淬透性，固溶强化铁素体，Mo、W、V 可细化晶粒，产生二次硬化，Mo 还能防止第二类回火脆性。

4）常用的热作模具钢

表 7-15 中列出了部分热作模具钢的化学成分、硬度热处理工艺和应用举例。其中最常用的是 5CrMnMo 和 5CrNiMo 钢，它们适用于强度和韧性要求高而热硬性要

求不高的热作模具,前者用于中小模具,后者用于大型模具。若要求热硬性好而冲击载荷较小的热压模具,可选用 3Cr2W8V 钢。

　　5)加工工艺路线及热处理特点

　　一般热作模具的加工工艺路线为:下料→锻造→退火→粗加工→淬火→高温回火→精加工。

　　锻造的目的是消除轧制时所形成的纤维组织,以防出现各向异性。退火的目的是改善锻造组织,降低硬度(至 200~240HBW),利于切削加工。其退火工艺为:加热至780~800 ℃保温5 h后炉冷。5CrMnMo 钢的淬火回火工艺曲线如图7-15所示。

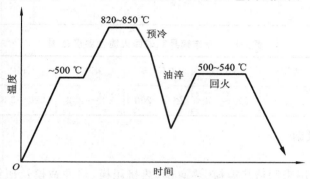

图 7-15　5CrMnMo 模具钢的热处理工艺曲线

表 7-18　5CrMnMo 钢回火温度与模具硬度的关系

回火温度/ ℃	回火后硬度(HRC)
380~400	48~52
480~500	44~48
500~540	40~44
560~580	36~40

　　需要注意的是,为防止淬火开裂,一般应先将工件预冷至 750~780 ℃后再放入油中淬火,当油冷至接近 M_s 点(大约为提出模具时油冒白烟但不着火的温度)时,迅速取出并立即回火,绝不可冷至室温再回火,否则工件容易开裂。淬火、回火后的组织为回火托氏体或回火索氏体(视回火温度而定)。5CrMnMo 钢回火温度与模具硬度的关系如表 7-18 所示。

　　3Cr2W8V 热压模钢的淬火、回火工艺为:1050~ 1150 ℃加热,油中淬火,560~580 ℃回火两次或三次。回火组织为回火马氏体和粒状碳化物。

　　为进一步提高模具寿命,可进行渗氮处理。

3. 新型高性能模具钢简介

　　华中科技大学(原华中工学院、华中理工大学)自 20 世纪 80 年代初至今,已研制和开发了多种新型高性能模具钢,几种新型高性能模具钢的化学成分、热处理工艺和应用举例如表 7-19 所示(表中数据供参考)。这些钢种作为国家级科技重点推广项目的成果,早已在生产中得到较广泛的应用,例如 65Nb 钢就比通用模具钢的使用寿命有大幅度提高。

表 7-19 几种新型高性能模具钢的化学成分、热处理工艺和应用举例

类别	牌号	化学成分（质量分数）/%									热处理工艺			应用举例
		C	Cr	Mn	Si	W	Mo	S	V	其他	退火	淬火	回火	
冷作模具钢	6Cr4W3Mo2VNb（简称65Nb）	0.65	4.06	0.27	0.21	2.94	2.02	0.013	0.97	Nb 0.27	860 ℃×3 h +740 ℃×6 h	1120~1160 ℃ 加热、油冷	540~580 ℃ 回火两次	手表壳冷挤压模，螺栓冷角凹凸模，轴承套圈冷挤压凸模，内六角螺钉冲头
	9Cr6W3Mo2V2（简称 GM）	0.86 ~ 0.94	5.60 ~ 6.40	—	—	2.80 ~ 3.20	2.00 ~ 2.50	—	1.70 ~ 2.20	—		1080 ℃ 加热、油冷	540 ℃回火两次，或 150 ℃回火两次	印制线路板簧片冲模，高强度螺栓滚丝轮，电动机转子复式冲模，多工位级进模
	6CrMnNiMoVSi（简称 GD）	0.69	1.15	0.85	0.70	—	0.45	—	0.18	Ni 0.85	800 ℃×3 h +710 ℃×4 h	870~930 ℃ 加热、油冷	200~250 ℃ (61HRC)	10 钢垫圈冲模、20Cr 钢离合器齿轮冷挤模，M10 凸模冷镦模，中厚板冷冲模，剪刃
塑料模具钢	5CrNiMnMoVSCa（简称 5NiSCa）	0.55	1.00	1.10	—	—	0.45	0.10	0.25	Ni 1.00 Ca 0.005	770 ℃×2 h +680 ℃×6 h	880~900 ℃ 加热、油冷	570~650 ℃ (36~45 HRC)	大、中、小型各类注塑模，橡胶模，印制线路板凸凹模，木模
	8Cr2MnWMoVS（简称 8Cr2S 钢）	0.79	2.35	1.39	—	0.75	0.66	0.098	0.21	—	800 ℃×2 h +770 ℃×4 h, 550 ℃ 出炉	860~880 ℃ 加热、空冷	550~620 ℃ (35~40HRC)	拨盘塑料模，橡胶模头，插头基座注塑模型芯
	P20BSCa	0.40	1.40	1.40	0.50	—	0.20	0.10	0.10	B 0.002 Ca 0.008	770 ℃×3 h +680 ℃×5 h	860~880 ℃ 加热、油冷	570~650 ℃ (35HRC)	大中型注塑模具

7.4.3　量具钢

1. 用途

量具钢主要用来制造卡尺、千分尺、卡规、塞规、块规、样板等测量工具。

2. 性能要求

量具在使用过程中必须保持自身尺寸的稳定性,为此,必须具有以下性能:①硬度高、耐磨性好,其硬度一般大于 62HRC;②尺寸稳定性好,在存放和使用中组织应稳定,以确保不发生尺寸变化;③耐蚀性良好,以防止生锈、化学腐蚀。

3. 化学成分特点

量具钢成分特点与低合金刃具钢相似,即含碳量高($w_C = 0.9\% \sim 1.5\%$),并加入提升淬透性的元素 Cr、W、Mn 等。

4. 常用量具钢的牌号

一般非精密量具,可选碳素工具钢(如 T10A、T12A 钢)或低碳钢(如 15、20 钢)进行渗碳淬火加低温回火,也可用 60、65Mn 钢等高碳钢制造。对精密量具,选用 CrWMn、Cr2、GCr15 钢等。如 CrWMn 钢的淬透性较好,淬火变形小,可制作高精度且形状复杂的量规及块规;GCr15 钢耐磨性及尺寸稳定性好,可制作高精度块规、千分尺;在腐蚀性介质中使用的量具,可用铬不锈钢(如 40Cr13、95Cr18 钢等)制造。常用量具钢的选用举例如表 7-20 所示。

表 7-20　量具钢的选用举例

量　　　具	牌　　　号
平样板或卡板	10、20 或 50、55、60、60Mn、65Mn
一般量规与块规	T10A、T12A、9SiCr
高精度量规与块规	Cr2、CrMn、GCr15
高精度且形状复杂的量规与块规	CrWMn(低变形钢)
耐蚀量具	40Cr13,95Cr18(不锈钢)

5. 加工工艺路线及热处理特点

以 CrWMn 钢制块规为例,其加工工艺路线为:下料→锻造→球化退火→机械加工→淬火→深冷处理→低温回火→粗磨→人工时效处理→精磨→去应力处理→研磨。

从加工工艺路线可看出:量具块规的热处理特点主要是增加了深冷处理和时效处理。①深冷处理。量具淬火后,应立即在 $-70 \sim -80$ ℃进行深冷处理,目的是尽可能减少钢中的残留奥氏体,稳定量具尺寸。残留奥氏体是一种极不稳定的组织,在使用或长时间放置过程中会发生组织转变,从而导致量具尺寸变化。②时效处理。

对精度要求高的量具,经深冷处理再行低温回火、粗磨之后,又要用低温(110~120 ℃)时效处理,以进一步稳定残留奥氏体和消除残余应力,也为去除粗磨加工时产生的应力。此外,精磨后还要去除磨削应力,以保持量具尺寸的长期稳定性。CrWMn 钢块规的热处理工艺曲线如图 7-16 所示。

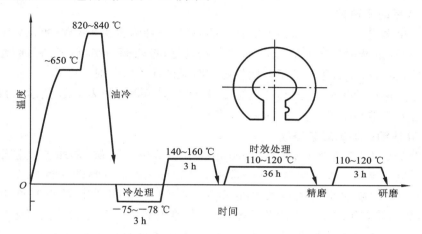

图 7-16 CrWMn 钢块规的热处理工艺曲线

7.5 高速钢

高速钢是高速工具钢的简称,是一种用来制造高速切削刀具的工具钢,其所含合金元素的总量远高于前述的刃具钢。在 300 ℃以上的切削温度下,用它制成的刀具比刃具钢刀具更为锋利,所以又称之为锋钢。

1. 性能要求

在前述对刀具钢性能要求的基础上,还要求高速钢有更好的热硬性。

2. 成分特点及作用

高速钢之所以在 300 ℃以上的切削温度下刃部不卷曲变形且依然锋利,是因为它含有大量的合金元素。高速钢在化学成分上有如下特点:

(1)含碳量高 高速钢中的含碳量高,$w_C = 0.7\% \sim 1.3\%$,以保证马氏体的硬度和多种合金碳化物的形成。但含碳量过高会使碳化物严重偏析,削弱钢的韧性。

(2)含铬量高 从表 7-12 可以看出,常用刃具钢的含铬量为 $w_{Cr} < 1.70\%$,而高速钢的含铬量为 $w_{Cr} = 4.0\%$。加入 Cr 元素提升了钢的淬透性,即使在空冷条件下也可获得均匀的马氏体组织。

(3)含大量的钨、钼 高速钢中 W 的质量分数为 $6\% \sim 19\%$,在有的高速钢中 Mo 的质量分数为 5% 左右。W、Mo 等元素的主要作用是提升钢的淬透性。W 在钢中能形成很稳定的碳化物如 $(W, Mo)_6C$、Fe_4W_2C 等,淬火加热时,这些碳化物一部分溶入奥氏体,最后形成含有大量 W、Mo 的马氏体。这不仅使马氏体在回火温度不高时不易发生分解,而且使钢在 560 ℃转变的过程中又析出细小弥散的 W_2C、Mo_2C、VC 等,明显提高钢的硬度,同时出现二次硬化。

(4) 一定的含钒量　V 与 C 能形成 VC 或 V_4C_3,提高钢的硬度,改善马氏体的回火稳定性及钢的耐磨性,并细化晶粒。

3. 常用的高速钢

依照化学成分分类,高速钢主要有两种类型:一种为钨系,如 W18Cr4V 钢;另一种为钨钼系,如 W6Mo5Cr4V2 钢。前者热硬性好,过热倾向小,后者的耐磨性、热塑性和韧性较好,适作制造要求耐磨性与韧性匹配良好的薄刃细齿刃具。

部分高速钢的化学成分、热处理温度、硬度和应用举例如表 7-21 所示,表中数据选摘自国家标准 GB/T 9943—2008。

4. 高速钢的加工工艺路线

以 W18Cr4V 钢盘形齿轮铣刀($\phi70$ mm,模数 $m=3$)为例,其加工工艺路线为:下料→锻造→等温退火→切削加工→淬火+高温回火两次→喷砂→磨加工→成品。

(1) 锻造　高速钢中大量的合金元素,使 Fe-Fe₃C 相图中 E 点左移至 $w_C<0.77\%$,故其铸态组织中会出现莱氏体,即在晶界处有大量鱼骨状共晶碳化物,如图7-17 所示。这些粗大的脆性相不能通过热处理改善而只能用锻造的方法将其击碎并使其分布均匀,以避免制成的刀具在使用过程中崩刃和磨损。表 7-22 列出了各种刀具锻坯中碳化物不均匀性的级别要求。

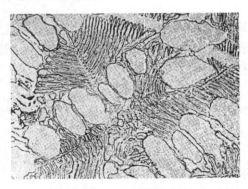

图 7-17　W18Cr4V 钢中的鱼骨状莱氏体($550\times$)

(2) 退火　为缩短工时,一般采用等温退火。其目的一是降低硬度至 207～255HBW,以改善切削加工性能;二是获得索氏体组织,为淬火前做好组织准备。

(3) 淬火、回火　高速钢制造的盘形齿轮铣刀的淬火、回火工艺曲线如图7-18所示(附外形示意图)。

5. 热处理特点

(1) 在淬火加热过程中要进行预热　高速钢的导热性很差,而淬火温度又很高。为防止变形、开裂和缩短淬火加热、保温时间,处理过程中一般要进行一次或两次预

表 7-21　部分高速钢的化学成分、热处理温度、硬度和应用举例

牌　号	主要化学成分(质量分数)/%						交货硬度(HBW,退火态),不大于	热处理温度/℃				硬度(HRC),不小于	应用举例
	C	Cr	V	W	Mo	Co		预热	淬火盐浴炉	淬火箱式炉	回火		
W18Cr4V	0.73~0.83	3.80~4.50	1.00~1.20	17.20~18.70	—	—	255		1250~1270	1260~1280	550~570	63	一般高速切削用车刀、铣刀
W12Cr4V5Co5	1.50~1.60	3.75~5.00	4.50~5.25	11.75~13.00	—	4.75~5.25	277		1220~1240	1230~1250		65	形状简单,用来加工超高强度钢、钛合金、奥氏体型不锈钢等难切削削材料
W6Mo5Cr4V2	0.86~0.94	3.80~4.50	1.75~2.10	5.90~6.70	4.70~5.20	—	255	800~900			540~560		耐磨性和韧性都要求高的高速切削刀具,如丝锥、钻头
W6Mo5Cr4V3	1.15~1.25	3.80~4.50	2.70~3.20	5.90~6.70	4.70~5.20	—	262		1190~1210	1200~1220		64	耐磨性和韧性都要求高的、形状复杂的刀具,如拉刀、铣刀
W6Mo5Cr4V2Co5	0.87~0.95	3.80~4.50	1.70~2.10	5.90~6.70	4.70~5.20	4.50~5.00	269						形状简单、截面尺寸较大的刀具,用来加工钛合金、奥氏体型不锈钢
W10Mo4Cr4V3Co10	1.20~1.35	3.80~4.50	3.00~3.50	9.00~10.00	3.20~3.90	9.50~10.50	285		1220~1240	1220~1240	550~570	66	

表 7-22　刀具对锻坯碳化物不均匀性的级别要求

刀 具 名 称	规　　　格	锻坯碳化物不均匀性要求,不大于
齿轮滚刀	$m=1\sim5$	4 级
	$m=5.5\sim8$	5 级
齿轮铣刀	$m=1\sim10$	4 级
错齿三面刃铣刀	全部规格	4 级
错齿套式端面铣刀	63 mm×40 mm,80 mm×45 mm	4 级
	100 mm×50 mm	5 级
粗(细)齿圆柱形铣刀	63 mm×5 mm,80 mm×80 mm	4 级
	80 mm×100 mm,100 mm×160 mm	5 级
车刀	全部规格	5 级

注　W18Cr4V 钢锻坯碳化物不均匀性共分 1~6 级,级别愈低者碳化物分布愈均匀。

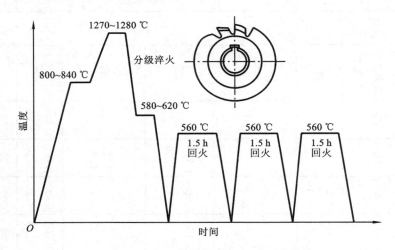

图 7-18　W18Cr4V 钢的淬火、回火工艺曲线

热。形状简单、尺寸小的工件可只在中温区 800~840 ℃预热一次。

(2) 淬火温度高且应分级冷却　W18Cr4V 钢的淬火加热温度应控制在 1270~1280 ℃之间,以利于提升淬透性并确保淬火回火后获得好的热硬性。这是因为钢中由 W、Mo、Cr、V 等元素形成的特殊碳化物只能在 1200 ℃以上方可大量溶入奥氏体中。若淬火温度再升高,奥氏体中合金元素则溶入过多,会导致淬火后残留奥氏体增多和晶粒粗大,使钢的韧性下降。正常淬火组织(见图 7-19)为隐针(晶)马氏体(白色基底)、粒状碳化物(淬火加热未溶解的)和较多(约 20%,亦显白色)的残留奥氏体,故淬火后的组织硬度并未达到最高值。

(3) 须经三次回火　由于淬火后的高速钢中含大量残留奥氏体,必须用多次回火来减少残留奥氏体,进一步提高硬度。

图7-20所示为 W18Cr4V 钢淬火后在不同回火温度时的硬度变化曲线。从图可知,在 550～570 ℃回火温度时的硬度最高。其原因是:一方面,从马氏体中析出大量细小的碳化物(如 W_2C、VC 等),这些稳定、难以聚集长大的碳化物起到了弥散硬化作用,使钢的硬度提高;另一方面,由于残留奥氏体中也要析出碳化物和合金元素,这促使残留奥氏体向马氏体转变的温度 M_s 升高,且在每次回火冷却过程中都有部分残留奥氏体转变成马氏体。二者综合作用,出现了"二次硬化"现象。

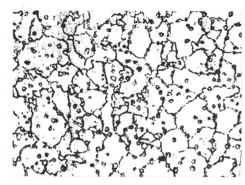

图 7-19　高速钢 W18Cr4V 正常
淬火组织(500×)

高速钢一般需要三次回火。经一次回火,其残留奥氏体的质量分数减为 15％左右,经多次回火后,残留奥氏体的质量分数仅剩 1％～2％,硬度可提高到 66～67HRC。淬火回火后的组织为回火马氏体(黑色基体)、碳化物(白色)和少量残留奥氏体,如图 7-21 所示。

高速钢价格很高,为充分发挥其性能和节省材料,常采用焊接或镶嵌高速钢刀头(片)。如直径大于 10 mm 的钻头,采用 45 钢作刀柄;直径在 600 mm 以上的圆盘锯,可镶嵌高速钢齿片。另外,还可使用铸造或粉末冶金法来生产硬质合金类高速切削刀具,以降低成本。

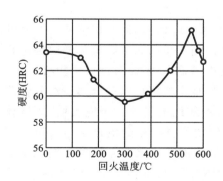

图 7-20　W18Cr4V 淬火钢的硬度
与回火温度的关系

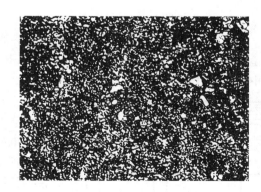

图 7-21　W18Cr4V 钢淬火回火后的
组织(500×)

7.6　不锈、耐蚀钢和耐热钢

机械、仪表、电器、石油化工、航空航天、深海钻井、国防工业、生命科学、化学肥料、装饰涂料等领域的快速发展,对金属材料的要求越来越高。这些领域所使用的许多零部件,如水压机阀、水泵、空压机阀片、加热炉传送带,以及制造酸、碱、盐化工产品的设备及容器,不仅要求制造材料有一定的力学性能,还要求有良好的耐蚀性和耐热性。本节讲述的就是能满足这些特殊要求的一类钢。

7.6.1　不锈、耐蚀钢

不锈、耐蚀钢是指在大气或某些腐蚀介质中具有一定耐蚀性,且合金元素 Cr 的平均质量分数不小于 12% 的一类钢。在工业应用中,把能够耐大气腐蚀的钢称为不锈钢,而把能够耐化学介质(如酸、碱、盐类物质)腐蚀的钢称为耐蚀钢。不锈钢不一定能耐酸、碱、盐等腐蚀介质的腐蚀,而耐酸、碱、盐腐蚀的钢在大气中也有很强的耐蚀能力。

1. 金属的腐蚀与防护

金属的腐蚀是指金属与周围介质发生作用而引起的破坏现象。按腐蚀机理的不同,金属腐蚀一般分为两类:化学腐蚀和电化学腐蚀。

1) 化学腐蚀

化学腐蚀通常是指金属表面在干燥气体、非电解质溶液中造成的腐蚀(包括钢在高温下的氧化及钢在热处理过程中的脱碳等),且腐蚀过程中不产生电流,腐蚀产物主要在金属表面形成。例如,碳钢在高温锻造或热处理时表面出现氧化皮的脱落,就是典型的化学腐蚀。这种腐蚀的结果是金属零件的有效截面积减小。如果化学反应产物是一层致密、稳定,并与金属基体牢固结合的膜,如 Al_2O_3、Cr_2O_3、SiO_2 等氧化物膜,则可以将金属基体与腐蚀介质隔开,使化学反应无法进行,从而起到保护金属的作用。

2) 电化学腐蚀

电化学腐蚀是指金属在接触电解质溶液(酸、碱、盐)时,不同金属或同一金属的不同相之间的电极电位存在差异,形成原电池作用而产生的腐蚀。电化学腐蚀过程中有电流产生,根据微电池工作原理可知:电极电位高的金属(或相)作阴极("＋"极),不被腐蚀;而电极电位低的金属(或相)作阳极("－"极),不断地被腐蚀。研究表明,固溶体相的电极电位比化合物相的电极电位要低。图 7-22 所示就是碳钢中片状珠光体发生电化学腐蚀的情况,由图可见,珠光体组织中铁素体(F)相的电极电位低于渗碳体(Fe_3C)相的电极电位,当钢的表面接触硝酸酒精溶液时,铁素体相作为阳极被腐蚀,呈凹陷状,而渗碳体相作为阴极得到了保护。

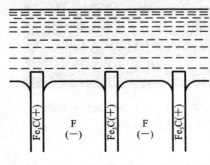

图 7-22　片状珠光体的电化学腐蚀

3) 预防金属腐蚀的方法

众所周知,许多设备在工作状况下是很难回避环境中的腐蚀介质的,尤其是石油、化工、航空航天、船舶及海洋工程领域中的许多设备,甚至是直接工作在腐蚀介质中的。因此,如何预防和减轻金属的腐蚀,从科技创新、生产成本控制以及环境保护方面,无疑都是很有价值的。

研究表明,提高金属耐蚀能力的方法主要有以下几种:

(1)获得单相组织 金属中不同相的晶体结构和化学成分不同,很难使它们的电极电位相等。因此,加入较多的 Cr、Ni、Mn、Si、Mo 等合金元素,使钢获得单相组织,避免微电池的形成,是增强其耐蚀性的可行措施。

(2)减小合金中各相的电极电位差 电极电位差越大的两相,其腐蚀速度就越快,为此,在钢中加入质量分数为 13% 以上的合金元素 Cr,以保证溶入铁素体中 Cr 的质量分数达到 11.7%,这时铁素体的电极电位会由 -0.56 V 跃升到 0.20 V,如图 7-23 所示。结果减小了铁素体与渗碳体的电极电位差,从而提高了钢的耐蚀能力。

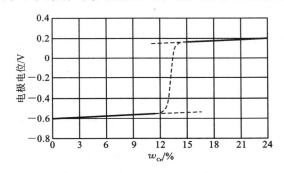

图 7-23 铁铬合金的电极电位与含铬量的关系

(3)使金属或合金"钝化" 利用加入的合金元素 Cr、Si、Al,在高温下使钢的阳极区域或基体表面形成致密、稳定的保护膜(由 Cr_2O_3、SiO_2、Al_2O_3 等构成),将金属或合金与介质隔离,可提高其耐蚀能力。

(4)牺牲阳极保护阴极 在金属或合金构件表面镶嵌一些比金属或合金基体电极电位更低的金属块,使金属块成为阳极而被腐蚀,定期更换金属块,即可保护构件不被腐蚀。如在船体上镶嵌锌块,可保护船体免受海水的腐蚀。

各种性能不同的不锈钢就是根据上述耐腐蚀的思路研制出来的。

2. 常用不锈钢

不锈钢常用两种方法分类:一种是按钢中主要合金元素分为铬不锈钢和铬镍不锈钢,另一种是按正火态,即经轧制、锻造空冷后的组织形态分为奥氏体型不锈钢、铁素体型不锈钢、马氏体型不锈钢、奥氏体-铁素体型不锈钢以及沉淀硬化型不锈钢。

1)奥氏体型不锈钢

奥氏体型不锈钢中最具代表性的是铬镍奥氏体型不锈钢,如 12Cr18Ni9、17Cr18Ni9、07Cr19Ni11Ti 钢等。这些钢含碳量很低(一般 $w_C \leqslant 0.15\%$),主加元素为 Cr($w_{Cr}=17\%\sim19\%$)和 Ni($w_{Ni}=8\%\sim11\%$)。为了避免此类钢由于晶界区"贫Cr"而出现电化学腐蚀(称为晶间腐蚀)的现象,钢中还常加入与 C 亲和力大的合金元素 Ti、Nb，以使晶界上优先形成 TiC、NbC 而不形成 Cr 的碳化物，从而保持晶界和晶内的高含铬量，防止晶间腐蚀。这是因为，晶间腐蚀是一种危险的腐蚀，它沿着晶粒边界发生，在构件的外观还未见到变化的情况下，力学性能就在急剧下降，甚至出现构件破断、散开的现象。

奥氏体型不锈钢的耐蚀性还可以通过以下热处理工艺得到改善：

(1) 固溶热处理　将不锈钢加热到 $1050 \sim 1150$ ℃，使基体中的碳化物全部溶入奥氏体，然后在水或空气中"淬火"冷却，获得单一、均匀的奥氏体组织。这种处理方法称为固溶处理。固溶热处理是软化奥氏体型不锈钢和提高其耐蚀能力最有效的方法之一，特别对不含 Ti 或 Nb 的奥氏体型不锈钢，固溶处理可抑制 $(Cr,Fe)_{23}C_6$ 在晶界析出，从而减小晶间腐蚀倾向。

(2) 稳定化退火　对于含 Ti 或 Nb 的铬镍不锈钢，在固溶处理后还要进行一次稳定化退火，目的是彻底消除晶间腐蚀。例如，12Cr18Ni9 钢的退火工艺为：加热至 $850 \sim 880$ ℃，保温 $2 \sim 4$ h 后空冷或炉冷。这一加热温度高于 $(Cr,Fe)_{23}C_6$ 的完全溶解温度而低于 TiC、NbC 的完全溶解温度，因而 $(Cr,Fe)_{23}C_6$ 全部溶解而 TiC 或 NbC 部分留存。在随后的缓冷中，溶解的那部分 TiC 或 NbC 又充分析出，使 C 几乎全部稳定在 TiC 或 NbC 中，而 $(Cr,Fe)_{23}C_6$ 不再析出，于是避免了晶界区因"贫 Cr"而被腐蚀的现象。

(3) 去应力退火　经冷加工或焊接的铬镍不锈钢都存在残余应力，它的存在会导致不锈钢产生应力腐蚀。应力腐蚀是指拉应力与电化学腐蚀共同作用而形成的一种腐蚀现象，其表现是先在钢的阳极区出现腐蚀小坑，随后小坑不断扩展，在拉应力的作用下逐渐成为细小的裂缝，导致构件的早期断裂。为此，对于奥氏体型不锈钢中可能出现的应力腐蚀应尽量消除。实践表明，采取退火的方法可取得好的效果，其工艺是：加热到 $300 \sim 350$ ℃ 以消除冷加工应力，加热至 850 ℃ 以上以消除焊接残余应力。

需要指出的是，12Cr18Ni9、06Cr19Ni13Mo3 等奥氏体型不锈钢目前在化工设备中应用极为广泛，这是因为它们不仅能耐硝酸、多种无机和有机酸，以及盐、碱溶液的腐蚀，还因为它们硬度低，塑性好，焊接性能好，适合冷加工成形或焊接成形。这类钢的不足是太软，且冶炼工艺复杂，价格较高。

2) 铁素体型不锈钢

铁素体型不锈钢的 $w_C \leqslant 0.12\%$，$w_{Cr} = 12\% \sim 32\%$，属于铬不锈钢，如 10Cr17Mo 钢。这类钢含铬量高，组织为单相铁素体，故对硝酸及某些碱性介质的耐蚀性比含铬量较低的钢更好，且有较好的抗氧化性。由于这类钢在热处理过程中不发生相变，故粗大的铸态组织只能用冷塑性变形碎化(加工硬化法)和再结晶退火来改善。一旦实际工作温度超过再结晶退火温度，钢的组织将向粗化发展，导致晶粒粗大，冷脆性加大，即室温冲击韧度降低。铁素体型不锈钢主要用来制造化工、石油、船舶等领域中某些设备、容器和管道，还可用来制造车轮、建筑物内外装饰件以及食品行业的设备和各类器具。

　　3）马氏体型不锈钢

　　马氏体型不锈钢加热和冷却时会发生相变，因此它通过淬火可得到马氏体组织。此类钢仅在大气、水蒸气、海水及氧化性酸类介质中具有良好的耐蚀性；随钢中含碳量的增加，表现出较高的强度和硬度以及较好的耐磨性。

　　常用马氏体型不锈钢中的 $w_C = 0.15\% \sim 1.20\%$，$w_{Cr} = 12\% \sim 14\%$。研究表明，当这类钢基体中的 $w_{Cr} \geqslant 11.7\%$ 时，就能在阳极区域表面形成富铬的保护膜，这可使马氏体型不锈钢的耐蚀性得到一定的改善。用马氏体型不锈钢制造的耐蚀结构件有汽轮机叶片、耐蚀紧固件、水轮机转轮、石油裂化管等。马氏体型不锈钢系列中的 30Cr13、40Cr13 钢虽然碳的质量分数分别为 $0.26\% \sim 0.35\%$ 和 $0.36\% \sim 0.45\%$，但由于大量的 Cr 使相图中的共析点 S 左移，故其原始组织相当于共析或过共析碳钢。因此，它们主要用来制造要求有较高含碳量的弹簧、轴承和各种不锈钢工具，如医用钳子、剪刀、手术刀等。

　　马氏体型不锈钢的热处理工艺一般为淬火加回火，回火温度的高低视具体钢种及结构件要求的力学性能而定。例如，用于弹簧时，需要进行淬火加中温（480～520 ℃）回火，得到回火托氏体组织；用于轴承和工具时，需要进行淬火加低温（200～300 ℃）回火，得到回火马氏体加碳化物的组织。

　　部分奥氏体型、铁素体型、马氏体型不锈钢的化学成分、热处理工艺、力学性能和应用举例如表 7-23 所示，表中数据选摘自国家标准 GB/T 20878—2007、GB/T 1220—2007 和 GB/T 3280—2007。

　　4）奥氏体-铁素体型不锈钢

　　随着航空航天、核能、海洋开发技术以及环境保护产业的迅速发展，一些单相组织的不锈钢对于更苛刻的工作环境下出现的应力腐蚀、点腐蚀、孔腐蚀和缝隙腐蚀等，表现出耐蚀能力的不足。有文献表明，由此造成的构件破坏事故占同类事故的 2/3 以上。于是，近十几年发展兴起了奥氏体-铁素体型不锈钢，其室温组织由奥氏体和铁素体两相构成，因此也称为双相不锈钢。这类不锈钢同时具有奥氏体型不锈钢和铁素体型不锈钢的特性，具体表现在如下几个方面：

　　① 具有优良的耐应力腐蚀、晶间腐蚀、点腐蚀、孔腐蚀和缝隙腐蚀的能力，尤其适用于因金属材料的孔腐蚀而引起破坏的场合。不过，只有在较低的应力条件下才能显示出这种性能的优越性。

　　② 有较高的屈服强度（约为奥氏体型不锈钢的两倍）及良好的韧性，但其高温强度及热压加工性能均不及奥氏体型不锈钢。

　　③ 焊接性能好，变形及热裂倾向小，不需焊前、焊后热处理。

　　④ 与奥氏体型不锈钢相比，奥氏体-铁素体不锈钢的热导率高、线胀系数小，热塑性较差，但该钢的含镍量低，价格相对较低。

　　一般说来，奥氏体-铁素体型不锈钢多用于既要求高强度又要求耐蚀性好的那些

表 7-23　部分奥氏体型、铁素体型、马氏体型不锈钢的化学成分、热处理工艺、力学性能和应用举例

类型	牌号	主要化学成分(质量分数)/%						热处理工艺	力学性能,不小于						应用举例
		C	Si	Mn	Ni	Cr	其他		$R_{p0.2}$/MPa	R_m/MPa	A/%	Z/%	硬度(HBW)	KU_2/J	
奥氏体型	12Cr18Ni9	0.15	1.00	2.00	8.00~10.00	17.00~19.00	N 0.10	固溶处理	205	520	40	60	187	—	耐酸、碱、盐腐蚀的设备中强度要求高的部件
	06Cr18Ni11Ti	0.08			9.00~12.00	17.00~19.00	Ti 0.40~0.70								薄壁件、输酸管道及结构件
	06Cr18Ni11Nb	0.08			9.00~12.00	17.00~19.00	Nb 0.80~1.10								石油、化工、食品、造纸、合成纤维、火力发电设备的部件
	06Cr18Ni13Si4	0.08	3.00~5.00		15.00~20.00	15.00~20.00	—		205			50	207		在有氯离子的环境中工作的设备,如汽车排气净化装置
铁素体型	019Cr18MoTi	0.025	1.00	1.00	(0.60)	17.00~19.00	Mo 0.75~0.80 Ti 0.80	退火		450	22	60	183	—	建筑物的内外装饰、酿酒设备及其管道、家庭用具、餐具
	10Cr17Mo	0.12		1.00	(0.60)	16.00~18.00	Mo 0.75~1.25					50			耐盐溶液腐蚀的设备、输送管道、汽车轮毂、紧固件
	008Cr30Mo2	0.010		0.40	—	28.50~32.00	Mo 1.50~2.50 N 0.015		295		20	45	228	78	生产醋酸、乳酸等有机酸、氢氧化钾等强碱的设备
马氏体型	12Cr13	0.08~0.15	1.00	1.00	(0.60)	11.50~13.50	—	淬火 + 回火	345	540	22	55	159	63	能耐弱腐蚀介质,能承受冲击载荷的零件,如汽轮机叶片、水压阀、结构件、螺栓、螺母
	20Cr13	0.16~0.25		1.00	(0.60)	12.00~14.00			440	640	20	50	192		
	06Cr13	0.08		1.00	(0.60)	11.50~13.00			345	490	25	—	183	159	要求成形性好、韧性好及承受冲击载荷的零件
	17Cr16Ni2	0.12~0.22		1.50	1.50~2.50	15.00~17.00			700	9.00~10.50	14	45	295	KV_2 25	要求强度较高、韧性好的零部件,在潮湿中工作的承力件

注　所列成分除用数值范围表示的之外,其余的均为最大值,括号内数值为可加入或允许含有的最大值。

生产领域之中,如 022Cr22Ni5Mo3N 钢和 03Cr25Ni6Mo3Cu2N 钢是目前用量最大的两种奥氏体-铁素体型不锈钢,被誉为耐点腐蚀最好的材料。它们主要用在酸性石油、天然气的生产方面,包括炼油、输油系统以及化工、化肥工业中易产生孔腐蚀和应力腐蚀的设备和构件。03Cr25Ni6Mo3Cu2N 钢在耐磨损腐蚀性能方面优于单相组织不锈钢,是海水环境中的理想用材,适合制造舰船螺旋推进器、方向舵、潜艇密封件等,还可用于化工、天然气、造纸等领域。

5)沉淀硬化型不锈钢

为了满足飞机、航天器制造及其他工业领域中一些相关构件对制造材料提出的苛刻要求(强度高、耐腐蚀、耐高温、易加工变形等),在 12Cr18Ni9 等奥氏体型不锈钢的基础上开发出了沉淀硬化型不锈钢。

沉淀硬化型不锈钢具有以下与其他不锈钢不同的特点:

(1)化学成分方面 沉淀硬化型不锈钢含碳量较低,铬的质量分数一般在 13.00% 以上,这确保了钢的耐蚀性;镍的质量分数大多低于 12Cr18Ni9 等钢奥氏体型不锈钢的,但可以保证固溶处理后获得单相奥氏体组织;Mn、Si、Al、Mo 等元素的加入,保证了能从马氏体组织中沉淀析出相关的金属化合物,从而提高了钢的强度和硬度。

(2)热处理工艺方面 以 07Cr17Ni9Al 钢制零件为例,其强化工艺流程为:首先,将零件加热到 1000～1100 ℃ 后水冷,进行固溶处理,获得单相奥氏体组织,材料的硬度为 85HBW,这方便了复杂构件的变形和加工;再将零件加热到 750～760 ℃ 后空冷,获得奥氏体加马氏体的双相组织;最后,将零件在 560～570 ℃ 保持较长时间,进行时效处理,使组织中析出 Ni_3Al、Ni_3Mo 等金属化合物,从而使材料的硬度增至 400HBW 左右。

沉淀硬化型不锈钢主要用来制造飞机机体上的薄壁件、燃料储箱、宇航设备及零件、石油化工设备、精密塑料模具等。

部分奥氏体-铁素体型、沉淀硬化型不锈钢的主要化学成分、热处理工艺、力学性能和应用举例如表 7-24 所示,表中数据选摘自国家标准 GB/T 20878—2007 和 GB/T 1220—2007。

7.6.2 耐热钢

耐热钢是指在高温下具有优良的热稳定性(耐腐蚀,不起皮等)和足够的高温强度,并适合制造高温下长期工作的零(构)件的一类钢。

1. 耐热钢的基本特性

在现代工业和科技领域中,有许多设备、装置中的零(构)件,如汽轮机叶片、内燃机阀门、喷气机尾喷管、锅炉燃烧室、热处理炉的底板和传送带等,需要在 200～300 ℃ 温度下长期工作,有的工作温度甚至高达 500～600 ℃。此外,它们还要承受外加应力和环境气流的冲刷腐蚀等联合作用。如此恶劣的工作条件,使得这些零(构)件

表 7-24　部分奥氏体-铁素体型、沉淀硬化型不锈钢的主要化学成分、热处理工艺、力学性能和应用举例

类型	牌号	主要化学成分(质量分数)/%								热处理工艺	力学性能,不小于					应用举例
		C	Si	Mn	Ni	Cr	Mo	N	其他		$R_{p0.2}$ /MPa	R_m /MPa	A /%	Z /%	硬度 (HBW)	
	14Cr18Ni11Si4AlTi	0.10~0.18	3.10~4.00	0.80	10.00~12.00	17.50~19.50	—	—	Ti 0.40~0.70 Al 0.10~0.30	固溶处理	440	715	25	40	—	耐高浓度氯化物应力腐蚀、抗高温浓硝介质腐蚀的设备和零件
奥氏体-铁素体型	022Cr19Ni5Mo3Si2N	0.030	1.30~2.00	1.00~2.00	4.50~5.50	18.00~19.50	2.50~3.00	0.05~0.12	—	固溶处理	390	590	20		290	石油、化工等领域要求强韧性良好,或在有氯离子的环境中工作的零部件,如换热器、冷凝器
	022Cr22Ni5Mo3N			2.00	4.50~6.50	21.00~23.00	2.50~3.50	0.08~0.20	—	固溶处理			25			油井管、化工储罐、换热器、冷凝器等容易产生点腐蚀和应力腐蚀的设备、换热器、冷凝器
	022Cr25Ni6Mo2N		1.00		5.50~6.50	24.00~26.00	1.20~2.50	0.10~0.20	—	固溶处理	450	620	20		260	化工、石油等领域的耐应力腐蚀的零件,如蒸发器、换热器
	03Cr25Ni6Mo3Cu2N	0.04		1.50	4.50~6.50	24.00~27.00	2.90~3.90	0.10~0.25	Cu 1.50~2.50	固溶处理	550	710	25		290	舰船上的螺旋推进器、潜艇密封件,石油、化工、造纸等领域中耐局部腐蚀的零部件
沉淀硬化型	04Cr13Ni8Mo2Al	0.05	0.10	0.20	7.50~8.50	12.30~13.20	2.00~3.00	0.01	Al 0.90~1.35	510 ℃沉淀硬化	1410	1515	6		45HRC	易于切削、硬度高的精密零件和模具
	05Cr17Ni4Cu4Nb	0.07	1.00	1.00	3.00~5.00	15.00~17.50	—	—	Cu 3.00~5.00 Nb 0.15~0.45	480 ℃时效沉淀硬化	1180	1310	10	35	375	强度高、锻造性能好的锻造件、高压系统阀门、飞机零构件
	07Cr15Ni7Mo2Al	0.09			6.50~7.75	14.00~16.00	2.00~3.00	—	Al 0.75~1.50	510 ℃时效沉淀硬化	1210	1320		20	388	宇航、石油、化工领域中强度较高、耐蚀性好的零部件、各种容器、管道、船用轴、压缩机叶轮
	09Cr17Ni5Mo3N	0.07~0.11	0.50	0.50~1.25	4.00~5.00	16.00~17.00	2.50~3.20	0.07~1.13	—	455 ℃沉淀硬化	1035	1275	6		42HRC	化工机械体的零部件、飞机机体的薄壁结构件、燃料储箱、高压容器

必须采用耐热钢来制造。

综上所述不难理解,在高温下金属材料的力学性能除受到外力的影响之外,还受到高温及其作用时间的影响。研究表明,高温下长时间工作的钢材,其组织结构会发生变化,从而引起零(构)件强度的降低,而且受力时间越长,强度降低的幅度越大。为此,对耐热钢的基本特性提出了以下要求:

① 具有好的高温耐腐蚀能力,以防止在高温化学腐蚀下,钢件表层出现氧化膜层的剥落。工业上一般用钢材的腐蚀速度 $v_腐$,即每年腐蚀深度(mm/a)来测定其抗氧化性。评价钢的抗氧化性、耐腐蚀按五个等级:$v_腐 \leqslant 0.1$ mm/a 为完全抗氧化,$v_腐 = 0.1 \sim 1.0$ mm/a 为抗氧化,$v_腐 = 1.0 \sim 3.0$ mm/a 为次抗氧化,$v_腐 = 3.0 \sim 10.0$ mm/a 为弱抗氧化,$v_腐 \geqslant 10.0$ mm/a 为不抗氧化。国家标准 GB/T 13303—1991 中还指出了不同测定方法所得结果之间的换算关系。

② 具有好的高温组织稳定性和热强性(即高温下仍具有高的强度),以保证钢在高温下抗塑性变形和抗断裂的能力。

③ 具有良好的工艺性能,便于加工成形。

2. 耐热钢的高温力学性能指标

在工程应用中,金属材料的屈服强度 R_{eL} 和抗拉强度 R_m 是设计常温下工作的构件的主要力学性能指标。对于高温(一般指超过构件材料的再结晶温度)下长期工作的构件,则不能简单采用常温下的屈服强度和抗拉强度作为设计依据。这是因为高温下应力的持续时间会对金属的力学性能造成很大的影响,使其制造的构件出现在常温下工作一般不易发生的蠕变及蠕变断裂。

1)金属的蠕变现象

所谓蠕变,是指金属长时间在一定的温度和应力作用下,即使所受应力远小于该金属的屈服强度 R_{eL},随着时间的延长,也会连续、缓慢地发生塑性变形的现象。在这种情况下,金属构件的失效形式不是断裂,而是尺寸超过允许的范围。例如,汽轮机叶片(属尺寸精度特别高的构件)若发生蠕变,可能会使其与汽缸的间隙减小为零,导致二者工作中发生碰撞,引发重大事故。此外,蠕变产生的变形会随时间的延长而增大,以至构件所受的应力远小于该金属的抗拉强度 R_m 便发生蠕变断裂。这种蠕变和蠕变断裂之所以与常温下金属的塑性变形和断裂的力学行为不同,主要是因为在高温下金属内部组织结构发生了下述变化:原子间的结合力下降、原子扩散速度增大、晶界空洞形成、合金中原有的细小碳化物出现聚集和长大等等。这些变化都会促使金属的强度降低。为了保证金属构件在高温下长期承受应力作用而能安全运行,工程上需要有以下用来评价耐热钢高温强度的技术指标。

2)耐热钢的高温强度指标

在高温下工作的耐热钢,其主要强度指标是规定塑性应变强度和蠕变断裂强度,国家标准《金属材料 单轴拉伸蠕变试验方法》(GB/T 2039—2012)给出了二者的定义。

（1）规定塑性应变强度　规定塑性应变强度是指在规定的试验温度下,依据应力 σ_0（初始应力,即施加在试样上的试验力与试样原始横截面面积 S_0 之比）在试样上施加恒定的拉伸力（以试样产生最小弯矩和扭矩的方式在试样的轴向施加的力）,经过一定的试验时间（达到规定塑性应变的时间）所能产生预计塑性应变的应力,用符号 R_p 表示,单位为 MPa。例如,在最大塑性应变量为 1％、达到规定塑性应变的时间为 100,000 h,试验温度为 550 ℃所测得的 14Cr11MoV 马氏体型耐热钢的规定塑性应变强度为 $R_{p1,100000/550}=90$ MPa。

（2）蠕变断裂强度（持久强度）　蠕变断裂强度是指在规定的试验温度下,依据应力 σ_0 在试样上施加恒定的拉力,经过一定的试验时间（蠕变断裂时间）所引起断裂的应力,用符号 R_u 表示,单位为 MPa。例如,在蠕变断裂时间为 100,000 h、试验温度为 550 ℃所测得的 14Cr11MoV 马氏体型耐热钢的 $R_{u100000/550}=170$ MPa。

综上所述可知,耐热钢的高温强度指标受应力、温度、时间三个因素的影响。其测定方法要求严格,国家标准 GB/T 2039—2012 给出测定所采取的试样形状及尺寸、加热方式、施力方式、温度控制等细则,并详细介绍了蠕变伸长率及蠕变断裂时间的测试、要求及外推方法,此处不赘述。

3. 提高耐热性的途径

耐热钢的耐热性反映在热稳定性和热强性两个方面,因此,增强其耐热性的途径主要针对这两方面进行,具体途径如下:

（1）形成抗氧化保护膜　在钢中加入 Cr、Si、Al 等元素,钢在高温下表面形成高熔点、稳定而致密的 Cr_2O_3、SiO_2、Al_2O_3 等氧化膜,可阻止钢继续氧化。此外,在钢的表面渗铝、渗铬、渗硅等,可提升钢的抗氧化性。

（2）强化钢的基体组织　在耐热钢中加入熔点较高且自扩散系数较小的合金元素 Ni、Cr、Nb、Mo、W、Ti、Al 等,形成具有一定合金度的固溶体组织。这不仅能使钢的熔点升高,原子间的结合力增强,还可使钢的再结晶温度升高,以及获得单相奥氏体组织（对铁镍基合金而言,面心立方晶格原子间结合力大于体心立方晶格原子间结合力）等。这些都导致基体组织的原子扩散难度加大,蠕变速率减小,从而使钢的热强性得到提升。

（3）形成第二相沉淀强化　在钢中加入 Ti、Ni、Nb 等元素,经时效处理后,钢中可析出 $Ni_3(Ti,Al)$ 类的金属化合物第二硬质相。这些第二相很难聚集长大,且在钢中呈弥散分布,阻止了位错的运动,有效地提升了钢的热强性。

（4）减少晶界,使合金晶粒粗化　由于高温下原子在晶界比在晶内的扩散速度大得多,故晶界强度低于晶内强度,从而导致裂纹首先在晶界发生,合金的破断也常沿晶界发生。研究表明,减少晶界相当于减小了破断的可能性。另外,在钢中加入微量的 P、RE 等元素,使之与偏聚在晶界上的低熔点杂质结合为高熔点化合物,保证晶界的净化,也有助于提升钢的热强性。

4. 常用的耐热钢

根据耐热钢的正火组织,耐热钢可分为分为奥氏体型、铁素体型、马氏体型和沉淀硬化型。

(1) 奥氏体型耐热钢　奥氏体型耐热钢是在奥氏体型不锈钢基础上加入 Mo、W、Ti、Al 等合金元素而形成的。奥氏体型耐热钢具有好的热强性、抗氧化性以及好的塑性、韧性,虽然切削性能较差,但焊接性能良好,其工作温度多在 $600\sim750$ ℃ 之间,多用来制造石油化工装置中的耐热件、喷气发动机的排气管、高温炉的传送带等。奥氏体型耐热钢经固溶处理后,可获得单相奥氏体组织。

(2) 铁素体型耐热钢　铁素体型耐热钢是在铁素体型不锈钢基础上加入提高其抗氧化能力的合金元素 Si、Al 等而发展起来的。其抗氧化性好而热强性较差,多用来制造在 $850\sim1000$ ℃ 温度下工作、受力不大的锅炉构件。铁素体型耐热钢无相变,一般采用正火处理。

(3) 马氏体型耐热钢　马氏体型耐热钢是在 $w_C\approx13\%$ 的马氏体型不锈钢基础上加入 Mo、W、V、Ni、Ti 等合金元素而开发出来的。马氏体型耐热钢的热强性好,在高温下还具有好的抗氧化性、耐蚀性、耐磨性及组织稳定性的综合特性,其工作温度一般为 $450\sim650$ ℃,多用来制造汽轮机叶片、排气阀等高温下工作的零件。马氏体型耐热钢经淬火和高温回火处理后,具有回火索氏体组织。

(4) 沉淀硬化型耐热钢　沉淀硬化型耐热钢一般含碳量低($w_C\approx0.08\%$),含镍量高($w_{Ni}=25\%\sim40\%$),并含有多种形成金属间化合物的合金元素,如 W、Mo、V、B、Al 等,这些元素不但保证了耐热钢能获得奥氏体组织,还保证了能形成金属间化合物。沉淀硬化型耐热钢的热处理特点前已述及。

部分耐热钢的主要化学成分、热处理工艺、力学性能和应用举例如表 7-25 所示,表中数据选摘自国家标准 GB/T 20878—2007 和 GB/T 4238—2007。

7.7　其他特殊用途的合金

1. 高温合金

大多数耐热钢都无法承受长时间工作在 600 ℃ 以上温度的环境,然而,实际上有一些构件,如超音速飞机机翼边缘、火箭发动机推力室、燃气锅炉发电机的火焰筒等,需要在 850 ℃ 以上温度下长期工作。制造这类零件、构件的材料必须采用高温合金——以铁、镍、钴及难熔金属为基,加入强化元素形成的高温下能承受大而复杂的应力且表面稳定的合金。

根据合金的基本成形方法或特殊用途,高温合金分为变形高温合金、铸造高温合金、定向凝固柱晶高温合金和单晶高温合金、焊接用高温合金丝、粉末冶金高温合金和弥散强化高温合金,以及金属间化合物高温材料。查阅国家标准 GB/T 14992—2005,可获知不同牌号的高温合金和金属间化合物的分类和化学成分。

工程应用中,按基体金属的不同,又将变形高温合金分为铁基、镍基、钴基以及钛

表 7-25　部分耐热钢的主要化学成分、热处理工艺、力学性能和应用举例

类型	牌号	主要化学成分(质量分数)/%								热处理工艺	力学性能，不小于					应用举例
		C	Si	Mn	Ni	Cr	Mo	V	其他		$R_{p0.2}$/MPa	R_m/MPa	A/%	Z/%	硬度(HBW)	
奥氏体型	26Cr18Mn12Si2N	0.22~0.30	1.40~2.20	10.50~12.50	—	17.00~19.00	—	—	N 0.22~0.33	固溶处理	390	385	35	45	248	高温抗氧化、抗增硫、增碳性好的电炉炉用耐热配件
	16Cr23Ni13	0.20	1.00	2.00	12.00~15.00	22.00~24.00	—	—	—		205	560	41	50	201	能承受反复加热的加热炉、油炉燃烧器配件
	45Cr14Ni14W2Mo	0.40~0.50	0.08	0.70	13.00~15.00	13.00~15.00	0.25~0.40	—	W 2.00~2.75		315	705	20	35	248	进、排气阀门、紧固件、航空发动机零件
铁素体型	06Cr13Al	0.08		1.00	—	11.50~13.50	—	—	Al 0.10~0.30	退火	175	410	20	60	183	压力容器衬里、石油精炼装置、热处理用部件
	022Cr12	0.030	1.00		(0.60)	11.00~13.50	—	—	—		195	360	22	60	183	钢炉燃烧室、喷嘴、汽车排气系统装置
	16Cr25N	0.20		1.50	—	23.00~27.00	—	—	N 0.25 Cu (0.30)		275	510	20	40	201	抗硫气氛中使用的燃烧室、退火箱、成形玻璃用的模具、阀
马氏体型	14Cr11MoV	0.11~0.18		0.60	0.60	10.00~11.50	0.50~0.70	0.25~0.40	—		490	685	16	55	200 (退火)	减振性要求较高的涡轮机叶片及导向叶片
	15Cr12WMoV	0.12~0.18	0.50	0.50~0.90	0.40~0.80	11.00~13.00	0.50~0.70	0.15~0.30	W 0.70~1.10	淬火+回火	585	735	15	45	—	涡轮机叶片、紧固件、转子
	42Cr9Si2	0.35~0.50	2.00~3.00	0.70	0.60	8.00~10.00	—	—	—		190	385	15	35	269 (退火)	内燃机进气阀、轻载荷发动机排气阀
沉淀硬化型	07Cr17Ni7Al	0.09		1.00	6.50~7.75	16.00~18.00	—	—	Al 0.75~1.50	510℃时效沉淀硬化	1030	1230	4	10	388	350℃以下长期工作的零部件
	06Cr15Ni25Ti-MoAlVB	0.08	1.00	2.00	24.00~27.00	13.50~16.00	1.00~1.50	0.10~0.50	Al 0.35 Ti 1.90~2.35 B 0.001~0.010	固溶处理+时效	590	900	15	18	248	喷气式发动机轮盘、汽轮机叶片、骨架、燃烧室零件
	022Cr12Ni9Cu-2NbTi	0.030	0.50	0.50	7.50~9.50	11.00~12.50	0.50	—	Cu 1.50~2.50 Ti 0.80~1.40 Nb 0.10~0.50	固溶处理	450	1035	25	—	100 HRB	对耐磨性、切削加工性能要求高的零部件

基等类型。此类合金牌号的形式为"GH+四位数字",其中,"G""H"分别为"高""合"二字的汉语拼音的首字母,第一位数字表示合金的分类号(1、2 表示铁基类合金,3、4 表示镍基类合金,5、6 表示钴基类合金)。

铁基高温合金是指以 Fe 为基体,加入质量分数 25% 左右的 Ni 元素和质量分数 15% 左右的 Cr 元素组成的合金,常用的有 Fe-15Cr-25Ni、Fe-15Cr-35Ni 等类型,如牌号为 GH1040、GH2135 的合金就是其中的代表合金。

镍基高温合金中一般都含有质量分数为 10%~25% 的 Cr 元素,在 Ni、Cr 形成的固溶体中还含有 Co、W 等强化元素,形成 Ni-Cr-Co、Ni-Cr-W 等三元系基体。镍基高温合金是目前用量最大、使用最广泛的一类高温材料,如牌号为 GH3030、GH4169 等不同成分的合金,其高温强度都高于铁基高温合金的高温强度。

钴基高温合金是指以 Co 为基体(质量分数为 30%~60%),加入质量分数为 5%~25% 的 Ni 元素、5%~25% 的 Cr 元素及 W、Mo、Al 等元素组成的 Co-Ni-Cr 系合金,如牌号为 GH5188、GH6159 的合金。在制造在 100 ℃ 左右温度下工作的航空发动机构件时,这类钢表现出比镍基高温合金更优的综合力学性能。

表 7-26 所示为部分耐热钢、高温合金的工作温度范围和应用举例,可以作为选材时的参考。有关高温合金的系统知识,还需查阅相关文献。

表 7-26　部分耐热钢、高温合金工作温度范围和应用举例

类型	工作温度/℃	适用合金	应用举例
耐热钢	350~600	α-Fe 为基的耐热钢(铁素体型、马氏体型钢)	锅炉过热器、蒸汽导管,柴油机、汽油机的气阀,工业加热炉底板、底辊
铁基合金	650~800	γ-Fe 为基的奥氏体型、沉淀硬化型高温合金	航空发动机排气阀、喷气发动机尾喷管、排气管、涡轮盘,燃烧室内的管接头
镍基、钴基合金	800~1100	以镍-铬固溶体为基及以钴为基($w_{Co}=40\%\sim60\%$)的高温合金	航空及航天飞行器发动机和燃气轮机的导向叶片、燃烧室、尾锥体,航空用超高强度紧固件
其他高温合金	>900	铌基、钼基、陶瓷合金	航天飞机、高超音速飞机机翼边缘、燃烧室前部、火箭发动机推力室、火箭喷嘴

2. 低温钢

低温钢一般是指用来制造在 -10~-196 ℃ 温度下工作的焊接结构件(如盛装液氧、液氮、液氢和液氟的容器),以及在高寒或超低温条件下使用的机械设备及零部件的专用钢。如第 1 章所述,通常,这些钢件在其工作温度低于某一温度时表现为强

度和硬度有所增高,但塑性和韧性却明显下降,极端情况下构件会发生突然断裂。因此,在低温条件下工作的钢构件,必须采用具有更低韧脆转变温度的低温钢制造。研究表明,低温钢的低温冲击韧度越高,韧脆转变温度越低,则其低温性能越好。发生韧脆转变的原因与钢的成分及组织结构有关。当钢中 C、Si、P 元素超高,钢基体为体心立方结构,晶粒粗大等,会使钢的低温冲击韧度降低。因此,为了确保安全,低温钢的工作温度不能低于其韧脆转变温度。

国内外普遍使用的低温钢有低碳锰钢、镍系低温钢及铬镍不锈钢。由于低温韧性与材料的显微组织有直接关系,因此按显微组织可将低温钢分为铁素体型、低碳马氏体型及奥氏体型三大类。

(1) 铁素体型低温钢　　如 16MnDR、15MnNiDR("D""R"为"低温压力容器"一词中"低""容"两字汉语拼音的首字母)钢等,这类钢经正火后通常用作 $-45\ ℃$ 温度左右的低温压力容器材料。查阅国家标准 GB/T 3531—2008,可获知低温压力容器所用低碳锰钢钢板的牌号、化学成分、力学性能、工艺性能等。

(2) 低碳马氏体型低温钢　　如国内外广泛使用的镍系钢,其国内牌号有 9Ni(w_{Ni} $\approx 9\%$)、5Ni($w_{Ni}\approx 5.0\%$)、1.5Ni($w_{Ni}\approx 1.5\%$)等。其中 9Ni 钢因冶炼工艺容易、质量稳定、焊接前后不需进行预热和消除应力处理,加之合金元素 Ni 又有利于钢韧脆转变温度的降低,故 9Ni 钢使用最广,常用来制造在 $-120\ ℃$ 条件下工作的乙烯冷冻透平压缩机壳体及相关压力容器。

(3) 奥氏体型低温钢　　这类钢的低温韧性最好,其中 06Cr19Ni10N、17Cr18Ni9 和 12Cr18Ni9 奥氏体型不锈钢使用最广泛,可用来制造在 $-200\ ℃$ 条件下工作的构件,如装运液氢、液氧、液氮的设备。

热处理对钢的低温脆断有很大影响。一般规律是:当化学成分相同时,经调质后的低温韧性较好,正火次之,退火最差。淬火时效和应变时效都将使钢的韧脆转变温度升高,增加了低温脆断的敏感性。在冷变形(如冷弯、冷压、焊接变形等)过程中都会导致脆化。为此,低温钢冷变形及焊接后都应及时进行去应力低温退火。

3. 耐磨钢

耐磨钢通常专指在强烈冲击载荷作用下发生冲击形变的高锰钢。国家标准 GB/T 5680—2010 中列举的 ZG100Mn13、ZG110Mn13Mo1、ZG120Mn13Cr2、ZG120Mn13 等 10 个牌号都属此类钢。牌号中的"Z""G"为"铸""钢"二字汉语拼音的首字母。这些钢的 $w_C = 0.70\% \sim 1.35\%$,$w_{Mn} = 11\% \sim 19\%$。由于含锰量高,在 C 与 Mn 元素的共同作用下,钢的奥氏体相区得到较大的扩展,使得钢在室温下容易得到奥氏体组织,因此这类钢也属奥氏体型锰钢。其中,牌号为 ZG120Mn13 的钢(w_C $= 1.05\% \sim 1.35\%$,$w_{Mn} = 11\% \sim 14\%$)是国内使用时间最长久的高锰钢,也是世界各国通用的一种耐磨钢。

由于 ZG120Mn13 钢机械加工困难,故它大多在铸态使用。实践表明,铸态高锰钢组织中存在着大量沿奥氏体晶界分布的碳化物,这导致铸件硬度高,脆性大,塑性、韧性差。为了改善高锰钢的耐磨性,生产过程中必须对铸件进行水韧处理(水韧处理是指将铸造后的高锰钢加热到 1050～1100 ℃,使过剩相碳化物完全溶入奥氏体中,然后迅速水冷以尽量获得单相奥氏体组织的热处理工艺)。水韧处理后,可根据铸件的要求和铸件结构的复杂性,在 250 ℃ 以下进行回火。这时钢的硬度只有 180～220HBW,当它受到剧烈冲击或较大压力作用时,表层迅速产生加工硬化并形成马氏体,使硬度升高到 450～550HBW,从而获得好的耐磨性,而心部仍保持好的韧性。需要指出的是,高锰钢件使用时必须在有外来压力和冲击作用条件下才能表现出耐磨性;当其已硬化的表层磨损后,新露出的表面又可在冲击、摩擦作用下获得硬化。如此反复,直至钢件被磨损直至报废。

高锰耐磨钢主要用来制造铁路转弯处的轨道、坦克及拖拉机的履带、挖掘机的铲齿、球磨机的衬板等。此外,对于在低冲击载荷及较小压力作用下工作的一些承受磨损的构件,如矿山刮板运输机的传动链、自卸车上的衬板等,还可采用专供的低合金耐磨钢板,如 NM300、NM400 钢(“N”“M”为“耐”“磨”两字汉语拼音的首字母)来制造。查阅国家标准 GB/T 5680—2010、GB/T 26651—2011 和 GB/T 24186—2011,可获知更多关于工程机械用耐磨铸钢及高强度耐磨钢板的牌号、化学成分、力学性能等方面的信息。

思考与练习题

7-1　何谓合金钢?它与同类碳钢相比有哪些优缺点?

7-2　简述合金元素对合金钢的主要影响和作用规律。

7-3　分析合金元素对过冷奥氏体转变的影响。

7-4　何谓钢的耐回火性、热硬性和二次硬化?

7-5　合金钢按用途分为几类?编号规则与碳钢有何异同?

7-6　合金结构钢按用途分为几类?在使用性能上各有何特点?

7-7　按合金钢的编号规则指出下列钢号中碳及其他元素的平均质量分数和所属类别的名称。

W18Cr4V、3Cr2W8V、5CrMnMo、18Cr2Ni4WA、25Cr2Ni4W、Q460、42CrMo、60Si2CrVA、20MnTiB。

7-8　用表格形式简明指出下列牌号属于哪一类钢(如低合金高强度结构钢、渗碳钢、调质钢……),其合金元素的大致含量(需用规则标出),并写出其预备热处理、最终热处理工艺方法及相应组织(不必注明加热温度和冷却介质)。

Q345、20CrMnTi、37CrNi3、60Si2Mn、9SiCr、CrWMn、GCr15、W6Mo5Cr4V2、30Cr13、12Cr18Ni9、42CrMo、40Cr。

7-9　W18Cr4V 钢所制的刃具(如铣刀)的生产工艺路线为:下料→锻造→等温退火→切削加工→最终热处理→喷砂→磨加工→产品检验。

① 指出合金元素 W、Cr、V 在钢中的主要作用。这些合金元素给高速钢的铸态

组织带来什么影响？为什么？

② 为什么对 W18Cr4V 钢下料后必须锻造？

③ 锻后为什么要等温退火？

④ 最终热处理工艺有何特点？为什么要进行这样的工艺处理？

⑤ 写出最终组织组成物。

7-10　量具钢的热处理特点和意义是什么？

7-11　何谓固溶热处理？奥氏体型不锈钢或奥氏体型耐热钢为什么要进行固溶热处理？

7-12　奥氏体型不锈钢为什么常加入 Ti、Nb 等合金元素？此类钢能否通过热处理来强化？为什么？

7-13　评价奥氏体型不锈钢的切削性能，并说明原因。

7-14　试述高锰钢的耐磨特性与热处理方式、显微组织及使用条件之间的关系。

7-15　分析常温下使用的钢与高温下使用的钢对钢中晶粒尺寸的要求有什么不同，为什么？

7-16　比较钢的回火脆性与钢的韧脆转变的本质。如何防止它们对钢的使用所造成的影响？

第8章

非铁金属材料

由图 1-7 可知,除钢铁以外的其他大多数金属及其合金统称为非铁金属材料。生产中常用的有铝、铜、钛、镁、锌等金属及其合金,此类材料有着钢铁材料无法替代的性能,如密度小,比强度(强度/密度)高,耐蚀性好,导电、导热性优良等等,因此它们在工程材料中占有很重要的地位,是国防工业及高新技术的支撑材料。

本章仅讲述常用的非铁金属及其合金的性能特点与使用状况。

8.1 铝及铝合金

8.1.1 纯铝

1. 纯铝的特性

铝是目前工业中用量最大的非铁金属之一。纯铝呈银白色光泽,其密度为 2.7 g·cm^{-3},属轻金属范畴;其熔点为 660 ℃。纯铝具有良好的导电、导热性;在大气中其表面会生成 Al_2O_3 薄膜,使其内部金属不致受到氧化。

纯铝具有面心立方晶体结构,结晶后无同素异构转变,表现出极好的塑性($A=35\% \sim 40\%$,$Z=80\%$),但硬度、强度很低($25 \sim 30$HBW,$R_m=80 \sim 100$ MPa),耐磨性差,容易经受压力加工成形,并可通过加工硬化提高其强度。

2. 铝中的杂质

工业上使用的纯铝总会含有一定的杂质,如 Fe、Si、Cu、Zn、Mg 等,其中尤以 Fe 与 Si 为常见的杂质。铝中的 Fe 和 Si 如果单独存在,则以 $FeAl_3$ 相和 Si 相形式出现在组织中。$FeAl_3$ 一般呈针状,而 Si 呈条状或块状,硬而脆。当 Fe、Si 同时存在时,组织中除有 $FeAl_3$ 相外,还会出现更复杂的化合物相,这些杂质相不仅破坏了铝的塑性,还使其导电性、耐蚀性都有所下降。

3. 工业纯铝的分类、牌号及应用

一般定义,铝的质量分数不低于 99.0% 时为工业纯铝,而铝的质量分数大于 99.70% 时为高纯铝。根据纯度的不同,高纯铝还可分为超高纯铝、超高纯度铝和极高纯度铝。高纯铝可用来制造铝箔、电容片等,还可作为铝合金表面的包覆材料以及配制铝合金的原材料;铝的质量分数大于 99.99% 的高纯铝主要用于科学研究、化学工业及一些特殊场合。

工业纯铝又分铸造纯铝(未经压力加工产品)及变形纯铝(经压力加工产品)两种。按国家标准 GB/T 8063—94 规定,铸造纯铝牌号由"铸"字的汉语拼音字首"Z"和铝的元素符号及表明含铝量的数字组成,例如,ZAl99.5 表示 $w_{Al}=99.5\%$ 的铸造纯铝。变形铝的牌号按国家标准 GB/T 16474—2011 规定,采用国际四位字符体系的方法表示。例如 1×××,牌号中的第一位数字表示组别,指定"1"表示纯铝;第二位是字母,表示改型情况,"A"表示原始纯铝;后两位数字对于纯铝,代表最低铝的质量分数中小数点后的两位数字,如最低铝质量分数为 99.60% 的纯铝,其牌号为 1A60。常用的变形纯铝有 1A50、1A70 等。

工业纯铝不能热处理强化,需通过冷加工的方式来提高强度。一般经冷加工硬化后的工业纯铝,还需进行退火处理,其退火温度通常为 300~500 ℃,保温时间随工件厚度而定,尽管如此,但终因强度太低,不能制造受力的结构件。在这种情况下,铝合金的发展就成为必然。

8.1.2　铝合金

在铝中加入合金元素,配制成各种成分的铝合金,是提高铝的强度的有效途径。实践表明,目前工业上使用的某些铝合金强度已高达 600 MPa 以上,且仍保持着纯铝密度小、耐蚀性好的特点。要正确地选用铝合金,必须对其分类编号、性能特点和热处理方式有基本的了解。

1. 铝合金的相图及分类

铝合金的分类可根据其化学成分和工艺特点分为变形铝合金与铸造铝合金两大类。通常加入铝中的合金元素有 Cu、Mg、Zn、Si、Mn 及稀土元素。这些元素在固态铝中的溶解度一般都是有限的,它们与铝所形成的相图大多具有二元共晶相图的特点。这些相图的一般形式如图 8-1 所示,只是随合金元素的种类不同,相图中 D 点的位置也不同。

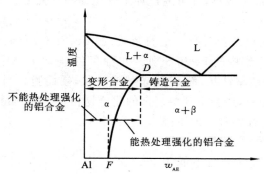

图 8-1　铝合金相图的一般形式

表 8-1 反映了不同合金元素与 D 点位置的关系,而此 D 点正是变形铝合金与铸造铝合金的成分分界点。

表 8-1　铝中加入不同合金元素对 D 点位置的影响

二元相图类型	Al-Zn	Al-Mg	Al-Cu	Al-Mn	Al-Si
D 点合金元素含量（质量分数）/％	3.16	14.90	5.65	1.95	1.65
D 点温度/℃	275	451	548	659	577
室温下的溶解度（质量分数）/％	6	0.34	0.20	0.05	0.05

　　(1) 变形铝合金　变形铝合金是指由铝合金铸锭经冷、热加工后形成的各种规格的板、棒、带、丝、管状等型材。图 8-1 中，成分位于 D 点左侧的合金，在加热时均能形成单相固溶体组织，其塑性好，适于压力加工，故划归变形铝合金。此类合金又分为以下两部分：

　　① 在 F 点成分左侧的合金。这类合金从室温到液相出现前均为单相 α 固溶体，其成分不随温度而变化，故不能进行热处理强化，即为不能热处理强化的铝合金，但它们能通过形变强化（加工硬化）和再结晶处理来调整其组织性能。这类单相组织的合金具有良好的耐蚀性，又称为防锈铝。

　　② 在 F 点与 D 点成分之间的铝合金。这类合金的固溶体的成分随温度的变化而变化，它可以通过热处理改性，即属于能热处理强化的铝合金。工程中常用的硬铝、超硬铝等便属于这类合金。

　　(2) 铸造铝合金　铸造铝合金是指由液态直接浇注成工件毛坯的铝合金。如图 8-1 所示，位于 D 点成分右侧的合金熔点低，结晶时发生共晶反应，固态下具有共晶组织，塑性较差，适合铸造，故划归铸造铝合金。

　　需要说明的是，以 D 点成分划分铝合金的类别不是绝对的。因为有些铝合金虽在 D 点成分以右，但仍可压力加工，所以这一部分铝合金也可划归变形铝合金。

2. 铝合金的热处理方式及特点

1) 退火

　　(1) 变形铝合金的退火　变形铝合金包括铝合金铸锭及压力加工的制品。铝合金铸锭退火的目的在于使成分均匀化，塑性得到提升，以便于随后的轧制加工及铝型材质量的控制。通常称其为均匀化退火（加热温度高，仅低于固相线 20～40 ℃，保温时间几小时或几十小时）。

　　对于冷变形加工中的铝合金制品，退火的目的在于消除加工硬化效应，有利于继续塑性成形，通常称其为中间退火或再结晶退火（加热温度为再结晶温度以上，保温时间为 1～4 h）。

　　对于不能进行热处理强化而需保持加工硬化效果的铝合金，退火的目的在于消除内应力，稳定产品的尺寸，通常称其为低温去应力退火（加热温度一般为 180～300 ℃，保温时间为 0.5～3 h）。

　　(2) 铸造铝合金的退火　为了消除铸铝件的成分不均匀性和内应力，并改善其性能，铸件还需要进行较长时间的均匀化退火（加热温度视固相线温度而定，保温适当时间）。

2）时效强化处理

铝合金的时效强化处理与钢的淬火、回火处理不同。钢淬火后得到碳过饱和的马氏体组织（发生了奥氏体与马氏体之间的同素异构转变），强度、硬度得到显著提高而塑性、韧性急剧下降；回火时马氏体发生分解，强度、硬度降低，塑性和韧性上升。铝合金的时效强化处理也要进行淬火，得到过饱和固溶体，但其强度、硬度并不高，而塑性和韧性却较好，且随后过饱和固溶体在室温或加热条件下发生分解，并出现时效强化现象。

（1）时效强化现象　时效强化是指类似图 8-1 中 F 点成分与 D 点成分之间的铝合金，经加热到溶解度曲线（DF 线）温度以上的单相 α 区内的某一温度，使室温组织中的不同相转变为单一的 α 固溶体，保温后快冷得到单相过饱和 α 固溶体组织（此过程为铝合金固溶处理，也称淬火，但这一过程中没有发生同素异构转变，且室温下的强硬相也转化为过饱和 α 固溶体，故铝合金淬火后强度、硬度并不高）。这种组织在室温或较高的环境温度下，随着停留时间的延长，其强度、硬度出现显著增高的现象称为时效（或沉淀）强化。一般把室温下进行的时效称为自然时效，在加热条件下进行的时效称为人工时效，如图 8-2 所示。

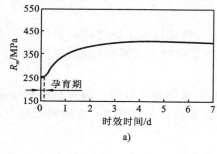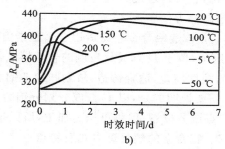

图 8-2　$w_{Cu}=4\%$ 的 Al-Cu 合金的时效强化曲线

a）室温自然时效　b）人工时效

（2）时效强化机理　研究表明，铝合金的时效强化与其在时效过程中所产生的共格及半共格沉淀相（尺寸小于 0.1 μm 的第二相）有关。下面以 $w_{Cu}=4.0\%$ 的 Al-Cu 合金（硬铝 2A11）为例，说明其组织变化与时效的关系，图 8-3 为这类合金的相图。

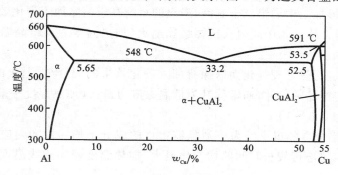

图 8-3　Al-Cu 合金相图（近铝端）

　　由图可以看出,Cu 有限固溶于 Al 形成低强度高塑性的 α 固溶体,且溶解度随温度的降低而减小(由共晶温度 548 ℃ 的溶解度为 5.65% 减至室温的溶解度为0.50%)。此外,Cu 还能与 Al 形成一种硬而脆的金属化合物 $CuAl_2$,即平衡相 θ。当Cu 含量超过某一温度下的溶解度时,过量的 Cu 就以 $CuAl_2$ 的形式存在于合金之中,故 θ 相也称过剩相或第二相。

　　由图可知,$w_{Cu}=4.0\%$ 的合金在加热前的组织为 α 相和过剩相 θ,加热至 550 ℃的过程中,θ 相溶入 α 相中,使合金变成均匀的单相 α 固溶体。随后快冷淬火时,θ 相来不及从 α 相中析出,从而使 α 固溶体呈过饱和状态。由于 Cu、Al 原子半径相近且晶格形式相同(皆属面心立方),它们置换固溶时所形成的 α 晶格不致强烈扭曲畸变,也无同素异构转变,故淬火后并不立即硬化反而塑性优良。但过饱和 α 相很不稳定,它将自发缓慢地析出第二相,并向稳定的(α+θ)组织转变,从而引起强度、硬度的变化。

　　(3) 时效强化过程　　时效强化过程实质上就是第二相从过饱和固溶体中分解沉淀的过程。

　　① 室温下,Cu 原子逐步自发聚集于 α 相某晶面{100}上而形成薄膜状的富 Cu区,称为 GP[Ⅰ]区,于是导致 α 晶格发生严重畸变,位错运动受阻而致使合金强化,即强度、硬度升高。

　　② 随着时间的延长,Cu 原子会在 GP[Ⅰ]区继续聚集,并进行有序化(即按一定方式规则排列),从而形成 GP[Ⅱ]区(称为中间沉淀相 θ'',其化学成分接近 $CuAl_2$)。由于 GP[Ⅰ]区及 θ'' 相的晶格常数与 α 相的不同,且又要与 α 相保持共格,所以周围的 α 晶格发生更严重的畸变(见图 8-4a),其位错运动随时间的推移而更加困难,致使合金进一步强化,即强度、硬度进一步提高。

　　③ 随着时间的延长,Cu 原子继续向 GP[Ⅱ]区聚集,并出现中间沉淀相 θ'',θ'' 随即转变为过渡沉淀相 θ',它与 α 相的共格关系开始破坏,这时 α 晶格畸变减轻,对位错的阻碍减弱,表示出合金的强度、硬度有所降低。如果加热升温使这一过程加快,θ' 相便与基体完全分离,并转变为平衡稳定的 θ 相。由于 θ 相与 α 相已不再有共格联系,如图 8-4(b)所示,于是出现了 α、θ 两个各自独立的相,使合金的强度、硬度进一步降低,且变得软化,这时合金的强化效果消失,即所谓“过时效”。综上所述,合金的时效强化主要来自不同相的共格畸变。

　　对 $w_{Cu}=4.0\%$ 的铝合金进行时效过程中的组织及性能变化可简述为

合金淬火 ——→ 过饱和 α ——→ α+GP[Ⅰ] ——————→ α+θ'' ——┐
　　　　　　(不稳定,　)　(R_m↑、HBW↑,)　(R_m↑↑、HBW↑↑,)
　　　　　　(要分解　)　(开始强化　)　(最大强化　)

稳定的 α+平衡的 θ ←———— α+θ ←———————— α+θ' ←——┘
　　　　　　　　(R_m↓↓、HBW↓↓,)　(R_m↓、HBW↓,)
　　　　　　　　(共格完全破坏　)　(共格部分破坏　)

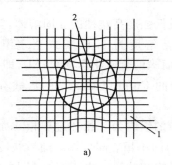 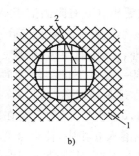

a)　　　　　　　　　　　　b)

图 8-4　第二相(θ 相)与基体(α 相)晶格的关系
a) 共格　b) 非共格
1—基体　2—第二相

(4) 时效强化的特点

①有一段强化孕育期。由图 8-2 可见,自然时效孕育期长,需经历 3～5 昼夜后淬火合金才达最高强度,因此在孕育期初合金塑性好,容易进行弯曲、矫直及铆接等操作,这对铝合金的加工具有特殊的意义。

②提高时效温度,可加速时效过程。在 200 ℃ 以下,时效温度愈高,强化进行得愈快,即达到最大强度所需的时间愈短,但最高强度值愈低,如图 8-2(b)所示。这是由于在较高温度下,原子扩散能力大,GP[Ⅰ]区及 θ'' 相很快就形成完毕或根本来不及形成,则出现了 $\theta' \rightarrow \theta$ 的转变。

③自然时效不易产生过时效。这是由于在此条件下,原子扩散能力较弱,往往在形成了 GP[Ⅰ]区及 θ'' 相后,时效过程便不能继续进行了。

④典型的扩散型热处理强化。淬火后的铝合金是由于含 Cu 过饱和 α 固溶体的固溶度改变,即 Cu 原子扩散形成的两种 GP 区而导致强度、硬度自然升高。这与钢铁的非扩散型强化方式(淬火时 γ-Fe 瞬间发生同素异构转变而形成含 C 过饱和的 α-Fe固溶体)是有根本区别的。

铝铜合金的时效原理及规律表明,凡是那些在相图上有固溶度变化的合金(包括后述的某些铜合金、钛合金),都可以通过时效处理达到强化,只是合金的种类有别,所形成的中间相及稳定相不一样,其时效强化的效果不同而已。

3) 回归处理

将经过自然时效处理的铝合金在 200～250 ℃ 短时间(几秒钟或几分钟)加热然后迅速水冷,可使合金的性能又回到接近新淬火状态的水平,即可重新变软。这种性能复原的现象称为回归。经回归处理的合金在室温下放置一段时间,硬度和强度又重新升高,类似自然时效处理的状态,但回归次数一般不超过四次。在飞机制造业中,常采用回归处理使铝合金软化,以便从容自如地进行铆接和修复工作。

3. 铝合金的牌号和代号

1) 变形铝合金

变形铝合金的牌号同样按国家标准 GB/T 16474—2011 规定,采用国际四位字符2×××~8×××系列表示(1×××表示纯铝,9×××为备用合金组),第一位数字 2~8 分别表示以 Cu、Mn、Si、Mg、Mg₂Si、Zn、其他合金元素的铝合金;第二位是字母,表示原始合金的改型情况,若是 A 则表示原始合金,若是 B~Y(C、I、L、N、O、P、Q、Z 除外)中的一个字母,则表示原始合金的改型合金;最后两位数字没有特殊意义,仅用来区分同一组中不同的铝合金。

国家标准 GB/T 16475—2008 规定了变形铝及变形铝合金产品的状态代号(分为基础状态代号和细分状态代号)。基础状态代号用一个英文大写字母表示。例如:F 表示自由加工状态,O 表示退火状态,H 表示加工硬化状态,W 表示固溶热处理状态,T 表示不同于 F、O、H 状态的热处理状态。细分状态代号用基础代号后缀一位或多位阿拉伯数字或英文大写字母来表示影响产品特性的基本处理或特殊处理。例如:O1 表示高温退火后慢速冷却状态等。本节涉及的有关细分状态代号在相应内容处均有注释和说明,更多的细分状态代号可参阅所采用的国家标准。

2) 铸造铝合金

常用铸造铝合金中,合金元素主要有 Si、Cu、Mg、Mn、Ni、Cr、Zn、RE 等。依合金中主加元素种类的不同,铸造铝合金可分为 Al-Si 系、Al-Cu 系、Al-Mg 系及 Al-Zn 系四类。

铸造铝合金的牌号按国家标准 GB/T 8003—1994 规定表示,示例如下:

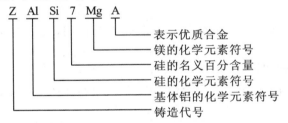

铸造铝合金的代号用"铸""铝"二字汉语拼音的首字母"Z""L"后加三位数字表示。第一位数字代表合金系别(如数字"1"为 Al-Si 系,"2"为 Al-Cu 系,"3"为 Al-Mg 系,"4"为 Al-Zn 系和复杂元素的合金),后两位数字代表合金顺序号,优质合金在数字后面加大写英文字母 A。因此,铸造铝合金常将牌号、代号列举在一起,如 ZL101 对应牌号为 ZAlSi7Mg,ZL105 对应牌号为 ZAlSi5Cu1Mg。

4. 铝合金的性能特点和应用

1) 变形铝合金

变形铝合金按其主要性能特点分为防锈铝、硬铝、超硬铝及锻铝四类。除防锈铝以外,其他三类是可以热处理强化的铝合金。

(1) 防锈铝合金　防锈铝合金有 Al-Mn 系合金和 Al-Mg 系合金。因其时效硬化效果不明显,所以不宜热处理强化,但可通过冷加工硬化来提高其强度和硬度。

这类铝合金具有良好的塑性、耐蚀性和焊接性能,主要用来制造受力不大的容器、油箱、焊接零件和深冲件。

(2) 硬铝合金　硬铝合金主要是 Al-Cu-Mg 系合金。Cu 与 Mg 在 Al 中可形成固溶体起固溶强化作用;此外还可形成强化相 $CuAl_2$ 和 $CuMgAl_2$,在淬火后的时效过程中,能形成这些相的过渡相,引起晶格畸变而显著提高合金的强度。硬铝的耐蚀性不高,通常需进行阳极化处理,使其表面形成(包覆)一层纯铝(称为包铝)。

这类铝合金是航空工业和机械工业中广泛使用的重要合金,可轧制成板材、管材等型材,制造较高载荷下的铆接和焊接零件,如飞机构架、螺旋桨叶片和铆钉等。

(3) 超硬铝　超硬铝主要是 Al-Cu-Mg-Zn 系合金,由于比硬铝多含一些 Zn,除与 Al 形成固溶体外,还能形成 $MgZn_2$、Al_2CuMg、$AlMgZnCu$ 等多种复杂的强化相,故这类合金经热处理后,强度超过一般的硬铝合金。为改善超硬铝的耐蚀性,通常在板材表面包覆 $w_{Zn}=1\%$ 的铝锌合金。

这类铝合金用来制造受力较大的结构件,如飞机大梁、起落架等。

(4) 锻铝合金　锻铝合金主要有 Al-Cu-Mg-Si 系合金和 Al-Cu-Mg-Fe 系合金。Mg、Si、Cu 除与 Al 形成固溶体外,还可形成 Mg_2Si、$CuMgAl_2$、$CuAl_2$ 等强化相,尤其 Mg_2Si 是锻铝中的主要强化相。锻铝具有良好的热塑性,适合锻造。

这类铝合金主要用来制造承受重载荷的锻件和模锻件,如航空发动机活塞、直升机的旋翼、压气机和鼓风机的涡轮叶片等。

部分变形铝合金的化学成分、力学性能和应用举例如表 8-2 所示,表中数据选摘自国家标准 GB/T 3190—2008。

2) 铸造铝合金

(1) Al-Si 系合金　Al-Si 系合金通常称为硅铝明,代号有 ZL101、ZL102……ZL111。其中 ZL102 合金是典型的铸造铝合金,它成分简单,仅由 Al、Si 两组元组成,故称为简单硅铝明,其含硅量为 $w_{Si}=10\%\sim13\%$,正好处于共晶成分附近(见图 8-5),所以该合金的铸造组织几乎全部由共晶体组成,如图 8-6 所示。

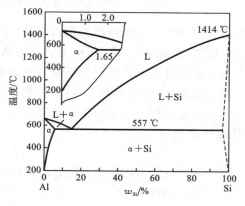

图 8-5　Al-Si 二元相图

由于 Al-Si 系合金的共晶组织 $(\alpha+\beta)$ 中的 β 相(Al 溶于 Si 的固溶体,通常称为共晶硅)在铸态下常呈粗大的针状且硬而脆,导致合金强度很低 $(R_m=130\sim140$ MPa),塑性很差 $(A<3\%)$,不能满足使用要求。因此,在生产中常采用加入变质剂来细化组织,改善性能。

表8-2　部分变形铝合金的化学成分、力学性能和应用举例

合金名称	合金系	牌号	化学成分(质量分数)/% Si	Fe	Cu	Mn	Mg	Cr	Ni	Zn	其他	Ti	单个	合计	状态①	R_m/MPa	硬度(HBW)	A/%	应用举例
防锈铝合金	Al-Mn	3A21	0.6	0.7	0.20	1.0~1.6	0.05	—	—	0.10	—	—		0.10	O（板材）	130	30	20	轻载荷的冲压件、焊接件和在腐蚀介质中工作的工件,如航空油箱、汽油和滑油导管、整流罩
防锈铝合金	Al-Mg	5A02	0.40	0.40	0.10	0.15~0.40	2.0~2.8	—	—		Fe+Si 0.6	0.15		0.15	O（板材）	230	—	16	
防锈铝合金	Al-Mg	5A06	0.40	0.40	0.10	0.5~0.8	5.8~6.8			0.20	Be 0.0001~0.005	0.02~0.10			O（板材）	320	—	15	
硬铝	Al-Cu-Mg	2A11	0.70	0.70	3.8~4.8	0.40~0.8	0.40~0.8	—	0.10	0.30	Fe+Ni 0.7	0.15		0.10	O / T4（板材）	240 / 420	— / 100	12 / 18	中等强度的结构件,如滑桨叶片
硬铝	Al-Cu-Mg	2A12	0.50	0.5	3.8~4.9	0.30~0.9	1.2~1.8	—	0.10	0.30	Fe+Ni 0.5	0.15			O / T4（板材）	240 / 475	— / 105	14 / 17	较高强度的结构件,如翼梁、长桁
超硬铝	Al-Cu-Mg-Zn	7A04	0.50	0.5	1.4~2.0	0.20~0.6	1.8~2.8	0.10~0.25		5.0~7.0		0.10	0.05	0.10	T6（棒材）	600	150	12	飞机上的主要结构件,如大梁、桁条、翼肋、蒙皮及起落架
超硬铝	Al-Cu-Mg-Zn	7A09	0.50	0.5	0.50~0.1	0.20~0.35	3.0~4.0	0.10~0.20	0.10	3.2~4.2					T6（棒材）	660	190	9	
锻铝	Al-Cu-Mg-Si	2A50	0.7~1.2	0.7	1.8~2.6	0.40~0.8	0.40~0.8	—		0.30	Fe+Ni 0.7	0.15			T6（模锻件②）	420	105	13	形状复杂和中等强度的锻件
锻铝	Al-Cu-Mg-Si	2B50						0.10~0.20				0.02~0.10			T6（模锻件②）	340	—	10	
锻铝	Al-Cu-Mg-Si	2A14	0.6~1.2		3.9~4.8	0.40~1.0		—	0.10	0.30	—	0.15			T6（模锻件②）	480	135	19	承受高负荷或较大型的锻件

注　① O—退火状态,T4—固溶热处理+自然时效状态,T6—固溶热处理+人工时效状态。
　　② 模锻件为顺纤维方向。

研究表明，在浇注之前向合金熔体中加入占合金总质量 2％～3％的钠盐混合物（$m(NaF)$：$m(NaCl)=2$：1）进行变质处理（需要指出的是，关于变质剂的研究工作一直没有停止过，今天已有许多新型的变质剂在使用中），可使 ZL102 合金结晶后获得亚共晶组织 α＋（α＋Si），如图 8-7 所示。从图可见，α 为白亮的初晶体，（α＋Si）为暗色细粒状共晶体。对比图 8-6，图 8-7 中的亚共晶组织细小分散，其强度和塑性明显优于前者（$R_m=170～180$ MPa，$A=3％～8％$）。至于变质处理为什么可以改善合金的组织，一般认为，这是由于溶入液态合金中的活性 Na 一方面促进了 Si 的形核，另一方面又能吸附在长大中的 Si 晶体表面，并阻止其晶体继续长大，从而使共晶体（α＋Si）中的 Si 晶体变得细小。同时，加入变质剂还会促使液态合金过冷，引起图 8-5 中的共晶点向右下移动，导致原符合共晶成分的合金结晶后具有亚共晶组织。

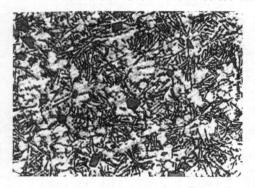

图 8-6　简单硅铝明变质处理前的组织
（150×）

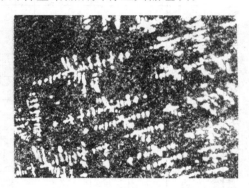

图 8-7　简单硅铝明变质处理后的组织
（100×）

此种合金熔点低，流动性好，经变质处理后其力学性能还能获得一定的改善，是较为理想的铸造合金。但因其变质后强度仍不够高，故通常只用来制造形状复杂，强度要求不高的铸件，如内燃机缸体、缸盖、仪表支架、壳体等。

在简单硅铝明的基础上调整含硅量，并加入 Cu、Mn、Mg 等合金元素，就构成复杂硅铝明，其代号有 ZL101、ZL104、ZL105、ZL107、ZL108、ZL109 等。这类合金的组织中出现了更多的强化相，如 $CuAl_2$、Mg_2S 及 Al_2CuMg，在变质处理与时效强化的综合作用下，可使强度升高至 200～230 MPa。

复杂硅铝明常用来制造汽缸体、风扇叶片等形状复杂的铸件，尤其是 ZL108 和 ZL111 两种代号的合金，具有高的高温强度、良好的耐磨性和很低的热胀系数，是制造汽车、拖拉机等内燃机活塞的专用材料。

（2）其他铸造铝合金　除 Al-Si 系、Al-Si-Cu 系铸造铝合金外，其他几类铸造铝合金的特点简述如下：

① Al-Cu 系合金有较高的强度，较好的塑性及耐热性，且时效强化效果好，但铸造性能与耐蚀性较差。

② Al-Mg 系合金强度较高，韧性较好、密度小（2.55 g·cm⁻³），耐蚀性优良，切

削加工性及抛光性很好,但也存在有铸造性能与耐热性较差的弱点。

③ Al-Zn 系合金具有良好的铸造性能,经变质处理与时效处理后,强度明显提高但耐蚀性变差。

部分铸造铝合金的力学性能和应用举例如表 8-3 所示,表中数据选摘自国家标准 GB/T 1173—1995。

表 8-3　部分铸造铝合金的力学性能和应用举例

合金类型	合金牌号	合金代号	铸造方法代号	状态代号	力学性能,不小于			应用举例
					R_m/MPa	A/%	硬度(HBW)	
铝硅系	ZAlSi7Mg	ZL101	J	T5	205	2	60	形状复杂和中等载荷的飞机零件、仪器零件、抽水机壳体
			S	T5	195	2	60	
			S,B	T6	225	1	70	
	ZAlSi12	ZL102	J,B	T2	145	4	50	形状复杂的、受力不大的、有一定耐蚀要求的气密机件,压铸件
	ZAlSi9Mg	ZL104	S,B	T1	225	2	70	承受重大载荷,气密性要求高的大中型复杂零件,如船用高速柴油机汽缸体、增压器壳体
			J	T6	235	2	70	
铝硅铜系	ZAlSi5Cu1Mg	ZL105	J	T5	235	0.5	70	250 ℃以下工作的承受中等载荷的零件,如中小型发动机汽缸头
			J	T7	175	1	65	
	ZAlSi7Cu4	ZL107	S,B	T6	245	2	90	可用金属型铸造在较高温度下承受重大载荷的零件
			J	T6	275	2.5	100	
	ZAlSi2Cu1Mg1Ni	ZL109	J	T6	245	—	100	需有较高高温强度和低膨胀系数的发动机活塞
	ZAlSi9Cu2Mg	ZL111	J	T6	315	2	100	250 ℃以下工作的承受重大载荷的气密零件,如大功率柴油机汽缸体
铝铜系	ZAlCu5Mn	ZL201	S	T5	335	4	90	300 ℃以下承受瞬时重大载荷,长期中等载荷的结构件,如增压器的导风叶轮静叶片
	ZAlCu4	ZL203	J	T4	205	6	60	需有高强度、高塑性的零件以及工作温度不超过200 ℃并要求切削性好的小零件
			J	T5	225	3	70	

续表

合金类型	合金牌号	合金代号	铸造方法代号	状态代号	力学性能,不小于			应用举例
					R_m/MPa	$A/\%$	硬度(HBW)	
铝镁系	ZAlMg10	ZL301	S	T4	280	10	60	要求耐蚀并承受冲击的零件
铝锌系	ZAlZn11Si7	ZL401	S	T1	195	2	80	压力铸造零件,工作温度不超过200 ℃结构形状复杂的汽车、飞机零件
			J	T1	245	1.5	90	
	ZAlZn6Mg	ZL402	J	T1	235	4	70	结构形状复杂的汽车、飞机、仪器配件

注　J—金属型铸造,S—砂型铸造,B—变质处理,F—铸态,T1—人工时效,T2—退火,T4—固溶处理＋自然时效,T5—固溶处理＋不完全人工时效,T6—固溶处理＋完全人工时效,T7—固溶处理＋稳定化处理

3) 新型铝合金

铝锂合金是一种处于发展中的新型铝合金。锂的密度仅为 $0.53 \text{ g} \cdot \text{cm}^{-3}$,是一种比铝还要轻得多的金属。在铝中加入金属元素 Li 可提高合金的弹性模量,降低合金的密度。

研究表明,加入质量分数为 1％的 Li,可使弹性模量提高 6％。在强度相当的情况下,铝锂合金的密度比常用铝合金的密度低 10％,而弹性模量高 10％。此种合金还具有极好的耐蚀性,是一种理想的航空航天结构材料。铝锂合金的不足之处是塑性和韧性较差,缺口敏感性较大,断裂韧度较低。而且,锂具有非常活泼的化学性质,在冶炼、加工过程中都要采取复杂的保护措施。这些问题的解决还有待于进一步研究。我国有不少材料研究单位正在对 Al-Li-Cu 系、Al-Li-Mg 系和 Al-Li-Cu-Mg-Zr 系合金的断裂机理、时效动力学及预冷变形后再时效处理等方面的问题进行研究,相信这些研究对克服铝锂合金的弱点是有贡献的。

综上所述,铝合金类别、牌号众多,选用时应注意以下几点:

①要求比强度高的结构件,如飞机骨架、蒙皮等,适合用铝合金制造,而一些承载大、受强烈磨损的结构件(如齿轮、轴等),不宜用铝合金制造。

②铝合金的熔点一般只有 600 ℃左右,流动性好,所以对于那些尺寸较大、形状复杂的构件可选用铸造铝合金制造。

③一些薄壁、形状复杂、尺寸精度高的零件,可用变形铝合金在常温或高温下挤压成形,充分发挥其塑性好的优点。

④铝合金具有导电、导热、耐蚀、减振等优点,可满足某些特殊需要,尤其是铝合金具有面心立方结构,不出现低温韧脆转变,故在 0～ －253 ℃范围内塑性不下降,冲击韧度不降低,因此也适合制造低温设备中的构件和紧固件等。

8.2　铜及铜合金

8.2.1　纯铜

1. 纯铜的特性

纯铜表面氧化后呈紫红色，故又称为紫铜。它是人类历史上使用最早的金属之一，也是当今工业技术中不可缺少的材料。

纯铜的密度为 $8.9\ g\cdot cm^{-3}$，属重金属范畴，其熔点为 1083 ℃，导电、导热性能优良。铜比氢的电极电位高，因此它在大气、淡水及冷凝水中均有良好的耐蚀性。当铜暴露在大气中时，能在其表面生成绿色的保护膜（$CuCO_3\cdot 2Cu(OH)_2$，又称为铜绿），使其腐蚀速度降低。需要指出的是，铜在海水及氧化性酸（硝酸等）中，腐蚀速度会加快。

纯铜具有面心立方晶体结构，无同素异构转变，表现出极好的塑性（$A=50\%$，$Z=70\%$），可进行冷、热压力加工。但是，其强度、硬度不高，在退火状态下，抗拉强度为 200～250 MPa、硬度为 40～50HBW。采用冷变形加工可使铜的抗拉强度提高到 400～500 MPa，硬度提高到 100～200HBW，但塑性相应会有所下降。

2. 纯铜中的杂质

工业纯铜中存在着 Pb、Bi、O、S、P 等杂质，它们对铜的性能有很大的影响。这些杂质不仅降低了铜的导电、导热能力，还会形成低熔点（小于 400 ℃）的共晶体，如（Cu+Pb）和（Cu+Bi），分布在铜的晶界上。当对铜进行热加工时（820～860 ℃），共晶体发生熔化，破坏了晶粒间的结合，从而造成脆性断裂，即为"热脆"。S、O 和 Cu 也能形成共晶体（Cu+Cu₂S）和（Cu+Cu₂O），其共晶温度分别为 1067 ℃ 和 1065 ℃，它们虽不会引起"热脆"，但由于 Cu_2S、Cu_2O 均为脆性化合物，在冷变形加工时易产生破裂，即为"冷脆"。

3. 工业纯铜的代号、热处理及应用

我国工业纯铜分未加工产品（铜锭、电解铜）和加工产品（铜材）及含氧量极低的无氧铜。根据国家标准 GB/T 5231—2012 的规定，纯铜加工产品代号用"铜"字的汉语拼音首字母"T"后加数字表示，数字愈大，纯度愈低。工业纯铜的主要化学成分和应用举例如表 8-4 所示。

表 8-4　工业纯铜加工产品的主要化学成分和应用举例

代号	主要化学成分（质量分数）/%							应用举例
	Cu+Ag	Bi	Fe	Pb	Sb	As	S	
T1	99.95	0.001	0.005	0.003	0.002	0.002	0.005	电线、电缆、导电螺钉、雷管、化工用蒸发器、贮藏器和各种管道
T2	99.90			0.005				
T3	99.70	0.002	—	0.01	0.30	—	0.0015	电气开关中的导电片，防氧化的垫圈、垫片、铆钉、管嘴、油管、管道

再结晶退火是工业纯铜常用的热处理方式。其目的为消除内应力，改变晶粒大

小,退火温度一般选用 $500\sim700$ ℃。实践表明,退火铜应在水中快速冷却,可减少加热时形成的氧化皮,得到光洁的表面。

8.2.2　铜合金

工业纯铜的强度低,不适合用作结构材料。尽管通过冷加工的方式可以使其强度提高,但与此同时材料的塑性也急剧地下降了。因此,要想在保证铜的塑性前提下提高其强度,必须在纯铜中加入合金元素,形成铜合金。研究表明,Zn、Al、Sn、Mn、Ni 等元素在 Cu 中的固溶度均大于 9.4%(质量分数),它们溶入铜后可以起到固溶强化的作用,获得强度及塑性都能满足工程要求的铜合金。

常用的铜合金主要有黄铜、青铜及白铜。

1. 黄铜

以 Zn 为主加合金元素的铜合金称为黄铜。按其含合金元素种类不同,它分为普通黄铜和特殊黄铜;按其加工方法不同,它又分为压力加工黄铜和铸造黄铜。

1)普通黄铜

普通黄铜是 Cu 与 Zn 的二元合金。一般,$w_{Zn}=50\%$,因为 $w_{Zn}>50\%$ 后,合金就变得很脆,没有使用价值了。图 8-8 为 Cu-Zn 合金相图,图中,α 相是 Zn 溶入 Cu 中的固溶体,为面心立方晶格,具有很好的塑性;β 相是以化合物 CuZn 为基的固溶体,为体心立方晶格,塑性较好。由图可知,当 $w_{Zn}<32\%$ 时,Zn 完全溶入 α 相中,形成单相 α 固溶体,故这种黄铜又称为单相黄铜。

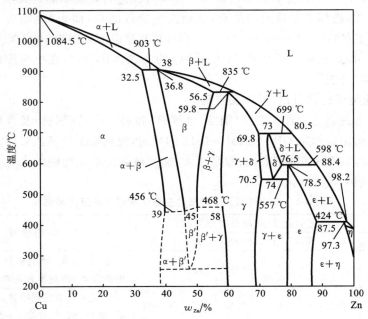

图 8-8　Cu-Zn 合金相图

单相黄铜变形退火组织如图 8-9 所示。此类黄铜具有极强的冷塑性变形能力，其中最典型的是 $w_{Zn}=30\%$ 的单相黄铜，大量用来制造冷拉线材、管材、弹壳及复杂深冲零件。

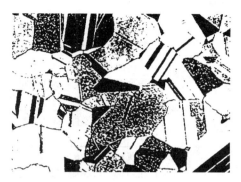

图 8-9　单相黄铜变形退火组织（250×）

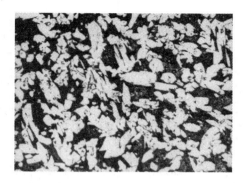

图 8-10　双相黄铜变形退火组织（500×）

合金中 $w_{Zn}>32\%$ 以后，组织中出现 β' 相，这种黄铜含有 α 相和 β' 相，又称为双相黄铜。双相黄铜变形退火组织如图 8-10 所示。双相黄铜的强度较高，但塑性显著不如单相黄铜，一般不进行冷塑性变形。但是，在一定的温度下，双相黄铜可以进行热加工变形。这是因为在一定的加热温度下，$\alpha+\beta'$ 两相会转变为 β 单相，从而使塑性得到提升。

黄铜不仅有很好的冷、热加工变形性能，而且还有较好的铸造性能，并且对于大气、海水具有相当强的耐蚀能力。

普通黄铜的代号用"黄"字的汉语拼音首字母"H"后加数字表示。数字表示铜的平均含量，如 H70 是 $w_{Cu}=70\%$ 的黄铜。若是用于铸造生产的黄铜，其代号前加"铸"字的汉语拼音首字母"Z"。

部分普通黄铜的化学成分和应用举例如表 8-5 所示。表中数据选摘自国家标准 GB/T 5231—2012。

表 8-5　部分黄铜的化学成分和应用举例

类别	代号或牌号	主要化学成分*（质量分数）/%				杂质总和	应用举例
		Cu	Fe	Pb	其他		
普通黄铜	H90	88.0～91.0	0.5	0.5	—	0.2	双金属片、供水和排水管、证章、艺术品（又称金色黄铜）
	H68	67.0～70.0	0.10	0.03		0.3	复杂的冷冲压件、散热器外壳、弹壳、导管、波纹管、轴套
	H62	60.5～63.5	0.15	0.08		0.5	销钉、铆钉、螺栓、螺母、垫圈、弹簧

续表

类别	代号或牌号	主要化学成分*（质量分数）/%				杂质总和	应用举例
		Cu	Fe	Pb	其他		
特殊黄铜	HSn62-1	61.0~63.0	0.10	0.10	Sn 0.7~1.1	0.3	与海水和汽油接触的船舶零件（又称海军黄铜）
	HSi80-3	79.0~81.0	0.6	0.1	Si 2.5~4.0	1.5	船舶零件,在海水、淡水和蒸汽（低于265℃）条件下工作的零件
	HMn58-2	57.0~60.0	1.0	0.1	Mn 1.0~2.0	1.2	海轮上的零件,弱电用零件
	HPb59-1	57.0~60.0	0.50	0.8~1.9	—	1.0	热冲压及切削加工零件,如销、螺栓、螺母、轴套（又称易切削黄铜）
	HAl59-3-2	57.0~60.0		0.10	Al 2.5~3.5, Ni 2.0~3.0	0.9	船舶、电机及其他在常温下工作的高强度耐蚀零件
	ZCuZn40Mn3Fe1	53.0~58.0	0.5~1.5	0.5	Mn 3.0~4.0, Sn0.5,Sb 0.1, Al** 1.0	1.5	轮廓不复杂的重要零件、海轮上在300℃以下工作的管配件、螺旋桨
	ZCuZn25Al6Fe3Mn3	60.0~66.0	2.0~4.0	0.2	Mn 1.5~4.0, Al 4.5~7.0, Si 1.0,Sn 0.2, Ni** 3.0	0.2	压紧螺母、重型蜗杆、轴承、衬套

注　*化学成分中,余为Zn。 **不计入杂质总和。

2）特殊黄铜

在普通黄铜中加入Si、Al、Sn、Pb、Mn、Fe、Ni等元素,可制成各种特殊黄铜,它们相互间的力学性能、耐蚀性能和各种工艺性能相差甚远。特殊黄铜的牌号,用"H"+主加元素符号+含铜量+主加元素含量来表示;铸造特殊黄铜在代号前加"Z"。如HPb59-1代表铅黄铜,其中 $w_{Cu}=59\%$, $w_{Pb}=1\%$,其余为Zn。

部分特殊黄铜的化学成分和应用举例如表8-5所示,表中数据选摘自国家标准GB/T 5231—2012、GB 1176—2013等。

3）黄铜的自裂与脱锌

经冷变形的黄铜工件,有时存放几天会自行破裂,这种现象称为黄铜的自裂。自裂产生的原因是,残留在工件中的张应力和环境中的腐蚀介质 NH_3 、 SO_2 、 O_2 及潮湿空气的联合作用下发生的。对于 $w_{Zn}>25\%$ 的黄铜,更易出现这种自裂。为了抑制自裂的发生,黄铜制品必须及时进行去应力退火;另外,在黄铜中加入少量的Si、As等元素,也能减小自裂的倾向。

脱锌是指黄铜在盐类水溶液中,发生锌的腐蚀现象。由于Zn的电极电位远低于 Cu，所以黄铜在盐水中极易发生电化学腐蚀。合金中电极电位低的 Zn 被溶解，Cu 则形成多孔薄膜残留在表面，并进一步与表面以下的黄铜（此时阳极）继续形成微电池，从而加速腐蚀，导致脱锌。为了防止脱锌，可选用 $w_{Zn}<15\%$ 的黄铜。

2. 青铜

人类早期使用的青铜为锡青铜，表面呈青灰色，主要是铜锡合金。近代工业还把 Cu-Al、Cu-Be、Cu-Pb、Cu-Si 系等铜基合金皆称为无锡青铜或特殊青铜。

青铜也分为压力加工青铜和铸造青铜两类。其牌号用"青"字的汉语拼音首字母"Q"＋主加元素符号＋主加元素含量（及其他元素含量）表示。铸造青铜在牌号前面加"Z"，青铜的种类很多，常用青铜的化学成分和应用举例如表 8-6 所示，表中数据选摘自国家标准 GB/T 5231—2012、GB 1176—2013 等。

1）锡青铜

工业用的锡青铜中 $w_{Sn}=3\%\sim14\%$。其中，$w_{Sn}<7\%$ 的是加工（冷变形）锡青铜，具有很好的塑性。$w_{Sn}=10\%\sim14\%$ 的锡青铜强度随含锡量增加而升高，适于铸造成形。锡青铜的铸造收缩率很小，能铸造形状复杂、截面厚薄相差较大的零件。

需要注意的是，随着含锡量的增加，铸造锡青铜的强度提高，但锡的质量分数超过 7% 以后，合金组织中会出现 δ 相。δ 相又硬又脆，会导致合金的塑性急剧下降。当锡的质量分数继续增加到 20% 以上时，合金不仅塑性下降，而且强度也会降低。因此，用于压力加工的锡青铜的 $w_{Sn}\leqslant7\%$，用于铸造的锡青铜的 $w_{Sn}\leqslant14\%$。

锡青铜的表面易生成由 Cu_2O 及 $CuCO_3 \cdot Cu(OH)_2$ 构成的致密薄膜，在大气、海水、碱性溶液中的耐蚀性优于黄铜，所以对于那些暴露在海水中的船舶及矿山机械零件广泛采用它来制造。但锡青铜在氨水和酸性溶液中极易腐蚀。

2）铝青铜

工业用的铝青铜中 $w_{Al}<12\%$。其中，$w_{Al}=5\%\sim7\%$ 的合金可进行压力加工（冷变形），$w_{Al}=7\%\sim12\%$ 的合金适合铸造成形。铝青铜的结晶温度范围很小，流动性好，不易产生分散性孔隙，故其铸件组织致密。

与黄铜、锡青铜相比，铝青铜具有更高的强度、硬度和耐大气腐蚀、海水腐蚀的能力，且耐磨性好，相对价廉，是无锡青铜中用途最广的一种。它常用来制造齿轮、蜗轮、轴套、弹簧以及船用设备中一些耐磨、耐蚀件。$w_{Al}>9\%$ 的铝青铜可热处理强化而获得更好的综合力学性能。

3）铍青铜

工业用的加工铍青铜中 $w_{Be}=1.7\%\sim2.5\%$，它通过热处理和加工硬化可获得很高的强度及硬度。铍青铜（如 TBe2）采用类似于铝合金淬火加时效处理强化后，其抗拉强度 $R_m=1150\sim1500$ MPa，超过了 40Cr($\phi25$ mm)钢调质后的抗拉强度($R_m=1000$ MPa)；硬度也可达 35～40HRC。为此，生产上通常利用过饱和 α 固溶体优良的塑性，先进行冷加工变形，待制成工件后，再在 320 ℃左右进行人工时效处理，使工件的强度、硬度达到所需要求。

表 8-6　常用青铜的化学成分和应用举例

类型	牌号或代号	化学成分*(质量分数)/%											应用举例
		Sn	Al	Si	Mn	Zn	Ni	Fe	Pb	P	其他	杂质总和	
锡青铜	QSn4-3	3.5~4.5	—	—	—	2.7~3.3	—	—	—	0.03	—	0.2	弹性元件、管配件、化工机械中的耐磨零件及抗磁零件
	QSn6.5-0.1	6.0~7.0	0.002	—	—	0.3	—	0.05	0.02	0.10~0.25	—	0.4	弹簧、接触片、振动片、精密仪器中的耐磨零件
	ZCuSn10Pb1	9.0~11.5	0.01	0.02	0.05	0.05	1.0	0.1	0.25	0.8~1.1	Sb 0.05,S 0.05	0.75	重要的减摩零件,如轴承、轴套、蜗轮、机床丝杠螺母
	ZCuSn5Pb5Zn5	4.0~6.0	0.01	0.01	—	4.0~6.0	2.5**	0.3	4.0~6.0	0.05	Sb 0.25,S 0.10	1.0	中速和中载荷的轴承、轴套、蜗轮及耐压1 MPa 以下的蒸汽管配件和耐水管配件
铝青铜	QAl7	—	6.0~8.5	0.10	—	0.20	—	0.50	0.02	—	—	1.3	重要用途的弹簧和弹性元件
	ZCuAl10Fe3	0.3	8.5~11.0	0.20	1.0**	0.4	3.0**	2.0~4.0	0.2	—	—	1.0	耐磨零件(压下螺母、轴承、蜗轮、齿圈)及在蒸汽、海水中工作的耐蚀件
铅青铜	ZCuPb15Sn8	7.0~9.0	0.01	0.01	0.2	2.0**	2.0**	0.25	13.0~17.0	0.10	Sb 0.05,S 0.10	1.0	重要的弹簧以及耐磨零件以及在高速、高温下工作的轴承
铍青铜	TBe2	—	0.15	0.15	—	—	0.2~0.5	0.15	0.005	—	Be 1.80~2.1	—	重要零件以及在腐蚀介质中工作的齿轮、齿轮、轴承
硅青铜	QSi3-1	0.25	—	2.7~3.5	1.0~1.5	0.5	0.2	0.3	0.03	—	—	1.1	弹簧、在腐蚀介质中工作的零件及蜗轮、蜗杆、齿轮、衬套,制动销及发动机内的重要零件

注　* 化学成分中,余为 Cu。　** 不计入杂质总和。

加工铍青铜不但有高的强度和硬度,而且有高的弹性极限和疲劳极限、良好的耐蚀性、导电性、导热性,以及受冲击时不起火花等一系列优点,多用来制造各种精密仪器、仪表的重要弹簧、膜片及其他弹性元件,还可用来制造特殊要求的耐磨件,如齿轮、罗盘、衬套以及防爆工具和电接触器等。

在铜合金中,除黄铜与青铜以外还有白铜。白铜是 Cu-Ni 系合金和 Cu-Ni-Zn、Cu-Ni-Mn 系合金的通称。这类铜合金不仅具有较高的强度和优良的塑性,能进行冷、热变形加工,而且耐蚀性很好,它们主要用来制造蒸汽和海水环境中工作的精密仪器、仪表零件、化工机械零件及医疗器械等。含锰量高的白铜可用来制造热电偶丝及变阻器。

需要注意的是,铜合金虽具有优良的物理性能、化学性能、力学性能及工艺性能,但因其铜资源有限,价格较高,故工程结构中如用铝合金能满足设计要求,就尽量不要用铜合金。

8.3　钛及钛合金

钛在工业上的应用晚于铁、铝、铜,但它有一系列优良的性能,如高的比强度、好的耐热性、极好的耐蚀性,以及能储氢、记忆等特殊性能,故很快成为制造飞机、导弹、火箭等航空航天器的重要结构材料,还在海洋工程、电力工程、生物化学工程领域具有广泛的用途。

8.3.1　纯钛

1. 纯钛的特性

钛是一种银白色的金属,其熔点为 1668 ℃;密度为 4.5 g·cm^{-3},比铝的大而比铁的小,几乎只有铜的一半;线胀系数小,导热性差。几种纯金属的物理性能比较如表 8-7 所示。

表 8-7　几种纯金属的物理性能比较

性　　能	钛	铁	镍	铝	铜	镁
密度/(g·cm^{-3})	4.50	7.87	8.90	2.70	8.90	1.74
熔点/℃	1668	1538	1455	660	1083	650
沸点/℃	3260	2735	3337	2200	2588	1091
线胀系数*/(×10^{-6}K^{-1})	8.5	11.7	13.6	23.9	16.5	26
弹性模量/MPa	112,500	214,000	210,000	70,610	121,000	41,600

注　* 为 0~100 ℃范围的线胀系数。

在 550 ℃以下的空气中,钛的表面很容易形成薄而致密的惰性氧化膜,这使得它在氧化性介质中的耐蚀性比大多数不锈钢更好;在工业和海洋环境的大气中,即使经过 5 年,钛的表面也不会发生腐蚀,并且在硫酸、盐酸、硝酸的稀溶液中具有良好的稳定性,甚至能耐王水侵蚀。

固态下,钛具有同素异构转变,转变温度为882.5 ℃,即

$$\beta\text{-Ti} \underset{}{\overset{882.5\,℃}{\rightleftharpoons}} \alpha\text{-Ti}$$

在882.5 ℃以下钛具有密排六方晶格,称为α-Ti;在882.5 ℃以上则为体心立方晶格,称为β-Ti。β-Ti具有良好的塑性。α-Ti虽具有密排六方晶格,但塑性远比同是密排六方晶格的锌、镁要高(工业纯钛的 $A=30\%\sim25\%$,而工业纯镁的 $A=11.5\%$)。这主要是由于锌、镁晶胞的 c/a 分别为1.856、1.634,均大于1.633,能构成的滑移系较少;而 α-Ti 晶胞的 $c/a=1.587<1.633$,能构成的滑移系较多,故其塑性好。

钛既是良好的耐热材料(可在500 ℃左右的温度下工作),也是优异的低温材料(在-253 ℃仍能保持良好的塑性和韧性),不过它的切削性能较差,加工时易黏刀。

纯钛的组织与热加工及热处理条件有关。在 α 相区温度加热退火,可得到等轴α组织,如图8-11a所示,在 β 相区温度加热退火至室温可得到片束状 α 组织,如图8-11b所示。这是因为从 β 相区缓慢冷却至室温要发生 $\beta \rightarrow \alpha$ 的同素异构转变,且 α相总是从原 β 相向晶内以片束状或针状的形式析出。

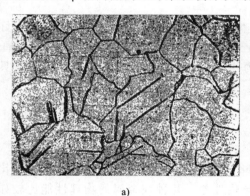
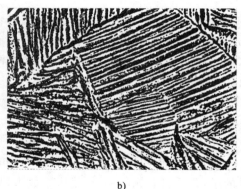

a)   b)

图 8-11　纯钛的组织

a)等轴的 α 相(250×)　　b)片束状的 α 相(150×)

工业中大量应用的纯钛是用 Mg 还原 $TiCl_4$ 的方法生产的,其反应式为

$$TiCl_4 + 2Mg \xrightarrow{950\,℃} 2MgCl_2 + Ti$$

故这种生产方法又称镁热法钛,其纯度可达99.5%。需要指出的是,钛在550 ℃以上的高温下能同许多元素发生反应,并受污染。因此钛及钛合金的熔炼、浇注、焊接及部分热处理都要在真空或惰性气体中进行,这使得钛材的价格比其他金属材料高得多。

2. 钛中的杂质

钛中常见的杂质有 Fe、Si、N、O、C、H 等元素,少量的杂质可使钛的强度和硬度升高而塑性和韧性下降,尤其是还会对其疲劳性能、热稳定性等带来很大的危害。

按杂质含量不同,工业纯钛可分为三种牌号,即 TA1、TA2 和 TA3,其中"T"为

"钛"字的汉语拼音首字母,"A"表示 α 钛,数字为顺序号,数字愈大,表示杂质含量愈多,强度愈高,塑性愈差。纯钛的化学成分和力学性能如表 8-8 所示,表中数据选摘自国家标准 GB/T 3621—2007、GB/T 3620.1—2007。

工业纯钛和一般纯金属不同,它的棒材、板材具有较高的强度,可直接用于飞机、船舶、化工等行业,可以制造在 500 ℃以下工作且强度要求不高的各种耐蚀零件,如热交换器、制盐厂的管道、石油工业中的阀门等。

表 8-8　纯钛的化学成分和力学性能

牌号	板材厚度 /mm	化学成分(质量分数)/%,不大于					力学性能,不小于		
		Fe	C	N	H	O	R_m/MPa	$R_{p0.2}$/MPa	A/%
TA1	0.3~25.0	0.20	0.08	0.03	0.15	0.18	240	140~310	30
TA2		0.30				0.25	400	275~450	25
TA3						0.05	500	380~550	20

8.3.2　钛合金

钛合金按其使用状态下的组织可分为 α 钛合金、β 钛合金、(α+β)钛合金。

在钛中加入合金元素形成钛合金,能使工业纯钛的强度获得显著的提高,如工业纯钛的抗拉强度为 350~700 MPa,而钛合金的抗拉强度可达 1200 MPa。在众多的合金元素中,尤以 Al 的作用最为显著。合金元素 Al 加入钛中可以稳定钛合金中的 α 相,使其获得固溶强化。如每添加质量分数为 1% 的 Al,钛合金的抗拉强度约增加 50 MPa;Al 使钛合金的密度减小,比强度升高;Al 还可以提高(α+β)钛合金的时效能力。研究表明,Al 在钛合金中的作用类似于 C 在钢中的作用,几乎所有的钛合金中均含 Al,其 Al 的质量分数大多限制在 6% 左右。因为 $w_{Al} > 6$% 后,合金中会出现 Ti_3Al 脆性相,使其塑性下降。此外,由于钛的熔点高,再结晶的温度高,因此钛合金具有较高的热强度,在 300~350 ℃下其强度约 10 倍于铝合金。加之钛合金能耐大气腐蚀,也能耐强酸强碱的腐蚀,所以钛合金的用途愈来愈广泛。

1. α 钛合金

当钛中加入稳定 α 相的 Al、C、B 等元素时,这些元素不但能溶于 α-Ti 中形成 α 固溶体,还会引起 Ti 的同素异构转变温度升高,相图上 α 相区存在的温度范围扩大,从而使合金具有 α 固溶体的单相组织。

α 钛合金因淬火强化效果不大,实际生产中一般不进行淬火处理,因此热处理对它们只起到消除应力或消除加工硬化的作用。该类合金室温下的强度低于 β 钛合金和(α+β)钛合金,但在高温(500~600 ℃)时的强度高于 β 钛合金及(α+β)钛合金,且焊接性能良好。

α 钛合金的牌号与工业纯钛相同,也用"TA"加顺序号表示,如 TA4~TA8。它们主要用于在 500 ℃下长期工作的结构件,其中 TA7 还常用于宇宙飞船上的高压低温容器,TA8 常用于航空发动机的叶片及导弹的燃料缸等。

2. β 钛合金

组织主要为 β 固溶体的合金称为 β 钛合金。当钛中加入稳定 β 相的 Cr、Mo、V 等元素时,这些元素不但能溶于 β-Ti 中形成 β 固溶体,还会引起 Ti 的同素异构转变温度下降,相图上的 β 相区扩大,甚至到室温,从而使合金具有 β 固溶体的组织。

β 钛合金可进行热处理强化。通过与铝合金类似的热处理强化方法,即淬火加时效处理能获得 β 相中弥散分布着细小 α 相粒子的组织,如图 8-12a 所示。这种组织可进一步提高 β 钛合金的强度。

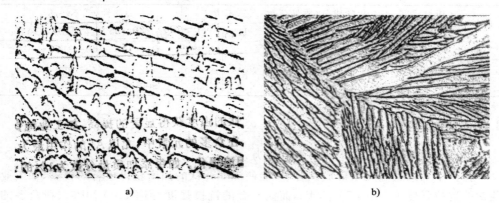

a)　　　　　　　　　　　　　　　　　　b)

图 8-12　钛合金的组织

a) 淬火时效后的 β 钛合金组织(10,000×)　b) (α+β)钛合金组织(300×)

β 钛合金的牌号用"TB"加顺序号表示。这类合金虽有较高的强度,但其耐蚀性较差,熔炼工艺复杂,应用尚不广泛。其中牌号为 TB1 的合金可用来制造飞机的结构件、紧固件、350 ℃温度以下工作的压气机叶片等。

3. (α+β)钛合金

组织为 α、β 两相固溶体的钛合金称为(α+β)钛合金。当钛中同时加入稳定 α 相与 β 相的元素时,可使合金获得(α+β)的双相组织,如图 8-12b 所示。

(α+β)钛合金也可通过淬火时效进行强化,并经改变成分和选择热处理工艺,能在很宽的范围内改变合金的性能。这类合金兼有 α 钛合金和 β 钛合金的优点,表现出优良的力学性能,且生产工艺比较简单,是国内外普遍使用的一类钛合金。

(α+β)钛合金的牌号为"TC"加顺序号。其中牌号为 TC4 的合金应用最为广泛。该合金通过淬火和时效处理后,其室温抗拉强度可达 1200 MPa,比退火状态的强度提高 20%～25%,且保持优良的塑性与韧性,尤其在超低温(−253 ℃)下仍有良好的韧性,高温下又有高的热强度。所以(α+β)钛合金可用来制造火箭喷嘴套筒和发动机的外壳、火箭及导弹的液氢燃料箱,以及在 400 ℃以下长时间工作的航空发动机、压气机盘和叶片、人造卫星外壳等。

部分钛合金的化学成分、常温力学性能和高温力学性能分别如表 8-9、表 8-10 和表 8-11 所示,表中数据选摘自国家标准 GB/T 3621—2007 及 GB/T 3620.1—2007。

表 8-9　部分钛合金的化学成分　　　　　（质量分数，%）

类型	牌号	主要化学成分*					杂质，不大于					其他元素	
		Al	Sn	Mo	V	其他	Fe	C	N	H	O	单个	总和
α 钛合金	TA6	4.0~5.5	—	—	—	—	0.30	0.08	0.05	0.015	0.15	0.10	0.40
	TA7	4.0~6.0	2.0~3.0	—	—	—	0.50	0.08	0.05	0.015	0.20		
β 钛合金	TB2	2.5~3.5	—	4.7~5.7	4.7~5.7	Cr 7.5~8.5	0.30	0.05	0.04	0.015	0.15		
	TB3	2.7~3.7	—	9.5~11.0	7.5~8.5	Fe 0.8~1.2	—	0.05	0.04	0.015	0.15		
（α+β）钛合金	TC2	3.5~5.0	—	—	—	Mn 0.8~2.0	0.30	0.08	0.05	0.012	0.15		
	TC4	5.5~6.75	—	—	3.5~4.5	—	0.30	0.08	0.05	0.015	0.20		
	TC9	5.8~6.8	1.8~2.8	2.8~3.8	—	Si 0.2~0.4	0.40	0.08	0.05	0.015	0.15		
	TC10	5.5~6.5	1.5~2.5	—	5.5~6.5	Fe 0.35~1.0, Cu 0.35~1.0	—	0.08	0.04	0.015	0.20		

注　* 主要化学成分中，余为 Ti。

表 8-10　部分钛合金的常温力学性能

牌号	状态	板材厚度/mm	力学性能，不小于		
			R_m/MPa	$R_{p0.2}$/MPa	A/%
TA5	M	0.5~1.0	685	585	20
		>1.0~2.0			15
		>2.0~5.0			12
		>5.0~10.0			
TA6	M	0.8~1.5	685	—	20
		>1.5~2.0			15
		>2.0~5.0			12
		>5.0~10.0			
TA7	M	0.8~1.5	735~930	685	20
		>1.6~2.0			15
		>2.0~5.0			12
		>5.0~10.0			

续表

牌号	状态	板材厚度/mm	力学性能,不小于		
			R_m/MPa	$R_{p0.2}$/MPa	A/%
TB2	ST	1.0~3.5	980	—	20
	STA		1320		8
TC4	M	0.8~2.0	895	830	12
		>2.0~5.0			10
		>5.0~10.0			
		10.0~25.0			8

表 8-11 钛合金板材的高温力学性能

牌号	板材厚度/mm	试验温度/℃	抗拉强度 R_m/MPa,不小于	持久强度 R_{100h}/MPa,不小于
TA6		350	420	390
		500	340	195
TA7	0.8~10	350	490	440
		500	440	195
TC3、TC4		400	590	540
		500	440	195

8.4 铸造轴承合金

1. 轴与轴瓦的配合

滑动轴承就是支承轴颈的支座,它的结构如图 8-13 所示。

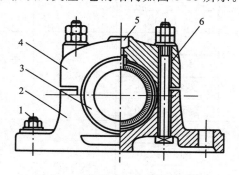

图 8-13 剖分式滑动轴承的结构

1—固定螺栓 2—轴承座 3—轴瓦 4—轴承盖 5—润滑油孔 6—连接螺栓

轴瓦是包在轴颈外的套圈,它直接与轴颈接触。当轴高速转动时,即使二者间充有润滑剂,也难免不产生强烈的滑动摩擦,这势必导致轴与轴瓦的磨损。轴的加工周期长、成本高,拆换起来费工费时,相比之下,更换轴瓦要容易得多。

轴瓦可以采用一种耐磨材料制造,也可以采用在一种材料的轴瓦上浇铸一层耐磨合金作内衬的方法制造。为了使轴受到的磨损最小,使用寿命延长,必须减小轴与轴瓦间的摩擦,这就需要有良好的减摩材料来制造轴瓦或内衬。

与滚动轴承相比,滑动轴承不仅承载面积大、工作平稳、无噪声,而且拆装方便。

2. 滑动轴承合金的特性

用来制造轴瓦与内衬的合金称为铸造轴承合金。根据上述分析,这类合金应当有较小的摩擦系数并能保持润滑剂,以减轻轴颈的磨损;应当有较高的抗压强度及疲劳强度,以承受工作中巨大的负荷;应当有足够的塑性和韧性,以抵抗冲击和振动;应当有好的耐磨性,但又不能损伤轴颈;还应有良好的耐蚀性和导热性,以防止强烈的摩擦升温,发生轴与轴瓦的咬合及润滑剂的腐蚀。

为了满足以上性能要求,轴瓦材料的理想组织最好是在软基体上分布着硬质点,如图 8-14 所示,或者是在硬基体上分布着软质点。这样,当轴在轴瓦中转动时,软基体(或软质点)被磨损而凹陷,硬的质点(或硬基体)因耐磨而相对凸起。凹陷部分可保持润滑油,凸起部分可支持轴的压力,并使轴与轴瓦的接触面积减小,从而保证了近乎理想的摩擦条件和极小的摩擦系数。另外,软基体(或软质点)还能起嵌藏外来硬质点的作用,以免划伤轴颈。

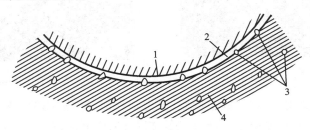

图 8-14　轴瓦材料的理想组织
1—轴颈　2—润滑油空间　3—硬质点　4—软基体轴瓦

3. 铸造轴承合金简介

按照化学成分,铸造轴承合金可分为锡基、铅基、铝基、铜基和铁基五类。以下重点介绍使用最多的锡基与铅基轴承合金,它们又称为巴氏合金。

锡基轴承合金是以 Sn 为基础,加入少量 Sb 和 Cu 组成的合金;铅基轴承合金是以 Pb、Sb 为基础,加入 Sn、Cu 等元素的合金。

它们的牌号用"铸"字的汉语拼音首字母"Z"＋基体元素符号＋主加合金元素的符号及平均含量＋辅加合金元素符号及平均含量表示。如 ZSnSb12Cu6Cd1 表示主加合金元素 Sb 的成分为 $w_{Sb}=12\%$，辅加合金元素 Cu 与 Cd 的平均化学成分分别为 $w_{Cu}=6\%$、$w_{Cd}=1\%$，余量为 Sn。

　　锡基轴承合金具有软基体上分布着硬质点的组织特征。其软基体由 Sb 在 Sn 中的 α 固溶体组成，硬质点有以 Sn 与 Sb 形成的化合物 SnSb 为基的固溶体及 Sn 与 Cu 形成的化合物 Cu_3Sn，如图 8-15 所示，图中暗色为软基体，白色块状为硬质点，弥散细小的白色针状为 Cu_3Sn。此类合金的导热性、耐蚀性、工艺性良好，尤其是摩擦系数与线胀系数较小，抗咬合能力强。但因锡的熔点较低，故这种合金制造的轴承的工作温度也不宜太高。当温度超过 100 ℃时，该合金的抗压强度、疲劳强度、硬度等均会降低。因此，这类合金主要用来制造发动机、汽轮机、内燃机等大型机器中的高速轴承。

　　铅基轴承合金同样也具有软基体上分布硬质点的组织特征，其软基体由（α＋β）共晶体组成，α 为 Sb 溶于 Pb 的固溶体，β 为 Pb 溶于 Sb 的固溶体，硬质点的组成与锡基合金相同，如图 8-16 所示，图中暗色为共晶的软基体，白色块状为硬质点（SnSb 化合物）及白色细小的 Cu_2Sb。

图 8-15　锡基合金的显微组织（100×）

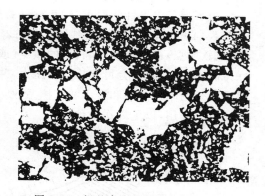

图 8-16　铅基合金的显微组织（100×）

　　此类合金含锡量低、制造成本低廉，但力学性能、导热、耐蚀、减摩等性能均比锡基合金差。因此，它们主要用来制造汽车、拖拉机、压缩机、柴油机、减速器等中、低速运转的轴承。

　　工程上，为了提高锡基、铅基轴承合金的承载能力，常将它们作为内衬材料浇铸在钢制轴瓦上，形成双金属轴承。

　　部分铸造轴承合金化学成分如表 8-12 所示，表中数据选摘自国家标准 GB/T 1174—92。

　　除巴氏合金外，还有 ZCuPb30 及 ZCuSn10P1 两类青铜常用作轴承材料。它们又称铜基轴承合金，具有硬基体软质点的组织特征，有着比巴氏合金更高的承载能力、疲劳强度和更好的耐磨性，可直接用于高速、高载荷下的发动机轴承。

表 8-12　铸造轴承合金化学成分

(质量分数,%)

种类	牌号	Sn	Pb	Cu	Zn	Al	Sb	Ni	Mn	Si	Fe	Bi	As	其他	其他元素总和
锡基	ZSnSb12Pb10Cu4	其余	9.0~11.0	2.5~5.0	0.01	0.01	11.0~13.0	—					0.08	0.1	—	0.55
锡基	ZSnSb12Cu6Cd1	其余	0.15	4.5~6.8	0.05	0.05	10.0~13.0	0.3~0.6			0.1		0.4~0.7	Cd 1.1~1.6, Fe+Al+Zn ≤0.15	—
锡基	ZSnSb8Cu4	其余	0.35	3.0~4.0	0.005	0.005	7.0~8.0	—				0.03		0.1	—	0.55
铅基	ZPbSb16Sn16Cu2	15.0~17.0	其余	1.5~2.0	0.15		15.0~17.0							0.3	—	0.6
铅基	ZPbSb15Sn5Cu3Cd2	5.0~6.0	其余	2.5~3.0			14.0~16.0				0.1	0.1	0.6~1.0	Cd 1.75~2.25	0.4
铅基	ZPbSb15Sn10	9.0~11.0	其余	0.7*	0.005	0.005	14.0~15.5						0.6	Cd 0.05	0.45
铅基	ZPbSb15Sn5	4.0~5.5	其余	0.5~1.0	0.15	0.01	14.0~15.5						0.2	—	0.75
铜基	ZCuPb15Sn8	7.0~9.0	13.0~17.0	其余	2.0*	0.01	0.5	2.0*	0.2	0.01	0.25		—	P 0.10,S 0.10	1.0
铜基	ZCuPb20Sn5	4.0~6.0	18.0~23.0	其余			0.75	2.5*					—	—	1.0
铜基	ZCuPb30	1.0	27.0~33.0	其余	—		0.2		0.3	0.02	0.5	0.005	0.10	P 0.08	1.0
铜基	ZCuAl10Fe3	0.3	0.2	其余	0.4	8.5~11.0	—	3.0*	1.0*	0.20	2.0~4.0	—	—	—	1.0
铝基	ZAlSn6Cu1Ni1	5.5~7.0	—	0.7~1.3	—	其余	—	0.7~1.3	0.1	0.7	0.7	—	—	Ti 0.2, Fe+Si+Mn ≤1.0	1.5

注　*不计入其他元素总和。

思考与练习题

8-1　铝及铝合金的物理、化学、力学及加工性能有什么特点?

8-2　说明铝合金分类的大致原则。

8-3　从组织及性能变化对比上说明铝合金的淬火与钢的淬火有什么不同。为什么?

8-4　解释铝合金的时效强化现象及强化的主要原因。什么是人工时效处理? 什么是自然时效处理? 两者对材料造成的性能有何不同? 为什么?

8-5　以铝铜合金为例简述时效处理过程中的组织及性能的变化,并指出影响时效强化的因素。

8-6　硅铝明是指的哪一类铝合金? 它们为什么要进行变质处理?

8-7　变质处理后的 ZL102 简单硅铝明其组织具有什么特点? 试说明组织变化的大致机理。

8-8　一批黄铜在加工成形后一碰就脆断,试分析其原因。

8-9　试述工业纯铜出现"冷脆"与"热脆"现象的原因。

8-10　说明单相黄铜与双相黄铜在加工方式上有什么不同,为什么? 说明含锡量对锡青铜的影响。

8-11　为什么几乎在所有钛合金中,都要加入一定量的合金元素 Al,且 Al 的质量分数必须控制在 6% 左右?

8-12　指出钛合金的特性、分类及各类钛合金的大致用途。

8-13　铸造轴承合金应具有哪些性能?

8-14　巴氏合金的组织有什么特点? 这样的组织对于保证轴承合金的性能有什么优越性?

8-15　指出下列牌号的材料各属哪类非铁合金并尽可能说明牌号中的字母及数字含义:

3A21,2A11,7A04,2A50,ZL104,ZL301,H62,HSn62-1,QSn4-3,ZCuSn5Pb5Zn5,TA3,TA7,TB2,TC4。

8-16　比较金属材料中的固溶强化、弥散强化、时效强化产生的原因及它们之间的区别,并举例说明。

第 9 章

其他工程材料

在漫长的历史岁月中,金属材料(包括钢铁材料和非铁金属材料)以其所具备的性能,成为工程材料的主体。直到 20 世纪 50 年代,现代生产与科学技术的快速发展,对工程材料提出了比模量(弹性模量/密度)、比强度、硬度高、绝缘性、耐磨性好等苛刻的要求。在金属材料无法满足这些要求的情况下,从 20 世纪 70 年代开始,一批新型的工程材料陆续登上了应用的舞台。它们是高分子材料、特种陶瓷材料及复合材料等,本书将它们归并为"其他工程材料"。由于这些材料能够弥补金属材料性能的不足,所以它们不仅很快就与金属材料一起组成了工程材料的完整体系,而且至今仍在不断发展之中。本章讲述这类材料的成分、性能及用途等。

9.1　高分子材料

今天,高分子材料不仅广泛用于工业、农业、国防、建筑、交通运输、医疗卫生等方面,而且还深入人们的衣食住行之中。

9.1.1　基本概念

1. 高分子材料与高分子化合物

高分子材料是以高分子化合物为主要成分的材料,人工合成高分子材料中还包含添加剂等次要成分。

高分子化合物是指相对分子质量大于 5000 的物质,分为有机高分子化合物和无机高分子化合物两类,有机高分子化合物又有天然与人工合成之分。人工合成有机高分子化合物用来生产高分子材料。

本书所述及的高分子化合物(聚合物、高聚物、树脂等)主要指加工成形前的高分子原材料,而高聚物制品塑料、橡胶纤维等均指已加工成形的高分子材料。

2. 单体与大分子链

人工合成高分子化合物都是由一种或几种简单的低分子化合物(即相对分子质量小于 500 的化合物)重复连接而成。这种能形成高分子化合物的低分子化合物称为单体。由单体转换为高分子化合物的过程称为聚合,因此,高分子化合物又称高分子聚合物,简称高聚物或聚合物。如聚乙烯就是由众多的低分子化合物乙烯聚合而成的。用其反应式可表达为

$$CH_2\!=\!CH_2 + CH_2\!=\!CH_2 + \cdots\cdots \xrightarrow{\text{聚合}} -CH_2-CH_2-CH_2-CH_2-\cdots\cdots \quad (9\text{-}1)$$

（乙烯　　　　乙烯　　　　　　　　　　　　　　聚乙烯）

式(9-1)可简写成

$$n\,(CH_2\!=\!CH_2) \xrightarrow{\text{聚合}} \begin{array}{c}-\!\!\begin{array}{c}CH_2-CH_2\end{array}\!\!\end{array}_n \quad (9\text{-}2)$$

（单体乙烯　　　　　　　高聚物聚乙烯）

又如，由氯乙烯聚合而成的聚氯乙烯，其反应式可表达为

$$n\,(CH_2\!=\!CH) \xrightarrow{\text{聚合}} \begin{array}{c}CH_2-CH\end{array}_n \quad (9\text{-}3)$$

　　　　|　　　　　　　　　　　|
　　　　Cl　　　　　　　　　　Cl
（单体氯乙烯　　　　高聚物聚氯乙烯）

在式(9-1)中，像聚乙烯这种通过共价键连接起来的很长链状结构的大分子，通常称为大分子链。而式(9-1)至式(9-3)中的乙烯、氯乙烯是组成聚乙烯与聚氯乙烯的单体。

需要指出的是，不是所有的低分子化合物都可以作为单体使用的，只有那些能形成不少于两个新键的有机低分子化合物才能成为单体，因为它们可以打开不饱和键发生聚合反应。

3. 链节与聚合度

由式(9-1)至式(9-3)可以看出，聚乙烯分子是由许多"—CH_2—CH_2—"的结构单元重复连接而成的，聚氯乙烯分子则是由许多" —CH_2—CH— "的结构单元重复连接而成的。这种组成大分子链的重复结构单元称为链节。

（Cl）

大分子链中链节的重复次数称为聚合度(n)，见式(9-2)、式(9-3)中的下标 n。n 的大小反映了大分子链的长短和相对分子质量的大小，即

$$M = M_0 n$$

其中，M 为高聚物的相对分子质量；M_0 为单体的相对分子质量。由于组成高聚物的各个大分子链中所含的链节数目 n 不等，故各个大分子的相对分子质量也不相同，因此，高聚物的相对分子质量通常是指平均相对分子质量。一般说来，平均相对分子质量愈大，高聚物的强度就愈高。但平均相对分子质量太大会使高聚物熔融的黏度加大，流动性变差，造成加工困难。表 9-1 所示是常见的几种高聚物的单体和链节。

表 9-1　常见的几种高聚物的单体和链节

高聚物	单体(原料)	链节(重复结构单元)
聚乙烯	乙烯 $CH_2\!=\!CH_2$	—CH_2—CH_2—
聚四氟乙烯	四氟乙烯 $CF_2\!=\!CF_2$	—CF_2—CF_2—

高聚物	单体(原料)	链节(重复结构单元)
顺丁橡胶	丁二烯 CH_2=CH—CH=CH_2	—CH_2—CH=CH—CH_2—
氯丁橡胶	氯丁二烯 CH_2=C—CH=CH_2 $\quad\quad\;\; \vert$ $\quad\quad\;\; Cl$	—CH_2—C=CH—CH_2— $\quad\quad\;\; \vert$ $\quad\quad\;\; Cl$
聚丙烯腈 (腈纶)	丙烯腈 CH_2=CH $\quad\quad\; \vert$ $\quad\quad\; CN$	—CH_2—CH— $\quad\quad\;\; \vert$ $\quad\quad\;\; CN$

4. 高聚物的人工合成

高聚物的人工合成,就是把低分子化合物(单体)通过聚合反应形成高聚物的过程。按聚合过程的反应特征可以归纳为加成聚合反应(简称加聚反应)和缩合聚合反应(简称缩聚反应)。

1) 加聚反应

加聚反应是指在光、热、压力和催化剂作用下,低分子化合物中的双键打开,并由单键连接,形成大分子的反应。该反应过程无低分子物质的析出。例如,乙烯的分子式为 C_2H_4,在加聚反应前单体有一个双键(C=C),其电子式为

$$
\begin{array}{cc}
H & H \\
\overset{\times}{\cdot} & \overset{\cdot}{\times} \\
H \overset{\times}{.} C :: C \overset{.}{\times} H &
\end{array}
$$

其结构式为

$$
\begin{array}{c}
H\ \ H \\
\vert\ \ \ \vert \\
H—C=C—H
\end{array}
$$

当它在光、热、压力和催化剂作用下时,其 C=C 双键中的一个键被破坏而打开,导致每个碳原子存在一个未填满电子的键。这种打开双键的乙烯是一种"活性"的单体,它可以撞击未打开双键的单体,并与它连接起来,使其也带有活性,再继续撞击并连接别的单体。这样重复进行下去,就可形成聚乙烯的大分子。加聚反应式如下:

$$
n(\underset{\text{单体乙烯}}{CH_2=CH_2}) \xrightarrow{\text{催化剂}} \underset{\text{聚乙烯}}{\left[CH_2-CH_2 \right]_n}
$$

需要指出的是,在不同催化剂、不同温度、不同压力下,乙烯单体加聚反应后,会生成不同性能的聚乙烯。

聚合后的聚乙烯大分子结构式可表示为

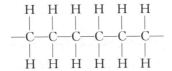

加聚反应是高分子合成工业的基础,大约有 80% 的高分子材料是采用加聚反应生产的,如聚乙烯、聚丙烯、聚氯乙烯、聚苯乙烯和合成橡胶等都是加聚反应的产物。由一种单体经加聚反应生成的高分子化合物称为均聚物,如乙烯经过加聚反应生成的聚乙烯即为均聚物;由两种或两种以上单体经过加聚反应生成的高分子化合物称为共聚物。如 ABS 工程塑料就是一种典型的共聚物,它是由丙烯腈(A)、丁二烯(B)和苯乙烯(S)三种单体共聚而成的。

2)缩聚反应

缩聚反应是指由一种或几种单体相互作用生成大分子并同时析出其他低分子物质(如水、氨、醇等)的反应。缩聚反应的单体,一般都是具有两个或两个以上活泼官能团(如羟基"—OH"、氨基"—NH$_2$"等)的低分子有机化合物。当它们受到热或催化剂的作用时,其官能团相互作用,在分子间形成新的化学键,使低分子化合物逐步结合成大分子高聚物,并生成低分子的析出物。下面的结构式反映了缩聚反应形成尼龙 66 的变化:

可以看出发生缩聚反应时,己二胺中一个氢原子和己二酸 OH 原子结合成水,继续反应生成尼龙大分子。

缩聚反应可分为均缩聚和共缩聚两种。含有两个或两个以上相同或不同官能团的一种单体进行的缩聚反应称为均缩聚反应,其产物为均缩聚物,如氨基己酸均缩聚可得到聚酰胺(即尼龙 6)其反应式可简写为

$$n\mathrm{NH_2(CH_2)_5COOH} \longrightarrow \mathrm{H\!-\!\!\left[NH(CH_2)_5CO\right]_{\!\!n}\!OH} + (n-1)\mathrm{H_2O}$$

含不同官能团的两种或两种以上单体进行的缩聚反应称为共缩聚反应,其产物为共缩聚物,如含 6 个碳原子的己二胺和含 6 个碳原子的己二酸形成尼龙 66 的反应。

5. 高聚物的分类

(1) 按热行为分类

①热塑性高聚物　热塑性高聚物具有加热时可以软化,冷却后又硬化成形,再加热可再软化,且材料的基本结构和性能不改变的特点。一般烯类高聚物都属此类。

②热固性高聚物　热固性高聚物具有受热时发生化学变化并固化成形,成形后再受热也不会软化变形的特点。属于这类高聚物的有酚醛树脂、环氧树脂等。

(2) 按聚合反应的类型分类　按聚合反应的类型可分为加聚物和缩聚物。对加聚反应物,常在其单体的名称前加"聚"字,如前已述及的乙烯加聚反应生成物为聚乙烯,氯乙烯加聚反应生成物为聚氯乙烯以及聚丙烯、聚酰胺、聚甲醛等。对缩聚反应物及共聚物常在其单体名称后加"树脂"或加"橡胶"两字,如酚醛树脂、丁苯橡胶等。此外,有的缩聚物还可在其链节结构名称前加"聚"字,如尼龙66又称聚己二酰己二胺等。

(3) 按性能和用途分类　根据以高聚物为基础组分的高分子材料的性能和用途分类,可将高聚物分成塑料、橡胶、纤维、黏合剂、涂料、功能高分子等不同类别。这实际上是高分子材料的一种分类,并非高聚物的合理分类,因为同一种高聚物,根据不同的配方和加工条件,往往既可用作这种材料也可用作那种材料。例如,聚氯乙烯既可作塑料亦可作纤维;又如,氯纶、尼龙、涤纶是典型的纤维材料,但也可用作工程塑料。

9.1.2　高聚物的结构

不同的高聚物表现出不同的物理、化学、力学性能,而高聚物的这些性能与它们的内部结构有着密切的关系。由于高聚物是由许多大分子链组成的,因此研究高聚物的结构,主要在于掌握大分子的结构,它包括大分子内的结构及大分子间的结构。大分子内的结构是指大分子链结构单元的化学组成、链的几何形态、链的构象等。大分子间的结构主要是指大分子聚集排列的状况。

1. 大分子链的化学组成

研究表明,并不是所有元素都能组合成链状分子的结构单元,只有以下几种非金属和半金属才能结合成大分子链,即元素周期表中ⅢA族的B,ⅣA族的C、Si,ⅤA族的N、P、As,ⅥA族的O、S、Se。其中C原子通过共价键组成的C链高分子是最重要的高分子材料,常见的有聚乙烯、聚丙烯、聚氯乙烯、聚苯乙烯等。聚乙烯软而韧,而聚苯乙烯硬而脆,显然这与二者的化学组成不同有一定的关系。

2. 大分子链的形态与构象

1) 几种形态

大分子链按其几何形态可分为线型链、支化型链和体型链等三种。

线型链由许多链节连成一个长链,如图9-1a所示。其分子长度与直径的比值可达1000以上,通常它们在高温下会成为卷曲状,如图9-1b所示。具有线型链的高聚物有较好的弹性及热塑性,不仅易于加工,还可反复使用。一些合成纤维及热塑性塑料属于此类。

支化型链是在线型大分子主链上又接出一些短的支链,如图9-1c所示。支化型链会使高聚物分子间的力弱化,降低其软化点。

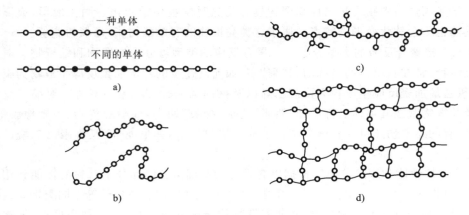

图 9-1　不同形态的大分子链

a) 线型链　b) 卷曲线型链　c) 支化型链　d) 体型链

体型链是分子链与分子链之间有许多链节相互交联在一起,形成网状的交联结构,如图 9-1d 所示。具有体型链的高聚物,因其大分子主链、支链之间交联成一体,链段以至整个大分子链的活动困难,其弹性、塑性很差甚至完全丧失,表现出硬而脆的特点,因此,具有体型链的高聚物有较好的耐热性与难熔性,它们既不能溶解,又不会熔融(即热固性好),也不能反复使用。如酚醛树脂、环氧树脂、硫化后的橡胶等都属于此类。

2) 内旋转构象

大分子链的主链都是通过共价单键连接起来的,它们有一定的键长和键角,如 C—C 键的键长是 0.154 nm,键角为 $109°28'$。当分子和原子作热运动时,在保持键长和键角不变的情况下,每一个单键可绕相邻单键进行任意旋转(又称内旋)。单键内旋转如图 9-2 所示,其结果是使原子排列位置不断变化。

大分子链很长,每个单键都可进行内旋转,这势必引起分子的形态时刻发生变化,这种由单键内旋转所引起的原子在空间占据不同位置所构成的分子链的各种形态,称为大分子链的构象。

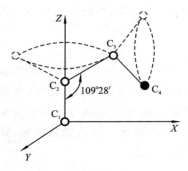

图 9-2　单键内旋转

单键的内旋转使大分子链时而伸长,时而卷曲。这种能由构象变化获得不同卷曲程度的特性称为大分子链的柔顺性。由于单链的内旋转是彼此受到牵制的,所以大分子链的运动往往是以一些相邻的链节组成的链段作为运动单元来移动。链段长度越小,所包含的链节越少,则内旋的阻力越小,大分子的柔顺性越好。柔性分子链的高聚物具有好的弹性和韧性。

3. 大分子的聚集态结构

大分子的聚集态结构是指高聚物内部大分子链之间的几何排列与堆砌结构。这种排列与堆砌的方式会受到分子间作用力的影响。高聚物分子间的作用力虽然主要是来自较弱的范德瓦尔键与氢键(在含氢的高聚物中,氢原子与某一原子形成共价键时,由于共有电子对偏向该原子,使氢原子核"裸露"出来与另一负电性强的原子间产生的吸引力)。但是,每个分子的相对质量很大,且各分子链间作用力又具有加和性,因此,高聚物分子间最终表现出的作用力还是很大的。这使得它们很容易聚集成固体或高温熔体而不形成气体。

(1) 固态高聚物分子的几种排列 聚集成固态的高聚物按其分子在空间排列的规则可分为晶态和非晶态两类。分子链在空间有规则地排列的形态称为晶态,分子链在空间无规则地排列的形态称为非晶态。大分子链的聚集态结构如图 9-3 所示。

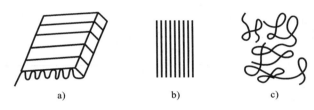

图 9-3 大分子的链聚集态结构

a)、b) 晶态 c) 非晶态

(2) 固态高聚物分子的实际排列 由于受大分子链运动的制约,高聚物实际凝固时,想要获得完全晶态的结构是十分困难的,故大多数晶态高聚物都只是部分结晶,形成一种既有结晶区又有非结晶区的复合结构,如图 9-4 所示。只是不同的高聚物中各结构单元的相对量、形状、分布不同。通常用结晶度表示高聚物中结晶区所占的比例。结晶度变化范围一般为 50%~80%,且结晶区(又称微晶)的大小不等($0.01 \sim 10^4$ μm),形状多样化。研究表明,高聚物的结晶也包含晶核的形成和晶核的长大两个基本过程。

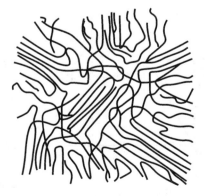

图 9-4 部分结晶高聚物的聚集态结构示意图

结晶度高,表示高聚物中分子排列紧密,分子间作用力强,链运动困难。因此,随结晶度的提高,高聚物的熔点、相对密度、强度、刚度会得到提高,耐热性及抗溶性会得到改善,但其弹性、伸长率及韧性会下降,表 9-2 列举的是不同结晶度的聚乙烯的性能。

需要说明的是,高聚物实际获得的结晶度还取决于具体的结晶条件,这和低分子结晶过程一样,主要受结晶温度(或过冷度)、冷却速度、杂质和应力状态等的制约与影响。

表 9-2　不同结晶度的聚乙烯的性能

性　　能	低密度聚乙烯	高密度聚乙烯
结晶度/%	40～53	60～80
密度/(g·cm^{-1})	0.91～0.93	0.94～0.97
相对分子质量	2500	<350,000
抗拉强度/MPa	7～16	22～39
断裂伸长率/%	90～300	15～100
热变形温度*/℃	32～40	43～54
耐有机溶剂温度/℃	<60	<80
24 h 吸水率/%	<0.015	<0.010

注　* 在 1.85 MPa 应力作用下测量。

9.1.3　高聚物的三种物理状态

高聚物在不同温度下会呈现三种不同的物理状态,即玻璃态、高弹态、黏流态,如图 9-5 所示。不同的状态具有不同的力学性能,这对高分子材料的成形加工和使用范围都有很大影响。

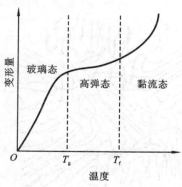

图 9-5　非晶态高聚物的
温度-变形量曲线

1. 玻璃态

高聚物保持玻璃态(相当于小分子物质的固态)的最高温度称为玻璃化转变温度 T_g,它还可以理解为高聚物大分子链段能开始运动的最低温度。

高聚物处在玻璃态时,温度 $T(T<T_g)$ 较低,此时分子热运动能量很小,分子链的单键内旋转无法进行,链段的运动也很困难,故大分子链的构象难以改变。此时高聚物在外力作用下只能发生少量的弹性变形,且撤除外力后变形完全恢复。高聚物的这种可恢复小变形的状态称为普弹性状态,但大多数高聚物都具有玻璃态。

由于玻璃态是聚合物作为塑料时的应用状态,所以塑料的玻璃化转变温度均高于室温,如聚苯乙烯的 $T_g=80\ ℃$,有机玻璃的 $T_g=100\ ℃$,尼龙的 $T_g=40～50\ ℃$,聚碳酸酯的 $T_g=150\ ℃$。通常把室温下处于玻璃态的高聚物都称为塑料。为了扩大塑料的使用温度范围,应使其 T_g 尽量高一些。

2. 高弹态

当高聚物温度升高到玻璃化转变温度 T_g 与黏流温度 T_f 之间时,分子动能增大,通过单键的内旋转,链段将不断运动,大分子的构象也不断改变,从而可使大分子链的一部分卷曲或伸展开来,这种状态称为高弹态(也称橡胶态)。高弹态下的高聚物弹性模量小,能产生很大的变形量(可达 $100\% \sim 1000\%$),去掉外力后,又可恢复原状。这也是高分子材料所独有的性能。

橡胶的玻璃化转变温度低于室温,如天然橡胶的 $T_g = -73\ ℃$,顺丁橡胶的 $T_g = -105\ ℃$,硅橡胶的 $T_g = -120\ ℃$,故所有室温下处于高弹态的高分子材料都称为橡胶。它的工作温度范围在 T_g 与 T_f 之间,其间距越大,工作温度范围越宽。通常,生产上希望橡胶制品的 T_g 应尽量低些,使其在室温甚至更低的温度下也能保持很好的弹性。

3. 黏流态

当温度高于黏流温度 T_f 时,分子的活动能力变得更大,不仅链段的热运动加剧,而且大分子链间发生相对滑动,出现大分子链质量中心的迁移。此时,高聚物成为一种黏稠的熔体。高聚物整个大分子链开始运动的温度称为黏流温度。在室温下处于黏流态的高聚物称为流动树脂,可作为胶黏剂。

黏流态是高聚物成形的工艺状态。在此状态下,高聚物可通过注射、挤压、吹塑、喷丝等方式制造成各种相应的制品。因此 T_f 的高低直接关系着高聚物成形的难易程度。

对于线型非晶态高聚物,上述三种状态较为明显,且随温度、相对分子质量的变化而变化。当相对分子质量小于一定值时,高弹区消失;升高温度,高聚物直接由玻璃态转变成黏流态。

对于具有体型链的非晶态高聚物,当交联点很多(见图 9-1d)时,因其链间运动受到很大束缚,以致在温度不断升高的条件下也不能发生链段的运动,直到 $T_g = T_f$,高弹态消失,高聚物表现出像玻璃一样硬、脆的特性。

对于部分晶态的线型高聚物,三态变化在结晶区与非结晶区的表现不一样。在结晶区,其分子链紧密聚集,致使内旋困难,链段运动受阻,所以不出现高弹态,而保持着较大的强硬性。对于非结晶区,温度在 T_g 以上时,仍出现高弹态,于是在玻璃化转变温度 T_g 以上、熔化温度 T_m 以下,两者在整体上使这类高聚物中出现了一种既韧又硬的"皮革态"。

9.1.4 高聚物的性能

1. 理化性能

(1)密度小 高聚物的密度一般在 $1.0 \sim 2.0\ \mathrm{g \cdot cm^{-3}}$ 之间,最小的密度仅为 $0.83\ \mathrm{g \cdot cm^{-3}}$,为钢的 $1/8 \sim 1/4$,不足普通陶瓷的 $1/2$。

(2)耐热性差 高聚物的耐热性不如金属材料与陶瓷材料,其热导率低,仅为金属的 1/600～1/200。高聚物受热时容易发生链段运动及整个分子链的移动,从而出现软化或熔融的现象,因此,高分子材料在高于 100 ℃ 的条件下工作难以保持原有的性能。

(3)绝缘性好 高聚物分子内是以共价键结合的,不能电离,其内部没有离子和自由电子,不存在电子的定向运动,因此是优良的绝缘体。

(4)热膨胀大 高分子材料的线胀系数大,为金属的 3～10 倍。这是由于高聚物受热时分子链间缠绕程度降低,分子间结合力减小,分子链柔性增强,整体上产生明显的体积和尺寸增大。

(5)耐蚀性好 因为高聚物分子是以共价键结合的,所以其化学性质十分稳定,加之它们的分子通常纠缠在一起形成许多分子链的基团,当某一基团与所接触的介质起反应时,只有露在最外面的基团才被介质腐蚀掉,而包在里面的基团并不容易发生变化。如聚四氟乙烯塑料,它的分子中具有极强键能的碳氟键,且在碳键的周围完全被氟原子所覆盖,故它在王水中浸几十小时也不会腐蚀。

2. 力学性能

(1)强度低和比强度较高 高聚物的理论强度是由大分子链分子内部的共价键与大分子间的范德瓦尔键共同决定的。它与弹性模量间的关系可用以下经验式表达:

$$R \approx 0.1E$$

研究表明,高聚物的实际强度仅为理论强度的 1/100,平均抗拉强度约为 100 MPa。高聚物实际强度大大降低的原因有以下几点:其一是高聚物中分子链排列不规则、不紧密;其二是各分子链受力不均匀,破坏往往从某些薄弱的环节、局部应力集中处开始;其三是在实际高聚物材料中包含着各种结构缺陷和不均匀组成,如杂质、气泡、裂缝等等。不过与钢相比,高聚物的比强度较高,这是因为其密度比钢的密度要小得多。

(2)弹性好和弹性模量低 高聚物有着独特的高弹性,即当它处于高弹态时表现出很小的弹性模量与很大的弹性形变。橡胶就是具有典型高弹性的高聚物,它的弹性模量大约为 1 MPa,其弹性形变量可达 100%～1000%。而一般金属材料的弹性模量为 $(1～2)×10^5$ MPa,故其比橡胶的弹性变形量小得多。

(3)具有黏弹性 高聚物力学性能随时间变化的现象称为黏弹性。理想的弹性固体受外力作用后,会产生弹性变形,而外力去除后,变形立即恢复,与时间无关。理想的黏性物质受外力作用后,产生的变形是随时间成线性发展的。具有黏弹性的高聚物表现出理想弹性体和理想黏性体的组合力学行为,即受力后产生的变形与时间有关,但不成线性关系;撤除外力后变形又不立即消除,而是经过一段时间后才逐渐恢复到原状。这是因为,受力后大分子链需要通过调整其构象来抵消一部分外力作用的能量,而这样的调整过程需要一定的时间。

常见的黏弹性现象是蠕变与应力松弛。

①蠕变。蠕变是指在恒定的应力作用下,随时间的延长,高聚物的变形不断发展的现象。与金属不同的是,高聚物的蠕变在室温下即可发生,如架空的聚氯乙烯电线套管,在电线与自重的作用下会缓慢出现的挠曲变形,就是一种蠕变。

②应力松弛。应力松弛是指在恒定的变形情况下,高聚物维持变形的应力随时间延长而逐渐衰减的现象。如生活中常用橡皮筋捆紧瓶口,刚绕上时很紧,应力很大,时间一长则逐渐变松,这就是应力在逐渐衰减;再如密封管道法兰的橡胶垫片,时间长了会产生渗漏现象,也是由应力松弛引起的。

(4)减摩性好　高聚物的硬度虽低于金属,但摩擦系数小,在无润滑和少润滑的摩擦条件下,其减摩性比金属好。因此,工程中常用一些摩擦系数小的高聚物,如聚四氟乙烯、聚甲醛等来制造轴承、轴套、衬套及机床导轨贴面等。

(5)具有老化现象　老化是指随时间的推移,高聚物原有的性能逐渐消失或劣化的现象。有的表现为材料变硬、变脆、龟裂、开裂,有的则变软、变黏、脱色、透明度下降等。这些物理、化学、力学性能的衰退是高分子材料的一种通病,几乎没有一种高聚物例外。

老化的主要原因是高聚物发生了降解和交联两种不可逆的化学变化。降解是高分子在各种能量作用下发生裂解而断链形成小分子,导致材料变黏、变软的现象;交联是分子链间生成化学键,并局部形成网状结构,导致材料变硬、变脆的现象。引起老化的外在因素有物理因素(阳光、紫外线或其他辐射)、化学因素(空气中氧和臭氧的作用,水、酸、碱、盐及有机溶剂的侵蚀)、生物因素(微生物作用)、加工成形时热和机械力的作用等。加入不同的稳定剂(炭黑、二氧化钛、活性氧化锌等)可防止老化。另外,在高聚物制品的表面涂镀金属或相应的涂料,以隔离外界各种因素的直接作用,也可达到防老化的目的。

9.1.5　工程高分子材料

按照高聚物的力学性能、物理状态和用途,工程高分子材料可分为塑料、橡胶、合成纤维、胶黏剂、涂料等。上述几类高分子材料中,涂料与胶黏剂都呈树脂形态,它们是不经加工而直接使用的高聚物,本节不作详细介绍。

1. 塑料

塑料是在玻璃态使用的高分子材料。它以合成树脂为基本成分,再加入各种添加剂,经一定的温度和压力塑制成形,且在常温下能保持形状不变。由于塑料的原料丰富、制取方便、加工成形简单,因此塑料的工业生产发展极为迅速。若按体积计算,世界上的塑料早已超过金属材料。

1) 塑料的成分

（1）树脂　树脂在塑料中的质量分数一般为40%～70%，起着黏结作用，并决定塑料的基本性能，因此绝大多数塑料都是以所用树脂的名称来命名的。如前已述及的酚醛塑料，其主要成分是酚醛树脂。有些合成树脂可直接用作塑料，例如聚乙烯、聚苯乙烯、聚酰胺(尼龙)等。有些合成树脂必须在其中加入一些添加剂才能制成塑料，如氨基树脂、聚氯乙烯等。

（2）添加剂　添加剂是为改善塑料的某些性能而加入的物质。按照添加剂在塑料中所起的作用，它可分为以下几类：

①填充剂。加入填充剂的主要目的是为了改善塑料的性能，如酚醛树脂加入木屑后其强度明显提高。另外，填充剂也可弥补树脂某些性能的不足，如加入铝粉可提高塑料对光的反射能力及防老化，加入石棉粉可改善耐热性，等等。

②增塑剂。增塑剂的加入可改善树脂的可塑性和柔软性，以满足塑料成形和使用要求。常用的增塑剂是液态或低熔点固体有机化合物。如在聚氯乙烯树脂中加入邻苯二甲酸二丁酯，可使其变为橡胶一样的软塑料。

③稳定剂。稳定剂可以改善树脂在受热和光照作用时的稳定性，以防止塑料过早老化。

④固化剂。固化剂的作用是通过交联使树脂具有网状链结构，成为较坚硬和稳定的塑料。如在环氧树脂中加入乙二胺可使其成为坚硬的固态。

⑤着色剂。着色剂是为了改变塑料的颜色，满足使用要求而加入的染料。着色剂应着色力强，色泽鲜艳，耐温和耐光性好，否则颜色的质量会受影响。此外，塑料中还有其他一些添加剂，如抗静电剂、发泡剂、溶剂和稀释剂等。还有，加入银、铜等粉末可制成导电塑料，加入磁粉可制成导磁塑料等。

综上所述，塑料其实是一种复杂的人工合成材料。按其应用可分为通用塑料及工程塑料两大类。

2) 通用塑料

通用塑料是指产量大、价格低的塑料，多用于一般工农业生产和日常生活之中，主要有聚乙烯、聚氯乙烯、聚苯乙烯、聚丙烯等。

（1）聚乙烯(PE)　根据不同的聚合条件得到不同性质的聚合物，如低密度聚乙烯，高密度聚乙烯、中密度聚乙烯等。

低密度聚乙烯分子之间的规则排列不紧密。它的软化温度较低(105～120 ℃)，具有较好的韧性、抗撕裂性以及柔软性与透明性，广泛用于各种用品的包装袋和农用地膜。

高密度聚乙烯与中密度聚乙烯都是在低密度聚乙烯的基础上作了性能改进的，其强度、弹性、耐热性以及防潮性、隔油性能有所提高，因此更适合作为液体、化肥以及重大物件的包装材料。

（2）聚氯乙烯（PVC）　在聚氯乙烯树脂中加入不同的增塑剂及稳定剂,可制成各种形式的硬质或软质的塑料制品。硬质聚氯乙烯的强度高,可在 $-15\sim60$ ℃ 使用。它的电绝缘性和化学稳定性也很好,常用来制造输送酸、碱、纸浆等用的管道及化工耐腐蚀管道、通风管、气体管、输油管等,也用来制造灯座、插头、开关及其他电气、电信方面的用具。软质聚氯乙烯强度低,伸长率大,易老化,但具有密度小、隔热、隔音、防震等特点,多用作电线、电缆绝缘层,密封件,衬垫材料等。

（3）聚苯乙烯（PS）　聚苯乙烯具有很好的加工性能与电绝缘性,有良好的隔音、隔热及防震性能,广泛用作仪器的包装与隔热材料、室内照明装置等。此外,聚苯乙烯加入染料后易于着色,因此,可用来制造各种鲜艳的日用品及玩具。

（4）聚丙烯（PP）　聚丙烯的强度、硬度及弹性模量等均优于高密度聚乙烯的。它可在 100 ℃ 不变形,同时电绝缘性优越,可用来制造机器上的某些零部件,如法兰、齿轮、风扇叶轮、泵叶轮、接头、汽车方向盘调节盖等。它还可制造各种化工容器、管道、阀门配件、泵壳,以及收音机、录音机的外壳。因为它无毒,还可用于药品及食品的包装。

3）工程塑料

工程塑料通常是指力学性能较好,并能在较高温度下长期使用的塑料,主要用来制造工程构件。

（1）聚酰胺（PA）　聚酰胺的商业名称是尼龙或锦纶。根据大分子链的链节中所含的碳原子数目不同,尼龙可分为尼龙 6、尼龙 66、尼龙 610、尼龙 1010 等。

尼龙不仅有着较高的抗拉强度（达 200 MPa）和冲击韧度,较好的耐磨性和自润滑性,并且还能耐水、耐油、抗霉菌,因此它广泛用于 100 ℃ 以下工作的机械、化学及电气零件,如轴承、齿轮、凸轮、滚子、辊轴、泵叶轮、风扇叶轮、蜗轮、螺栓、螺母、垫圈、高压密封圈、阀座、输油管、储油容器以及绝缘材料。

（2）聚甲醛（POM）　聚甲醛具有优良的综合力学性能,其抗拉强度达 75 MPa,弹性模量和硬度较高,抗冲击、抗疲劳、减摩性能好,可在 104 ℃ 下长期使用。但遇火会燃烧,在大气中暴晒还会老化。聚甲醛可代替非铁金属及其合金,用来制造汽车、机床、农业机械上受摩擦的轴承、齿轮、凸轮、辊子、阀杆等。

（3）聚砜（PSF）　聚砜的化学组成复杂、性能优异。其抗拉强度可达 75.4 MPa,弹性模量为 2540 MPa,冲击韧度、抗弯抗压强度均较高,随温度的升高,力学性能下降缓慢,即高温下能保持与室温大体一致的力学性能,在 $-100\sim145$ ℃ 的温度范围内使用,仍可保持良好的性能。此外,它的电绝缘性及化学稳定性也较好。因此,聚砜可用来制造高强度、耐热、抗蠕变的构件和电绝缘件,如各种电器设备的壳体、仪表盘、配电盘、真空泵叶片等。

(4) 聚碳酸酯(PC)　聚碳酸酯的化学组成复杂,聚合度可在 25,000～100,000,甚至更大。它具有优良的综合力学性能,冲击韧度尤为突出;透明度高,可染成各种颜色,被誉为"透明金属";其耐热性比一般尼龙、聚甲醛略好,且耐寒,可在-100～130 ℃温度范围内使用。它多用来制造机械工业中受载不大,但对冲击韧度和尺寸稳定性要求较高的零件,如轻载齿轮、心轴、凸轮、蜗轮、蜗杆等,由于透明度高,在航空航天工业中也用来制造信号灯、挡风玻璃、座舱罩等。有资料表明,在波音 747 飞机上有 2500 个零件是用此类材料制造的。

(5) 聚四氟乙烯(F-4)　聚四氟乙烯是一种含氟塑料,具有优良的耐腐蚀、耐老化及电绝缘性能,几乎能耐所有化学药品,包括王水的腐蚀。此外,它的摩擦系数极小,并且可在-180～250 ℃的温度范围内长期使用。由于其化学性质十分稳定,超过了玻璃、陶瓷及不锈钢,故有"塑料王"的美称。其强度又比其他工程塑料好,所以常用作强腐蚀介质中的过滤器、减摩密封件及绝缘材料。

(6) 聚甲基丙烯酸甲酯(PMMA)　聚甲基丙烯酸甲酯的商业名称为有机玻璃。它是目前最好的透明材料,其透光率达 92% 以上,比普通玻璃的高,且密度小,仅为玻璃的一半;它还有很好的力学性能,抗拉强度为 60～70 MPa,比普通玻璃的高 7～18 倍,属于硬而脆的材料,但硬度不如普通玻璃的高;它的成形加工性好,成形后还可进行切削加工、黏结等。

用它可制造飞机的座舱、舷窗、电视和雷达标图的屏幕、汽车挡风板、仪器和设备的防护罩、仪表外壳、光学镜片等。它的最大缺点是耐磨性差,也不耐某些有机溶剂(如卤代烃、酯等)的侵蚀。

(7) ABS 塑料　ABS 塑料具有坚韧、质硬、刚性好的综合力学性能,易于成形和电镀,耐热、耐蚀性以及尺寸稳定性较好,可用来制造电机、仪表、电话、电视机、收录机的外壳及有关元件,还可用来制造汽车的方向盘、手柄以及化工管道与容器等。

(8) 酚醛塑料(PF)　酚醛塑料是由酚和醛缩聚合成的,具有耐热、绝缘、刚性好、化学稳定性好的特点。由它制成的粉状塑料,俗称电木粉,颜色单调(只能制成黑色或棕色),可模压成各种电器制品,如开关、插头、插座、电话机外壳。此外,它还能代替铝、铜等非铁金属,用来制造汽车用的刹车片、化学工业用的耐酸泵、纺织工业用的无声齿轮等。

(9) 环氧塑料(EP)　环氧塑料由环氧树脂加入固化剂后形成。它具有较高的强度、优良的韧性和绝缘性,并能耐-80～155 ℃的冷热变化以及酸、碱、有机溶剂的侵蚀。但它比酚醛塑料成本高。环氧树脂可用于电子、电气设备和零件的封装,也可用来配制各种复合材料。此外,它还可用作金属、陶瓷及塑料的胶黏剂等。

4）工程构件塑料的选择

塑料在机械工业、汽车工业、化学工业及电气工业中使用极为普遍。为了在工程制造中能合理地选用工程塑料，应注意以下几个方面。

（1）掌握构件的使用条件

① 温度条件。塑料的耐热性和导热性一般都较差，各种性能对温度的依赖关系较大，故在选材时应准确了解构件的连续使用温度，可能达到的最高和最低温度，以及因摩擦而发热的情况。

②负荷条件。受力种类、受力规律、负荷大小、负荷方向等都会直接影响到塑料构件的使用寿命，而不同类的塑料又对不同的负荷适应能力不同。

③其他环境条件。塑料构件可能接触到的光、霜、雨、雪、氧气以及各种介质和微生物的作用，有时它们会对某些塑料制件的性能和寿命产生严重影响。

（2）考虑构件形状、尺寸精度与成形加工方法　构件形状不同，选择的成形加工方法往往有所不同。每种成形加工方法又只能适用于某些种类的塑料，并决定其加工后的产品质量，加之不同类型塑料的成形收缩率也不同，这些势必影响到构件的尺寸精度。

（3）正确引用相关资料中的性能数据　技术资料中的数据大多是针对在特定条件下加工的试样，并在特定实验条件下测得的，它与直接从实物上测得的数据是有差别的，加之塑料的力学性能、热性能、电性能、耐久性及化学特性等往往还要受到使用条件与时间的影响，这些都决定了在引用资料提供的一些数据时，必须结合构件的实际情况全面地予以分析。

（4）根据构件的不同类型选择　工程上通常的做法是将塑料构件分为几个类型，即一般构件、摩擦传动件以及耐蚀、耐热零件。依照各类构件多次试验及长期使用的经验可作出大体的选择。

①一般结构件，如装置的外壳、支架、盖板、罩子、仪器仪表的底座等，因其使用载荷较小，故可用聚苯乙烯、聚丙烯等。要求透明的零件则可选用有机玻璃。那些表面需要装饰的壳体则可采用 ABS 塑料，因为 ABS 塑料容易电镀和涂漆。

②摩擦传动件，如大型的齿轮、凸轮、蜗轮等，因其受力复杂，要求有较高的综合力学性能及尺寸稳定性，故多用尼龙系列的塑料。对于疲劳强度要求严格的可选用聚甲醛；若工作在腐蚀的环境中，则可选用聚四氟乙烯填充的聚甲醛；那些要求有较小的摩擦系数的减摩零件，如无油润滑的活塞环、密封圈、导轨等，多用聚四氟乙烯系列的塑料。

③一些耐蚀零件（主要集中在化工设备方面），如要求既耐蚀又具有较高强度的全塑结构设备，要选用聚丙烯、硬聚氯乙烯等；在强腐蚀条件下工作的反应锅、贮槽、搅拌器、叶轮、阀座等，可选用聚四氟乙烯类的塑料。由于塑料零件的热承受能力远

比金属零件低得多,故一般工程塑料只能在 80～120 ℃条件下工作,而受力较大的工程塑料只能在 60～80 ℃条件下工作。常用于这种温度条件下的塑料有聚砜及含氟塑料。

5) 典型塑料零件的优、缺点分析

(1) 塑料齿轮 齿轮是机械传动的主要零件。随着塑料工业的发展,齿轮的用材不再只限于金属了,塑料齿轮早已用于机械、汽车、仪器仪表等设备及装置中,并表现出此类材料的如下特点:

① 摩擦系数小、耐磨性好,可在无润滑或少润滑条件下运转。在开式运动中,由于塑料对灰尘微粒有埋没作用,故磨损也较小。

② 重量轻、不生锈,可减轻机构重量,降低惯性力和启动功率,并能在腐蚀介质中运转。

③ 减振、防冲击作用好,可降低运转时的噪声,使其平稳、弹性好,补偿了加工和装配误差。

④ 注射、压模等方法一次成形,可提高生产率,降低成本。

⑤ 强度低,热导率远低于金属,传递载荷不能太大,使用温度不高。

⑥ 热胀系数大,成形时有收缩,吸水吸油发胀,尺寸稳定性差,注射成形的制件精度不高。

(2) 塑料轴承 当轴承用在干摩擦条件下或在以清水、污水、海水、酸碱盐的水溶液以及其他一些化学药品溶液作为润滑或冷却剂时,在强度满足要求的前提下,塑料轴承比金属轴承更显优越性,这是因为塑料的摩擦系数小、自润滑性好,且耐蚀、抗震、减振。但塑料轴承也同样存在着类似塑料齿轮的缺点,常因摩擦热的积聚而导致膨胀抱轴而咬死,或因塑料的常温蠕变而造成轴承变形而失效。

对于塑料零件的这些不足之处,只能通过合理选择塑料类型、改进成形工艺及零件的设计结构来予以弥补。需要提及的是,在一些场合下采用性能优秀的塑性取代金属,不仅能满足技术要求,还能使产品的成本下降。表 9-3 举出了一些用塑料取代金属的应用实例。

2. 合成橡胶

橡胶是在室温下仍保持其高弹态的高分子材料,其相对分子质量一般都在几十万,有的达上百万。它在相当宽的温度范围内仍不失其高弹性,有良好的耐磨性、绝缘性、隔音性及储能的能力,广泛用来制造轮胎、传送带、电缆、电线、密封垫圈以及减振件。

天然橡胶由橡胶树上流出的乳胶加工而成。合成橡胶主要来源于石油、天然气和煤等。合成橡胶的种类很多,主要品种有丁苯橡胶、顺丁橡胶、氯丁橡胶、乙丙橡胶和丁腈橡胶、硅橡胶、聚硫橡胶等。橡胶的性能和应用举例如表 9-4 所示。

表 9-3　用塑料代替金属的应用实例

零件类型		产品	零件名称	原用材料	现用材料	工作条件	使用效果
摩擦传动零件	轴承	4 t 载重汽车	底盘衬套轴承	轴承钢	聚甲醛、F-4 铝粉	低速、重载、干摩擦	行驶 10,000 km 以上不用加油保养
		160 kW 柴油机	推力轴承	巴氏合金	喷涂尼龙1010	在油中工作,平均滑动线速度 7.1 m·s⁻¹,载荷 1.5 MPa	磨损量小,油温比用巴氏合金时低 10 ℃
		水压机	立柱导套（轴承）	铝青铜	MC 尼龙	环境温度 100 ℃ 以下的往复运动	良好
	齿轮	转塔车床	走刀机械传动齿轮	45 钢	聚甲醛（或铸型尼龙）	摩擦但较平稳	噪声减小,长期使用无损耗磨损
		起重机	吊索绞盘传动蜗轮	磷青铜	MC 铸型尼龙	最大起吊重量 7 t	零件重量减轻 80%,使用两年磨损很小
		万能磨床	油泵圆柱齿轮	40Cr 钢	铸型尼龙、聚甲醛	转速高(1440 r·min⁻¹),载荷较大,在油中运转连续工作油压 1.5 MPa	噪声小,压力稳定,长期使用无损坏
一般结构件	螺母	铣床	丝杠螺母	锡青铜	聚甲醛	对丝杠不起磨损作用或磨损极微,有一定强度、刚度	良好
	油管	万能外圆磨床	滚压系统油管	紫铜	尼龙 1010	耐压 0.8～2.5 MPa、工作台换向精度高	良好,已推广使用
	紧固件	外圆磨床	管接头	45 钢	聚甲醛	<55 ℃,耐 20 ℃ 油压 0.3～8.1 MPa	良好
		摇臂钻床	上、下部管体螺母	HT150	尼龙 1010	室温,切削液的压力为 0.3 MPa	密封性好,不渗漏水
	壳体件	万能外圆磨床	罩壳衬板	镀锌钢板	ABS 塑料	电器按钮盒	外观良好,制作方便
		电压表	开关罩	铜合金	聚乙烯	40～60 ℃,保护仪表	良好,便于装配
		电风扇	开关外罩	铝合金	有机玻璃	有一定强度,美观	良好

表 9-4　橡胶的性能与应用举例

名称	抗拉强度 /MPa	伸长率 /%	使用温度 /℃	特性	应用举例
天然橡胶	20～25	650～900	−50～110	高强、绝缘、防震	通用制品、轮胎
丁苯橡胶	15～20	500～800	−50～140	耐磨、耐寒	硬橡胶制品、轮胎、传送带
顺丁橡胶	18～25	450～800	−80～120	耐磨	胶带、胶管、传送带、减振元件
氯丁橡胶	25～27	800～1000	−35～130	耐酸、耐碱、阻燃	管道、胶带、防毒面具、电缆外皮、胶黏剂、轮胎
丁腈橡胶	15～30	300～800	−35～175	耐油、耐水、气密性好	汽车轮胎、耐油垫圈、油管、化工设备内衬
乙丙橡胶	10～25	400～800	−50～150	耐水、绝缘	汽车轮胎、耐热传送带、绝缘制品
硅橡胶	4～10	50～500	−70～275	耐热、绝缘	耐低温垫圈、耐高温电缆包覆层
聚硫橡胶	9～15	100～700	−30～100	耐油、绝缘	耐油管道、胶带、耐油电缆包覆层、衬垫

3. 合成纤维

凡能保持长度比本身直径大百倍的均匀条状或丝状的高分子材料均称纤维,包括天然纤维和化学纤维。化学纤维又分人造纤维和合成纤维。人造纤维是用自然界的高分子化合物经化学处理与机械加工制成的,如"人造丝""人造棉"的粘胶纤维和硝化纤维、醋酸纤维等;合成纤维以石油、煤、天然气为原料,采用喷丝法成形,即熔融的高聚物通过一个多孔模具挤压成纤维,如图 9-6 所示。

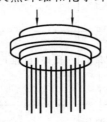

图 9-6　合成纤维的喷丝

合成纤维一般都具有强度高、密度小、耐磨、耐蚀等特点,除广泛用于衣料等生活用品外,在工农业、交通、国防等领域也有许多重要用途。例如,用锦纶丝帘子做的汽车轮胎,其寿命比一般天然纤维的高出 1～2 倍,并可节约橡胶用量 20%。表 9-5 列举了主要合成纤维的性能和应用举例。

表 9-5　主要合成纤维的性能和应用举例

商品名称	化学名称	密度 /(g·cm⁻³)	吸湿率 /%	软化温度 /℃	特性	应用举例
锦纶	聚酰胺	1.14	3.5～5	170	耐磨、强度高、模量低	轮胎帘子布、渔网、缆绳、帆布、降落伞
涤纶	聚酯	1.38	0.4～0.5	240	强度高、弹性好、吸水率低、耐冲击、黏着力差	电绝缘材料、传送带、帐篷、帘子线

续表

商品名称	化学名称	密度 /(g · cm^{-3})	吸湿率 /%	软化温度 /℃	特性	应用举例
腈纶	聚丙烯腈	1.17	1.2~2.0	190~230	柔软、蓬松、耐晒、强度低	窗帘、帐篷、船帆、碳纤维原料
维纶	聚乙烯醇	1.30	4.5~5	220~230	价格低、性能优于棉纤维	包装材料、帆布、过滤布、渔网
氯纶	聚氯乙烯	1.39	0	60~90	化学稳定性好、不燃、耐磨	化工过滤布、工作服、帐篷
丙纶	聚丙烯	0.91	0	140~150	密度小、坚固、吸水率低、耐磨	军用被服、水龙带、合成纸、地毯
芳纶	聚芳酰胺	1.45	0	260	强度高、模量高、耐热、化学稳定性好	复合材料的原料、飞机驾驶员座椅、绳索、宇航服

4. 可环境消纳的高分子材料

高分子材料虽然给工业生产和日常生活带来极大的便利,但它们使用后常常被随意丢弃(如废旧的塑料制品、残留在农田中的聚乙烯地膜碎片等),以致对环境造成极大的不良影响。这已引起人们的高度重视。从环境保护的目的出发,材料科学工作者正在努力研究、开发新型的可环境消纳的高分子材料。这类材料具有可降解、可堆肥和可焚烧的性能,对自然环境、人类生活和生物圈无害或危害相对较小。其中最具应用前景的是可降解高分子材料。

可降解高分子材料是指在一定使用期内保持应有的使用功能,而在完成使用功能后放置野外自然环境中,其化学结构可发生重大变化,并能自动由大分子迅速降解为小分子,直到与自然环境同化的一类聚合物材料。根据降解的机理不同,可降解高分子材料分为以下几种:

(1)生物降解高分子材料　生物降解是指在一些有机体(如酶、霉菌)的作用下产生的酶解或化学降解,分解出 CO_2 和 H_2O 这样的低分子物(可被植物用于光合作用)后,剩余高聚物在细菌和酶的作用下发生反应,形成分子链断裂碎片并与环境同化。目前,将一种或多种可降解有机物原料(如乳淀粉、聚乳酸、纤维素及其衍生物)与降解性能差的聚合物共混的可降解聚乙烯塑料已实现了产业化。

(2)光降解高分子材料　光降解高分子材料是指在紫外光与氧的作用下,能在短期内达到部分或全部降解的一类高聚物材料。合成型的光降解材料是指在高聚物中引入光敏助剂,以使其在避光时(如埋入土壤中)还能继续氧化降解,进入脆变期,脆化产物最终被水浸润,促进生物细菌繁殖,然后进入降解期,直至消失。现已开发的高密度聚乙烯塑料(HDPE)购物袋就属此类。

(3)可焚烧又降解的高分子材料　焚烧是处理废弃塑料的常用方法之一。采用焚烧方法处理废弃塑料,不像生物降解和光降解方法那样需要掩埋,这不仅节省了占用的大片土地,且产生的热能还可二次利用。但是,焚烧会造成空气污染,尤其是炉内燃烧不完全时,还会产生剧毒物二噁英。因此,如何使废弃塑料充分、快速地燃烧,同时降低炉内排出气体的有害成分,是解决问题的关键。研究表明,在高分子材料中加入质量分数不低于30%的 $CaCO_3$,能使聚乙烯迅速燃烧,并能减少二噁英等有害物质的量。同样条件下,加入 $CaCO_3$ 的聚乙烯塑料膜完全燃烧所需时间是未加 $CaCO_3$ 的聚乙烯塑料膜的三分之一。可焚烧与可降解功能的配合使用,可使高分子材料的焚烧温度降低,这对于抑制二噁英的产生有很大作用。

在21世纪的今天,可持续发展的理念已获得世界各国政府和民众的普遍认可。我们在研制和使用材料的同时,一定要维护生态环境的绿色化。

9.2　陶瓷材料

9.2.1　基本概念

1. 陶瓷材料的化学组成

陶瓷是指以天然或人工合成的无机非金属物质为原料,经过成形和高温烧结而制成的固体材料和制品。陶瓷可分为普通陶瓷与特种陶瓷。

普通陶瓷是利用天然硅酸盐矿物(如黏土、硅石、长石等)为原料制成的陶瓷,又称传统陶瓷。

特种陶瓷是采用高纯度的人工合成原料制成的,具有各种独特的力学、物理或化学性能的陶瓷,又称新型陶瓷或现代陶瓷。按其化学组成分类,它又可分为氧化物陶瓷(氧化铝瓷、氧化锆瓷、氧化镁瓷)、氮化物陶瓷(氮化硅瓷、氮化铝瓷、氮化硼瓷)、碳化物陶瓷(碳化硅瓷、碳化硼瓷)以及金属陶瓷(氧化物-金属、碳化物-金属、氮化物-金属形成的硬质合金)等。目前,人们还习惯于将特种陶瓷分成两大类,即结构陶瓷(或工程陶瓷)和功能陶瓷。

2. 陶瓷材料中的结合键

前已述及,在陶瓷材料中,离子键与共价键是主要的结合键,但通常多为两者的混合键。研究表明,对于一价金属、二价金属氧化物,离子键结合比例大于共价键,例如 MgO 离子键结合的比例占84%,共价键结合占16%,而三价金属、四价金属氧化物、氮化物、碳化物,如 SiO_2、SiC、Si_3N_4、Al_2O_3 等,离子键的比例与共价键相当或少于共价键的比例。如 SiC 中,以共价键结合的占82%,以离子键结合的只占18%。

由于离子键与共价键的键能较高,所以陶瓷材料通常表现出熔点高、耐腐蚀、硬度高、塑性极差与弹性模量极大等特点。

3. 陶瓷材料的制取

陶瓷材料的制取方法为:先成形、后烧结。虽然各种陶瓷不一样,但其制取的工艺都可概述为三个阶段,即原料破碎与配制(或称粉体制备)→坯料成形→干燥后的坯件加热到高温烧成(或烧结)。

坯件在烧成(或烧结)的过程中会发生一系列的物理、化学变化,形成一定的矿物组成和显微结构,同时也会获得陶瓷制品所要求的强度、致密度等。通常把普通陶瓷的瓷化过程称为烧成,而特种陶瓷获得高致密度的瓷化过程称为烧结。烧成温度一般为 $1250 \sim 1450\ ℃$;烧结温度与组成原料的熔点有关,对单元系而言,烧结温度是其组分熔点温度的 $2/3 \sim 4/5$。陶瓷一旦烧成后,很难再进行机械加工。

在制取陶瓷的生产过程中,原料的纯度、颗粒尺寸、混合的均匀程度、烧成温度、烧结温度、加热炉内的气氛、升温速度和冷却速度等因素都会对陶瓷制品的质量带来不同的影响,因此要获得性能优良的陶瓷,必须对上述各种因素予以控制。有关陶瓷材料更详细的制取过程可参阅相关文献。

9.2.2　陶瓷材料的组织与结构

陶瓷材料的化学组成、结合键类型及显微组织结构是决定其性能最本质的因素。研究表明,普通陶瓷的典型组织主要由晶体相、玻璃相和气相三部分组成,如图 9-7 所示。特种陶瓷的原料纯度高,组成比较单一。例如,Al_2O_3 体积分数占 95% 以上的氧化铝陶瓷杂质较少,其组织主要由晶体相和少量气相组成。

1. 晶体相

晶体相是一些化合物或以化合物为基的固溶体,是陶瓷材料的主要组成相。由于陶瓷的晶体相常常不止一个,因此当存在几种晶体相时,又可分为主晶相、次晶相及第三晶相等。陶瓷的力学、物理、化学性能主要取决于主晶相,它的结构、数量、形态和分布决定了陶瓷的主要特点和应用。

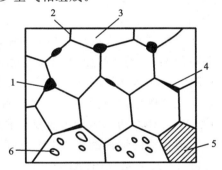

图 9-7　工业陶瓷显微组织
1—气孔　2—晶界　3,5—陶瓷晶粒
4—微裂纹　6—第二相颗粒

陶瓷中的晶体相一般有这样几类:①氧化物(如氧化铝、氧化钛等);②非氧化物(如碳化物、氮化物等);③含氧酸盐(如硅酸盐、钛酸盐、锆酸盐等)。

1) 氧化物晶体相

氧化物是许多陶瓷尤其是特种陶瓷的主要组成部分,也是主要的晶体相。它们以离子键结合为主构成离子晶体,也有一定成分的共价键。

在金属氧化物结构中,正、负离子排列的特点是直径较大的负离子 O^{-2} 组成密排晶格,常占据晶格结点和面心位置,而直径较小的金属离子填充在晶格间隙之中。金属离子能够填充的间隙有两种,一种为八面体间隙,另一种为四面体间隙,如图 9-8 所示。图中 A、B、C、D 四个原子所包围的空隙为四面体间隙,A、B、C、E、F、G 六个原子所包围的空隙为八面体间隙。

　　如果直径较小的金属离子全部占据八面体间隙位置,则氧离子数:金属离子数
=1:1,形成 MO(M 表示金属离子)形式的氧化物,如图 9-9 所示的氧化镁。如果金
属离子全部占据四面体间隙,则氧离子数:金属离子数=1:2,即形成 M_2O 形式的
氧化物。氧化物的其他晶体结构,通常更为复杂。

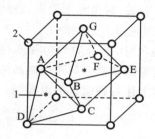

图 9-8　金属氧化物面心立方晶格中的间隙位置
1—金属正离子(间隙位置)　2—负离子 O^{-2}

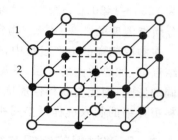

图 9-9　MgO 的正、负离子排列
1—氧离子　2—镁离子

　　2) 非氧化物晶体相

　　非氧化物是指不含氧的金属碳化物、氮化物、硼化物和硅化物等。它们是特种陶
瓷尤其是金属陶瓷中的晶体相,主要以共价键结合构成共价晶体并含有一定成分的
金属键和离子键。

　　金属碳化物大都具有共价键和金属键之间的过渡键,以共价键为主。其结构主
要有两类:一类是间隙相,碳原子间溶入面心立方或六方金属晶格的八面体间隙之中
(见图 3-14 碳化钒的晶体结构),属于这类结构的还有 TiC、ZrC、NbC、TaC 等;另一
类是复杂碳化物,它们有的为斜方结构(如 Mn_3C、Co_3C、Ni_3C 等),有的为六方结构
(如 WC、MoC 等),有的为更复杂的晶体结构。

　　氮化物的结合键与碳化物相似,但金属性弱些,并且有一定程度的离子键。如氮
化硅(Si_3N_4)、氮化铝(AlN)等,它们的晶体结构都属于六方晶系。

　　硼化物和硅化物的结构比较相近,硼原子、硅原子间是较强的共价键结合,能
连接成链、网和骨架构成独立的单元,而金属原子位于单元之间,形成复杂的晶体
结构。

　　3) 硅酸盐晶体相

　　硅酸盐的结合为离子键与共价键的混合键,习惯上称离子键,是普通陶瓷组织中
的主要晶体相。它的结构细节虽十分复杂,但构成其结构的基本单元为[SiO_4]四面
体,即硅总是在四个氧离子形成的四面体中心,如图 9-10 所示。四面体之间又都以
共有顶点的氧离子相互连接起来,由于连接方式不同,会形成“岛状”“链状”“层状”
“骨架状”等结构,如图 9-11 所示。不同的结构,可得到不同类型的硅酸盐,如四面体
连成岛状的硅酸盐有硅钙石($Ca_3[Si_2O_7]$),连成骨架状的硅酸盐有石英(SiO_2)。

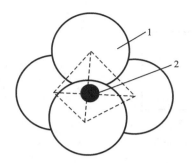

图 9-10　硅氧四面体

1—氧原子　2—硅原子

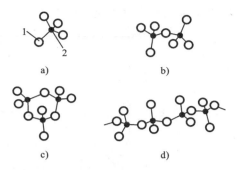

图 9-11　硅氧四面体的连接形式

a) 单个四面体(岛状)　b) 成对四面体(岛状)

c) 四面体环(岛状)　d) 四面体链(链状)

1—氧原子　2—硅原子

4）晶体相的同素异构转变

同某些金属一样，陶瓷晶体相中也存在着同素异构转变。如 SiO_2 有三个系列的同素异构，即 α-石英、α-鳞石英、α-方石英，在一定温度下它们依次相互转变。此外，在特定温度下，这三种石英还分别产生各自的同素异构转变。所以陶瓷中最重要的化合物 SiO_2 是一个复杂的同素异构体，其转变条件如图 9-12 所示。

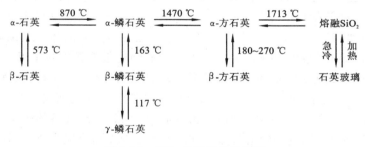

图 9-12　SiO_2 的同素异构转变

要完成图 9-12 中横向的转变，必须使原来的 Si—O—Si 键断开，进行硅氧四面体的重新组合，形成新的硅氧四面体骨架，这种转变称为重建相变。横向转变中的三种变体以 α-石英为最稳定相。重建相变必须在一定的温度、压力下进行，当温度、压力等条件不满足时，可以获得亚稳态的鳞石英、方石英，甚至是非晶结构的石英玻璃。

同素异构转变在陶瓷的生产和应用中是十分重要的，因为不同的晶体结构密度不同，所以同素异构转变时总伴随体积的变化。密度小的晶体转变为密度大的晶体时，体积发生收缩；反之则发生体积膨胀。这种体积变化将产生材料的内应力并导致开裂，给陶瓷工艺带来不利影响。陶瓷的相转变也可从相图上表现出来，图 9-13 为陶瓷二元相图的一种。同金属的相图类似，陶瓷的相图中也存在着共晶、包晶等反应，通过相图可以选定陶瓷的配方，确定烧成或烧结的温度。不过，由于陶瓷的成分十分复杂,有很多相转变过程至今尚不清楚。

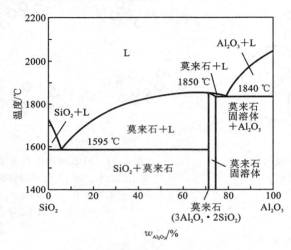

图 9-13　SiO₂-Al₂O₃ 二元相图

5) 晶体相的缺陷

　　陶瓷材料大多是多晶集合体。如前所述,组织中通常不止一种晶体相,故同金属材料一样,陶瓷材料也有晶粒、晶界、亚晶粒、亚晶界,并且这些晶粒的几何形状、粒度大小和取向也对陶瓷的性能有重要影响。另外,在一个晶粒内也有线缺陷(位错)和点缺陷(空位和间隙原子),这些晶体缺陷的作用也类似金属晶体中的缺陷,不过,陶瓷晶体中的位错不像金属中的位错那样对变形和强化起着重要的作用。这是由于陶瓷晶体的晶格常数比金属的晶格常数大得多而且结构复杂,位错运动极为困难,同时也很难产生新的位错。但陶瓷晶体中的点缺陷的存在,对其电性能以及烧结、扩散等都有较大影响。如果陶瓷的晶粒细小,晶界面积大,则陶瓷材料的强度会增大。表9-6 及表 9-7 列出了陶瓷晶粒的尺寸对其抗弯强度及相对介电常数的影响。

表 9-6　刚玉陶瓷晶粒尺寸与抗弯强度的关系

晶粒平均尺寸/μm	193.7	90.5	54.3	25.1	11.5	9.7	6.7	3.2	2.1	1.8
抗弯强度/MPa	75.2	140.3	208.8	311.1	431.1	483.6	484.8	552.0	579.0	581.0

表 9-7　钛酸钡陶瓷晶粒尺寸与相对介电常数的关系

晶粒尺寸/μm	10	2	<1
相对介电常数 ε_r	1200	3000	4000

2. 玻璃相

　　普通陶瓷材料的主要原料 SiO₂,在烧结过程中处于熔化状态,但在熔点附近,SiO₂ 的黏度很大,使融体内部的内摩擦力特别大,导致原子迁移形成晶体十分困难。

所以当熔融态 SiO_2 冷却到熔点以下时，原子不能排列成长程有序的晶体状态而形成过冷的融体，当继续冷却到玻璃化转变温度时则凝固为非晶态的玻璃相。玻璃相与晶体相的本质差别在于玻璃相原子排列的无序。

玻璃相在陶瓷材料中起着以下几方面的作用：①将晶体相粘连起来，填充晶体相之间的空隙，提高材料的致密度；②降低烧成温度，加快烧成过程；③阻止晶体转变，抑制晶体长大；④获得一定程度的玻璃特性，如透光性等。

由于玻璃相的熔点低、热稳定性差，因此陶瓷在高温下容易产生蠕变，从而降低高温下的强度。此外，玻璃相对陶瓷材料的介电性能，耐热、耐火性能等都是不利的，所以它不能成为陶瓷的主导组成相，一般体积分数为 20%～40%。

3. 气相

气相是指陶瓷组织内部残留下来的气孔。它形成的过程、原因都很复杂，几乎与原材料和生产工艺的各个环节都有关系，并且影响因素也很多，如烧结温度过高或过低、升温太快、炉内气氛不当、原料中的水分及水解产物等都会影响气孔的存在。

陶瓷组织中的气孔可分为两类：

（1）开放型气孔　开放型气孔可从陶瓷的内部通向其表面，它的存在会造成制品中出现虹吸现象，使陶瓷的性能恶化，因此这类气孔是要力求避免的。

（2）封闭型气孔　封闭型气孔存在于陶瓷内部，可以分布在晶粒内，也可分布在晶界上，甚至玻璃相中也会有气孔。

气孔是应力集中的地方，常常是裂纹的发源处。因此气孔的存在对陶瓷的力学性能会带来不利的影响。另外，气孔的存在还会使陶瓷材料的介电损耗增大，抗电击穿强度和热导率降低，还可使光线散射而降低陶瓷的透明度。因此，除了特制的多孔陶瓷外都希望尽量降低气孔率。一般普通陶瓷的气孔率控制在 5%～10%，特种陶瓷的气孔率控制在 5% 以下。

9.2.3　陶瓷材料的性能及应用

陶瓷材料的结合键与多相的组织结构，导致其性能与金属材料及高分子材料相比有很大的差异。

1. 力学性能

1）弹性

图 9-14 所示为几种工程材料的应力-应变曲线。可以看出，陶瓷受力后会发生一定的弹性变形，但其弹性模量很大，比金属大若干倍，而比高聚物大2～4个量级，几乎是各种材料中最大的（见表 9-8）。陶瓷材料之所以弹性模量、刚度大，是因为陶瓷材料有牢固的离子键与共价键所致。

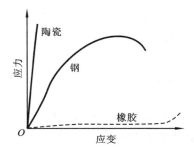

图 9-14　不同材料的应力-应变曲线

表 9-8　常见材料的弹性模量和硬度

材　　料	E/MPa	硬度(HV)
橡胶	≤1(高弹态)	很低
塑料	1380	≤17
镁合金	41,300	30～40
铝合金	72,300	≤170
钢	207,000	300～800
氧化铝	400,000	≤2400
碳化硅	390,000	≤3300
金刚石	1,140,000	6000～10,000

金属材料的弹性模量是一个极为稳定的力学性能指标,对其合金化、热处理、冷热加工均不敏感。而陶瓷材料的弹性模量不仅与结合键有关,还与组成相的种类、分布、比例及气孔率的大小有关。在气孔率 P 较小时,弹性模量随气孔率的增加成线性减小,这可用下式表达:

$$E/E_0 = 1 - KP$$

其中,E_0 为无气孔时的弹性模量;K 为常数。

此外,金属在受压与受拉条件下的弹性模量相等,而陶瓷材料受压状态下的弹性模量一般大于拉伸状态下的弹性模量。

2) 强度

陶瓷材料的键结合力强,弹性模量大,它的强度理应很高。然而,由于陶瓷的成分、组织都不单纯,内部杂质多,存在各种缺陷且有气孔(其作用相当于裂纹),致密度小,因此,其实际抗拉强度比它本身的理论强度要低得多,两者相差 2～3 个量级。例如,氧化铝的理论抗拉强度为 4×10^4 MPa,但是普通烧结氧化铝陶瓷的抗拉强度只有 172～240 MPa,约为理论值的 1/200,实际抗拉强度和理论抗拉强度的比值高达 1/50～1/3。

陶瓷材料的抗拉强度虽低,但抗弯强度较高,而抗压强度更高,如质量分数为 95% 的氧化铝陶瓷室温下的抗拉强度约为 250 MPa,而抗压强度约为 2500 MPa。这是因为陶瓷在拉应力作用下由于气孔的应力集中作用,裂纹迅速扩展,并引起脆断,所以抗拉强度低。但在压应力作用下,裂纹趋于弥合状态不易扩展,从而表现出抗压强度高。

研究表明,增大陶瓷的致密度,减少缺陷,可使强度大幅度提高。例如,热压氮化硅陶瓷在致密度增大、气孔率接近于零时,强度可接近理论值。此外,陶瓷的晶粒愈细小,强度也愈高,这些都与金属材料极为相似。

陶瓷一般还具有优于金属的高温强度,其高温抗蠕变能力强,有很强的抗氧化能力,适合作高温材料。

3）塑性

由图 9-14 可知,绝大多数陶瓷材料在室温下拉伸时,其伸长率为零,反映不出塑性。陶瓷材料之所以表现出这样的塑性,是由于塑性变形需通过滑移的方式进行,滑移又必须通过位错的运动来实现。而陶瓷晶体的滑移系很少,位错运动所需的切应力很大,所以滑移难以进行。

4）韧性

陶瓷材料室温下塑性变形困难,加之内部有气孔存在,故表现出极差的韧性,其冲击韧度 a_K 及断裂韧度 K_{IC} 都很低,如 45 钢的 $K_{IC} \approx 90$ MPa・m$^{\frac{1}{2}}$,而氮化硅陶瓷的 $K_{IC} \approx 5$ MPa・m$^{\frac{1}{2}}$。与金属对比,陶瓷材料属于脆性材料,故极易发生脆性断裂。

脆性是陶瓷材料的最大缺点,是其成为结构材料的主要障碍。研究表明,氧化物及非氧化物陶瓷可采用氧化锆来增韧。经增韧的氧化物陶瓷含有一定数量弥散分布的亚稳态氧化物,当受到外力作用时,这些氧化物发生相变而吸收能量,使裂纹的扩展减慢或终止,从而提升陶瓷的韧性。

陶瓷材料还有很高的硬度,绝大多数陶瓷的硬度在 1000～5000HV 之间,远高于金属和高聚物的硬度,如表 9-8 所示。

2．物理性能

1）热胀性、导热性和热稳定性

前已述及,多数陶瓷的膨胀系数比高聚物的低,比金属的低得多,且它的导热性也比金属的差,这一方面是因为陶瓷没有自由电子的运动,另一方面是因为陶瓷中的气孔也对传热不利,所以陶瓷多为优良的绝热材料。

热稳定性是指材料在温度急剧变化时抵抗破坏的能力,一般用材料放入水中急冷而不破裂所能承受的最高温度来表达。例如,日用陶瓷在 220 ℃仍有较好的热稳定性。热稳定性与膨胀系数、导热性和韧性有关。膨胀系数大、导热性和韧性差的材料热稳定性不好。多数陶瓷的导热性和韧性差,所以热稳定性差,尤其在急冷或急热时陶瓷内部形成较大的温度梯度,引起很大的热应力而开裂。但也有些陶瓷,例如碳化硅陶瓷等具有相对较好的热稳定性。

2）导电性和光学特性

陶瓷的电性能变化范围很大。多数陶瓷具有良好的绝缘性能,因为它们不像金属那样有自由运动的电子。还有些陶瓷,例如压电陶瓷、半导体陶瓷以及前面讲到的超导陶瓷等具有一定的导电性,随着科学技术的发展,这类陶瓷的电性能得到了全面开发。

陶瓷材料由于存在晶界、气孔,一般是不透明的。但近年来的研究表明,可将某些原来不透明的氧化物陶瓷烧结成透明陶瓷。这使得有些陶瓷不仅具有透光性,而且具有导光性、光反射性等功能,可作透明材料、红外光学材料、光传输材料、激光材料等使用。这类陶瓷称为光学陶瓷。

3）功能转变特性

有些陶瓷材料在受应力作用时可引起电极化并形成电场，即正压电效应；而有些陶瓷受电场作用时产生与电场强度成正比的应变，即逆压电效应。这些陶瓷则成为机械能与电能相互转换的材料。

3. 化学性能

陶瓷的结构非常稳定，很难再同介质中的氧起化合作用，这是由于它具有强大的离子键与共价键结合。在以离子晶体为主的陶瓷中，金属原子被氧原子所包围，屏蔽在紧密排列的氧原子间隙之中，形成稳定的化学结构，不但室温下不会氧化，甚至在高温下也不会氧化。同时，陶瓷也有较强的耐酸、碱、盐等介质腐蚀的能力，还能抵抗熔融的非铁金属（如铝、铜等）的侵蚀。但在某些情况下也会产生腐蚀，例如高温熔盐、氧化渣等会使某些陶瓷材料受到腐蚀破坏。

9.2.4　工程陶瓷简介

工程陶瓷包括结构陶瓷和功能陶瓷。结构陶瓷主要是指应用在承受载荷、耐高温、耐腐蚀、耐磨损等场合的陶瓷材料，广泛应用于机械、能源、电子、化工、石油、汽车、航空航天等领域。结构陶瓷又分为氧化物陶瓷和非氧化物陶瓷两大类。氧化物陶瓷以金属元素与氧结合而形成的化合物为主，原子间化学键主要是离子键；非氧化物陶瓷以非金属元素 B、C、N 与金属元素 Al、Si、Zr、Hf 而形成的化合物为主，原子间化学键主要是共价键。其中氧化铝、氮化硅等结构陶瓷材料在机械制造等重要工业领域中得到广泛应用。

1. 氧化铝陶瓷

氧化铝陶瓷的主要成分是 Al_2O_3 以及 SiO_2。Al_2O_3 的含量越高，性能越好。一般 Al_2O_3 的体积分数都在 95％以上，故又称为高铝陶瓷。

当氧化铝陶瓷中 Al_2O_3 的体积分数达到 95％以上时，烧结温度高，尤其当原料颗粒较粗时，烧结温度可达 1700 ℃。为了改善陶瓷的烧结性，降低烧结温度，可以添加少量 MgO、Cr_2O_3、TiO_2 等作为烧结助剂来抑制晶粒长大。烧结后的材料也称为刚玉瓷，其主晶相为刚玉相（α-Al_2O_3）。

高铝陶瓷中的玻璃相和气孔都很少，其性能特点是：硬度高（莫氏硬度 9 级），次于金刚石、立方氮化硼、碳化硼和碳化硅；耐高温，其熔点可达 2050 ℃，可在 1600 ℃下长期使用；耐酸、碱的侵蚀能力强；绝缘性好，相对介电常数为 8～10；韧性差、脆性大，不能承受温度的急剧变化。此外，高铝陶瓷泛指 99 瓷、90 瓷、85 瓷等，数值越小，表示 Al_2O_3 含量越少，同时材料的性能越差。

氧化铝陶瓷主要用来制造熔化金属的坩埚、高温热电偶、高温炉内保护套管、内燃机火花塞以及石油化工行业使用的耐腐蚀、耐磨损零件。

作为高速切削的刀具，在切削条件相同的情况下，它有着比高速钢更高的软化温度。如含钴的高速钢刀具软化至 55HRC 硬度时,其切削温度仅达 660 ℃左右,而同样在软化至 55HRC 时,氧化铝陶瓷刀具可达到 1200 ℃。这表明氧化铝陶瓷刀具的使用寿命长,或者说氧化铝陶瓷刀具比高速钢刀具所承受的切削速度要快得多。因此,这类陶瓷主要用来制造切削刀具,加工那些难以切削的材料。

2. 氮化硅陶瓷

氮化硅(Si_3N_4)为六方晶系的晶体,它具有极强的共价键,其强度随制造工艺不同有很大的差异。如热压烧结法就优于其他烧结方法,采用热压烧结的氮化硅陶瓷,其气孔率接近零,抗弯强度可高达 $800 \sim 1000$ MPa。

氮化硅陶瓷硬度高,耐磨性好,化学稳定性好;能抵抗除氢氟酸外的各种酸、碱和熔融金属的侵蚀,其抗氧化温度可达 1500 ℃;抗热冲击性好,大大高于其他陶瓷材料的抗热冲击性,是优良的高温结构陶瓷。氮化硅陶瓷主要用来制造高温轴承、燃烧室喷嘴、燃气轮机转子叶片及高温模具等。

工程上,还有一些用来制造工模具的结构陶瓷材料,如表 9-9 所示。高温工程结构陶瓷的应用如表 9-10 所示。

表 9-9　结构陶瓷的性能和应用举例

陶瓷材料	性能	应用举例
金刚石	硬度、抗压强度高,弹性模量大,耐磨性、导热性好	加工非铁金属、陶瓷、碳纤维、塑料和复合材料的切削刀具,地质钻头、石油钻头、磨轮、修整工具、拉丝模、石材加工锯片
立方氮化硼	硬度高,化学惰性、热稳定性、导热性好	高硬度淬火钢、铸铁、热喷涂层和黏性大的纯镍、镍基高温合金等难加工材料的切削刀具和磨轮
氮化硅	硬度高,韧性较好,耐热性好	刀具材料、拉拔无缝钢管的芯棒、拉丝模、焊接定位销
碳化硼	硬度高,耐磨,耐蚀,耐热	磨料、喷砂嘴
氧化铝	硬度高,耐磨,抗氧化性、化学惰性好	刀具、内燃机火花塞、高温炉零件
氧化锆	强度高,韧性较好	拉丝模、热挤模、喷嘴、铜粉和铝粉的冷挤模

表 9-10　高温结构陶瓷的应用

陶瓷材料	使用环境和要求	应用范围
氮化硅、氧化锆、碳化硅	$1200 \sim 1400$ ℃不冷却,高温强度高、抗热冲击、抗氧化、耐腐蚀	柴油机活塞、汽缸、燃气轮机叶片、喷嘴、热交换器、燃烧器
氧化铍、氧化铝、氧化锆、碳化硅、氮化硅	高于 1500 ℃,耐高温、耐冲刷、抗冲击、耐腐蚀	火箭发动机燃烧室内壁、喷嘴、鼻锥

续表

	陶瓷材料	使用环境和要求	应用范围
原子能反应堆材料	UO_2、UC、ThO_2	高于1000 ℃,耐高温,耐腐蚀	核燃料元件
	碳化硼、氧化钐	高于1000 ℃,吸收热中子截面大	吸收热中子控制棒
	氧化铍、碳化铍	高于1000 ℃,吸收热中子截面小	减速材料
冶金材料	氧化铍、氧化钍	高于1100 ℃,化学稳定性好	熔炼铀的坩埚
	六方氮化硼、氮化铝	高于1200 ℃,化学稳定性好,高纯度	制备半导体砷化镓坩埚
	氮化铝	耐化学侵蚀	第Ⅲ、Ⅴ族元素晶体生产用坩埚
	碳化硅	高温强度高,抗氧化,抗热冲击,耐腐蚀	高炉内衬、浇道
	六方氮化硼、氮化硅	抗热冲击,耐腐蚀	连续铸锭分流环
	氧化铝、六方氮化硼、氧化镁、氧化铍	3000 ℃,耐高温气流冲刷和腐蚀	磁流体发电电离气流通道
	氧化锆、硼化锆	2000~3000 ℃,高温导电性好	电极材料

9.3 复合材料

现代科学技术的发展,尤其是航空航天尖端技术的发展,对材料提出了"三高一低",即高强度、高模量、耐高温、低密度,以及耐腐蚀等多种性能要求,而已有的金属、陶瓷及高聚物材料,没有哪一种可单独全面地表现出上述优异性能。这种对材料性能的多方面要求促进了将三者联合起来,彼此扬长避短的复合材料的发展。

9.3.1 基本概念

1. 组成

利用适当的工艺方法,将两种或两种以上物理、化学性质或是组织结构不同的材料组合起来而制成的一种多相固体材料称为复合材料。

最原始的复合材料是在黏土泥浆中掺和稻草制成的土坯。后来发展的混凝土就是水泥、石子、砂子和水(添加或不添加外加剂和掺和料)的复合材料,加入钢筋后其增强效果则更好。由此可知,复合材料是多相材料,它的组成主要包括基体相和增强相。

(1) 基体相　基体相是一种连续相材料,它把改善性能的增强相材料固结成一体并起传递应力的作用。

(2) 增强相　增强相起承受应力和显示功能的作用。如玻璃钢含有两种相:其一是环氧树脂,主要起黏结作用,称为基体相或基体材料;其二是玻璃纤维,主要用来承受载荷,称为增强相或增强材料。因此,复合材料也可以说成是增强材料与基体材料经复合而成的新材料。

复合材料的最大优点是其性能比各组成材料都好。例如,第一代复合材料玻璃钢中的玻璃纤维和树脂的韧度及强度都不高,可是由它们组成的玻璃钢却有很高的强度和韧度(玻璃纤维的断裂能是 $7.5 \mathrm{~J} \cdot \mathrm{m}^{-2}$,树脂的断裂能为 $226 \mathrm{~J} \cdot \mathrm{m}^{-2}$,但玻璃钢的断裂能可达 $176 \times 10^3 \mathrm{~J} \cdot \mathrm{m}^{-2}$),而且密度很小。这说明复合材料可以改善组成材料的弱点,充分发挥它们的优点。此外,复合材料还可按照构件的结构和受力要求,设计出所需的最佳性能。例如,若使构件的纤维与所受外力一致时,便可使构件在此方向上的强度大大提高。有些复合材料还可以获得单一材料无法具备的电、声、磁等特殊的功能。

2. 分类

复合材料的分类方式有多种,且各不相同。通常根据复合材料的三要素(基体材料、增强材料的形态、复合方式)及用途可有以下几种分类方法:

(1) 按基体材料分类　按基体材料可分为金属基复合材料、陶瓷基复合材料及高聚物基复合材料等。

(2) 按增强材料的形态分类　根据增强材料的形态,可分为纤维增强、颗粒增强及层状增强复合材料。以纤维增强的复合材料,纤维的排布可以是各向同性的,也可以是各向异性的;以颗粒增强的复合材料,若粒子分布均匀,则是各向同性的;层状复合则是由不同的薄板层交替排布而得到的复合材料,它是各向异性的。图 9-15 所示为上述几种复合状态。

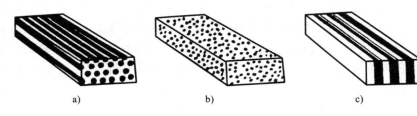

图 9-15　复合形态

a) 连续纤维复合　b) 颗粒复合　c) 层状复合

(3) 按材料的用途分类　按复合材料的用途,可分为结构复合材料和功能复合材料两大类。结构复合材料可利用其力学性能(强度、硬度、韧性等)来制造各种承力结构和零件;功能复合材料可利用其物理性能(光、电、声、热、磁性能等)制作相应元器件。例如,雷达上用的玻璃天线罩,就是一种透过电磁波的良好磁性复合材料;双金属片就是利用不同膨胀系数的金属复合在一起而制成具有热敏功能性质的材料。

部分复合材料的组成如表 9-11 所示。

表 9-11　部分复合材料的组成

增强体		金属基体	无机非金属基体				有机材料基体		
			陶瓷	玻璃	水泥	碳素材料	木材	塑料	橡胶
金属		金属基复合材料	陶瓷基复合材料	金属网嵌玻璃	钢筋水泥	—	—	金属丝增强塑料	金属丝增强橡胶
无机非金属	陶瓷 纤维 颗料	金属基超硬合金	增强陶瓷	陶瓷增强玻璃	增强水泥			陶瓷纤维增强塑料	陶瓷纤维增强橡胶
	碳素 纤维 颗粒	碳纤维增强金属	增强陶瓷	增强玻璃	增强水泥	碳纤增强碳复合材料		碳纤维增强塑料	碳纤维增强橡胶
	玻璃 纤维 颗粒				增强水泥			玻璃纤维增强塑料	玻璃纤维增强橡胶
有机材料	木材		—	—	水泥木丝板	—	—	纤维板	—
	高聚物纤维				增强水泥		塑料合板	高聚物纤维增强塑料	高聚物纤维增强塑料
	橡胶颗粒				—		橡胶合板	高聚物合金	高聚物合金

3. 性能特点

由于复合材料是多种独具特色的材料取长补短的恰当组合,因此具有许多组成材料所不及的优异性能,主要体现在以下几方面:

(1) 比强度、比模量高　复合材料的比强度与比模量比其他材料的高得多,它们不仅强度高,而且密度小,这表明复合材料具有较高的承载能力。几种金属与复合材料的性能比较如表 9-12 所示。由表可知,碳纤维增强环氧树脂复合材料的比强度为钢的 8 倍,比模量为钢的 3.5 倍。因此,将此类材料用来制造高速动载荷零件,可大大提高动载设备的效率。

表 9-12　几种金属与复合材料的性能比较

材料名称	密度 /(g·cm⁻³)	抗拉强度 /MPa	弹性模量 /×10² MPa	比强度 /×10⁶ cm	比模量 /×10⁷ cm
钢	7.80	～1030	2070	1.34	27
铝	2.70	～461	706.1	1.74	26
钛	4.50	942	1125	2.12	25
玻璃钢	2.00	1060	400	5.40	20
碳纤维/环氧树脂	1.45	1500	1400	10.50	98
硼纤维/环氧树脂	2.10	1380	2100	6.70	102
硼纤维/铝复合	2.65	981	1960	3.78	75

（2）疲劳性能好　研究表明,在循环次数相同的情况下,复合材料承受的应力比铝合金高,即疲劳性能好,尤其是碳纤维增强树脂复合材料的疲劳性能更好(碳纤维树脂复合材料的疲劳强度是其抗拉强度的 70%～80%,而金属材料的这一指标只有 40%～50%)。这是由于碳纤维自身的疲劳抗力高,环氧树脂基体的塑性好,加之增强相与基体间的界面都有效地减缓了疲劳裂纹扩展的缘故。

（3）破损安全性好　纤维增强复合材料是由大量单根纤维合成的,受载后即使有少量纤维断裂,载荷也会迅速重新分布,而由未断裂的纤维来承担,这样可使构件丧失承载能力的过程延长,即表明断裂安全性能较好。

（4）减振性能好　工程上有很多机械和设备的振动问题十分突出,如飞机、汽车等在行驶中的振动,尤其当构件所受的外载荷频率与结构的自振频率相同时,将产生共振,导致破断。纤维增强复合材料构件具有很好的减振性能,这是因为构件的自振频率除与本身的质量和形状有关外,还与材料比模量的二次方根成正比。复合材料具有高的比模量,因此也具有高的自振频率,所以可避免构件在一般工作状态下产生共振而破坏。另外,因为复合材料为多相体系,大量的界面对振动有反射吸收作用,从而使振动波在复合材料中衰减快,而表现出好的减振性能。

（5）高温性能好　树脂基复合材料耐热性要比相应的塑料有明显的提高。金属基复合材料的耐热性则更优异。例如,铝合金在 400 ℃时,其抗拉强度大幅度下降,仅为室温时的 6/100～1/10,弹性模量也几乎降为零;而用碳纤维或硼纤维增强铝,在 400 ℃时的抗拉强度和弹性模量几乎与室温下的在同一水平。

除上述特性外,复合材料的减摩性、耐蚀性也都较好,并且它的成形工艺简单,可用模具一次成形制成各种构件,故其材料利用率高。需要指出的是,复合材料制造过程中的手工操作多,因而产品质量波动较大,加之成本太高,所以目前应用有限。

9.3.2　复合材料的增强原理

1. 增强材料

高性能的增强材料是先进复合材料的关键组成部分。生产中使用最多的是增强纤维和增强粒子。

1）增强纤维

（1）玻璃纤维　将玻璃熔化成液体,然后从液体中抽出细丝(其直径大多在 3～20 μm 之间),即成玻璃纤维(其主要成分是 SiO_2 和 Al_2O_3)。它是应用最早、用量最大、价格最低的增强纤维之一。按化学成分不同它又可分为无碱玻璃纤维($w_{碱}<$ 0.8%)、中碱玻璃纤维($w_{碱}\approx12\%$)及高碱玻璃纤维($w_{碱}\geqslant15\%$)。此外还有高强度玻璃纤维,其中最常用的两种是:

①E-玻璃纤维(无碱玻璃纤维)　在 E-玻璃纤维中,$w_{SiO_2}=53.5\%$,$w_{Al_2O_3}=$ 15.3%,$w_{B_2O_3}=10\%$,$w_{CaO}=16.3\%$,$w_{MgO}=4.5\%$。其抗拉强度为 3500 MPa,弹性模量为 6.7×10^4 MPa,密度为 2.54 $g\cdot cm^{-3}$,它的电绝缘性、化学稳定性、耐湿性皆

好,是复合普通玻璃钢的增强材料。

②S-玻璃纤维(高强度玻璃纤维)　在 S-玻璃纤维中,$w_{SiO_2}=64.3\%$,$w_{Al_2O_3}=24.8\%$,$w_{MgO}=10.27\%$,$w_{Na_2O}=0.27\%$。其抗拉强度为 4600 MPa,弹性模量为 8.5×10^4 MPa,二者都较 E-玻璃纤维的高,密度为 2.48 g·cm^{-3},与 E-玻璃纤维相差不大。它主要用来复合高性能玻璃钢。

(2)碳纤维　碳纤维的成分主要是碳。目前工业上广泛采用的碳纤维是用聚丙烯腈纤维、粘胶纤维或沥青纤维在隔绝空气和水分的情况下,加热至 1300 ℃左右使之分解、碳化而制得的,若继续加热至 2000 ℃以上,还可形成石墨纤维。一般把 $w_C=92\%\sim95\%$、弹性模量在 3.44×10^5 MPa 以下,并在 1300 ℃左右热解而形成的此类纤维划归碳纤维;而把 $w_C>99\%$、弹性模量在 3.44×10^5 MPa 以上,并在 1900 ℃以上发生热解的此类纤维划归石墨纤维。几种碳纤维的性能如表 9-13 所示。

表 9-13　几种碳纤维的性能

	抗拉强度/MPa	弹性模量/MPa	直径/μm	密度/(g·cm^{-3})
低模量碳纤维	2800	2.0×10^5	6.0	1.74
高强度碳纤维	3500	2.3×10^5	7.0	1.76
高模量碳纤维	2500	3.3×10^5	7.0	1.82
石墨纤维	20,000	8.9×10^5	3.0	2.20

2)增强颗粒(粒子)

增强粒子的种类很多,如加入塑料中的填充剂木粉、石棉粉、云母粉,加入橡胶中的炭黑、二氧化硅等都有显著的增强作用,都可看成是增强粒子。

随着新材料的研制与开发,工业上应用更多的增强粒子是一些硬质颗粒,它们的直径都有严格的控制范围,且都具有硬而稳定的特性,如 Al_2O_3(熔点 2050 ℃,硬度 2370HV)、ZrO_2(熔点 2690 ℃,硬度 1410HV)、WC(熔点 2785 ℃,硬度 1730HV)、TiC(熔点 3140 ℃,硬度 2850HV)、SiC(熔点 2827 ℃,硬度 3300HV)等。此外,Si_3N_4、TiB_2 等颗粒材料也是现代复合材料常用的增强物。

2. 增强原理

(1)颗粒增强　颗粒增强是将适宜的粒子呈高度弥散分布在基体中,用以阻碍造成塑性变形的位错运动(基体是金属时)或是分子链运动(基体是高聚物时)。增强的效果与粒子的体积分数、分布、粒径及粒子间距等有关。研究表明,粒径在 $0.01\sim0.1$ μm 范围时,增强效果最好;当粒径大于 0.1 μm 时,粒子周围会引起受力状态下的应力集中,造成材料的强度降低;当粒径小于 0.01 μm 时,粒子对位错运动起的障碍作用有所减弱。

(2)纤维增强　纤维的增强作用取决于纤维与基体的性质、结合强度、纤维的体积分数以及纤维在基体中的排列方式。因此纤维增强的效果好坏必须考虑以下因素:

①使纤维尽可能多地承担外加载荷,尽量选择强度比基体高、弹性模量比基体大的纤维。因为在受力情况下,当基体与纤维应变相同时,它们所承受应力之比等于两者弹性模量之比,弹性模量大,则承载能力强。

②构件所受应力的方向要与纤维平行,才能最大限度地发挥纤维的增强作用。

③纤维与基体的结合强度必须适当,以保证基体中承受的应力能顺利地传递到纤维上去,如果两者结合强度为零,则纤维毫无作用,整个强度反而降低;如果两者结合太强,在断裂过程中就没有纤维自基体中拔出这一吸收能量的过程,以致受力增大时出现整个构件的脆性断裂。

3. 复合材料的界面结合

图 9-16 为复合材料的界面结合示意图(以图 9-15a 所示连续纤维复合体横截面上增强纤维与基体结合为例)。由图可知,复合材料的界面不是一个单纯的几何面,而是一个多层结构的过渡区,一般包括五层。此区域的结构与性质都不同于两相中的任一相,它们的性能与基体及增强材料的性质、偶联剂的品种、材料的成形方法及工艺有密切的关系。

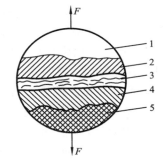

图 9-16　界面结合
1—基体层　2—基体表面层
3—相互渗透层　4—增强材料表面层
5—增强材料层

若增强材料表面多孔,则基体材料容易浸透到孔隙里增加界面面积,使结合更牢固;另外,表面的凹凸不平会产生如同螺栓、钉子那样的机械结合力,也会使界面结合牢固,提高界面强度。理论研究表明,如果增强材料与基体润湿很好,两者会形成较好的界面结合,界面强度则较大;当润湿不良时,在界面上则会产生空隙,从而造成应力集中,并导致界面开裂。

9.3.3　复合材料的应用

1. 纤维增强复合材料

工程上应用的纤维增强复合材料按其基体分为两大类,一类是树脂基,另一类是金属基。

1) 树脂基纤维复合材料

树脂基纤维复合材料的基体又分热固性与热塑性两类树脂基,它与不同的增强纤维又组成如下几种材料:

(1) 热固性玻璃钢　热固性玻璃钢是以玻璃纤维(所占体积分数为 $60\% \sim 70\%$)为增强剂和以热固性树脂为基体制成的复合材料。常用的热固性树脂为酚醛树脂、环氧树脂、不饱和聚酯树脂和有机硅树脂等四种。酚醛树脂出现最早,环氧树脂性能较好,这两种树脂应用比较普遍。

热固性玻璃钢集中了其组成材料的优点,它是一种密度小、比强度高、耐蚀性好、介电性能优越、成形性能良好的工程材料。它比铜合金和铝合金的比强度高,甚至比合金钢的还高;但它的刚度较低,只为钢的 $1/10 \sim 1/5$,耐热性不好(耐热温度低于 200 ℃),容易老化,容易蠕变。

(2) 热塑性玻璃钢　　热塑性玻璃钢是以玻璃纤维为增强剂(所占体积分数为 20%～40%)和以热塑性树脂为基体制成的复合材料。应用较多的热塑性树脂是尼龙、聚烯烃类、聚苯乙烯类、热塑性聚酯和聚碳酸酯等五种,前三种应用比较广泛。它们都具有优良的力学性能、介电性能、耐热性和抗老化性,工艺性能也好。

热塑性玻璃钢同热塑性塑料相比,基体材料相同时,强度和疲劳性能可提高 2～3 倍,冲击韧度提高 2～4 倍(脆性塑料时),蠕变抗力提高 2～5 倍,达到或超过了某些金属的强度。例如,玻璃纤维(所占体积分数为 40%)增强尼龙的强度超过了铝合金而接近于镁合金的强度,因而可以用来取代这些金属,如因玻璃纤维增强尼龙的刚度、强度和减摩性好,可用它代替非铁金属制造滑动轴承、轴承架、齿轮等。这类复合材料还可以用来制造飞机螺旋桨、发动机叶轮。

(3) 碳纤维增强塑料　　目前应用最多的碳纤维树脂基复合材料是由碳纤维与环氧树脂、酚醛树脂、聚四氟乙烯等组成的。其增强相碳纤维有着比玻璃纤维更高的强度与高得多的弹性模量,并且在 2000 ℃ 左右的高温下强度和弹性模量基本保持不变;在 -180 ℃ 以下的低温下也不变脆。这类材料比铝的密度小,比钢的强度高,比铝合金和钢的弹性模量大,疲劳强度、冲击韧度高;化学稳定性高,摩擦系数小,导热性好,受 X 射线辐照时强度和模量不变化等。可见这类材料比玻璃钢的综合性能优越,可作为火箭和人造卫星的结构材料,也是制造飞机的理想材料。

(4) 硼纤维增强塑料　　硼纤维树脂基复合材料是由硼纤维与环氧树脂、聚酰亚胺树脂等组成的。其抗压强度为碳纤维树脂复合材料的 2～2.5 倍,抗剪强度很高,蠕变小,硬度和弹性模量高。此外,还有很高的疲劳强度(达 340～390 MPa),耐辐射,对水、有机溶剂、燃料和润滑剂都很稳定。由于硼纤维是半导体,所以其复合材料的导热性和导电性很好,可用来制造直升机旋翼的转动轴。

2) 金属基纤维复合材料

金属基复合材料的基体有铝及铝合金、钛及钛合金等。一般根据金属基复合材料可能使用的温度范围进行选用,低于 400 ℃ 时,可选用铝、镁及其合金;低于 650 ℃ 时,可选用钛及钛合金;高于 1000 ℃ 时,可选用高温合金。

这类复合材料的增强纤维主要是碳纤维、硼纤维、碳化硅纤维与氧化铝纤维等(所占体积分数通常为 30%～40%)。

金属基复合材料综合了基体金属材料与增强物的优点,因而具有高的比强度、比模量、疲劳强度及良好的耐磨、耐蚀性。与树脂基复合材料相比,它在较宽的温度范围内能保持其性能的稳定,导热、导电性能好,对热冲击及表面缺陷不敏感,目前主要用来制造航天飞机、人造卫星及空间站的结构件,如飞机蒙皮、运载火箭的油箱,并在汽车、船舶、电子、医疗及体育器械等领域也有很好的应用前景。

　　3）纤维含量对热塑性复合材料性能的影响

　　研究表明,纤维含量的多少,对树脂基复合材料的性能会带来影响。表 9-14 所示为玻璃纤维含量对增强尼龙复合材料性能的影响。从表 9-14 可见,玻璃纤维体积分数分别为 30% 和 40% 时,复合材料性能无显著差别。经验证明,玻璃纤维体积分数超过 40% 时,复合材料的性能反而会降低,这是因为其含量过高,纤维磨损严重,会丧失增强作用。当纤维体积分数小于 20% 时,增强效果也较差,复合材料的抗拉强度和冲击强度明显降低。只有当纤维体积分数为 30%～40% 时,复合材料的性能才是最佳的。

表 9-14　纤维含量对玻璃纤维增强尼龙 1010 复合材料性能的影响

玻璃纤维体积分数/%	抗拉强度/MPa	抗弯强度/MPa	冲击韧度/$(J \cdot cm^{-2})$		压缩强度/MPa	马丁温度/℃	硬度(HBW)
			有缺口	无缺口			
0	50～55	78～82	0.5	>10	—	42～45	—
10	35.5	154.0	0.46	5.4	110	66	10.2
20	103	181	0.65	8.5	112	103	11
30	>135	216	0.85	9.0	133	151	12
40	>135	226	0.99	9.1	140	168	12.6

　　不同树脂的热塑性复合材料,达到最佳性能所需的玻璃纤维含量各不相同。对于聚甲醛复合材料,玻璃纤维含量一般以 20% 左右最佳;对于尼龙复合材料,玻璃纤维含量以 30% 最佳。

2. 颗粒增强复合材料

　　由陶瓷颗粒与金属结合的材料是典型的颗粒增强复合材料,由于其制取过程与陶瓷材料相似,故习惯上还把它看成是陶瓷材料的一部分,又称为金属陶瓷。材料中常用的增强粒子(尺寸一般在 0.1～50 μm 范围,颗粒越小,增强效果越好)有氧化物(如 Al_2O_3、ZrO_2、MgO、BeO 等)、碳化物(如 TiC、WC、SiC 等)、硼化物(如 TiB、ZrB_2、CrB_2 等)和氮化物(如 TiN、BN、Si_3N_4 等),它们是金属陶瓷中的“骨架”;常用的金属有钛、铬、镍、钴及其合金,它们起黏结作用,也称黏结剂。陶瓷相(所占体积分数为 20% 以上)和金属相的类型及相对量将直接影响金属陶瓷的性能。当陶瓷相含量高时可作为工具材料,当金属相含量高时可作为结构材料。

　　总的说来,此类材料具有硬度高、耐磨损、耐高温、耐腐蚀的特性,目前应用较多的是氧化物基和碳化物基金属陶瓷。

　　1）氧化物基金属陶瓷

　　应用最多的是氧化铝基金属陶瓷,常用的黏结剂为体积分数不超过 10% 的铬。其高温性能较好,表面氧化时生成 Cr_2O_3 薄膜,能和 Al_2O_3 形成固溶体,将 Al_2O_3 粉粒牢固地黏结起来;也可加入镍或铁作黏结剂,在高温下它们的氧化物都能与 Al_2O_3 形成尖晶石类型的复杂氧化物 $FeO \cdot Al_2O_3 \cdot NiO \cdot Al_2O_3$,改善陶瓷的高温性能。

氧化铝基金属陶瓷具有好的耐热性、硬度、耐磨性和热硬性(高达 1200 ℃);与纯氧化铝相比,其韧性、热稳定性和抗氧化能力得到明显改善。

为了进一步提升氧化铝基金属陶瓷的韧性和热稳定性,除了加入较多的铬、铁、镍黏结剂以外,还可加入钴、钼、钨、钛等。不过,加入金属黏结剂并不能提高强度。要提高金属陶瓷的强度,改善金属陶瓷的韧性,重要的方法是细化陶瓷的粉末和晶粒,采用先进的成形方法来提高致密度。

氧化铝基金属陶瓷目前主要用作工具材料。因它与被加工金属材料的黏着倾向小,故可提高加工精度,降低表面粗糙度,适于高速切削,能加工硬材料(如硬度高达 65HRC 的冷硬铸铁和淬火钢等)。另外,喷嘴、热拉丝模和机械密封环等也可用此类材料制造。

　　2) 碳化物基金属陶瓷

碳化物基金属陶瓷的黏结剂主要是铁族元素 Ni、Co。它们对碳化物都有一定的溶解度,能将碳化物较好地黏结起来(如 WC-Co、TiC-Ni 等)。碳化物基金属陶瓷可用作工具材料,也可用作耐热结构材料。其中,用作工具材料的此类金属陶瓷材料又称为硬质合金。它是将某些难熔的碳化物粉末(如 WC、TiC 等)和黏结剂(如钴、镍等)混合,加压成形再经烧结而成的金属陶瓷,它的硬度很高,耐磨性优良,在 800～1000 ℃仍有很好的热硬性。这类材料的硬度虽比氧化物基金属陶瓷的低,但其强度和韧度却相当高 ,适合用作切削工具、金属成形工具、矿山工具、表面耐磨零件以及某些高刚度结构件的材料。用它制造的刀具的切削速度可比高速钢刀具的高 4～7 倍,用它制造的冷模具的寿命比普通模具的高出数倍。

通常用作刀具材料的硬质合金有以下几种:

(1) 钨钴类合金　钨钴类合金以 WC 为基体,钴为黏结剂。含钴量越高,则合金的韧性越好,强度越高,但含钴量过高,使得合金的硬度和耐磨性稍有下降。钨钴类合金刀具适合加工铸铁、非铁金属等脆性材料。

(2) 钨钴钛类合金　钨钴钛类合金以 WC、TiC 为基体,钴为黏结剂。与钨钴类合金相比,其热硬性较好,强度较低,韧性较差。钨钴钛类合金刀具工作时不黏刀,适用于非合金钢和合金钢的粗、精加工。

(3) 万能硬质合金　万能硬质合金由 WC、TiC、TaC 和钴组成,它兼有上述两种硬质合金的优点。万能硬质合金刀具可用于难加工材料(如不锈钢、耐热钢和高温合金等)的粗、精加工。

(4) 钢结硬质合金　钢结硬质合金是一种新型硬质合金,它碳化物含量较少(体积分数为 30%～35%),黏结剂为各种合金钢和高速钢粉末。作为刀具,其热硬性和耐磨性比一般硬质合金的差,但比高速钢的好得多,而韧性又比一般硬质合金的好。钢结硬质合金可以像钢一样进行冷、热加工和热处理,是很有前途的工具材料。

3. 其他领域的应用概况

复合材料除在机械、航空航天领域应用之外,在以下诸方面还有着广泛的应用。

（1）电工、电子行业　研究表明，一台 600 kW 的汽轮发电机所使用的复合材料就有几十种，一些电动机的端盖、定子槽楔也都采用了复合材料。如用碳纤维增强塑料制的汽轮发电机端部线圈护环，不但强度和弹性模量能满足要求，而且减轻了重量，杜绝了漏磁现象。

此外，像熔断器管、绝缘筒、电子计算机、电视机的线路板、隔板及键盘触点，也都用上了绝缘性好的玻璃纤维增强树脂基复合材料。这不仅保证了元件的功能，还降低了制造成本。至于一些家用电器中使用的复合材料更是举不胜举。

（2）车辆制造方面　在火车、汽车上，无论是结构部位还是内部装饰，都大量使用了复合材料。如火车的机车车身，客车和货车车厢、顶篷及门、窗、卫生间等构件部分，都应用了大量的泡沫塑料夹层结构以及多层复合板；汽车的悬挂结构、中间减振环及内部构件等也都采用了复合材料。有资料表明，一辆复合材料制造的轿车车身仅重 7.3 kg，而钢制的车身为 18.1 kg，采用复合材料减轻了汽车的重量，进而大大提高了车速。

（3）造船工业方面　玻璃纤维增强树脂基复合材料密度小、强度高、耐海水腐蚀、抗微生物附着性好、吸收撞击性强以及成形的自由度大，所以应用很广，尤其是在建造扫雷艇、汽艇、气垫船、巡逻艇、登陆艇、交通艇、消防艇等方面更具优越性。此外，还可用于甲板、风斗、风帽、油箱、方向舵、仪表盘、推进器、导流帽、救生圈、驾驶室、浮鼓、蓄电池箱、气缸罩、机棚室的制造等诸多方面。

（4）建筑行业方面　建筑物主要承力结构使用的钢筋混凝土，非受力结构的屋顶、顶棚、隔墙、地板、门窗以及采光材料等，几乎全是复合材料制成的；地质勘探、矿山开采、铁路修筑、军队野营训练、自然灾害救助以及仓库所用活动房子，屋顶的半透明波纹板，内外墙用树脂基人造大理石以及多层塑料地板等等，也都是复合材料制成的。还有胶合板、水管、风管等各种各样玻璃钢制品，在建筑业上也被大量采用。

（5）化学工业方面　纤维增强复合材料具有耐酸、耐碱、耐油等优异性能，价格低、寿命长，所以广泛用于各种贮罐车来贮存和运输石油产品和酸、碱、化学药品，也用于液体食品饮料和饲料的贮存器、石油化工管道。一种直径为 1.2 m 的聚酯玻璃钢管，使用 7 年仍完好无损，而不锈钢管使用 2 年就不能用了。然而，两者价格仅相差 15%。

除上述诸方面的应用外，复合材料还在兵器工业上用来制造枪托、枪把、盔帽、弹箱等，在医学上用来制造人造骨骼、器官、假肢等，在体育运动方面用来制造滑雪板、撑杆、球拍、跳板等运动器材。

思考与练习题

9-1　解释下列术语：

(1)高分子化合物；　(2)单体；　(3)大分子链；　(4)链节；　(5)聚合度；

(6)加聚反应；　(7)缩聚反应；　(8)热塑性；　(9)热固性；　(10)老化；

(11)大分子链构象； (12)自降解高聚物。

9-2 有一聚乙烯绳(0.38 kg·m^{-1})，如果该高聚物的聚合度为 5000，试计算 3 m 长的绳子所含聚乙烯的链数。

9-3 什么是均聚合？写出聚氯乙烯的聚合反应表达式。

9-4 高聚物分子结构和分子聚集态结构的主要研究内容是什么？

9-5 试述大分子链的形态对高聚物性能的影响。

9-6 何谓高聚物的结晶度？它们对高聚物的性能有何影响？

9-7 试从分子运动的观点说明玻璃态、高弹态、黏流态有何主要区别。

9-8 为什么聚四氟乙烯具有突出的耐化学腐蚀性？

9-9 塑料的主要成分是什么？它起什么作用？常用的添加剂有哪几类？

9-10 对下列四种用途的制件选择一种最合适的高分子材料(提供的高聚物是：酚醛树脂、聚氯乙烯、聚甲基丙烯酸甲酯和尼龙)。

(1)电源插座； (2)飞机窗玻璃； (3)化工管道； (4)齿轮。

9-11 比较塑料与橡胶使用时的物理状态，工程应用上如何考虑二者的玻璃化温度？

9-12 何谓陶瓷材料？普通陶瓷与特种陶瓷有什么不同？

9-13 普通陶瓷材料的显微组织中通常有哪三种相？它们对材料的性能有何影响？

9-14 说明陶瓷材料的结合键与其性能的关系。

9-15 如何提高陶瓷材料的强度、提升陶瓷材料的韧性？

9-16 说明 SiO_2 的同素异构转变及这种转变给陶瓷性能带来的影响。

9-17 说明工程陶瓷材料的主要应用情况。

9-18 陶瓷材料的生产工艺大致包括哪几个阶段？为什么外界温度的急剧变化会导致一些陶瓷件的开裂？

9-19 指出几种不同的工程陶瓷，说明它们的大致用途。

9-20 何谓复合材料？常用复合材料的基体与增强相有哪些？它们在材料中各起什么作用？

9-21 复合材料有哪些常见的复合状态？不同的复合状态对其性能造成什么影响？

9-22 说明复合材料的性能特点并说明不同类型复合材料的增强机理。

9-23 什么是玻璃钢？说明热塑性玻璃钢与热固性玻璃钢两种复合材料的主要特点。

9-24 复合材料的界面表现出什么样的特征？如何保证界面的结合强度？

9-25 举出几个复合材料在工程上应用的实例。

9-26 比较树脂基与金属基纤维增强复合材料的性能及各自大致的应用特点。

9-27 比较氧化物基与碳化物基金属陶瓷复合材料的特点和工程应用情况。

第 10 章

机械设计中的选材与材质分析

10.1 机械设计与选材的关系

10.1.1 机械产品的设计

1. 设计过程

机械产品的设计涉及广泛的学科领域。一切现代化的、先进的设计工程,往往依赖于数学、材料科学及工程力学等知识的综合运用。如通过概率论及数理统计的应用,能计算出设计装置中零件(构件)的失效概率(失效即机件丧失规定效能的现象),从而确立设计的可靠性;通过工程断裂力学的研究方法,可以对构件内部的裂纹作出定量的控制,建立"破损安全"的设计概念;通过材料科学的检测技术和分析方法,可找到材料微观组织缺陷、加工工艺与宏观性能间的关系。由此可知,机械产品的设计过程,不仅包括结构与几何形状的设计,还包括零(构)件所用材料及工艺的设计。图10-1 为设计过程基本框图。本章重点讨论设计中的选材问题。

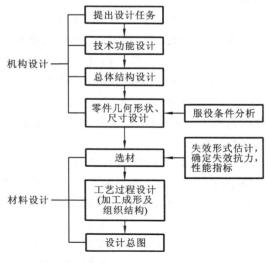

图 10-1 设计过程基本框图

就选材而言,以下三方面的设计与选材有着必然的联系:

①首次设计制造一种新装备、新产品或是新的零(构)件;

②为改善老产品的性能,需要更换原用材料;

③为降低产品的成本而调整部分零(构)件的材料。

2. 材料的制造工艺路线

当材料选定后,制造工艺过程便可决定构件的外形尺寸与内部组织结构。构件在加工处理过程中,不仅要保证其外形尺寸符合设计要求,还要控制内部组织结构满足使用工况的要求。如选用 GCr15 钢制作的量规,其加工工艺路线为:锻造→球化退火→切削加工→粗磨→淬火→低温回火→精磨→时效。

可以看出,整个加工路线中有四道机械加工工序是为保证量具外形尺寸而设定的,有四道热处理工序是以改变和稳定量具内部组织为主而设定的。GCr15 钢球化退火所获得的组织(球状珠光体)硬度较低,又为后续的机械加工提供了方便。由此可见,设计与选材是紧密相关的,因此从事机械设计的人员不仅要懂得机械装置结构的设计,还必须懂得选用合适的材料满足构件的要求,并妥善安排构件的热处理工序。

10.1.2　机械产品的失效

1. 失效的原因

正如人会衰老、死亡一样,产品也有失效、报废的时候。造成机械产品失效的原因是很复杂的,但通常与以下几方面原因有关:

(1) 设计不当　设计不当的表现之一是对构件的受力分析不精确,对载荷的性质、速度和大小计算有误,这些会导致构件过载而失效;表现之二是产品结构外形不合理,构件受力大的部位存在尖角、缺口、过渡圆弧半径过小,在这些部位容易产生较大的应力集中,从而导致早期断裂失效。

(2) 用材失误　用材者必须识材。如果设计者对所用工程材料的性能及相关改性技术缺乏基本的了解,选用了不能适应复杂工况要求的某种材料或采用了不适当的改性工艺技术,无疑会导致构件早期失效。用材失误对整体机械产品,尤其是至关人身安危的构件所造成的严重后果将是全局性的、难以估量的。

(3) 材质不良　材料本身冶金质量不良,其中存在着过多的非金属夹杂物、气孔、缩松或热加工时出现的粗大晶粒等不良组织;热处理过程中造成的氧化脱碳、硬度不均等,都会加速失效的过程。

(4) 装配、使用不当　制造良好的构件安装时,若配合不当,如啮合不好、对中不良、螺栓连接过紧或过松、铆接处的破裂、铆钉脱落等,也会引起失效;使用条件变化,如过载、过热、腐蚀、润滑不良、违章操作也都是导致构件失效的一些原因。

需要指出的是,许多机械产品的失效往往不是由某一方面的原因所造成,而可能是多种原因共同作用的结果。因此,在进行失效原因分析时常需逐一考查设计、材料、加工、安装和使用等方面的问题,排除导致失效的各种可能性,找到问题的症结。

2. 失效的主要形式

1）过量变形失效

（1）过量弹性变形失效　过量弹性变形失效是指构件的弹性变形程度超过了允许的范围而造成的失效。例如，精密切削机床的主轴出现过量弹性变形，就再无法加工出高精度的产品了；电动机转子轴发生了过量弹性变形，会引起转子与定子的相撞甚至折断。

过量弹性变形是由于构件的刚度不足，而构件的刚度，除结构因素外，还取决于材料的弹性模量。因此，要预防过量弹性变形失效，就应选择弹性模量大的材料来制造构件或增大构件的截面积。

（2）过量塑性变形失效　由于弹性变形会随外力的去除而消失，因此过量的弹性变形在形式上常表现出塑性弯曲或断裂。过量塑性变形失效，是指构件上的实际工作应力（名义工作应力*、残余应力、应力集中）超过材料屈服强度所引起的失效。如凹模因塑性变形引起型腔塌陷、型孔胀大；紧固螺栓拧得过紧或过载，会使螺栓出现塑性伸长而降低了预紧力，使得配合面松动，以致发生故障。

过量塑性变形是由构件的强度不足（塑性变形抗力太小）造成的，它可以从改变工艺、更换材料以及改进设计的角度来解决，还可通过减小工作应力来防止。

2）断裂失效

断裂是构件最严重的失效形式，往往是多种因素综合作用的结果。

（1）塑性变形失稳后断裂　塑性变形失稳后断裂是指构件在产生很大塑性变形后的断裂。在冷冲压工艺过程中常可见到这种断裂。构件所用材料的屈强比越小，断裂前的塑性变形就越大，但这是一种有先兆的断裂，比较容易防范。这种断裂的名义应力高于材料的屈服强度。

（2）低应力脆性断裂　低应力脆性断裂是指构件在单调载荷的作用下，其工作应力还远低于所用材料的屈服强度时所发生的无任何先兆（基本上不发生塑性变形）的突然脆断。为了防止此类事故的发生，必须了解构件显微组织中预先存在的内部缺陷（主要是内部的各种微裂纹）及其在受力条件下的变化规律，根据材料的断裂韧度获得发生断裂的临界裂纹尺寸及临界应力，力求避免材料中存在这样或那样的裂纹隐患。

（3）疲劳断裂　疲劳断裂是指在交变应力长期作用下，预先存在于零件中的裂纹不断扩展而产生的断裂。在交变载荷下工作的轴、齿轮、弹簧等一类构件的断裂事故中，疲劳断裂所占的比例最大。疲劳断裂常发生在应力较低且断裂前没有明显的塑性变形先兆的情况下，其断裂的后果与低应力脆性断裂的相似。

为了提高构件的疲劳寿命，可采取以下措施：①降低作用于构件危险部位的实际应力，如设计时避免零件截面尺寸陡然变化，减少表面加工缺陷及减小残余拉应力；

注　*名义工作应力是不考虑缺口及裂纹存在所计算的工作应力。

②提高材料的疲劳强度,如进行喷丸、表面热处理强化及减少材料内部的夹杂物等。

(4)表面损伤失效　表面损伤失效是指构件的表面出现尺寸变化、材料小片脱落的微区破损现象。如齿轮与齿轮、轴承与轴发生相对运动时,会出现表面磨损、局部剥落以及介质所引起的腐蚀坑等。表面损伤导致大量的构件损坏,是不可忽视的一类失效现象。为了防止构件的表面损伤,应采用强度、硬度高及耐蚀性好的材料。

几种常用零件的工作条件和失效形式如表 10-1 所示。

表 10-1　几种常用零件的工作条件和失效形式

零　件	工作条件			常见的失效形式	对材料力学性能的要求
	应力种类	载荷性质	受载状态		
紧固螺栓	拉、剪应力	静载	拉伸变形扭转变形	过量塑形变形断裂	强度高,塑性好
传动轴	弯、扭应力	交变、冲击	轴颈摩擦、振动	疲劳断裂、过量变形、轴颈磨损	综合力学性能好
传动齿轮	压、弯应力		摩擦、振动	齿部折断、磨损、疲劳断裂、接触疲劳(麻点)破坏	表面硬度大、疲劳强度高,心部强度高、韧性好
弹簧	扭、弯应力(拉、压)		振动	弹性失稳、疲劳破坏	弹性极限、屈强比大,疲劳强度高
冷作模具	复杂应力		强烈摩擦	磨损,脆断	硬度高,强度、韧性足够

10.1.3　选材的思路与程序

1. 选材的思路

(1)考虑材料的力学性能　根据零件的工作条件,分析计算或测定出对材料力学性能的要求,这是选用材料的基本出发点。零件的工作条件是复杂的,为了便于分析,可将它分为受力状态、载荷性质、工作温度、环境介质等几个方面来考虑。受力状态有拉、压、弯、扭等,载荷性质有静载、冲击、交变载荷等,工作温度可分为低温、室温、高温、交变温度,环境介质是指与零件接触的润滑剂、海水、酸、碱、盐等。

对于新设计的重要零件,还应进行失效分析,以确定其失效的主要抗力指标。根据该指标,再选择相符合的材料(各种材料的力学性能指标都可在有关材料手册中查到)和进行必要的改性处理。如分析结果表明零件是因疲劳抗力过低引起断裂失效,则应改用疲劳极限较高的材料,或热处理强化后对零件进行表面喷丸处理。

此外,当材料进行预选后,还应进行实验室试验、台架试验、装机试验、小批生产等,以进一步验证材料力学性能选择的可靠性。

(2)考虑材料的工艺性能　凡制成一个合格的零件,都要经过一系列的冷、热加工过程。因此,材料本身诸多工艺性能(第 1 章中已述及)的优劣,将直接影响产品的质量、生产效率和成本。工艺性能中重要的是切削加工性能和热处理性能(包括淬透性、变形规律、氧化脱碳倾向等)。当力学性能与工艺性能相矛盾时,就得重新考虑更换另一种力学性能合格的材料。因为材料的工艺性能不好,会延长加工时间,影响加工质量,甚至产生废品而显著增高加工费用,尤其对批量生产,影响更是突出。

(3) 考虑材料的经济性　在首先满足零件上述性能要求的前提下,选材应使产品的成本尽可能低廉。如选用普通碳钢和铸铁能满足要求的,就不要选用优质碳钢或合金钢;选用钢铁材料、非金属材料能解决问题的,就不要选用非铁金属材料。对于一些只要求表面硬度高的零件,可选用廉价钢材,然后进行表面热处理来达到。

以上所述也就是一般所谓的选材三原则。

(4) 考虑产品的轻型化、使用寿命长　某项产品或某种机械零件的优劣,不仅仅应符合工作条件的使用要求,从商品的市场占有率和用户的愿望考虑,产品还应当具有重量轻、美观、耐用等特点。这就要求在选材时,应突破传统观点的束缚,尽量采用先进科学技术成果,做到在结构设计方面有所创新,更新材料的制造工艺,注意优先考虑选用质优价廉、性能稳定的新材料,以适应现代生产的要求。

2. 选材的程序

图 10-2 表明了一般选材的大致程序。从零件的工作条件出发,找出主要损坏形

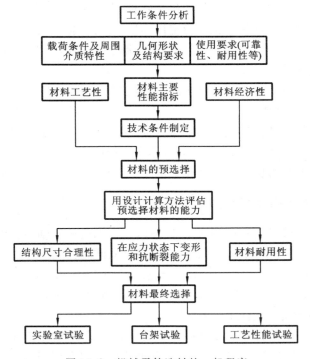

图 10-2　机械零件选材的一般程序

式,提出主要抗力指标并对零件制定必需的技术条件;然后进行材料预选、核算与试验,综合考察材料的工艺性、经济性,最终才确定合理的选材方案。这一过程要经过反复的实践才能逐步熟练完成。

10.2　选材的典型实例分析

10.2.1　工程材料的使用概况

金属材料、高分子材料、陶瓷材料及复合材料是目前最主要的工程材料。因为它们各有自己的特性,所以各有其最合适的用途。

高分子材料的强度、刚度低(弹性模量小),尺寸稳定性差,易老化,因此,在工程上目前还不能用来制造承受载荷较大的结构零件。但高分子材料密度小,摩擦系数小,减振性、耐蚀性、电绝缘性及弹性均较好,因此在机械工程中常用来制造轻载传动齿轮、轴承、紧固件、壳体件和各种密封圈等。

陶瓷材料在室温下几乎没有塑性,在外力作用下不产生塑性变形而产生脆性断裂,所以不能用来制造重要的受力构件。但陶瓷具有很好的化学稳定性和热硬性、高的硬度,因此用来制造在高温下工作的零件、切削工具和某些耐磨、耐蚀的零件等。目前,陶瓷材料在航空航天、国防尖端工业中占有重要的地位。

复合材料综合了多种不同材料的优良性能,如比强度、比模量高,疲劳、减摩、耐磨、减振性能好,并具有良好的化学稳定性等特殊性能,但其价格太高。目前,复合材料除在某些重要的结构上应用外,在一般机械制造工业中应用还有限,不过它有着广阔的应用和发展前景。

金属材料是一些工程中应用最多的材料,它具有优良的综合力学性能和某些物理、化学性能。因此金属材料广泛用来制造各种重要的机械零件和工程结构,各种机械装置中的重要零部件大都是用钢材制造的,以汽车用材的质量分数来论,钢约占65%,铸铁约占20%,非铁金属约占3%,非金属约占12%。

下面以金属材料为例介绍几类典型零件及工程构件的选材实例。

10.2.2　轴类零件的用材选择

轴类零件是机械工业中重要的基础零件之一,如机床主轴、花键轴、变速轴、内燃机曲轴、凸轮轴、汽轮机转子和丝杠等,它们带动安装在其上的零件作稳定运动,并传输动力和承受各种载荷。轴类零件的工作条件可由以下几方面来决定:①载荷的大小和转速的高低;②在滚动轴承中运转还是在滑动轴承中运转;③滑动轴承的材料及性质;④精度等级要求;⑤有无冲击载荷。

轴类零件工作时的受力情况也各有不同,如:①发动机曲轴同时承受弯曲、扭转交变负荷;②各种传动轴主要承受交变扭转负荷或有冲击;③船舶推进器的主轴同时承受弯、扭、拉、压的交变负荷;④机床主轴负荷较小,主要考虑刚度、强度及耐磨性的要求。总之,对轴类零件的受力情况和性能要求应作具体分析,不宜套用照搬。

轴类件的主要失效形式多为过度磨损或疲劳断裂。因此,一般轴类件对力学性能的要求为:①优良的综合力学性能;②耐磨性好,疲劳强度高;③在高温及腐蚀介质中工作的轴类,还要求良好的热强性、耐蚀性和耐高温磨损性能。

按轴类件工作条件的不同,对材料的选用也不尽相同。

1. MG-1432A 型外圆磨床主轴

(1) 工作条件及性能要求　图 10-3 表示了 MG-1432A 型外圆磨床主轴的形状及尺寸,它具有高的精度要求。它安装在砂轮架上由两个滑动轴承支承着,它的一端装着传动轮,另一端装着砂轮。工作时主轴传递电动机的扭矩,驱使砂轮运转来磨削工件。主轴在工作过程中作高速旋转运动,除了承受扭转、弯曲及一定的冲击载荷外,轴颈部位还会受到摩擦作用。因此,主轴一般会因磨损、变形引起精度丧失而失效,有时也会出现疲劳断裂的失效现象。所以主轴不仅要有较好的综合力学性能,还要有较高的硬度(除螺纹外的表面硬度应在 900HV 以上,心部硬度保持 230～280HBW)和较好的耐磨性(轴颈处)。此外,主轴还应有良好的尺寸稳定性,以保证在长期使用过程中的精度。

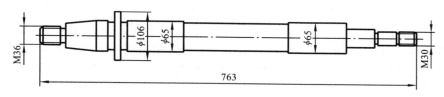

图 10-3　外圆磨床主轴

(2) 选材及工艺路线的制订　根据磨床主轴的性能要求,选用中碳合金钢经调质处理并在轴颈处进行表面淬火即可。但由于主轴还必须保持高精度,而一般热处理工艺难以保证这类主轴的精度要求,只有采用渗氮处理才最可靠。因此,该主轴的材料选择 38CrMoAlA 专用渗氮钢为好,主轴的加工工艺路线为:下料→锻造→退火→粗车→调质→精车→消除应力处理→喷砂→粗磨→渗氮→精磨(或研磨)。

(3) 热处理工艺分析　上述加工工艺路线中的各热处理工序作用分析如下:

①退火。锻造毛坯的退火主要是为了消除锻造应力,降低硬度,改善切削加工性并为调质处理作准备。退火温度应取在 900～920 ℃之间,保温 3 h,退火后的硬度应在 229HBW 以下。

②调质。调质处理是为了使主轴整体获得高的综合力学性能,也为了使主轴表面在渗氮时获得均匀的硬化层。其淬火温度为 900～930 ℃,采用油冷,回火温度为 630～670 ℃,保温 4～6 h,调质后的硬度应为 230～260HBW。

③去应力处理。去应力处理主要为消除主轴在机械加工过程中产生的内应力及调质回火过程中尚未消除的残余应力,以保证渗氮时的组织稳定和外形尺寸不变化。去应力的温度应低于回火温度 20～30 ℃。

④渗氮。渗氮是为了在获得高硬度表面层的同时使该主轴不变形。渗氮时的加热温度为 560～580 ℃,处理工艺时间较长。渗氮结束后需进行维氏硬度检验。

实践表明,普通机床(机器)的主轴工作载荷小,冲击力不大,轴颈部位磨损也不严重,整体精度要求不太高,可选用 45 钢制造,经调质或正火处理即可。

铣床的主轴受载较大并有冲击作用,磨损也较严重,一般可选用 40Cr 钢并进行调质处理,要求耐磨的部位可进行表面淬火强化。

2. 汽车半轴

汽车半轴起传递扭矩的作用,是驱动车轮转动的重要受力件,其几何形状如图 10-4 所示。

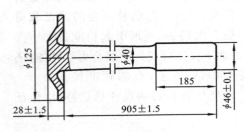

图 10-4　130 型中载汽车半轴

(1) 工作条件及性能要求　半轴在工作时承受冲击、反复弯曲疲劳和扭转应力的作用,因此要求材料有足够的抗弯强度、疲劳强度和较好的韧性。半轴还应达到下述技术条件:杆部硬度为 37～44HRC,盘部外圆硬度为 24～34HRC,并具备回火索氏体与回火托氏体组织。

(2) 选材及工艺路线制订　一般中型载重汽车的半轴选用 45 钢或 40Cr 钢。重型卡车半轴则采用性能更好的 40CrNiMoA 钢。40Cr 钢制半轴的加工工艺路线为:下料→锻造→正火→切削加工→调质→喷丸→矫直→精加工。

(3) 热处理工艺分析　该半轴加工路线中的热处理工序作用分述如下:

①正火。正火的目的是为改善毛坯的锻造组织,细化晶粒,有利于切削加工,正火后的硬度为 187～241HBW。

②调质。调质是为了获得回火索氏体与托氏体组织以使半轴具有高的综合力学性能(调质后的硬度为 37～44HRC)。

汽车的许多重要零部件(如前轴、万向联轴器等)工作条件恶劣,均要求良好的综合力学性能,故一般都选用淬透性好的调质钢。对于那些高速重荷变速轴可以采用合金调质钢经调质＋中频感应淬火处理,或采用合金渗碳钢经渗碳淬火＋回火处理来满足要求。一些在腐蚀介质表面受强烈磨损还受冲击的轴和高温下工作的轴可用耐热不锈钢制成。总之,不论是何种类型的轴,它们的选材都需经正确的受力分析后才可确定。

需要指出的是,随着机械制造业的发展,机床主轴的转速愈来愈快,尤其一些数控机床的转速已达到 10,000 r/min 甚至更高,传动的力矩愈来愈大,加工精度愈来愈高。这对主轴提出了更高的精度,更好的稳定性、耐磨性,以及抗擦伤、抗咬死等要求,导致这类主轴的用材与热处理面临更严格的选择。有资料表明,国外对于局部机床主轴所用的淬火结构钢有向高含碳量发展的趋势,如选用 50、55 钢来替代 45 钢,以提高淬火硬度;研制刚度高、耐磨性好的陶瓷主轴材料喷涂在主轴的表面,使轴更加耐磨。

10.2.3　齿轮类零件的用材选择

各种齿轮用于机械装置中功率的传递与速度的调节,因此它们在汽车、拖拉机、机床、起重机械及矿山机械等产品中不仅有着重要的作用,而且用量相当大。

1. 工作条件及性能要求

齿轮工作时,通过齿面的接触传递动力,在啮合面之间既有滚动又有滑动,而且齿根部还会受到很大的交变弯曲应力作用。当啮合的齿面相对滑动时会产生强烈的摩擦力,当啮合不均匀时还会产生冲击力,齿轮的损坏形式主要是齿面过渡磨损和齿根部折断。因此,齿轮应具有高的接触疲劳强度和弯曲疲劳强度,高的硬度和好的耐磨性,齿心部应有足够的强度和韧性。此外,还应有好的热处理工艺性能。

2. 选材及工艺路线的制订

一般说来,以磨损为主的零件,在选材时有以下两种情况:一种是受磨损较大而不受交变应力的零件,可选高碳钢经淬火及低温回火或低碳钢经渗碳、淬火与低温回火后使用;另一种是同时受磨损和交变应力作用的零件,大多选低碳钢经渗碳处理或中碳钢进行高频淬火、渗氮处理后使用。

机床、汽车和拖拉机等动力机器的齿轮属于同时受磨损和交变应力的一类零件,它们的选材依工况不同略有差异。

(1) 机器齿轮　一般机器都离不了齿轮传动机构,对于那些低速(1~6 m·s^{-1})运转、磨损较轻或不太重要的齿轮(如分度齿轮、液压泵齿轮、里程齿轮等),选用中碳钢或中碳合金钢经调质处理即可。大、中型齿轮用软调质(190~230HBW),小型齿轮可用硬调质(230~260HBW)。齿轮的加工工艺路线为:下料→锻造→正火→粗加工→调质→齿形加工→磨削。

对于某些受力不大、无冲击、润滑不良的低速运转齿轮,可选用非调质钢,还可选用高强度灰铸铁或球墨铸铁,这样既满足了使用性能和工艺性能要求,又降低了制造成本。

(2) 机床齿轮　机床齿轮承担着传递动力,改变运动速度和运动方向的任务,但机床齿轮相对汽车、拖拉机齿轮而言,其工作负荷不太大,中速(6~10 m·s^{-1})运转较平稳,因此常选用 45 钢或 40Cr 钢制造,其加工工艺路线为:下料→锻造→正火→粗加工→调质→精加工→感应加热淬火及低温回火(硬度达 52~56HRC)→精磨。

制造低速重载齿轮(如起重机、运输机、采矿机齿轮等),可选用 20CrMo、20CrMnTi 钢进行渗碳处理;制造高速运转齿轮(如鼓风机、涡轮机齿轮等),可选用 12Cr2Ni4、12CrN3 钢进行渗碳处理;制造大尺寸重载、受冲击作用的齿轮(如轧钢机的减速齿轮、挖掘机的传动齿轮等),可选用 20CrNi2Mo、20Cr2Mn2Mo 钢进行渗碳处理。

（3）汽车、拖拉机齿轮　汽车、拖拉机齿轮受力较大，高速（10～15 m·s⁻¹）运转且频繁受冲击作用，其耐磨性、疲劳强度、心部强度以及冲击韧度等要求均比机床齿轮的高，一般，用调质钢高频淬火不能满足要求，应选用低碳钢进行渗碳处理来制造，我国应用最多的是合金渗碳钢20Cr或20CrMnTi，并经渗碳、淬火和低温回火处理。渗碳会使表面含碳量大大提高，以保证经淬火后的齿轮硬度高、耐磨性好和接触疲劳抗力大。由于合金元素能提升淬透性，故淬火、回火后齿轮心部可获得较高的强度和足够的冲击韧度。为了让齿轮有更好的耐用性，渗碳、淬火、回火后，还可采用喷丸处理来增大齿部表层压应力。渗碳齿轮的加工工艺路线为：下料→锻造→正火→切削加工→渗碳→淬火及低温回火→喷丸→磨削加工。

关于以上路线中热处理工序的作用，可参考轴类零件及第 5 章有关内容予以分析。

10.2.4　发动机主要构件的用材选择

发动机连杆通过四只连杆螺栓及一只活塞销连接在活塞与曲轴之间，如图 10-5 所示。它将汽缸内高温燃气的爆发压力传递给曲轴，驱使曲轴转动。

1. 连杆

（1）连杆及连杆螺栓的工作条件及性能要求　连杆工作时除了受到汽缸内燃气很大的爆发力之外，还承受着往复惯性力和旋转惯性力作用，处于很复杂的受力状态，有交变拉压应力、纵向弯曲应力和冲击力。这些应力都均匀地分布在连杆的整个截面上。在这些应力作用下，连杆的损坏形式主要是疲劳断裂且常发生在三个高应力区，即杆部中间、小头和杆部过渡区、大头和杆部过渡区，某发动机连杆的外形简图如图 10-6 所示，图中 A 面为硬度测定部位。

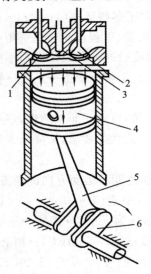

图 10-5　曲轴、连杆、活塞系统
1—排气门　2—进气门
3—喷油嘴　4—活塞
5—连杆　6—曲轴

连杆的受力及失效状况，决定了它必须在其整个截面上都应具有良好的综合力学性能，不但要求有较高的抗拉强度和疲劳强度，而且还要有较高的冲击韧度。其力学性能应达到硬度 229～285HBW，$R_{eL} \geqslant 600$ MPa，$R_m \geqslant 760$ MPa，$A \geqslant 11\%$，$Z \geqslant 40\%$，$a_K \geqslant 60$ J·cm⁻²。

连杆螺栓是一种重要紧固连接件。工作时它要承受冲击性的周期交变拉应力和装配预应力的作用。发动机运转中，它一旦破断就会引起严重事故。因此要求它有足够的强度、冲击韧度和疲劳抗力，其硬度要求为 30～38HRC。连杆螺栓外形如图 10-7 所示，图中 A 面为硬度测定部位。

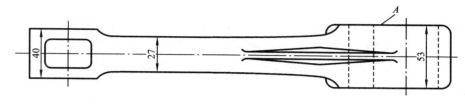

图 10-6　连杆

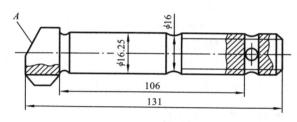

图 10-7　连杆螺栓

（2）选材及工艺路线制订　在汽车、拖拉机制造业中,对于这两个零件的选材已有成熟的经验了。实践表明,可选作连杆的材料较多,如 45、40Cr、40CrNi、40MnB钢等。综合比较各钢种的力学性能、工艺性能与经济性,认为 40Cr 钢能达到各项技术指标要求,是制造连杆较为理想的材料。连杆件的一般加工工艺路线为:下料→模锻成形→正火→粗加工(切削)→调质→精加工。

有关热处理工序的作用也可参考轴类零件进行分析。

连杆螺栓通常也是选用 40Cr 钢,经调质工艺处理即可满足使用要求,其加工工艺路线与连杆相仿。

2. 活塞

从图 10-5 中可知,活塞承受内燃机的气体压力,并把压力通过连杆和曲轴传递出去,从而实现把热能转变为机械能的过程。因为活塞是在高温、高压、交变负荷及无液体润滑这些极其苛刻的条件下工作的,所以要求制造活塞的材料必须密度小并具有好的耐磨性、导热性、耐蚀性及耐热性,另外还要求活塞材料的线胀系数接近于汽缸的线胀系数。因此,生产上常选用 ZL109 及 ZL110 等铝合金制造活塞,以满足各项性能的要求。

10.2.5　壳体类零件的用材选择

各种机械的支架、箱体和外壳等,是构成各种机械设备的骨架,其重量一般占整个机械重量的一半或者更多。这些构件选材得当与否,对整个机械的使用性能、工艺性能以及整体成本影响极大,而且也在不同程度上影响整机的构形、外观、色彩和重量,所以对这类构件的选材也不应忽视。

壳体件的结构特点是外形尺寸大,板壁薄,多承受较大的压应力或交变拉压应力。从这类构件的结构特点和受力条件及实践表明,它的失效形式多为过量变形,然而为了保证精密机床和机械仪器设备壳体的精度,对于壳体,过量弹性变形也是不允许的。因此,为满足上述要求,提高壳体类零件的刚度和稳定性是必要的。通过改变零件的结构,选择弹性模量较大的工程材料来制造壳体类零件常常是满足要求的主要途径。

在常用的工程材料中,陶瓷的弹性模量最大,其次是钢和铸铁,而高分子合成材料的弹性模量最小。在以提高构件刚度为主的机械设计中,应选用弹性模量大的陶瓷、钢和铸铁等为材料。但由于陶瓷太脆,工程上使用时很不安全;而铸铁弹性模量大,价格低,铸造及切削工艺性能又很好,还有较好的减振、耐磨、自润滑等优点,故被广泛采用。如果要求构件重量轻、美观、大方,则可采用铝合金制造;如果还要求耐腐蚀、美观大方、绝缘绝热时,塑料则是比较适合的选材对象。

10.2.6　汽车及动力装置的用材选择

汽车及常用动力装置的部分零、部件选材情况归纳于表 10-2 至表 10-4 之中。

表 10-2　汽车底盘零、部件用材概况

代表性零部件	材　料	所要求的性能	主要失效形式	热处理及其他
纵梁、横梁、传动轴、保险柜、钢圈等	钢板 25、Q345D 等	强度、刚度、韧度	弯曲、扭斜变形、铆钉松动、断裂	要求用冲压工艺性能好的优质钢板
前轴转向臂(羊角)、半轴等	调质钢 45、40Cr、40MnB	强度、韧度、疲劳强度	弯曲变形、扭转变形、断裂	模锻成形、调质处理、圆角滚压、无损探伤
变速箱齿轮、后轴齿轮等	渗碳钢 20CrMnTi、30CrMnTi、20MnTiB、18Cr2Ni4WA 等	强度、耐磨性、接触疲劳强度及断裂韧度	麻点、剥落、齿面过量磨损、变形、断齿	渗碳(渗碳层深度0.8 mm 以上)淬火、回火,表面硬度 58~62HRC
变速器壳体、离合器壳体	灰铸铁 HT200	刚度、尺寸稳定性、强度	产生裂纹、轴承孔磨损	去应力退火
后轴壳体等	可锻铸铁 KT350-10、球墨铸铁 QT400-15	刚度、尺寸稳定性、强度	弯曲、断裂	后轴还可用优质钢板冲压后焊成或用铸钢
钢板弹簧等	弹簧钢 65Mn、50CrVA、60Si2Mn、55SiMnVB	疲劳强度、冲击韧度、耐蚀性	折断、弹性减退、弯度减小	淬火、中温回火、喷丸强化

续表

代表性零部件	材　　料	所要求的性能	主要失效形式	热处理及其他
驾驶室、车箱、罩等	钢板 08、20	刚度、尺寸稳定性	变形、开裂	冲压成形
分泵活塞、油管	铝合金、紫铜	耐磨性、强度	磨损、开裂	按合金类型进行热处理

表 10-3　发动机零、部件用材概况

代表性零部件	材　　料	所要求的性能	主要失效形式	热处理及其他
缸体、缸盖、飞轮	灰铸铁 HT200	刚度、强度、尺寸稳定性	产生裂纹、孔臂磨损、挠曲变形	不处理或去应力退火，也可用 ZL104 铝合金做缸体缸盖，固溶热处理后时效
缸套、排气门座等	合金铸铁	耐磨性、耐热性	过量磨损	铸造状态
曲轴等	球墨铸铁 QT600-3	刚度、强度、耐磨性、疲劳强度	过量磨损、断裂	表面淬火、圆角滚压、渗氮，也可以用锻钢件
活塞销等	渗碳钢 20、20Cr、20CrMnTi、18Cr2Ni4WA	强度、冲击韧度、耐磨性	磨损、变形、断裂	渗碳、淬火、回火
连杆、连杆螺栓、曲轴等	调质钢 45、40Cr、40MnB	强度、疲劳强度、冲击韧度	过量变形、断裂	调质、探伤
各种轴承、轴瓦	轴承钢和轴承合金	耐磨性、疲劳强度	磨损、剥落、烧蚀破裂	滚动轴承需淬火、回火，轴承合金为铸造状态
排气门	耐热阀门钢 42Cr9Si2、40Cr10SiMo	耐热性、耐磨性	起槽、变宽、氧化烧蚀	淬火、回火
气门弹簧	弹簧钢 50CrVA、65Mn	疲劳强度	变形、断裂	淬火、中温回火
活塞	非铁金属，如高硅铝合金 ZL109、ZL110	耐热强度	烧蚀、变形、断裂	固溶热处理及时效处理
支架、盖、罩、挡板、油箱底、壳等	钢板 Q215A、08、20、Q345C	刚度、强度	变形	不热处理

表 10-4　锅炉和汽轮机主要零、部件的用材概况

零部件名称	失效形式	工作温度/℃	用材情况
水冷壁管	爆管(蠕变、持久断裂或过度塑性变形)、热腐蚀疲劳	<450	低碳钢管,如 20A
过热器管		<550	铁素体型耐热钢,如 06Cr13Al
		>580	马氏体型耐热钢,如 40Cr10Si2Mo
蒸汽导管		<510	铁素体型耐热钢,如 06Cr13Al
		>540	马氏体型耐热钢,如 15Cr12WMoV
汽包	—	<380	Q345C 等低合金高强度结构钢
吹灰器	—	短时达 800~1000	马氏体型耐热钢 12Cr13、奥氏体型耐热钢 06Cr18Ni10Ti
固定、支撑零件(吊架、定位板等)	—	长时达 700~1 000	40Cr10Si2Mo、22Cr20Mn9Ni2Si2N、16Cr25Ni20Si2
汽轮机叶片	—	<480 的后级叶片	马氏体型不锈钢 12Cr13、20Cr13
汽轮机叶片	疲劳断裂、应力腐蚀开裂	<540 前级叶片	14Cr11MoV
		<580 前级叶片	15Cr12WMoV
转子	疲劳断裂或应力腐蚀开裂、叶轮变形	<480	35CrMo
		<520	18Cr2Ni4WA(焊接转子)、30CrMnSi(整体转子)
		<400	40CrNi(大型整体转子)、40CrNiMoVA(大型整体转子)
紧固零件(螺栓、螺母等)	螺栓断裂、应力松弛	<400	45
		<430	35SiMn
		<480	35CrMo
		<510	25Cr2MoVA(高淬透性渗碳钢)

10.2.7　建筑工程的用材选择

任一建筑工程所使用的材料都不是单一的,可以说它包含了本书所介绍的工程材料的各种类别,下面介绍一般建筑业用量很大的钢筋与钢丝。

1. 钢筋

作为钢筋混凝土骨架的用钢称为钢筋。钢筋配制在混凝土中主要承受拉伸弯曲力,故钢筋必须具有较高的屈服强度和抗拉强度;为了满足构件尺寸和形状的要求,钢筋在施工过程中必须进行焊接及冷弯加工,故还要求钢筋有良好的焊接性能及冷弯性能。

　　钢筋按其外形分为光圆钢筋、带肋钢筋。光圆钢筋的截面呈圆形,带肋钢筋是圆形截面上带有肋,分纵肋、横肋、月牙肋等。这两种钢筋的规格均用直径(mm)表示。

　　按生产加工方法的不同,钢筋分为热轧钢筋、热处理钢筋、预应力钢筋等,工程上使用最多的是热轧钢筋。

　　热轧光圆钢筋(hot rolled plain bars)和热轧带肋钢筋(hot rolled ribbed bars)的牌号分别由其英文缩写 HPB 和 HRB 加屈服强度特征值(单位 MPa)构成,如 HPB235,HRB500;如带肋钢筋是细晶粒热轧钢筋,还在英文缩写后加表示"细"(fine)的英文字符"F",即 HRBF500。

　　根据 GB/T 1499.1—2008、GB/T 1499.2—2007,将热轧钢筋的化学成分和力学性能列于表 10-5 中。钢筋还要进行冷弯试验。对于光圆钢筋,弯芯直径应与钢筋公称直径相等;对于带肋钢筋,弯芯直径为钢筋公称直径的 3~8 倍。

表 10-5　热轧钢筋的化学成分和力学性能

类型	牌号	化学成分(质量分数)/%						力学性能,不小于			
		C	Si	Mn	P	S	碳当量*	R_{eL}/MPa	R_m/MPa	A/%	A_{gt}**/%
光圆钢筋	HPB235	0.22	0.30	0.65	0.50		—	235	370	25.0	10.0
	HPB300	0.25	0.55	1.50				300	420		
带肋钢筋	HRB335 HRBF335	0.25	0.80	1.60	0.045	0.045	0.52	355	455	17	7.5
	HRB400 HRBF400						0.54	400	540	16	
	HRB500 HRBF500						0.55	500	630	15	

　　注　*碳当量计算公式为:碳当量=C+Mn/6+(Cr+V+Mo)/5+(Cu+N)/15。

　　　　** A_{gt}表示最大力总伸长率。

2. 钢丝

　　钢丝俗称铁丝,材质属低碳亚共析钢,分镀锌的和不镀锌的两种。不镀锌的钢丝又有表面不经过热处理而保持冷拔光亮表面的叫冷拔钢丝(或光面钢丝)。这种钢丝主要用来制造圆钉、螺钉等,也可用来配制预应力钢筋混凝土。经退火处理后的不镀锌钢丝俗称黑铁丝,主要用作镀锌钢丝或制造其他制品。镀锌钢丝具有耐大气及水腐蚀的能力,常用作塔架的拉线,用来绑扎钢筋和脚手架等。这类钢丝主要选择 Q215、Q235 碳素结构钢冷拉制成。

　　若将这种低碳钢丝加工成短纤维,用来拌制钢纤维砂浆或混凝土,将会是良好的抗震、抗爆材料,对军事工程有重要的使用价值;若再经聚合物浸渍处理,就构成了性能优异的新型复合材料,是水利大坝工程中理想的耐冲击、耐磨损、耐空气腐蚀材料。

　　此外还有用于电报、电话、有线广播等架空通信用的镀锌钢丝,这类钢丝对材料的电阻系数、耐蚀性有严格的要求,且对材料中的含铜量也有一定的限制。

根据国家标准 GB 346—84,镀锌低碳钢丝按锌层的表面状态分为经钝化处理(钝化处理代号为 DH)的和未经钝化处理的两类(钝化处理就是将镀锌层表面浸入铬酸、硫酸和硝酸的混合液中,使锌层表面形成钝化保护膜);按钢丝用钢的含铜量分为普通的($w_{Cu} < 0.2\%$)和含铜的($w_{Cu} = 0.2\% \sim 0.4\%$),含铜钢代号为"(Cu)";按锌层重量,分为 I 组(钢丝直径为 $1.2 \sim 6.0$ mm 时,对应的锌层重量为 $120 \sim 245$ g·m^{-2})和 II 组(钢丝直径为 $1.5 \sim 6.0$ mm 时,对应的锌层重量为 $230 \sim 290$ g·m^{-2})。例如,2.5-DH-I-GB 346—84 的意义为直径为 2.5 mm 的普通钢经钝化处理的 I 类镀锌低碳钢丝(锌层重量为 210 g·m^{-2}),3-(Cu)-II-GB 346—84 的意义为直径为 3.0 mm 的含铜钢未经钝化处理的 II 类镀锌低碳钢丝(锌层重量为 275 g·m^{-2})。

据报道,国内一些商家已将镀锌改为镀稀土铝合金复合材料,这种钢丝称为稀土铝合金外镀层钢丝。目前,这种新型钢丝已远销海外。

10.3　工程构件失效案例

当一些品质不良的构件用于机械装备、船舶、桥梁、道路、房屋等的建造时,它们当中就潜伏着早期失效的隐患。事实证明,许多后来发生的事故就与材料失效有直接关系。

10.3.1　大型工程的失效

机械装备、工程构件一旦发生早期失效事故,将造成不同程度的损失,有些事故甚至是灾难性的。它不仅会造成巨额的经济损失,还会造成人员的伤亡、环境的污染以及无法挽回的政治影响。

例如 2000 年,法国协和号飞机在戴高乐机场跑道上滑行时,跑道上的金属薄片(据悉该薄片是另一飞机上掉下的)划破了轮胎,致使飞机滑到了跑道外,造成机毁人亡的惨剧。又如 2000 年前后,我国四川境内曾发生了两起断桥事故。其中一座桥仅使用几年就垮塌,当场死亡了数十人。事后的研究分析表明,该桥建造时,确实采用了不符合国家质量标准的劣质钢材。另一座仅用了十年的桥轰然断为三截,致使当时正在桥上行驶的一辆大客车、一辆中型客车和一辆三轮车坠入江中,桥下一艘正在航行的运沙船也被从天而降的混凝土构件砸毁,有资料表明当时修建该桥花费人民币约为 1300 万元。

以上事故足以说明工程构件早期失效的危害性和残酷性。

10.3.2　机械零件的失效

一些机械设备和装置中的金属零部件如果失效,后果虽然没有大型工程的失效那么严重,但也会造成一定的经济损失并耽误工作。下面讲述的就是一起由选材不正确所引起的零件失效,继而造成损失的案例。

(1) 事故概述　某市长途客运公司一辆大型客运汽车投入运行约一年后进行大修,更换了发动机的四配套(缸套、活塞、活塞环、活塞销)。继续投入运行后不到一个月的时间内,汽车发动机频繁发生故障。经检查发现,其中两次较严重的故障均为汽车发动机活塞销碎裂,活塞掉块,致使汽缸严重受损,发动机不能正常工作。

故障发生后,长途客运公司向当地人民法院起诉了活塞与活塞销的销售方。于是,法院委托相关部门对破损的零件进行失效原因分析。

(2) 检查过程与结果　分析部门将送检的破损零件和用于对比分析的零件是:①故障活塞销1(已碎裂为三块);②故障活塞销2(已碎裂为数块);③对比分析用活塞销;④故障活塞1(已发生掉块);⑤故障活塞2(已碎裂并严重变形);⑥对比分析用活塞。

两个故障活塞和两个故障活塞销系修理厂为该汽车大修更换过的零件,均是从该市搬运公司的商店购买的(由丹东某内燃机配件总厂制造);对比分析用活塞和活塞销是山东某活塞厂的产品。

活塞外观检查:两个故障活塞内腔均无厂家模具号标志,而对比分析用活塞内腔有厂家模具号标志;两个故障活塞裙部外圆的车削刀痕均宽于对比分析用活塞裙部外圆同处的刀痕。

活塞销显微组织观察:发现两个故障活塞销均未进行渗碳处理,表面与心部显微组织相同,表面平均硬度为21.5HRC;对比分析用活塞销表面有层深为0.8~1.0mm的渗碳层,且表面硬度为61.5HRC。

活塞销化学成分测定:两个故障活塞销所用材料相当于25钢或30钢;对比分析用活塞销所用材料相当于20Cr钢。

(3) 检测结果分析　检测结果表明,两个故障活塞销质量明显不如对比分析用活塞销质量好。按国家标准GB/T 25361.1—2010规定,此类活塞销材料应采用20、15Cr、20Cr钢等进行渗碳处理,最后进行精加工使其具有较低的表面粗糙度。然而,故障活塞销的制造厂家采用了较高含碳量的钢,并未进行渗碳处理,结果其硬度过低。

对于碳钢和低合金钢,材料硬度与强度之间存在一定的正比关系。材料硬度低,强度就低,对应的疲劳强度也较低。同时,材料强度低,零件在外应力作用下容易变形。因此,在发动机运行过程中,质量不合格的活塞销内壁首先产生较大变形,以致在其与运动方向一致的直径两端产生较大的张应力,随之在交变应力的反复作用下,在其内表面应力集中部位形成微裂纹,进而以疲劳方式迅速向外表面扩展,最终导致活塞销碎裂并引起活塞掉块、破断和严重变形,结果使汽缸大面积受损,发动机不能正常工作而失效。

(4) 结论　①大型客运汽车发动机故障是由活塞销疲劳断裂引起的;②大型客运汽车发动机所配活塞销系非正规生产厂家制造,所选材料不合理且热处理工艺不规范,未执行国家标准是造成事故的直接原因。

　　活塞销在工作中承受着交变载荷,其表面应力最大,疲劳裂纹最易在表面形成。对表面进行强化处理(如渗碳、渗氮等),能使零件表面产生残余压应力,阻止疲劳裂纹早期出现。

　　这一案例表明:尽管零件失效原因是多方面的,但如果能严格控制所用材料的品质,势必可减少一份失效的可能性,而增加一份使用的安全性。通常,控制材料质量最简便、最实用的方法之一是显微分析法。

10.4　显微分析仪器和试样

10.4.1　金相显微镜

　　显微分析法就是利用显微镜研究材料的正常组织及内部缺陷的方法,光学金相显微镜是研究材料显微组织及缺陷的最基本、最重要的工具之一。按其外形及功能不同,金相显微镜可分为台式、立式和卧式三大类,但各类的结构系统及成像原理大体相似。图10-8所示为普通台式金相显微镜。

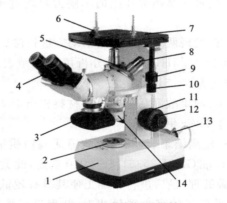

图 10-8　光学金相显微镜

1—底座　2—孔径光阑　3—相机　4—双筒目镜组　5—转换器　6—试样压片组　7—载物台　8—物镜
9—纵动载物台手轮　10—横动载物台手轮　11—粗动调焦手轮　12—微动调焦手轮　13—灯座　14—视场光阑

1. 金相显微镜的成像原理

　　显微镜的成像是依靠两组透镜组合放大而实现的。与试样接近的一组透镜称为物镜,与人眼接近的一组透镜称为目镜。如图10-9所示,根据凸透镜的成像原理,被观察的显微组织样品 AB 置于物镜一倍焦距与二倍焦距之间(图中 F_1 为物镜的焦点),于是,在物镜另一侧形成一个倒立放大的实像 $A'B'$,且 $A'B'$ 按光学设计要求正好位于目镜前一倍焦距以内(图中 F_2' 为目镜的焦点),于是,人眼可在 250 mm 明视距离处看到一个经目镜再次放大的虚像 $A''B''$。由于这个最后见到的虚像是经过了物镜与目镜两次放大后所得到的,故显微镜的总放大倍数 M 应为物镜放大倍数 $M_物$

与目镜放大倍数 $M_目$ 的乘积，即

$$M = M_物 \cdot M_目$$

放大倍数通常以数字加"×"号表示，如"300×"。

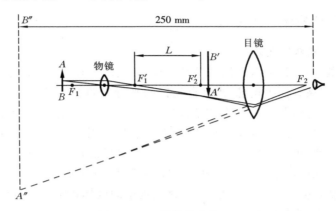

图 10-9　显微镜的成像原理

2. 金相显微镜的结构

1）光学系统

光学系统中的主要构件是物镜和目镜，其作用是将被观察材料的显微组织放大成清晰可辨的图像，以供鉴别及分析研究。

物镜是决定成像质量优劣的主要光学元件。根据其透镜的组合及像差的校正程度，常用的物镜分消色差物镜、平面消色差物镜、复消色差物镜、平面复消色差物镜等几种类型。其中，平面复消色差物镜成像清晰，能保证整个观察视域平坦，是质量最好的一种。

目镜的主要作用是将物镜放大的实像进行二次放大。常用目镜分为普通目镜、补偿目镜、测微目镜与照相目镜等等，使用中要注意物镜与目镜合理的配合，以保证最佳成像的效果。

2）照明系统

由于金相显微镜不同于生物显微镜，它必须依靠附加的外光源才能进行工作，故其照明系统由照明源、孔径光阑、视场光阑、滤色镜等组成。台式金相显微镜的照明源多采用 6 V、15 W 白炽灯。立式及卧式金相显微镜多采用卤素灯及内充高压氙气的氙灯。

3）机械系统

（1）底座　底座起着支撑整个镜体的作用。

（2）载物台　载物台用于放置被观察的试样。它可在 X、Y 方向上移动一定距离，以选择样品上的合适部位进行观察。

（3）调焦手轮　调焦手轮用于聚焦时调节物镜与试样表面的距离，以得到最清晰的图像。

（4）物镜转换器　物镜转换器用来更换不同倍数的物镜,以便观察中随时可调整显微镜的总放大倍数。

10.4.2　显微分析试样的制备

1. 显微分析试样的要求

用金相显微镜观察、分析金属的显微组织,必须制备有代表性的金相试样。如果试样未经制备,则观察面很粗糙,当来自物镜的平行光照在试样上时,就会形成漫反射,光无法再进入物镜并转到目镜,以致在目镜中看不到显微组织;若试样观察面呈光滑的镜面,当平行光照在试样上时,则又会形成按入射方向的反射,在目镜中只能观察到白亮的一片,也看不到显微特征;只有试样的观察面出现显微范围内的凸凹不平时,经平行光照射后,才能产生出强弱不同的反射,同时能在显微镜下观察到试样上黑白不同的显微组织特征。因此,用于显微观察的试样一定要经过特殊的制备。

2. 显微分析试样的制备

（1）取样　根据分析目的或国家制定的标准,在待检构件或材料上有代表性的部位切取一小块试样,其尺寸可视手工及机械操作的方便与要求而定。若被分析的对象尺寸过小,或是形状极不规则,则还需进行适当的镶嵌,如图 10-10 所示。

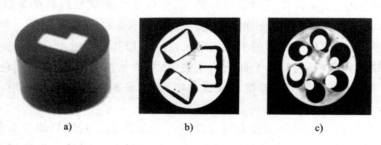

a)　　　　　　　b)　　　　　　　c)

图 10-10　被镶嵌的试样
a)手工磨样　c)、b)机械磨样

（2）磨光与抛光　磨光的目的是为了获得平整的观察面,并消除或减小取样时在观察面上产生的变形层。磨光又分粗磨与细磨,其采用的磨料(通常是 SiC 金相砂纸)有粗细之分,操作时应遵循先粗砂纸后细砂纸的原则。

抛光的目的是消除试样磨面上经细磨后留下的微细磨痕,以便获得既无磨痕又无变形层的观察面,所以,它是更精细的研磨,通常在专用的抛光设备上进行。常用的抛光方法有机械抛光法,对于有特殊要求的试样还可采用电解抛光法、化学抛光法等。

（3）组织显示　组织显示就是将抛光后的试样经酸、碱、盐溶液的适当浸蚀,以使显微组织能真实地、充分地反映出来,便于在显微镜下观察。

具备上述基本知识后,便可进行以下实验。

10.5 铁碳合金平衡组织鉴别实验

1. 实验目的

①识别碳钢、白口铸铁平衡状态下的显微组织特征及其相与组织组成物的分布规律。

②明确化学成分与组织变化间的关系，加深对 Fe-Fe₃C 相图的理解。

③识别片墨铸铁、球墨铸铁及可锻铸铁的石墨形态与基体组织。

④了解金相试样的制备过程及金相显微镜的使用。

2. 实验说明

认识铁碳合金的平衡组织是分析鉴别钢铁材料质量及性能的基础。第 4 章已指出，所谓平衡组织是指铁碳合金以极为缓慢的冷却速度冷至室温所得到的组织。在一般工业生产及实验条件下，经退火的碳钢组织可以看成是平衡组织。

由 Fe-Fe₃C 相图（见图 4-7）可以看出，铁碳合金的室温平衡组织组成物有铁素体、渗碳体、珠光体、莱氏体，而组成相主要是铁素体、渗碳体（含 Fe₃C_I、Fe₃C_II、Fe₃C_III、Fe₃C_共晶、Fe₃C_共析 等五种）两个基本相。对于含碳量不同的铁碳合金，由于铁素体和渗碳体的析出条件、质量分数、形态与分布都不同，从而使其经 4%（质量分数）的硝酸酒精溶液浸蚀后，在显微镜下表现出不同的显微形貌。

1）碳钢及白口铸铁中的基本相及组成物的显微形貌

（1）铁素体　在亚共析钢的成分范围内，含碳量较低时铁素体呈白色的块状，若 $w_C \approx 0.6\%$，则铁素体会由白色块状变成白色的断续粗网状。

（2）渗碳体　一次渗碳体呈白色条带状分布在莱氏体之间；二次渗碳体是从奥氏体晶界上析出的，当奥氏体转变成珠光体后，二次渗碳体便呈白色（或黑色）连续网状分布在珠光体的边界上；三次渗碳体分布在铁素体的晶界上，但因其量少、极分散，一般看不到。

由上可知，铁素体和渗碳体经 4%（质量分数）的硝酸酒精溶液浸蚀后都呈白色。若用苦味酸钠热浸蚀，渗碳体会变成黑褐色，铁素体仍呈白色。这样就可以区分铁素体和渗碳体。

（3）珠光体　在珠光体中铁素体和渗碳体都为片层状，因两者的边界易腐蚀，在显微镜分辨率较低的情况下，看到的只是较密的黑条与白条相间排布的形貌（称层状珠光体），若放大倍率较低，条间分不清楚，珠光体就表现为黑色的块状。

（4）莱氏体　室温下，莱氏体是珠光体和渗碳体的机械混合物，渗碳体含 Fe₃C_共晶 及 Fe₃C_II，两者没有边界，连成一体，呈白亮色的基体，珠光体则呈黑色的点状、短条状及小块状。

2）灰铸铁的显微形貌

灰铸铁的显微组织可根据其基体与石墨的形态来鉴别。由第 4 章可知，灰铸铁的基体有铁素体、珠光体、铁素体＋珠光体三类，石墨的形态主要有片状、球状及团絮状几种。

（1）片墨铸铁　片墨铸铁基体有铁素体、铁素体＋珠光体、珠光体，其石墨为片状。

（2）球墨铸铁　球墨铸铁基体也有三类，与片墨铸铁相同，其石墨为球状。

（3）可锻铸铁　可锻铸铁基体多为铁素体、珠光体两类，其石墨为团絮状。

3. 实验内容

①采用金相显微镜或多媒体系统观察表 10-6 中所列举的各种碳钢、白口铸铁及片墨铸铁等的显微组织。

②在表 10-6 中记录各种试样的组织名称及特征，并至少画出四种成分的组织示意图。

③参观试样切割机、镶嵌机、预磨机、抛光机及金相试样制备过程中所需的各类磨光砂纸、研磨膏等。

4. 实验条件

具有金相试样制备及观察的最基本设备和仪器，如预磨机、抛光机、金相显微镜或者具备多媒体的教学系统。此外，还要有与实验内容相符合的试样。

表 10-6　室温平衡状态的铁碳合金试样

试样序号	试样名称及含碳量	处理方式	显微组织形态特征
1	工业纯铁 $w_C < 0.02\%$	退火	
2	亚共析钢 $w_C = 0.15\%$	退火	
3	亚共析钢 $w_C = 0.45\%$	退火	
4	亚共析钢 $w_C = 0.60\%$	退火	
5	共析钢 $w_C = 0.77\%$	退火	
6	过共析钢 $w_C = 1.2\%$	退火	
7	亚共晶白口铸铁	铸造	
8	共晶白口铸铁	铸造	
9	过共晶白口铸铁	铸造	
10	片墨铸铁(任意基体)	铸造	
11	球墨铸铁(任意基体)	铸造	
12	可锻铸铁(任意基体)	铸造	

注　表中所列试样的显微组织可参考第 4 章插图。

5. 实验报告

①指明实验目的，并按表 10-6 顺序填写出相应的显微组织形态特征。

②在 $\phi 35$ mm 的圆中画出五种不同成分试样的显微组织示意图，并标注各组织

组成物,图下必须注明试样的名称、含碳量、显微组织及浸蚀剂等。

③根据实验,说明含碳量对铁碳合金组织的影响。

④与钢相比,灰铸铁的组织特点是什么? 简要分析对其性能的影响。

10.6　碳钢热处理后的基本组织鉴别实验

1. 实验目的

①识别碳钢经不同方式热处理后的显微组织形貌,理解各组织与性能间的关系。

②明确 C 曲线(TTT 图)的作用,了解热处理工艺对组织的影响。

③认识常见的热处理设备及辅助装置。

2. 实验说明

碳钢经不同方式热处理后可获得不同的显微组织,如在退火或正火后可得到接近于平衡状态的组织,而在淬火后得到的是不平衡的组织。研究表明,热处理过程中钢在加热时的组织转变要考虑与 Fe-Fe₃C 相图的关系,而冷却时的组织转变,一般应按照钢的过冷奥氏体等温转变图(C 曲线)来进行分析。

为了显示其组织,通常采用 4%(质量分数)硝酸酒精溶液进行浸蚀。

1) 碳钢退火和正火后的组织

亚共析成分的碳钢(如 45 钢),经完全退火或正火后,可得到类似平衡状态的组织,即由层片状珠光体和铁素体组成,且经正火后的组织要比退火后的组织细,其珠光体型组织(即索氏体)的质量分数也比退火组织中的多。这是由于正火的冷却速度比退火的冷却速度快的缘故。

过共析成分的碳素工具钢(如 T10 钢),一般需先正火,再进行球化退火。经球化退火后,组织中的渗碳体由片状转变为颗粒状,并均匀地分布在铁素体的基体上。具有这种特征的组织又称为球状(或粒状)珠光体。

2) 碳钢连续冷却淬火后的组织

钢经过淬火后可获得马氏体组织。马氏体是碳在 α-Fe 中的过饱和固溶体,是过冷奥氏体在马氏体转变起始点 M_s 以下的转变产物。淬火马氏体有如下三种主要的组织形态。

(1) 片状马氏体　片状马氏体(亦称针状马氏体)主要出现在高碳钢淬火组织中,其显微形貌呈白亮针状,针与针之间呈一定的交角,空间形态呈双凸透镜状。针状马氏体的粗细程度取决于淬火加热温度。例如,T10 钢在淬火加热温度较低(如 770 ℃)时,由于奥氏体中碳的不均匀性很大,所以,这时在金相显微镜下只能见到隐约的片状马氏体,称之为隐针马氏体;若将淬火加热温度提高到 1000 ℃,即过热态,此时由于奥氏体晶粒粗大,从而获得粗大的片状马氏体。在片状马氏体之间无定形的白亮区为残留奥氏体。需要指出的是,实际生产中,高碳钢淬火是不允许出现粗大片状马氏体的。

(2) 板条马氏体　板条马氏体主要出现在低碳钢的淬火组织中。其显微形貌为一束束相互平行的细长条状,在一个奥氏体晶粒内可有几束不同取向的马氏体群,且束与束之间有较大的位向差。

(3)混合马氏体　中碳钢淬火后的显微组织为混合马氏体,其显微形貌呈细小的针状与短束状的板条马氏体。

3)碳钢等温淬火后的组织

在 C 曲线"鼻尖"与马氏体转变起始点 M_s 之间的温度范围内进行等温转变可获得贝氏体组织。通常出现的组织形貌有以下两种:

(1)上贝氏体　在金相显微镜下可观察到成束的铁素体向奥氏体晶内伸展,呈现出羽毛状的特征。

(2)下贝氏体　在金相显微镜下呈灰黑色针状或竹叶状,是在片状铁素体内部沉淀着渗碳体而形成的一种混合组织。

4)碳钢回火后的组织

钢淬火后的马氏体组织必须经回火才能满足使用性能要求。根据回火温度的高低,其回火后的组织主要有以下几类:

(1)回火马氏体　由低温回火得到,金相显微镜下的形态与淬火马氏体相同。由于有高度弥散的 ε 碳化物存在,所以较易蚀显,故呈黑色针状。

(2)回火托氏体　由淬火马氏体中温回火得到,金相显微镜下的形貌为针状铁素体上分布着极细颗粒的渗碳体,其颗粒要在高放大倍率下才能看清。

(3)回火索氏体　由淬火马氏体高温回火得到,金相显微镜下的形貌为等轴状铁素体基体上分布着细小颗粒状的渗碳体。

需要指出的是,高碳钢球化退火以后得到的球状珠光体,其渗碳体的颗粒比回火索氏体更为粗大,在显微镜下很容易看清。

5)碳钢渗碳后随炉冷却的组织

低碳钢经过渗碳后,含碳量由表层到中心依次减小,组织也相应发生变化。例如,20 钢经 940 ℃气体渗碳后炉冷至室温,其组织由表层到中心的变化顺序是:过共析区(珠光体+网状渗碳体),共析区(珠光体),亚共析区(珠光体+铁素体),原始组织(珠光体+大量铁素体)。

3. 实验内容

①采用金相显微镜或多媒体系统,按顺序观察表 10-7 中所列样品的显微组织。

表 10-7　经不同热处理的碳钢试样

序号	试样名称及含碳量	热处理方式	显微组织形态特征
1	亚共析钢 $w_C=0.2\%$	淬火	
2	亚共析钢 $w_C=0.45\%$	完全退火	
3	亚共析钢 $w_C=0.45\%$	正火	
4	亚共析钢 $w_C=0.45\%$	正常淬火	

续表

序号	试样名称及含碳量	热处理方式	显微组织形态特征
5	亚共析钢 $w_C=0.45\%$	调质处理	
6	过共析钢 $w_C=1.2\%$	球化退火	
7	过共析钢 $w_C=1.2\%$	1100 ℃加热淬火	
8	过共析钢 $w_C=1.2\%$	770 ℃正常淬火+低温回火	
9	共析钢 $w_C=0.77\%$	400 ℃等温淬火	
10	共析钢 $w_C=0.77\%$	300 ℃等温淬火	
11	亚共析钢 $w_C=0.15\%$	渗碳随炉缓冷	

注　表中所列试样的显微组织可参考第 5 章插图。

②记录并画出片状马氏体、板条马氏体、混合马氏体、正火索氏体、回火索氏体等显微组织示意图。

③参观实验室的热处理设备及相关装置。

4. 实验条件

具有金相显微镜或多媒体设备、表 10-7 中的试样、最基本的热处理设备及装置。

5. 实验报告

①指明实验目的，并按表 10-7 顺序填写出相应的显微组织形态特征。

②画出表 10-7 中序号 1、3、4、5、7 试样的显微组织示意图，用引线标注图中各组成部分的含义，并指出试样名称、含碳量、组织、放大倍数及浸蚀剂等。

③分析比较同为淬火工艺，当含碳量不同时，其组织形貌的差异；当含碳量一定，而热处理工艺不同时，其组织形貌的差异。

10.7　钢中的显微组织缺陷鉴别实验

1. 实验目的

①识别钢中组织缺陷的显微形貌特征。

②了解材料中的缺陷对工程构件或机械零件早期失效的影响。

2. 实验说明

钢在冶炼、铸造、锻造、热处理等过程中，由于原材料不纯或工艺操作不当，常会带来一些弊病，形成一些显微组织缺陷，从而破坏了钢的性能，使其达不到质量要求。为此，有必要认识钢中常见的组织缺陷。

1）非金属夹杂物

非金属夹杂物是指不具有金属性质的化合物，如氧化物、硫化物、硅酸盐及氮化物等。这些非金属夹杂物常伴随着钢在冶炼脱氧过程中的物理化学反应出现，或是冶炼、浇注过程中的炉渣及耐火材料落入钢液中而形成。

非金属夹杂物的存在破坏了基体金属的连续性，引起应力集中，所以常常成为疲劳裂纹的发源地。在一定条件下将促使疲劳裂纹的扩展,尤其当夹杂物呈尖角并沿晶界分布或聚集在一起时,将使材料的冲击韧度 a_K、断裂韧度 K_{IC} 明显降低。

最常见的夹杂物是硫化物和氧化物。钢中的硫化物一般是 MnS、FeS 等,这类夹杂物有较好的塑性,可沿热加工轧制方向变形延长;而氧化物具有脆性,常沿轧制方向破碎成点链状。两者在金相显微镜都呈中灰色,如图 10-11 所示。

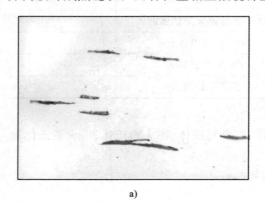
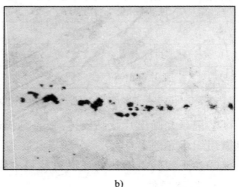

a)　　　　　　　　　　　　　b)

图 10-11　钢中的非金属夹杂物(未经浸蚀)

a)拉长的硫化物夹杂(100×)　b)破碎的氧化物夹杂(100×)

图 10-12　钢中的流线(10×)

2) 流线

流线是指钢中的晶内成分偏析及非金属夹杂物在锻轧中沿加工方向延伸而形成的一种纤维组织,如图 10-12 所示。图中所示纤维的颜色呈黑白交替的细条带状,其中白带区域内含 P、S 杂质的量高于黑带区域。流线的出现导致金属的力学性能出现明显的各向异性,其纵向强度高于横向强度,纵向塑性和韧性优于横向塑性、韧性。因此有些零件在锻造时,要求流线沿其轮廓分布,并使它与零件工作时所受的最大拉应力方向平行,且与外加的切应力或冲击力方向垂直。如果流线分布不合理,则会引起零件的断裂。

3) 带状组织

在锻造、轧制后的亚共析钢中,铁素体与珠光体沿变形方向交替成层分布的组织,称为带状组织,如图 10-13 所示。形成带状组织的原因是钢材在冶炼中出现了成分偏析及非金属夹杂物,而在锻造、轧制中又产生了较严重的流线。如前所述,在杂质元素 P、S 含量较高的流线带区域加热时会引起钢的相变温度 Ar_3 升高,若钢件温度下降,则此处首先形成铁素体带。由于铁素体中的溶碳量很低,因而在形成铁素体时,此处钢中多余的碳会排到相邻的区域,造成含杂质 P、S 较低区域富 C。随后冷却到一定的温度时,便形成了珠光体带。于是有了铁素体与珠光体交替排列的带状组织。

带状组织也会使钢的力学性能产生各向异性,即沿着带状纵向的强度高、韧性好;横向的强度低、韧性差。此外有带状组织的工件,热处理时易产生变形,且硬度分布不均匀,严重者还会导致零件的断裂。用正火方法可减轻或消除带状组织。

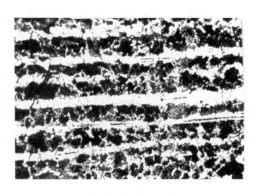

图 10-13　钢轧制后的带状组织(100×)

4) 魏氏组织

魏氏组织是碳钢在锻造、轧制、热处理等加工过程中的过热产物。所谓过热,是指钢在热加工时,由于加热温度超过了所指定的正常加热温度而引起材料韧性下降的一种现象。对于亚共析钢,魏氏组织的显微形貌特点是,钢中的铁素体除沿晶界析出外,还有一部分铁素体呈针片状向晶内伸长,如图 10-14 所示。由于魏氏组织的出现往往都伴随着粗大的奥氏体晶粒同时出现,因此魏氏组织会影响钢的力学性能,尤其是使冲击韧度降低,严重者将造成零件在使用过程中的脆性断裂。

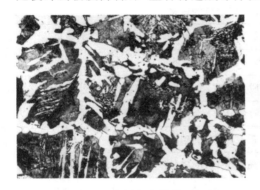

图 10-14　亚共析钢中的魏氏组织
(100×)

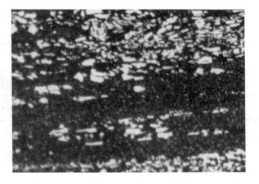

图 10-15　Cr12MoV 钢中的白色颗粒
带状碳化物(300×)

5) 带状及网状碳化物

在碳和合金元素含量很高的钢内,其共晶碳化物在锻造、轧制过程中随着材料的变形方向延伸成为带状分布,如图 10-15 所示。产生带状碳化物的原因是由于钢在凝固过程中出现了成分偏析,导致粗大共晶碳化物的聚集。随着热加工过程的进行,这些聚集的碳化物会发生变形,并延伸成带。钢中带状碳化物造成材料脆性提升,用这样的钢材制造的模具容易产生崩刃、断裂,在热处理过程中还会增加过热的敏感性和淬火时的变形。

网状碳化物是指高碳钢、高合金钢中,碳化物沿晶界呈网状析出的现象,如图 10-16所示。它的形成原因主要是,钢材在热轧或是随后的热处理过程中,加热温度

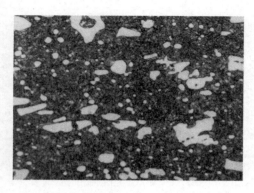

图 10-16　Cr12MoV 钢中的白色颗粒
网状碳化物(500×)

过高,保温时间过长,造成奥氏体晶粒的粗大,并在缓慢冷却时,碳化物沿晶界析出所致。网状碳化物的存在,同样会使钢的力学性能受到显著破坏,尤其是使其冲击韧度降低,脆性增大,所制造的模具在使用中容易出现开裂。

实践表明,上述碳化物组织常常出现在高碳工具钢、高铬合金钢、高速钢及高碳铬轴承钢中。

应该指出,国家有关部门对钢中各种缺陷的大小、数量都制定有相应的评定标准,生产者与使用者必须严格遵照国家标准来鉴别钢材质量的等级。

3. 实验内容

① 采用金相显微镜或多媒体系统观察表 10-8 中所列样品的显微组织缺陷。

② 记录并画出各种缺陷示意图。

③ 参观实验室收集的早期失效零(构)件。

表 10-8　几种带有显微组织缺陷的试样

序号	钢的牌号	热加工处理方式	浸蚀剂	主要缺陷
1	40	锻造后	盐酸,水溶液	流线
2	45	热轧成形后	4%(质量分数)的硝酸酒精溶液	带状组织
3	45	正火	4%(质量分数)的硝酸酒精溶液	魏氏组织
4	W18Cr4V	锻造后	10%(质量分数)的硝酸酒精溶液	碳化物带
5	Cr12MoV	锻造后	10%(质量分数)的硝酸酒精溶液	碳化物网
6	20	轧制后	未浸蚀	硫化物
7	Q195	轧制后	未浸蚀	氧化物

4. 实验条件

具有金相显微镜及与实验内容相近的金相试样。

5. 实验报告

①指明实验目的。

②画出表 10-3 中序号为 2、3、4、6 试样的显微组织缺陷,用引线标出图中的各组成部分,并指出试样的钢种、热加工方式、缺陷名称、放大倍数及浸蚀剂等。

③分析带状组织及魏氏组织产生的原因及对钢力学性能的影响。

思考与练习题

10-1　机械装备设计的概念包含哪些内容？

10-2　说明机械产品设计中的材料选择与加工工艺的关系。

10-3　何谓失效？零件的失效形式有哪些？引起失效的相应原因是什么？分析失效的目的是什么？指出选材的一般原则。

10-4　机械零件的选材一般应根据哪些原则来考虑？分析问题的首要出发点是什么？

10-5　对下列零件作出材料选择，并说明选材的理由，制订其工艺路线，说明各热处理工序的作用及相关组织。

（1）汽车齿轮；　（2）机床主轴；　（3）受力较大的螺旋弹簧；　（4）发动机连杆螺栓；　（5）机床的床身；　（6）汽车板簧。

10-6　车床主轴在轴颈部位的硬度为 56～58HRC，其余地方为 20～24HRC。其加工工艺路线为：锻造→正火→粗加工→调质→精加工→轴颈表面淬火＋低温回火→磨加工。试说明：

（1）主轴应采用何种材料？（2）指出四种不同热处理工艺的目的和作用。（3）轴颈表面组织和其余地方的组织是什么？

10-7　从 T8、9SiCr、W18Cr4V 及 65Mn 钢中选一种你认为合适的钢制作木工用刀具，说明选材的理由，并写出制造工艺流程（即冷、热加工工艺路线）。

10-8　锅炉中的各类管状构件均由规格不同的无缝钢管制成。电站锅炉水冷壁钢管布置在炉膛的四周，其功能是吸收炉内高温烟气的辐射热，使水汽化成汽水混合物，并减轻炉墙所受到的热作用。现需制作一批小口径水冷壁管（壁厚小于 19 mm），壁管投入使用前还需进行冷弯加工（工作温度不大于 450 ℃），请选择制造这种钢管的材料及它所必需的热处理工艺。假如它失效了，请指出一种可能的失效形式，并从理论上加以说明。

10-9　指出亚共析碳钢轧制后的带状组织的显微特征，这种组织的出现会给材料的性能带来什么影响？

10-10　说明 $w_C＝1.0\%$ 的过共析钢，在加热到 1050 ℃ 的条件下水中淬火时所得到的显微组织特征。这种组织对其性能有何影响？请评价题中所给的热处理工艺条件。

参 考 文 献

[1] 齐宝森,吕宇鹏,徐淑琼. 21 世纪新型材料[M]. 北京:化学工业出版社,2011.

[2] ZHANG Z D. Encyclopedia of nanoscience and nanotechnology [M]. New York:American Scientific Publishers,2004.

[3] 汤俊琪,黄嘉敏,满石清. 纳米金在肿瘤诊断中的应用[J]. 材料导报,2012,26 (5):59-64.

[4] 叶灵. 纳米材料的应用与发展前景[J]. 科技资讯,2011(20):116,118.

[5] GUOZHONG C,YING W. 纳米结构和纳米材料合成、性能及应用[M]. 董星龙,译. 北京:高等教育出版社,2012.

[6] 薛增泉. 纳米科技基础[M]. 北京:化学工业出版社,2012.

[7] 郑明新. 工程材料[M]. 5 版. 北京:清华大学出版社,2011.

[8] 石德珂. 材料科学基础[M]. 2 版. 北京:机械工业出版社,2003.

[9] 文九巴. 材料科学与工程[M]. 哈尔滨:哈尔滨工业大学出版社,2007.

[10] PORTER D A,EASTERLING K E. Phase transformation in metals and alloys[M]. 2nd ed. New York:Macmillan Company,1992.

[11] 史美堂. 金属材料及热处理[M]. 上海:上海科学技术出版社,1980.

[12] WOLFSON HEAT TREATMENT CENTRE. Heat treatment for the 21st century[J]. Heat Treatment of Metals,1988(2):33-38.

[13] 王顺兴. 金属热处理原理与工艺[M]. 哈尔滨:哈尔滨工业大学出版社,2009.

[14] 赵乃勤. 热处理原理与工艺[M]. 北京:机械工业出版社,2012.

[15] 汤忠义,梁合意,徐友良. 金属材料与热处理[M]. 北京:北京理工大学出版社,2011.

[16] 陆兴. 热处理工程基础[M]. 北京:机械工业出版社,2007.

[17] 徐滨士,朱绍华,刘世参. 材料表面工程[M]. 哈尔滨:哈尔滨工业大学出版社,2005.

[18] 姚寿山,李戈扬,胡文彬. 表面科学与技术[M]. 北京:机械工业出版社,2005.

[19] SUN Y,BELL T,KOLOSVARY. The response of austenitic stainless steel to low-temperature plasma nitriding[J]. Heat Treatment of Metals,1999(1): 9-16.

[20] 高志,潘红良. 表面科学与工程[M]. 上海:华东理工大学出版社,2006.

[21] 姜银方. 现代表面工程技术[M]. 北京:化学工业出版社,2006.

[22] 安继儒,刘耀恒. 热处理工艺规范数据手册[M]. 北京:化学工业出版社,2008.

[23] 束德林. 金属力学性能[M]. 2 版. 北京:机械工业出版社,1999.

[24] 刘鸣放,刘胜新. 金属材料力学性能手册[M]. 北京:机械工业出版社,2011.

[25] 张树松,仝爱莲.钢的强韧化机理与技术途径[M].北京:兵器工业出版社,1995.

[26] 那顺桑,李杰,艾立群.金属材料力学性能[M].北京:冶金工业出版社,2011.

[27] 崔崑.钢的成分、组织与性能[M].北京:科学出版社,2013.

[28] 王运炎.机械工程材料[M].3版.北京:机械工业出版社,2009.

[29] SHACKELFORD J F. Introduction of materials science for engineers[M]. 3rd ed. New York:Macmillan Company,1992.

[30] 董成瑞,任海鹏,金同哲,等.微合金非调质钢[M].北京:冶金工业出版社,2000.

[31] 沈莲.机械工程材料[M].3版.北京:机械工业出版社,2009.

[32] 赵昌盛.不锈钢的应用及热处理[M].北京:机械工业出版社,2010.

[33] 中国机械工程学会热处理专业分会.热处理手册:第2卷典型零件热处理[M].4版.北京:机械工业出版社,2008.

[34] 司乃潮,傅明喜.有色金属材料及制备[M].北京:化学工业出版社,2006.

[35] 张喜燕,赵永庆,白晨光.钛合金及应用[M].北京:化学工业出版社,2005.

[36] 莱茵斯 C,皮特尔斯 M.钛与钛合金[M].陈振华,译.北京:化学工业出版社,2005.

[37] 张留成,瞿雄伟,丁会利.高分子材料基础[M].3版.北京:化学工业出版社,2003.

[38] 董炎明,张海良.高分子科学简明教程[M].北京:科学出版社,2008.

[39] 福建师范大学环境开发研究所.环境友好材料[M].北京:科学出版社,2010.

[40] 王零森.特种陶瓷[M].2版.长沙:中南大学出版社,2005.

[41] 于思远.工程陶瓷材料的加工技术及其应用[M].北京:机械工业出版社,2008.

[42] 张晓明,刘雄亚.纤维增强热塑性复合材料及其应用[M].北京:化学工业出版社,2007.

[43] 李文成.机械装备失效分析[M].北京:冶金工业出版社,2008.

[44] 孙玉福,孟迪.金属材料速算速查手册[M].北京:机械工业出版社,2011.

[45] 模具实用技术丛书编委会.模具材料与使用寿命[M].北京:机械工业出版社,2000.

附录 A 铁碳合金组织

铁素体 F：软、韧，纯铁的组织（$w_C < 0.02\%$），钢的基体相；   渗碳体 Fe_3C（$w_C = 6.69\%$）：硬、

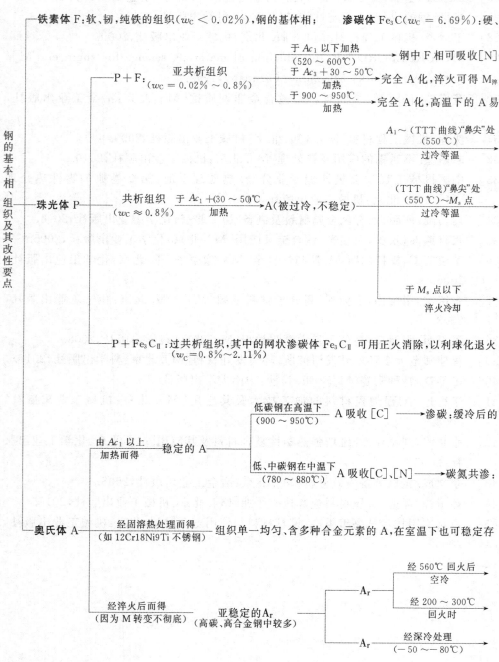

P＋F：亚共析组织（$w_C = 0.02\% \sim 0.8\%$）

于 Ac_1 以下加热（$520 \sim 600℃$）→ 钢中 F 相可吸收 [N]

于 $Ac_3 + 30 \sim 50℃$ 加热 → 完全 A 化，淬火可得 $M_{淬}$

于 $900 \sim 950℃$ 加热 → 完全 A 化，高温下的 A 易

珠光体 P

共析组织（$w_C \approx 0.8\%$）于 $Ac_1 + (30 \sim 50)℃$ 加热 → A（被过冷，不稳定）

$A_1 \sim$（TTT 曲线）"鼻尖"处（$550℃$）过冷等温

（TTT 曲线）"鼻尖"处（$550℃$）$\sim M_s$ 点 过冷等温

于 M_s 点以下 淬火冷却

P＋$Fe_3C_{\rm II}$：过共析组织，其中的网状渗碳体 $Fe_3C_{\rm II}$ 可用正火消除，以利球化退火（$w_C = 0.8\% \sim 2.11\%$）

由 Ac_1 以上加热而得 稳定的 A

低碳钢在高温下（$900 \sim 950℃$）A 吸收 [C] → 渗碳：缓冷后的

低、中碳钢在中温下（$780 \sim 880℃$）A 吸收 [C]、[N] → 碳氮共渗：

奥氏体 A

经固溶热处理而得（如 12Cr18Ni9Ti 不锈钢）组织单一均匀、含多种合金元素的 A，在室温下也可稳定存

经淬火后而得（因为 M 转变不彻底）亚稳定的 A_r（高碳、高合金钢中较多）

A_r

经 560℃ 回火后 空冷

经 200 ~ 300℃ 回火时

A_r 经深冷处理（$-50 \sim -80℃$）

钢的基本相、组织及其改性要点

录

与热处理改性关联表

脆,钢的强化相,在钢中以细小层片状、颗粒状存在时,强化效果为佳

→ 渗氮后不再淬火,工件表层的耐磨性、耐蚀性、热硬性及疲劳性能皆优于渗碳热处理工艺

吸收 [C] → (仅对亚共析钢中的低碳钢)进行渗碳,使表层变成高碳成分

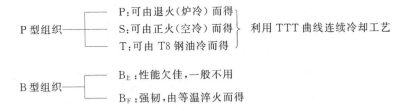

P 型组织 —— P:可由退火(炉冷)而得 ⎫
S:可由正火(空冷)而得 ⎬ 利用 TTT 曲线连续冷却工艺
T:可由 T8 钢油冷而得 ⎭

B 型组织 —— $B_上$:性能欠佳,一般不用
$B_下$:强韧,由等温淬火而得

M 型组织 —— 对于高碳 $M_淬$(片状) —因性能硬脆 A_1 以下回火— 高回 / 中回 / 低回 →
$S_回$:强韧,综合力学性能优良
$T_回$:中上硬度,弹性、韧性优良
$M_回$:脆性降低,高硬而耐磨

对于低碳 $M_淬$(条板状):性能强韧,可不回火
$w_C < 0.2\%$

组织 —— 表层:过共析或者共析组织 —淬火加低回后—→ 表层:高碳 $M_回$ + 碳化物 + A_r,高硬耐磨

心部:仍为亚共析原始组织 —→ 心部:低碳 $M_回$ 或(P+F),强韧尤佳

工件经淬火及低温回火后,耐磨性及疲劳性能同比优于渗碳热处理工艺

在,软韧、耐蚀、无磁性

$M_Ⅱ$(二次硬化产物之一,如 W18Cr4V 高速钢的热处理)及合金碳化物弥散析出

$B_下$(伴随 $M_回$、$T_回$ 等产生,量极少,可忽略);在低温回火时,淬火钢中的 A_r 不转变

$M_淬 \xrightarrow{\text{低回}} M_回$

续表

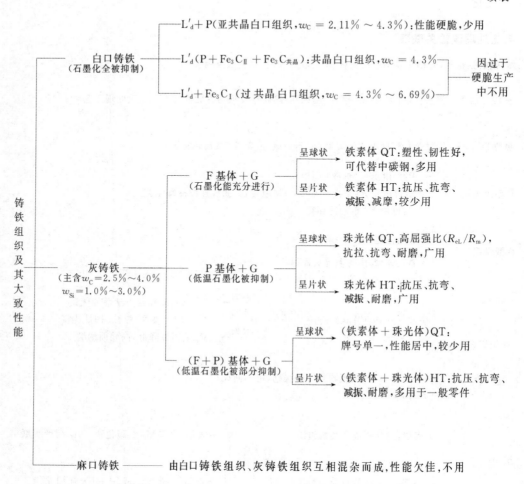

白口铸铁（石墨化全被抑制）
- $L'_d + P$(亚共晶白口组织，$w_C = 2.11\% \sim 4.3\%$)：性能硬脆，少用
- $L'_d(P + Fe_3C_{II} + Fe_3C_{共晶})$：共晶白口组织，$w_C = 4.3\%$
- $L'_d + Fe_3C_I$（过共晶白口组织，$w_C = 4.3\% \sim 6.69\%$）

因过于硬脆生产中不用

灰铸铁（主含 $w_C = 2.5\% \sim 4.0\%$，$w_{Si} = 1.0\% \sim 3.0\%$）

F 基体 + G（石墨化能充分进行）
- 呈球状 → 铁素体 QT：塑性、韧性好，可代替中碳钢，多用
- 呈片状 → 铁素体 HT：抗压、抗弯、减振、减摩，较少用

P 基体 + G（低温石墨化被抑制）
- 呈球状 → 珠光体 QT：高屈强比(R_{eL}/R_m)，抗拉、抗弯、耐磨，广用
- 呈片状 → 珠光体 HT：抗压、抗弯、减振、耐磨，广用

(F + P) 基体 + G（低温石墨化被部分抑制）
- 呈球状 → (铁素体 + 珠光体)QT：牌号单一，性能居中，较少用
- 呈片状 → (铁素体 + 珠光体)HT：抗压、抗弯、减振、耐磨，多用于一般零件

麻口铸铁 —— 由白口铸铁组织、灰铸铁组织互相混杂而成，性能欠佳，不用

铸铁组织及其大致性能

说明：

1. 此关联表中，不带箭头的连线表示铁碳合金各组织间的关联、解析或归类关系；凡带有箭头的连线则表示某组织在一定条件下的变化、改性关系。

2. 此关联表中的灰铸铁泛指片墨铸铁、孕育铸铁和球墨铸铁这三类应用最广泛、廉价的铸铁。钢的整体热处理改性工艺大都适用于"QT"且能取得良好效果。

附录 B　钢的热处理改性原理助记十句诀

钢铁组织多奥秘，	变化有常[①]不难记。
基本相为 F、C_m[②]，	两相"共析"[③]即得 P。
钢的加热凭相图[④]，	先应变成奥氏体。
过冷区域是关键，	依据就是"TTT"[⑤]。
P 型组织 S、T，	层片[⑥]相间渐细密。
等温、连续两转变，	"力性"[⑦]越冷越高级。
尤其下贝、马氏体，	强韧（硬）之高皆第一[⑧]。
若需全部珠、贝体[⑨]，	冷却曲线贯"双 C"[⑩]。
淬火欲得马氏体，	"奥（A）化"急冷莫擦"鼻"[⑪]。
还有回火"三氏体"[⑫]，	性能皆优须留意。

注释：

[①] 有常，意指钢铁组织转变是有规律可循的，并非变幻无常难以捉摸。

[②] 渗碳体英文名为 Cementite，亦可简记为 C_m，即 Fe_3C。

[③] $F+Fe_3C$ 即为珠光体 P，是共析转变 $A \underset{}{\overset{727\ ℃}{\rightleftharpoons}} F+Fe_3C$ 的产物。

[④] 此相图特指 $Fe-Fe_3C$ 相图中，碳钢部分的组织转变图。

[⑤] 过冷奥氏体冷却时的组织转变规律主要依据钢的等温冷却转变 C 曲线，即 TTT 图。

[⑥] 珠光体型组织都是 F、Fe_3C 两相组成物呈层片相间分布的特点。

[⑦] 此处"力性"主要指硬度和强度两项力学性能指标。一般地，所得组织的硬度、强度增高，其塑性、韧性相应有所下降。

[⑧] 钢件经淬火后，下贝氏体和低碳马氏体（$M_{板条}$）的强度较高，韧性最好，高碳马氏体（$M_{片状}$）的硬度、强度最高，韧性不好。

[⑨] "珠、贝体"系指过冷后欲得到 P 型（包括 P 或 S 或 T）和 $B_下$ 中某单一组织。

[⑩] 此处"双 C"特指 TTT 图中的过冷奥氏体转变起始线和转变终止线，形似两条 C 曲线；若要获得 P 型或 $B_下$ 组织，必须使冷却（连续或等温冷却）曲线贯穿"双 C"中各相应的组织区域。

[⑪] 为确保钢件得到全部淬火马氏体，其连续冷却曲线不得与 C 曲线的"鼻尖"相擦，意即 $v_冷 > v_K$。

[⑫] 此处回火"三氏体"特指 $M_{回火}$（低回组织）、$T_{回火}$（中回组织）和 $S_{回火}$（高回组织）。

注： 附录 A 所示"关联表"和附录 B 所示"助记诀"是编者之一杨可传在对书中重点内容进行个人总结的基础上而编撰的，欠成熟与不妥之处在所难免，仅供学习时参考。特此声明。

附录 C　钢铁材料硬度与强度的换算关系(GB/T 1172—1999)

硬度							抗拉强度 R_m/MPa								
洛氏		表面洛氏			维氏	布氏	碳钢	铬钢	铬钒钢	铬镍钢	铬钼钢	铬镍钼钢	铬锰硅钢	超高强度钢	不锈钢
HRC	HRA	HR15N	HR30N	HR45N	HV	HBW									
32.0	66.4	75.2	52.0	33.5	304	298	1039	996	993	981	974	999	1001	—	996
32.5	66.6	75.5	52.5	34.1	308	302	1052	1009	1007	994	987	1012	1013	—	1008
33.0	66.9	75.8	53.0	34.7	313	306	1065	1022	1022	1007	1001	1027	1026	—	1021
33.5	67.1	76.1	53.4	35.3	317	310	1078	1034	1036	1020	1015	1041	1039	—	1034
34.0	67.4	76.4	53.9	35.9	321	314	1092	1048	1051	1034	1029	1056	1052	—	1047
34.5	67.7	76.7	54.4	36.5	326	318	1105	1061	1067	1048	1043	1071	1066	—	1060
35.0	67.9	77.0	54.8	37.0	331	323	1119	1074	1082	1063	1058	1087	1079	—	1074
35.5	68.2	77.2	55.3	37.6	335	327	1133	1088	1098	1078	1074	1103	1094	—	1087
36.0	68.4	77.5	55.8	38.2	340	332	1147	1102	1114	1093	1090	1119	1108	—	1101
36.5	68.7	77.8	56.2	38.8	345	336	1162	1116	1131	1109	1106	1136	1123	—	1116
37.0	69.0	78.1	56.7	39.4	350	341	1177	1131	1148	1125	1122	1153	1139	—	1130
37.5	69.2	78.4	57.2	40.0	355	345	1192	1146	1165	1142	1139	1171	1155	—	1145
38.0	69.5	78.7	57.6	40.6	360	350	1207	1161	1183	1159	1157	1189	1171	—	1161
38.5	69.7	79.0	58.1	41.2	365	355	1222	1176	1201	1177	1174	1207	1187	1170	1176
39.0	70.0	79.3	58.6	41.8	371	360	1238	1192	1219	1195	1192	1226	1204	1195	1193
39.5	70.3	79.6	59.0	42.4	376	365	1254	1208	1238	1214	1211	1245	1222	1219	1209
40.0	70.5	79.9	59.5	43.0	381	370	1271	1225	1257	1233	1230	1265	1240	1243	1226
40.5	70.8	80.2	60.0	43.6	387	375	1288	1242	1276	1252	1249	1285	1258	1267	1244
41.0	71.1	80.5	60.4	44.2	393	380	1305	1260	1296	1273	1269	1306	1277	1290	1262
41.5	71.3	80.8	60.9	44.8	398	385	1322	1278	1317	1293	1289	1327	1296	1313	1280
42.0	71.6	81.1	61.3	45.4	404	391	1340	1296	1337	1314	1310	1348	1316	1336	1299
42.5	71.8	81.4	61.8	45.9	410	397	1359	1315	1358	1336	1331	1370	1336	1359	1319
43.0	72.1	81.7	62.3	46.5	416	403	1378	1335	1380	1358	1353	1392	1357	1381	1339
43.5	72.4	82.0	62.7	47.1	422	409	1397	1355	1401	1380	1375	1415	1378	1404	1361
44.0	72.6	82.3	63.2	47.7	428	415	1417	1376	1424	1404	1397	1439	1400	1427	1383
44.5	72.9	82.6	63.6	48.3	435	422	1438	1398	1446	1427	1420	1462	1422	1450	1405
45.0	73.2	82.9	64.1	48.9	441	428	1459	1420	1469	1451	1444	1487	1445	1473	1429
45.5	73.4	83.2	64.6	49.5	448	435	1481	1444	1493	1476	1468	1512	1469	1496	1453

续表

硬度							抗拉强度 R_m/MPa								
洛氏		表面洛氏			维氏	布氏									
HRC	HRA	HR15N	HR30N	HR45N	HV	HBW	碳钢	铬钢	铬钒钢	铬镍钢	铬钼钢	铬镍钼钢	铬锰硅钢	超高强度钢	不锈钢
46.5	73.9	83.7	65.5	50.7	461	448	1526	1493	1541	1527	1517	1563	1517	1544	1505
46.0	73.7	83.5	65.0	50.1	454	441	1503	1468	1517	1502	1492	1537	1493	1520	1479
47.0	74.2	84.0	65.9	51.2	468	455	1550	1519	1566	1554	1542	1589	1543	1569	1533
47.5	74.5	84.3	66.4	51.8	475	463	1575	1546	1591	1581	1568	1616	1569	1594	1562
48.0	74.7	84.6	66.8	52.4	482	470	1600	1574	1617	1608	1595	1643	1595	1620	1592
48.5	75.0	84.9	67.3	53.0	489	478	1626	1603	1643	1636	1622	1671	1623	1646	1623
49.0	75.3	85.2	67.7	53.6	497	486	1653	1633	1670	1665	1649	1699	1651	1674	1655
49.5	75.5	85.5	68.2	54.2	504	494	1681	1665	1697	1695	1677	1728	1679	1702	1689
50.0	75.8	85.7	68.6	54.7	512	502	1710	1698	1724	1724	1706	1758	1709	1731	1725
50.5	76.1	86.0	69.1	55.3	520	510	—	1732	1752	1755	1735	1788	1739	1761	—
51.0	76.3	86.3	69.5	55.9	527	518	—	1768	1780	1786	1764	1819	1770	1792	—
51.5	76.6	86.6	70.0	56.5	535	527	—	1806	1809	1818	1794	1850	1801	1824	—
52.0	76.9	86.8	70.4	57.1	544	535	—	1845	1839	1850	1825	1881	1834	1857	—
52.5	77.1	87.1	70.9	57.6	552	544	—	—	1869	1883	1856	1914	1867	1892	—
53.0	77.4	87.4	71.3	58.2	561	552	—	—	1899	1917	1888	1947	1901	1929	—
53.5	77.7	87.6	71.8	58.8	569	561	—	—	1930	1951	—	—	1936	1966	—
54.0	77.9	87.9	72.2	59.4	578	569	—	—	1961	1986	—	—	1971	2006	—
54.5	78.2	88.1	72.6	59.9	587	577	—	—	1993	2022	—	—	2008	2047	—
55.0	78.5	88.4	73.1	60.5	596	585	—	—	2026	2058	—	—	2045	2090	—
55.5	78.7	88.6	73.5	61.1	606	593	—	—	—	—	—	—	—	2135	—
56.0	79.0	88.9	73.9	61.7	615	601	—	—	—	—	—	—	—	2181	—
56.5	79.3	89.1	74.4	62.2	625	608	—	—	—	—	—	—	—	2230	—
57.0	79.5	89.4	74.8	62.8	635	616	—	—	—	—	—	—	—	2281	—
57.5	79.8	89.6	75.2	63.4	645	622	—	—	—	—	—	—	—	2334	—
58.0	80.1	89.8	75.6	63.9	655	628	—	—	—	—	—	—	—	2390	—
58.5	80.3	90.0	76.1	64.5	666	634	—	—	—	—	—	—	—	2448	—
59.0	80.6	90.2	76.5	65.1	676	639	—	—	—	—	—	—	—	2509	—
59.5	80.9	90.4	76.9	65.6	687	643	—	—	—	—	—	—	—	2572	—

续表

| 硬度 | | | | | | | 抗拉强度 R_m/MPa | | | | | | | | |
| 洛氏 | | 表面洛氏 | | | 维氏 | 布氏 | | | | | | | | | |
HRC	HRA	HR15N	HR30N	HR45N	HV	HBW	碳钢	铬钢	铬钒钢	铬镍钢	铬钼钢	铬镍钼钢	铬锰硅钢	超高强度钢	不锈钢
60.0	81.2	90.6	77.3	66.2	698	647	—	—	—	—	—	—	—	2639	—
60.5	81.4	90.8	77.7	66.8	710	650	—	—	—	—	—	—	—	—	—
61.0	81.7	91.0	78.1	67.3	721	—	—	—	—	—	—	—	—	—	—
61.5	82.0	91.2	78.6	67.9	733	—	—	—	—	—	—	—	—	—	—
62.0	82.2	91.4	79.0	68.4	745	—	—	—	—	—	—	—	—	—	—
62.5	82.5	91.5	79.4	69.0	757	—	—	—	—	—	—	—	—	—	—
63.0	82.8	91.7	79.8	69.5	770	—	—	—	—	—	—	—	—	—	—
63.5	83.1	91.8	80.2	70.1	782	—	—	—	—	—	—	—	—	—	—
64.0	83.3	91.9	80.6	70.6	795	—	—	—	—	—	—	—	—	—	—
64.5	83.6	92.1	81.0	71.2	809	—	—	—	—	—	—	—	—	—	—
65.0	83.9	92.2	81.3	71.7	822	—	—	—	—	—	—	—	—	—	—
65.5	84.1	—	—	—	836	—	—	—	—	—	—	—	—	—	—
66.0	84.4	—	—	—	850	—	—	—	—	—	—	—	—	—	—
66.5	84.7	—	—	—	865	—	—	—	—	—	—	—	—	—	—
67.0	85.0	—	—	—	879	—	—	—	—	—	—	—	—	—	—
67.5	85.2	—	—	—	894	—	—	—	—	—	—	—	—	—	—
68.0	85.5	—	—	—	909	—	—	—	—	—	—	—	—	—	—

注:为了测定极薄材料或零件经化学热处理后的表面硬度而设计的一种硬度计,试验原理以洛氏度试验为基础,只是采用的载荷较小,硬度值也可直接从表盘上读出。